陕西师范大学引进人才基金与国家自然科学基金联合资助出版

中国腹毛亚纲纤毛虫
Hypotrichous Ciliates in China

邵　晨　陈旭淼　姜佳枚　著

Chen SHAO　Xumiao CHEN　Jiamei JIANG

U0345570

科学出版社

北京

内 容 简 介

　　以纤毛虫为对象的研究一直是国际上基础生物学和相关应用学科所关注的重要热点之一。在过去的 30 年中,作者所在研究团队开展了对我国纤毛虫自由生活类群的摸清家底性的研究,该研究覆盖了温带和热带海区、各类土壤、淡水和湿地生境,系统介绍了我国自由生活腹毛亚纲纤毛虫的多样性和形态学。本专著记录了在我国有分布记录的隶属于 27 科 91 属的201 个物种,提供了全部种类的详细形态描述、形态图(活体及纤毛图式)、分类地位、采集地、生境及标本存放等信息,并对所隶属的属级及以上阶元的特征、检索表、研究历史、前人工作和分类系统等进行了系统的回顾。

　　本书可为从事纤毛虫学、细胞学、分类学和系统学研究的同行提供专业级的参考。

图书在版编目(CIP)数据

　中国腹毛亚纲纤毛虫/邵晨,陈旭淼,姜佳枚著. —北京:科学出版社,
2020.9
　ISBN 978-7-03-066020-6

Ⅰ. ①中… Ⅱ. ①邵… ②陈… ③姜… Ⅲ. ①纤毛虫–中国 Ⅳ.①S852.72

中国版本图书馆 CIP 数据核字(2020)第 169203 号

责任编辑:张会格　刘　晶 / 责任校对:严　娜
责任印制:吴兆东 / 封面设计:刘新新

科 学 出 版 社 出版
北京东黄城根北街 16 号
邮政编码:100717
http://www.sciencep.com

北京虎彩文化传播有限公司 印刷
科学出版社发行　各地新华书店经销
*
2020 年 9 月第 一 版　　开本:787×1092　1/16
2020 年 9 月第一次印刷　　印张:28
字数:664 000
定价:298.00 元
(如有印装质量问题,我社负责调换)

题　献

本书献给国际著名纤毛虫学家、奥地利生态工程中心
Helmut Berger 博士
感谢他为纤毛虫学所做出的重要贡献及
长期以来对本书作者所给予的友情与帮助

Dedication

We dedicate this book to our colleague,
Dr. Helmut Berger
the outstanding ciliatologist, who has contributed
tremendously to the research of hypotrichous ciliates,
and given great help and kindness to the present authors

前　言

　　在超过 10 亿年漫长的动物进化历程中，处于真核生物起源阶段的原生动物逐渐繁衍、演化成多样性极高的单细胞真核生物中的核心类群。其中，纤毛虫代表了细胞分化、进化的最高阶段：无论是在生殖方式（独特的接合生殖）还是在独具的双态核型（分司不同功能的大、小核）方面均显现出特异性，尤其表现在纤毛器和皮层结构的极端多样化。纤毛虫为适应不同的生活环境和执行复杂的生理活动而特化出结构及功能相异的细胞器，特别是通过纤毛的特化、重组形成了千变万化的纤毛器。这些着生于细胞表面的纤毛器由于类群不同而在结构、功能、数量、位置上各自不同，并因此构成了特征性的分布和排列模式。纤毛虫不仅是真核生物遗传学、细胞学、分子系统学等领域的重要实验材料，而且在土壤生态学、环境保护、水体初级生产力及水产养殖病害学等的研究中占有重要地位。

　　腹毛亚纲广泛存在于海水、半咸水、淡水、土壤等生境，多为底栖或周丛生，摄食细菌、藻类甚至其他原生动物；在体型上普遍为背腹扁平并以腹面特化的棘毛（由纤毛聚集而成）作为支撑而爬行于基质上。其显著特征为存在发达的口围带，起于虫体前端并绕胞口左侧后行、绕至腹面，为主要的摄食胞器。在胞口的另外一侧存在 1 片或 2 片辅助摄食的波动膜；体区以棘毛为主要的运动胞器，通常进一步分化并因类群不同而分组化，从而构成类群特异性的不同模式；背面纤毛则普遍退化，较短并呈纵列分布；包括了凯毛目、盘头目、游仆目及"狭义的"腹毛亚纲的 3 个目（包括排毛目、散毛目、尾柱目）等多个目级类群，是纤毛虫原生动物中结构最为复杂、形态特征和形态发生过程最具多样性的高等类群。

　　在过去的 30 年中，作者所在研究团队开展了对自由生活类群的摸清家底性的研究，该研究覆盖了温带和热带海区、各类土壤、淡水和湿地生境，系统刻画了我国长期不明的自由生活腹毛亚纲纤毛虫的多样性，研究首次给出了包括纤毛图式等现代物种鉴定的专业级资料，完成了对国际上长期不详、鉴定混乱的大量"半知种类"的重描述、新定义及新模建立、异名清理等大量的各类历史遗留问题的修订。研究成果还包括建立了新目、新科、新属、新种等大量新阶元。

　　本卷的绪论部分除涉及腹毛亚纲纤毛虫的研究历史、前人工作和分类系统等外，还全面论述了其形态学和生物学。第 1-6 篇为分类记述，详尽描述了中国各类生境中分布的腹毛亚纲纤毛虫 201 种，隶属 27 科 91 属，提供了全部种类的详细的形态描述、形态图（活体及纤毛图式）、采集地、生境及标本存放等信息，并针对所隶属的属级及以上阶元的特征、检索表、研究历史、前人工作和分类系统等进行了系统的回顾。

　　本书的目的在于通过对我们多年来在纤毛虫学研究领域所做工作的展示，使人们对目前仍不够了解的这个大类群在现代分类学意义上有进一步的了解，为国内外同行和相关学者提供一份代表专业水准和现代观念的手册性资料。同时，我们也希望借本书激励更多的人去关注这个高度多样且奇妙的微型生物世界。

书中所有内容与素材均来自作者所在团队过去近 30 年来发表在国际主流刊物上的 200 余篇研究论文，这些系统、全面和高质量的工作为本书的出版提供了质量上的保证。特别感谢各参与作者（按姓氏音序排列）[陈凌云，西北师范大学；李凤超，河北大学；李俐琼，中国农业大学烟台研究院；连春禹，中国海洋大学；芦晓腾，因斯布鲁克大学（奥地利）；罗晓甜，中国科学院水生生物研究所；王静毅，陕西师范大学]，他们的积极参与和辛勤付出，构成了本书的核心内容；感谢书中内容所涉及素材的各位合作者及国际同行，他们在相关原始工作中的创造和发现奠定了书中基本资讯的重要框架；同时还要感谢中国海洋大学宋微波教授和中国科学院海洋研究所徐奎栋研究员将团队研究成果赠予作者形成书中重要内容；也对我们的家人送上深深的谢意，他（她）们的体谅和支持成为作者时间与精力上的重要后援。

十分感谢国家自然科学基金委员会为我们研究的开展提供保障。

囿于我们的水平，书中以及研究工作中的不当之处诚望读者不吝指正。

著 者

2019 年 10 月

目　　录

绪　论
Introduction

邵　晨（Chen SHAO）

1. 研究背景

原生动物（protozoan）是一大类在起源发生上具有或无明确亲缘关系的"低等动物"的泛称或集合名词。相对于多细胞的"后生动物"（metazoan）来讲，其共同的结构特征为它们都是单细胞动物或由其形成的简单（无明确细胞分化）的群体。与高等动物体内的细胞不同，它们自身即是一个完整的有机体，以其各种特化的胞器（organelle）如鞭毛、纤毛、伪足、吸管、胞口、胞肛、伸缩泡、射出体等来完成诸如运动、摄食、营养、代谢、生殖和应激等各项生理活动。而作为细胞来讲，它们无疑是最复杂和最"高等"的细胞，在形态结构上表现出极大的多样性。

原生动物个体微小，绝大部分种类的体长通常仅在 10-200 μm 范围内，因此只有借助光学显微镜甚至是电子显微镜（如海洋中一些异养的动鞭类，微孢子虫及顶复门中的大部分类群）才能进行观察。原生动物的分布十分广泛，凡是有水或水膜存在的地方都有其存在，从江海、水泊到临时性积水，从苔藓、土壤到积雪、冰层（隙），甚至空气、极度乏氧的氧化还原层或活性污泥内，都可以是它们的栖息地。营寄生生活的种类分布范围则遍及动物、植物和人类。可以说，在自然界中，有生物活动的地方就有原生动物的存在。

纤毛虫（ciliate）在分类系统中隶属于原生生物界之原生动物亚界。该类生物在传统教科书上曾作为一个纲级阶元（纤毛虫纲）与其他以异养方式为主的单细胞真核动物一起被归入"原生动物门"下。由于近几十年来现代研究技术的应用以及人们对广义"动物"的深入了解，经典意义上的原生动物因"多元发生"而被分解成不同的门。现今被大多数学者所普遍接受的是 1980 年 Levine 等所建议的包含 7 个门的原生动物分类系统。其中，纤毛门（Ciliophora）作为分化最复杂的一类而被安排在原生动物亚界内。

纤毛虫原生动物的主要特征为：①生活史中至少某一阶段具有供作运动或捕食的纤毛或由其特化的纤毛器；②无性生殖的方式为横二分裂；③有性生殖以特殊的接合生殖方式进行；④具有功能不同的大、小两种核型，大核为多倍体，司营养；小核为二倍体，司遗传和生殖。作为地球上最古老的真核生物之一，纤毛虫历经久远的进化和演化史，因而在目前已知的近万种纤毛虫中，无论是形态结构、生活与行为方式、生境分布还是其他生物学特征，均表现出极高的多样性。

纤毛虫与人类的关系至少包含下列方面。①构成病害或危害：许多栖生或寄生种类可构成养殖动植物的重要危害；此外，某些纤毛虫属于"赤潮"生物，其大量繁殖时可导致所在水体发生赤潮；②作为水体清洁工：许多周丛生活的种类均以细菌及有机碎屑为食，其适量存在对于水体净化或海水养殖中水质改善具有重要作用；③作为生物指示种：纤毛虫的种类构成与群落结构可对水环境的改变（如污染发生）做出及时的反应，因此在环境的生物监测和环境保护研究中有着广泛的用途；④在生态学研究中，作为超微型与小型浮游生物之间的连接环节，纤毛虫在微食物网内的碳循环过程中具有十分重要的地位；⑤由于纤毛虫特有的双核型、培养方便、个体大、繁殖周期短等优点，许多种类常被用作遗传学及细胞学研究的理想材料。正是由于上述原因，对纤毛虫的研究已日渐成为生物学和生态学领域的关注热点。

作为一个相对独立的分类阶元，腹毛亚纲存在已逾 160 年（Stein, 1859），迄今已报道逾 200 属 700 种；广泛存在于海水、半咸水、淡水、土壤等各种生境，基本为底栖或周丛生，多为菌食、藻食或混合营养，但在需要时，普遍也会机会性地改变为以掠食为主（捕食其他原生生物）；在我国各个地区的土壤、淡水水体及海域均有发现。本书所涉及的腹毛亚纲为广义的腹毛类（在某些经典的分类系统中，广义腹毛类包括了狭义腹毛类和游仆类两个亚纲），包括腹毛亚纲下 6 目（凯毛目、盘头目、游仆目、排毛目、散毛目和尾柱目）27 科 91 属 201 种，形态特征图 213 个。其中凯毛目下辖 1 科 2 属 4 种；盘头目包含 2 科 5 属 10 种；游仆目包括 5 科 14 属 51 种；排毛目包括 5 科 14 属 27 种；散毛目下辖 3 科 27 属 45 种；尾柱目包含 11 科 29 属 64 种。

2. 研究历史

虽然纤毛虫的分类学迄今已有超过 3 个世纪的研究历史，但是在 20 世纪 70 年代以前，几乎所有的研究都是基于活体观察，因此许多类群缺乏纤毛图式等现代分类学信息，腹毛亚纲纤毛虫的分类学研究一直处于待开拓的状态（Hausmann et al., 2003）。自 80 年代末，随着研究手段的不断提高，如高端光学显微镜的普及应用、现代银染方法（Wilbert, 1975）的广泛引入，国内外针对海水、淡水、土壤生境的纤毛虫现代分类学和形态学研究逐步开展起来；至今已积累了较为丰富的经验，对过往文献的整理和甄别也有巨大进展。

我国纤毛虫研究起步于 20 世纪 20 年代，至五六十年代，王家楫、倪达书、张作人、戴生立和尹光德等先生对各类自由生活以及共栖生活的纤毛虫在分类学、地理分布及生态学等领域做出了许多优异的开拓性工作。由于种种原因，这些研究在随后的 20 年间出现短暂的停滞，直至 80 年代进入"复兴"时期。鉴于国际上对纤毛虫的研究工作在六七十年代形成一个"转型期"，即由经典的建立在活体观察水平上的研究转入到应用现代技术对"纤毛图式"、超微结构以及分子生物学特征等进行多方位信息的揭示，因此，我国起始于 80 年代的纤毛虫研究复兴从某种意义上代表着一个新时期的开始。

截至 20 世纪后期，在中国沿海乃至整个西太平洋沿岸以及东亚地区，有关腹毛亚纲纤毛虫现代意义上的研究资料基本处于空白状态（Song et al., 1999）。其中，就海洋类群而言，自 20 世纪 50 年代至今，除欧美地处的大西洋沿岸及部分邻接海区内（如地中海、北海、波罗的海和墨西哥湾等）所开展的阶段性、区域性工作外，海洋纤毛虫在世界范围内从来没有在任何地方按照现代标准进行过完整、深入的分类研究。而传统的土壤与淡水水系中纤毛虫物种多样性的研究主要限于欧洲与北美地区。此外，尽管该类群吸引了许多研究者的关注，但由于腹毛亚纲纤毛虫本身形态结构复杂、多样性极高，囿于研究手段的限制和研究人员的缺乏，不管是在物种之间的区分鉴定还是在科属及以上阶元的系统分类上，存在许多亟待解决或澄清的问题和诸多混乱：多年来积累的错误等待厘清，若干不明类群的定义等待廓清，不合理的系统地位安排等待进一步调整（Corliss, 1979; Small & Lynn, 1985; Berger, 1999, 2006, 2008, 2011; Song et al., 1999; Lynn & Small, 2002; Lynn, 2008）。

　　自 20 世纪 80 年代，作者所在研究团队开展了对我国纤毛虫自由生活类群的摸清家底性的研究，该研究分别覆盖了温带和热带海区、各类土壤、淡水和湿地生境，系统刻画了我国长期不明的自由生活腹毛亚纲纤毛虫的多样性，研究首次给出了包括纤毛图式等现代物种鉴定的专业级资料，完成了对国际上长期不详、鉴定混乱的大量"半知种类"的重描述、新定义及新模建立、异名清理等大量的各类历史遗留问题的修订，基于细致的形态学比较及大量前人的文献建立了新目、新科、新属、新种等大量新阶元。

3. 分类系统

　　腹毛亚纲纤毛虫的研究历史可上溯 300 年，自 20 世纪 70 年代以来，腹毛亚纲下阶元曾进行过多次较大的修订。由于研究者所倚重的出发点不同（纤毛图式特征、细胞发生学、超微结构和分子序列分析等），对同一结构的系统发生学含义的诠释不同，因此在科及以上（亚目）的安排上存在较大分歧。主要存在如下几个系统。

　　Corliss（1979）修订的纤毛虫分类系统，基本囊括了 1979 年以前报道的所有有效阶元，是形态分类学家普遍采用的经典系统。然而，其内部阶元划分较为粗糙，在一定程度上仅为多科属级阶元的简单堆砌，在较高的阶元上甚至存在一些错误。近年来，随着越来越多新阶元的逐步报道，以及更多更全面的信息综合考量，Corliss（1979）纤毛虫分类系统已无法满足现代学者的研究参考需求。

　　随后 Small 和 Lynn（1985）在 Corliss（1979）分类系统的基础上，参照纤毛图式、超微结构的信息，进行了综合整理和补充；但由于缺失大量属级阶元（未处理或者未收录），因而具有较大不足。

　　Shi 等（1999）对腹毛类系统进行了较为细致的厘定，采用了以形态发生模式为基础并结合纤毛图式特征而构建的亚目和科级的系统。

　　Lynn 和 Small（2002）的纤毛虫分类系统和随后在此基础上修订的 Lynn（2008）分类系统，引入分子信息［多为核糖体小亚基（SSU rRNA）基因序列］，并且结合形态学、细胞发生学特征，进一步深入、细化至目下科属阶元的划分。

　　Berger（1999, 2006, 2008, 2011）针对腹毛类中不同的小类群（尖毛类/散毛类、尾柱类、排毛类）进行了一系列细致、全面的清理，将过往的资料集合，对其参考价值给出客观、中肯的评价，对各个小类群中亚目、科属阶元重新厘定、廓清，并且对其间的系统关系进行探讨。该系统是目前腹毛类纤毛虫研究中最具参考价值和囊括最多新信息的系统，是当前腹毛类纤毛虫研究者的重要参考资料。

　　1）Corliss（1979）的系统

　　　　Order：Hypotrichida Stein, 1859

　　　　　　Suborder 1. Stichotrichina Fauré-Fremiet, 1961

　　　　　　　　Spirofilidae　Strongylidae　Urostylidae　Holostichidae　Psilotrichidae
　　　　　　　　Kitrichidae　Keronidae

　　　　　　Suborder 2. Sporadotrichina Fauré-Fremiet, 1961

　　　　　　　　Oxytrichidae　Aspidiscidae　Euplotidae　Gastrocirrhidae

　　2）Jankowski（1979）的系统

　　　　Order：Hypotrichida Stein, 1859

　　　　　　Suborder 1. Stichotrichina Fauré-Fremiet, 1961

　　　　　　　　Urostylidae　Keronopsidae　Psilotrichidae　Kitrichidae

　　　　　Pseudourostylidae　Holostichidae　Bakuellidae　Strongylidae
　　　　　Atractidae　Spirofilopsidae　Hypotrichidiidae　Microspirettidae
　　　　　Chaetospiridae
　　　Suborder 2. Sporadotrichina Fauré-Fremiet, 1961
　　　　　Pleurotrichidae　Oxytrichidae　Amphisiellidae　Discocephalidae
　　　　　Gastrocirrhidae　Diophryidae　Euplotidae　Uronychidae
　　　　　Paraeuplotidae　Swemarkiidae　Aspidiscidae

3）Small 和 Lynn（1985）的系统
　　Class：Spirotrichea Bütschli, 1889
　　　Subclass：Stichotrichia Small & Lynn, 1985
　　　　Order：Stichotrichida Small & Lynn, 1985
　　　　　Suborder 1. Urostylina Borror & Wicklow, 1983
　　　　　　Urostylidae　Pseudourostylidae　Pseudokeronopsidae
　　　　　Suborder 2. Stichotrichina Fauré-Fremiet, 1961
　　　　　　Chaetospiridae　Strongylidiidae　Psilotrichidae　Spirofilidae
　　　　　　Keronidae　Gonostomatidae　Cladotrichidae　Amphisiellidae
　　　　　Suborder 3. Sporadotrichina Fauré-Fremiet, 1961
　　　　　　Oxytrichidae　Trachelostylidae
　　Class：Nassophorea Small & Lynn, 1985
　　　Subclass：Hypotrichia Stein, 1859
　　　　Order：Euplotida Small & Lynn, 1985
　　　　　Suborder 1. Discocephalina Wicklow, 1982
　　　　　　Discocephalidae　Erionellidae
　　　　　Suborder 2. Euplotina Small & Lynn, 1985
　　　　　　Uronychiidae　Gastrocirrhidae　Aspidiscidae　Euplotidae

4）Tuffrau（1987）的系统
　　Order：Hypotrichida Stein, 1859
　　　Suborder 1. Euplotina Jankowski, 1979
　　　　Kiitrichidae　Aspidiscidae　Euplotidae　Gastrocirrhidae
　　　Suborder 2. Discocephalina Wicklow, 1982
　　　　Discocephalidae　Erionellidae
　　　Suborder 3. Stichotrichina Fauré-Fremiet, 1961
　　　　Plagiotomidae　Kahliellidae　Spirofilidae　Urostylidae　Holostichidae
　　　　Pseudokeronopsidae　Keronidae
　　　Suborder 4. Sporadotrichina Fauré-Fremiet, 1961
　　　　Oxytrichidae

5）Shi 等（1999）的系统
　　Order：Hypotrichida Stein, 1859
　　　Suborder 1. Protohypotrichina Shi, Song & Shi, 1999
　　　　Phacodiniidae　Kiitrichidae
　　　Suborder 2. Stichotrichina Fauré-Fremiet, 1961
　　　　Stichotrichidae　Kahliellidae　Amphisiellidae　Keronopsidae
　　　　Onychodromidae
　　　Suborder 3. Urostylina Borror & Wicklow, 1983
　　　　Urostylidae　Holostichidae　Pseudoamphisiellidae　Pattersoniellidae

Suborder 4. Sporadotrichina Fauré-Fremiet, 1961
　　Discocephalidae　Pliurotrichidae　Psilotrichidae　Gastrostylidae
　　Oxytrichidae
Suborder 5. Euplotina Jankowski, 1979
　　Uronychiidae　Gastrocirrhidae　Euplotidae　Aspidiscidae

6）Lynn 和 Small（2002）的系统
　　Class：Spirotrichea Bütschli, 1889
　　　　Subclass：Hypotrichia Stein, 1859
　　　　　　Order 1：Kiitrichida Nozawa, 1941
　　　　　　　　Kiitrichidae
　　　　　　Order 2：Euplotida Small & Lynn, 1985
　　　　　　　Suborder 1. Discocephalina Wicklow, 1982
　　　　　　　　Discocephalidae
　　　　　　　Suborder 2. Euplotina Small & Lynn, 1985
　　　　　　　　Aspidiscidae　Certesiidae　Euplotidae　Gastrocirrhidae
　　　　　　　　Uronychiidae
　　　　Subclass：Stichotrichia Small & Lynn, 1985
　　　　　　Order 1：Plagiotomida Albaret, 1973
　　　　　　　　Plagiotomidae
　　　　　　Order 2：Stichotrichida Fauré-Fremiet, 1961
　　　　　　　　Amphisiellidae　Epiclintidae　Kahliellidae　Keronidae
　　　　　　　　Psilotrichidae　Spirofilidae　Strongylidiidae
　　　　　　Order 3：Urostylida Jankowski, 1979
　　　　　　　　Pseudokeronopsidae　Pseudourostylidae　Urostylidae
　　　　　　Order 4：Sporadotrichida Fauré-Fremiet, 1961
　　　　　　　　Oxytrichidae　Trachelostylidae

7）Lynn（2008）系统
　　Class：Spirotrichea Bütschli, 1889
　　　　Subclass：Hypotrichia Stein, 1859
　　　　　　Order 1：Kiitrichida Nozawa, 1941
　　　　　　　　Kiitrichidae
　　　　　　Order 2：Euplotida Small & Lynn, 1985
　　　　　　　Suborder 1. Discocephalina Wicklow, 1982
　　　　　　　　Discocephalidae
　　　　　　　Suborder 2. Euplotina Small & Lynn, 1985
　　　　　　　　Aspidiscidae　Certesiidae　Euplotidae　Gastrocirrhidae
　　　　　　　　Uronychiidae
　　　　Subclass：Stichotrichia Small & Lynn, 1985
　　　　　　Order 1：Stichotrichida Fauré-Fremiet, 1961
　　　　　　　　Amphisiellidae　Kahliellidae　Keronidae　Plagiotomidae
　　　　　　　　Psilotrichidae　Spirofilidae　Strongylidiidae
　　　　　　Order 2：Urostylida Jankowski, 1979
　　　　　　　　Pseudokeronopsidae　Pseudourostylidae　Urostylidae　Epiclintidae
　　　　　　Order 3：Sporadotrichida Fauré-Fremiet, 1961
　　　　　　　　Oxytrichidae　Trachelostylidae

4. 形态特征

腹毛亚纲为纤毛门中特化程度最高的一大类，在体型上普遍为背腹扁平并以腹面特化的纤毛器（由纤毛聚合而成的棘毛）作为支撑而爬行于基质上。如图1所示，其腹面的纤毛器特化为口区的膜状结构（口围带和波动膜，用于摄食，前者起于虫体前端并后行而绕至腹面）。体区纤毛形成背、腹分化，其中在腹面形成棘毛（用于支撑、运动），并因类群不同而有进一步分组化或简化的趋势，从而构成类群特异性的不同模式；背面纤毛退化为呈纵列分布的触毛（Corliss, 1979; Song *et al.*, 1999）。

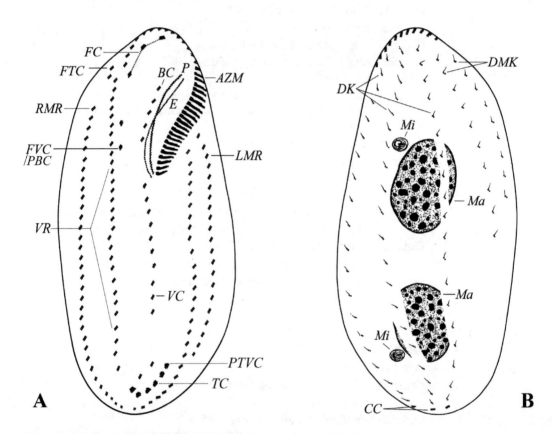

图1　腹毛类纤毛虫纤毛图式的模式图
A. 腹面观；B. 背面观
AZM. 口围带；*BC*. 口棘毛；*CC*. 尾棘毛；*DK*. 背触毛列；*DMK*. 背缘触毛列；*E*. 口内膜；*FC*. 额棘毛；*FTC*. 额前棘毛；*FVC*. 额腹棘毛；*LMR*. 左缘棘毛列；*Ma*. 大核；*Mi*. 小核；*P*. 口侧膜；*PBC*. 拟口棘毛；*PTVC*. 横前腹棘毛；*RMR*. 右缘棘毛列；*TC*. 横棘毛；*VC*. 腹棘毛；*VR*. 腹棘毛列

腹毛亚纲（广义）包括凯毛目、盘头目、游仆目及"典型的"（狭义的）腹毛亚纲的3个目（包括排毛目、散毛目、尾柱目）等多个目级类群。在本书中，我们依次对以上6个目级阶元进行介绍，它们的主要形态特征和区别如下。

（1）凯毛目与"典型的"（狭义的）的腹毛类相比，在形态学上体现出一系列的祖先型特征：体区几乎所有棘毛均呈同律、原基态的低度分化状态，基本无特化或分组化；

无缘棘毛；口侧膜和口内膜以"半原基"的形式存在；尚没有明确分化出的背触毛，多数情况下，每列背触毛均与棘毛相混合而无界限，此纵向分布的原始"触毛"（类似异毛类、肾形类等所具有的）由原始的双动基系所构成，即每对毛基体均着生纤毛（在其他腹毛类中，双动基系中仅在前面的毛基体着生短纤毛）（图 2A）。

（2）盘头目外表坚实，体前端膨大形成明显的"头部"，多栖息在沙隙生境。纤毛器有高度、完善的分化，背腹分化明显；额-腹-横棘毛数目多于 18 根，且与腹棘毛数目相比，横棘毛数目显著多；无额前棘毛；2 根口棘毛（图 2B）。

（3）游仆目最显著的特征为外表坚实，体表不同程度的盔甲化；具有高度发达的口围带和 1 或 2 片低分化的（原基态的）波动膜。体纤毛器趋于简化且分区化明确：在腹面形成额-腹棘毛和横棘毛等。在特化类群，各部位的棘毛数目稳定、有次生性消失的趋势。背面生有短的触毛（图 2C）。

（4）排毛目的形态学特征包括：腹面棘毛明确分化，普遍存在无分组化、纵贯虫体、多列长的腹棘毛列（不形成中腹棘毛对）；尤其小双科在细胞发生过程中出现拟合发育现象，具体体现为 1 列腹棘毛来自于多列腹棘毛的"混合"拼接（图 2D）。

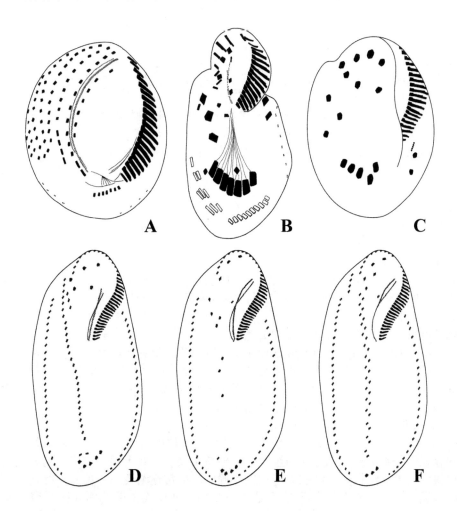

图 2　腹毛亚纲 6 个目的腹面纤毛图式示意图
A. 凯毛目；B. 盘头目；C. 游仆目；D. 排毛目；E. 散毛目；F. 尾柱目

（5）散毛目具典型的 5FVT-原基条带发生模式（有些学者也将 UM-原基归入"FVT-原基"，因此称为"6-原基发生模式"）及 18 根额-腹-横棘毛的分组。而在背面，背触毛的发生过程和模式均表现出高度的分化现象，形成多个发生类型，因此成为该目下重要的属级差异。尤其在部分属中分化出了"背缘触毛"，其在起源上与右缘棘毛原基同源（在低等散毛类）或在其前端外侧独立形成（在尖毛类等高等类群），Foissner 等（2004）和 Berger（2008, 2011）认为该结构具有非常高的系统学权重，并为具此结构的物种建立了凌驾于目科阶元之上的类群——"背缘类"（图 2E）。

（6）尾柱目腹面纤毛器的典型特征为双列"中腹棘毛列"，部分学者称为"中腹棘毛复合体"，即来自每列 FVT-原基的 2 根棘毛在大多数情况下由前至后排列成锯齿形（zig-zag）模式，前端起于虫体的额棘毛之下，通常向后延伸至虫体中部，甚至纵贯至尾端（图 2F）。

5. 术语

本工作所涉及的常用名词术语参照 Song 等（1999）、Berger（1999, 2006, 2008, 2011）、Corliss（1979）、Hausmann 等（2003）和 Hemberger（1982）的文献。

Adoral zone of membranelles（AZM）口围带：数片由纤毛特化而成的小膜有序地排列成一组协调统一的细胞器，沿虫体口区（或左前侧）排列，主要执行捕食功能；该结构典型地出现在异毛类、腹毛类等高等类群的围口区。

Anterior left marginal cirri（ALMC）前左缘棘毛：盘头目类群中，左缘棘毛分为两部分，前段位于腹面，后段位于背侧面，前者被称为前左缘棘毛。

Amphisiellid cirral row（ACR）小双虫腹棘毛列：特指在小双科种类中，位于腹面的 1 列（完整或片段化的）棘毛。发生上来自于右边 2 至多列的棘毛原基。属于额腹棘毛的一种。

Basal body 基体，毛基体：等同于鞭毛虫的生毛体、中心粒等，本术语通常用作纤毛虫毛基体（kinetosome）的同义词，它的一个已废弃且表达不准确的同义词为生毛体或基粒（basal granule）。

Buccal apparatus 口器（=buccal organelle, oral apparatus, oral structure）：纤毛虫所特有的结构，指位于胞口区域的特化的复合纤毛器（广义上由参与摄食的所有细胞器组成），通常参与摄食，如小膜、波动膜及其表膜下纤维结构。

Buccal area 口区：具口器的纤毛虫之口周围的区域，强调口前庭部位。本术语常与 oral area 混用，但后者所指范围可能更宽泛。

Buccal cirrus（cirri）（BC），buccal cirral row（BCR）口棘毛与口棘毛列：特指波动膜右侧边缘的 1 根或 1 列棘毛。口棘毛多来自于左侧第 2 额-腹-横棘毛原基条带。

Caudal cirri（CC）尾棘毛：指由某些背触毛原基后 1 或几个毛基体对分化形成的棘毛。尾棘毛的有无、数目及长短是属间鉴定的依据之一。

Cirral row（CR）棘毛列：棘毛排成的列状结构。

Cirrus（pl. cirri）棘毛：在高等纤毛虫中作为运动胞器的纤毛丛（簇）复合体结构，特别存在于腹毛类纤毛虫中。由至少 2 根但通常众多（数十根或更多）的纤毛聚合成粗束或毛笔状结构。该结构无专门的外膜，端部常逐渐变细，独立地行使爬行、支撑等运动功能。对应于纤毛的毛基体呈规则多列模式，毛基体间彼此通过纤维或微管连接。棘毛是纤毛特化的高等形式，在数量上恒定或在一定范围内波动（因类群而异）。在发生上成列或成组形成于虫体的特定腹面区域，发育后期的棘毛可以进一步分组化并以其位置而加以细分。棘毛的数量、位置、形成方式及彼此间的空间关系具有重要的分类学意义。

Cirrus I/1，II/2，II/3，III/2，III/3，IV/2，IV/3，V/2，V/3，V/4，VI/2，VI/3，VI/4 腹棘毛 I/1，II/2，II/3，III/2，III/3，IV/2，IV/3，V/2，V/3，V/4，VI/2，VI/3，VI/4：参考 Wallengren（1900）和 Berger（1999）的命名法则，根据在细胞发生中的来源为尖毛科种类的腹棘毛编号。罗马数字表示贡献该棘毛的额-腹-横棘毛原基的序号，阿拉伯数字表示该棘毛为该额-腹-横棘毛原基贡献的多个棘毛中由下而上的序号。

Complex type 复杂型（银线系）：游仆虫银线类型之一，特征为相邻的背触毛列间有多列（大于 2 列）不规则的错乱银线格。

Coronal cirral row 冠状棘毛列：额棘毛在某些特定类群（尾柱类）的特殊排布方式，即分布于额区顶端，以双列（少数单列或 3 列）连续形式排布，与后方的其他棘毛无明显的界限。

DE-value DE-值：虫体顶端至口围带远端的距离占口围带总长的比例。

Double-*eurystomus* type 双阔口型（银线系）：游仆虫银线类型之一，类似 *Euplotes eurystomus* 的银线，特征为相邻的背触毛列间有两列等宽银线格。

Double-*patella* type 双小腔型（银线系）：游仆虫银线类型之一，类似 *Euplotes patella* 的银线，特征为相邻的背触毛列间有两列不等宽银线格。

Dorsal kinety（DK）背触毛：指位于背面（有时也可分布到腹缘处）的若干列茸状短纤毛，每个背触毛复合体由 2 个毛基体组成，其中居前者生有一短的茸状纤毛，后边的毛基体则为裸毛基体。背触毛的排列、数目及发生方式具种属稳定性，是鉴别种、属等的重要依据之一。

Endoral（=endoral membrane，E）口内膜：见口侧膜（paroral）及波动膜（UM）。

Extra cirri（ExC）额外棘毛：尖毛科的半腹柱虫属及偏腹柱虫属中，右缘棘毛列右下方具 2 根分布于缘棘毛列之外的、来源不明的棘毛，称额外棘毛。

Frontal cirri（FC）额棘毛：位于虫体前端口区内，于波动膜右侧。额棘毛来源于细胞发生时额-腹-横棘毛原基前端的棘毛。在高等种类中额棘毛分布的方式具有相对稳定性，其分化与否可作为阶元的划分依据之一。

Frontal ventral cirri（FVC）额腹棘毛：分布于口区内，口棘毛右侧，额棘毛下方的若干根棘毛，在部分类群中也称为拟口棘毛。

Frontoterminal cirri（FTC）额前棘毛：特指着生在口围带右后方近细胞右边缘的几根或成一短列的棘毛。形态发生时，额前棘毛来自于额-腹-横棘毛原基中最右侧 1 列额-腹-横棘毛原基的前移。

Frontoventral cirral row（FVCR）额腹棘毛列：由额区开始，一直延伸到腹部甚至尾端区域的成列棘毛。额腹棘毛列的数目、每列棘毛的多少、末端至横棘毛的距离，以及它的分布方式具有属及种间的稳定性差异；额腹棘毛列通常存在于排毛目、散毛目和游仆目的某些种类中（有时又简称为腹棘毛列）。

Frontoventral transverse cirri（FVTC）额-腹-横棘毛：分布于虫体额区、腹区和尾端的棘毛，也可理解为腹面除缘棘毛外的所有棘毛。

Frontoventral transverse cirral anlagen（FVT-anlagen）额-腹-横棘毛原基（FVT-原基）：指形态发生时由此发育演化成前、后仔虫额、腹、横棘毛的原基。根据额、腹、横棘毛发生时产生原基的列数可划分为多种发生形式，如 5 原基发生型、多原基发生型等。额-腹-横棘毛原基的发生方式及部位通常具有稳定性，是属间及各科、亚目之间的主要分类依据之一。

Infraciliature 纤毛图式（=纤毛下器，表膜下纤毛系）：在国内有多种中文译名，但此处推荐使用纤毛图式一词。在纤毛虫中，纤毛图式是指整个虫体表面所有毛基体、纤毛器及与之相连的位于表膜下的微纤维（或微丝）和微管等的集合称谓，此名词在分类学者的专业表述中同时含有（因不同类群而特定的）结构模式等含义。不同种类具有特定的二维或三维结构模式，经适当方法[如蛋白银染色（protargol impregnation）]着色后方可显示，在种属鉴定及更高阶元分类学中均是重要的依据之一。类似的名词为 ciliature，但后者更强调细胞表面的纤毛器结构或整体排列模式。

Lynceus arrangement "*lynceus*" 式排布：楯纤虫属内的一种额腹棘毛排布模式，类似 *Aspidisca lynceus*，特征为额腹棘毛均布于体前半部，通常 4 根棘毛贴近体边缘，3 根棘毛在内侧，均斜向排列。

Macronuclear nodules（Ma）大核：纤毛虫体内具转录和生理活性的核，除核残类中为二倍体外，其他均为多倍体，为小核系列 10%-90%选择性扩增的结果。大核主管机体的表现型，可以有多个，通常呈致密的球形或椭球形，普遍会呈现各种形状。大核内通常具有许多核仁，有时会出现一系列永久性的微管（如在吸管虫中）。大核既可以是同相的，也可以是异相的。尽管在原始的核残类中完全没有分裂的能力（在那里，大核分裂被小核分裂所取代），但仍具有很强的再生能力。在有性生殖中，大核将被吸收并被合子核产物所取代。

Marginal cirral row（MR）缘棘毛列：指形态发生时来自于缘棘毛原基的棘毛或棘毛列。缘棘毛可多列（如尾柱目的某些种类）、单列（如散毛目的大部分种类及尾柱目的部分种类）或退化（如游仆目的部分种类）。分为左缘棘毛列（left marginal cirral row，LMR）和右缘棘毛列（right marginal cirral row，RMR）。

Membranelles 小膜：构成连续排列的围口区纤毛复合器（口围带）中的一个基本单元，出现在寡膜类及多膜类纤毛虫口腔或围口区，通常由协调一致的 2-4 列纤毛（或对应的毛基体）构成，可以用来取食或收集食物。

Meridional row（MerR）纵向棘毛列：在排毛目旋纤科腹毛虫属的种类中，额区分布若干相互平行的、纵向排布的额腹棘毛列，也称为纵向棘毛列。

Micronuclei（Mi）小核：纤毛虫中无转录活性的核，为其遗传信息的储藏载体，可以有多个，比大核小得多，基因组为二倍体（2*N*），无核仁。在纤毛虫中，小核的有丝分裂常常与细胞分裂相联系，进行周期性的减数分裂，在接合生殖中扮演着重要的角色（它的某些产物可以生成大核）。在纤毛虫中，小核又被称为生殖核，与 macronuclear nodule 相对。

Midventral complex（MVC）中腹棘毛复合体：中腹棘毛对和中腹棘毛列的总称。

Midventral pair（MP）中腹棘毛对：特指以 "zig-zag" 模式分布于腹部的 2 列棘毛，通常相距较近并彼此交错排列。中腹棘毛普遍存在于尾柱目中，其在细胞发生时来源于斜向排列的多 FVT-原基列。各原基列在发育过程中通常只提供 2 或 3 根棘毛，其中前边的 2 根彼此交错串联成为中腹棘毛对。

Midventral row（MVR）中腹棘毛列：指尾柱目中，细胞发生时来自于多列 FVT-原基，但不呈典型的 "zig-zag" 模式排列的单列或多列腹棘毛。

Migratory cirri（MigC）迁移棘毛：在细胞发生末期需要经过较大程度的迁移才达到类似间期个体中的位置的棘毛。

Multiple type 多型（银线系）：游仆虫银线类型之一，特征为相邻的背触毛列间有多于 2 列规则银线格。

Parabuccal cirri（PBC）拟口棘毛：分布于口围区内，口棘毛右侧，额棘毛下方的若干根棘毛，在部分类群中也称为额腹棘毛。

Paroral（=paroral membrane，P）口侧膜：属于口纤毛器范围，与摄食有关。本术语有时用得较宽泛，具有如下基本结构特征：毛基体呈锯齿状排列，为一单一结构并具有特殊的起源，位于口腔右侧。与之有关的同源结构为口内膜 endoral（二者可同时存在，彼此位置接近）。当口侧膜与口内膜同时存在时，波动膜是指二者的组合。

Polystyla arrangement "*polystyla*"式排布：楯纤虫属内的一种额腹棘毛排布模式，类似 *Aspidisca polystyla*，特征为额腹棘毛大部分位于体前半部，每 3 根一组，斜向两组排列，最后方 1 根棘毛稍远，位于体中后部，通常在右缘的小突起之下。

Posterolateral marginal cirri（PLMC）后侧缘棘毛：盘头目类群中，左缘棘毛分为两部分，前段位于腹面，后段位于背侧面，后者即为后侧缘棘毛。

Postoral ventral cirri（PVC）口后腹棘毛：在某些腹毛类中，位于胞口后方的 1 至几根腹棘毛。

Pretransverse ventral cirri（PTVC）横前腹棘毛：在某些腹毛类中，位于虫体横棘毛前端，且十分细弱的棘毛，其在细胞发生时来源不尽相同。

Single-*vannus* type 单型（银线系）：游仆虫银线类型之一，类似 *Euplotes vannus* 的银线，特征为相邻的背触毛列间仅一列银线格。

Transverse cirri（TC）横棘毛：位于虫体腹面近尾端的棘毛。横棘毛通常较粗壮，细胞发生时来自各列 FVT-原基条带中后端的 1 根棘毛。以 5 原基形式发生的种类通常具有 5 根横棘毛，以多原基发生的种类一般可有多根横棘毛。

Undulating membrane（UM）波动膜：通常是指于胞口内侧的"片状小膜"，在大多数腹毛类中，包括口侧膜和口内膜。

Ventral cirral rows/ cirri（VR/VC）腹棘毛列与腹棘毛：一般是指位于口围后方、横棘毛之前、口区之后、缘棘毛之内、着生在腹部的棘毛。严格意义的腹棘毛是指限于腹部区域、细胞发生时来自额-腹-横棘毛原基的棘毛。

6. 研究方法

（1）采集方法

1）直接采水法：选择较僻静、背阴的水体（小水洼、岩石积水等），轻微搅动使基底的沉积物泛起，广口瓶直接采水（200-500 ml）；同时捞取适量水生植物、基底物，刮取部分附着物，置入水样中。

2）PFU 法：针对较深的水体（无法直接采水），以绳系海绵块于水体中（距离水面 1-1.5 m），悬浸一段时间（7-15 天），挤出其内液体（Shen *et al.*, 1990）。另取原位水 200-500 ml 待稀释用。

3）载玻片法：针对较深的水体（无法直接采水），以绳系载玻片于水体中（距离水面 1-1.5 m），悬置一定时间（约 10 天），将载玻片从框上取下置于浸入原位水的培养皿中（Song & Xu, 1994）。

4）泥沙采集法：对于泥沙底质和潮间带，取表层 5-10 cm 的泥沙，掺入少量原位水置于广口瓶中；另取 200-500 ml 原位水。

5）土壤采集法：土壤种类，直接铲取表层 5-10 cm 土样。

（2）样品处理

直接采水的样品，倒入培养皿中；采集的泥沙置入滤器中，用原位水冲洗若干次，接入培养皿中；载玻片置于培养皿中，倒入原位水；海绵块需尽量挤出所有水分，静置后吸取沉积物表层水样；土壤样品需于室温下阴凉处晾干，纱布包裹置于培养皿中，加入矿泉水（不完全淹没）。

（3）建立培养

培养方法参照 Song 和 Xu（1994）的方法。具体操作如下。

1）粗培养：吸取原采集样入培养皿中，体式显微镜下去除大型后生动物及多余的沉积物，加适量米粒或麦粒以致富细菌。每日检查 1 或 2 次。

2）纯培养：在室温下，仅维持单一目标种（有时可混合另一种以供作饵料），加适量菌膏或米粒。对某些食菌种类则可转移至低温培养箱内（14℃），以建立长期的种库培养。

（4）活体镜检和显微观察

在解剖镜下观察虫体自由运动特征（纤毛摆动特征和游泳体位变化等）、体色、柔软程度（是否伸缩和有无弹性等）；用微吸管吸取少量虫体进行活体压片（Foissner et al., 1991），在显微镜下观察虫体细胞大小、外形、纤毛器（粗壮程度和纤毛长短等）、表膜皮层结构（皮层颗粒、表膜泡的有无和分布模式）、伸缩泡（排空时间、位置、数目和有无收集管等）、射出体、内质情况（食物泡大小、数目、分布特征、内含物等，有无结晶体、特殊的空泡和油球等）等。

（5）染色制片及绘图

应用蛋白银染色方法（Wilbert, 1975）对细胞进行染色，制成永久制片，显示虫体的纤毛图式和核器特征。在显微镜下进行数据统计，使用绘图器辅助完成纤毛图式和核器的绘制。

第 1 篇　凯毛目 Kiitrichida Nozawa, 1941

邵　晨（Chen SHAO）　　王静毅（Jingyi WANG）

Kiitrichida Nozawa, 1941, *Annot. Zool. Jap.*, 20: 24.

　　长期以来，凯毛虫属和心毛虫属被认为是广义腹毛类中系统地位最具争议的阶元。其形态特征为：尚没有明确分化出背触毛，多数情况下，每列背触毛均与棘毛相混合而无界限，此纵向分布的原始"触毛"（类似异毛类、肾形类等所具有的）系由原始的双动基系所构成，即：每个毛基体均着生纤毛（在其他腹毛类中，双动基系中仅前面的毛基体着生短的纤毛）；体区的几乎所有棘毛均呈同律、原基态的低度分化，基本无特化或分组化；无缘棘毛；口侧膜和口内膜以"半原基"的形式存在（图 3A，B）。

　　从传统观念上讲，旋唇类纤毛虫包含两大类：异毛类和腹毛类（Corliss，1979; Small & Lynn，1985）。从形态学的角度来说，异毛类具有如下特征：胞口普遍阔大并（右侧）伴生有 1 发达的波动膜；全身棘毛列同律、无特化，没有背腹的区别，均为双动基系结构（纤毛及毛基体成双出现）（Bullington，1940; Lynn & Small，2002）。而腹毛类的形态学特征为：波动膜高度发达，包括口内膜和口侧膜；体纤毛器分化明确：在腹面形成棘毛，其中在高等类群，各部位的棘毛可进一步分组化而构成具有类群特异性的不同模式；背触毛为双动基系，每对毛基体着生 1 根纤毛（Villeneuve-Brachon，1940; Foissner *et al.*，2002）。凯毛虫属和心毛虫属的形态特征是它们之间的过渡型，可能代表的是腹毛亚纲中的原始种类。

　　在截至 Lynn（2008）的多数纤毛虫系统安排中，凯毛虫属及心毛虫属均被归于游仆类或腹毛亚纲内：Borror（1972）

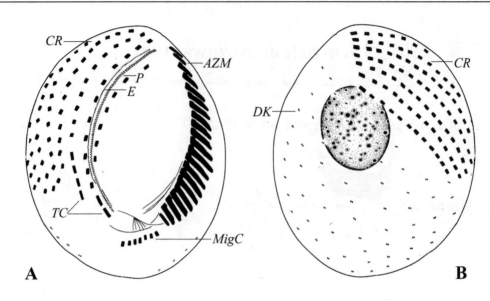

图3 凯毛目纤毛图式模式图
A. 腹面观；B. 背面观

　　根据心毛虫属具有多列体棘毛、无额棘毛分化等特征将其放入稀毛科 Psilotrichidae。Corliss（1979）和 Jankowski（1979）将凯毛虫属和心毛虫属作为凯毛科成员归在腹毛目下的排毛亚目内；而 Small 和 Lynn（1985）将凯毛虫属和心毛虫属作为属级阶元置于排毛亚纲排毛目稀毛科内；Tuffrau（1986）又将凯毛虫属和心毛虫属划分至腹毛目下的游仆亚目内，并与楯纤科、游仆科和腹棘科平行；随后凯毛虫属和心毛虫属又被认为是游仆类纤毛虫的姐妹群而被归入腹毛亚纲下（Lynn & Small, 2002; Lynn, 2008）。Shi 等（1999）以凯毛科为模式建立了腹毛类中的新阶元——原腹毛亚目。随后，Li 等（2009a）因凯毛虫独特的细胞发生型及在分子系统树中的位置，建议将此亚目升级为原腹毛亚纲，并推断凯毛虫属为腹毛类的原始类型，处于 Phacodinidia 与腹毛亚纲之间。Shao 等（2009）在同期开展的研究中，详尽地描述了凯毛虫属的细胞发生学特征和细节，进而明确认定和支持这一新亚纲。Miao 等（2009）通过分析小心毛虫属的 SSU rRNA 基因序列，得到了与 Li 等（2009）几乎相同的结果。

　　该目全世界记载 1 科，中国记录 1 科。

第1章 凯毛科 Kiitrichidae Nozawa, 1941

Kiitrichidae Nozawa, 1941, *Annot. Zool. Jap.*, 20: 24.

虫体腹面卵圆形或椭圆形，口区阔大，口围带发达，具分化程度较低并呈多列同律分布的体棘毛列。额棘毛、缘棘毛和尾棘毛通常不存在。背触毛双动基系中的两个毛基体均着生有纤毛（图3A，B）。本科种类均发现于海水生境。

该科全世界记载2属，中国记录2属。

属检索表

1. 口区后有迁移棘毛列，背触毛不与棘毛混杂排列 ···················· 心毛虫属 *Caryotricha*

   口区后无迁移棘毛列，背触毛通常与棘毛混杂排列 ···················· 凯毛虫属 *Kiitricha*

1. 心毛虫属 *Caryotricha* Kahl, 1932

Caryotricha Kahl, 1932, *Tierwelt. Dtl.*, 25: 563.
Type species: *Caryotricha convexa* Kahl, 1932.

海洋凯毛科类群，虫体背腹略扁平，表膜厚而坚实，2片高度发达的波动膜，横棘毛存在但数目和大小不确定，口区后有1列迁移棘毛，背触毛列通常不与棘毛混杂排列。

该属全世界记载3种，中国记录2种。

种检索表

1. 7列棘毛，横棘毛排为1横列 ··2

   9-12列棘毛，横棘毛排为2纵列 ···························· 小心毛虫 *C. minuta*

2. 体长30-40 μm，口小膜13-15片，横棘毛3根 ·················· 稀毛心毛虫 *C. rariseta*

体长 40-50 μm，口小膜 14-21 片，横棘毛通常 4 根··············· **中华心毛虫 *C. sinica***

（1）小心毛虫 *Caryotricha minuta* (Xu, Lei & Choi, 2008) Miao, Shao, Jiang, Li, Stoeck & Song, 2009 (图 4)

Kiitricha minuta Xu, Lei & Choi, 2008, *J. Eukaryot. Microbiol.*, 55: 201.
Caryotricha minuta Miao, Shao, Jiang, Li, Stoeck & Song, 2009, *Int. J. Syst. Evol. Microbiol.*, 59: 431.

　　形态　活体大小 60-75 μm × 50-60 μm，外表较坚实，可轻微弯折；虫体卵圆形，两端明显较窄，部分个体甚至两端尖削；背腹扁平，厚、宽比约 2∶3。口区阔大明显，约占体长的 80%；细胞质充满浅灰色至深灰色的各种颗粒（直径 2-5 μm），导致虫体在低

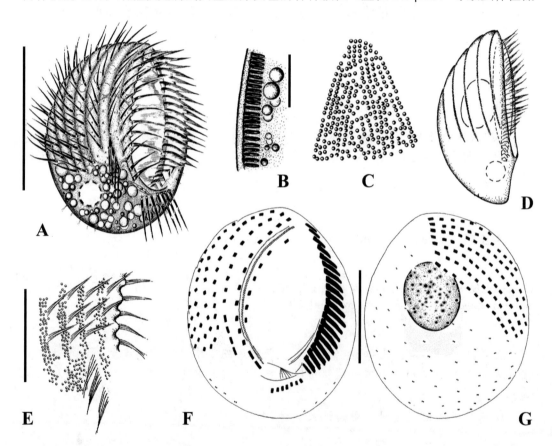

图 4　小心毛虫 *Caryotricha minuta*
A. 活体腹面观；B. 皮层颗粒侧面观；C. 背面观，示皮层颗粒的排布；D. 右侧面观，示体表突起和伸缩泡；E. 腹面皮层颗粒排布及口边缘的小突起；F，G. 纤毛图式腹面观（F）和背面观（G），示棘毛列和背触毛列
比例尺：A. 50 μm；B. 15 μm；E-G. 25 μm

倍镜下完全不透明。皮膜坚实，约 1 μm × 5 μm 的纺锤状皮层颗粒垂直于皮膜，在体棘毛区沿棘毛列间呈条带状密布，在裸毛区域则无规则密集排列。食物泡中包含硅藻等藻类。口区阔大，口边缘约有 8 个小突起，上着生纤毛。大核球形至卵圆形，直径约 25 μm，未观察到小核。部分虫体在亚尾端的右侧稳定具有一泡状结构，但是未观察到有收缩现象，故不能确定为伸缩泡。

运动方式为附着于基质缓慢爬行，受扰动时会迅速径直游走，绕体长轴旋转。

口围带略弯曲，延伸至虫体体长的 4/5 处，由约 25 片小膜组成，口侧膜由多列毛基体组成，口内膜由单列毛基体组成，二者等长，近平行排列。

体纤毛图式如图 4 所示，约 11 列纵向排布的棘毛分布于腹面及背面部分区域，末端终止于虫体中部，形成后部的裸毛区；棘毛基本同律，无分化，仅横棘毛较为粗壮；横棘毛排布为 2 列，分布于左侧第 2、3 列腹棘毛的末端。1 列迁移棘毛由 6-8 根相互靠近的较纤弱的棘毛组成，分布于口后。

背触毛 7 或 8 列，分布于背部左半侧，似海洋凯毛虫，1 对毛基体上着生 2 根背触毛。最右侧的背触毛列较短，其前端与最左 1 列腹棘毛相接。

标本采集地　山东青岛近岸水体，水温 18℃，盐度 31‰。

标本采集日期　2007.05.30。

标本保藏单位　中国海洋大学，海洋生物多样性与进化研究所（编号：JJM2007 053002）；伦敦自然历史博物馆（编号：NHMUK 2007:9:1:1）。

生境　海水。

（2）稀毛心毛虫 *Caryotricha rariseta* Jiang, Xing, Miao, Shao, Warren & Song, 2013 （图 5）

Caryotricha rariseta Jiang, Xing, Miao, Shao, Warren & Song, 2013c, *J. Eukaryot. Microbiol.*, 60: 389.

形态　外表较坚实，活体大小约 35 μm × 20 μm。虫体近卵圆形，前端略尖，后端钝圆；背腹扁平。口区显著阔大，约占体长的 70%。皮膜坚实，长约 1 μm 的棒状皮层颗粒垂直于皮膜，在体棘毛区沿棘毛列间呈条带状密布，在其他区域则无规则密集排列。由于含有深灰色的各种颗粒，细胞质在低倍镜下不透明。无伸缩泡。口边缘有 2 或 3 个不明显突起，每个着生 1 根纤毛。大核球形，直径 15 μm，活体观察时明显可见，通常位于虫体前部。未观察到小核。

运动方式类似同属种，为附基质缓慢爬行，受扰动时会迅速沿直线游走，伴随虫体绕体长轴旋转。

口围带略弯曲，约占体长的 63%，由 13-15 片小膜组成，每片小膜由 4 排毛基体组成，第 1 排极短，其余 3 排明显较其长且近乎等长。在口围带近端的 2 或 3 片小膜中，第 2 排毛基体略短于第 3 和第 4 排毛基体。口侧膜由多列毛基体组成，口内膜由单列毛基体组成，二者等长，近平行排列。体纤毛图式如图 5 所示，7 列纵向棘毛（棘毛大小近乎一致）分布于腹面及背面的前部区域，末端终止于虫体中部，形成了后部的裸毛区。

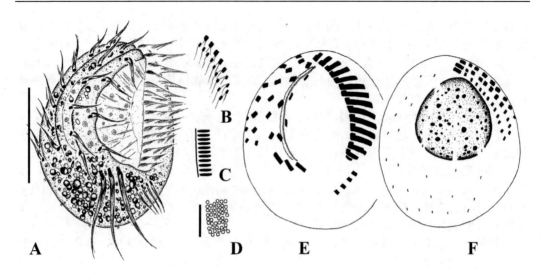

图 5　稀毛心毛虫 *Caryotricha rariseta*
A. 典型个体腹面观；B. 蛋白银染色后的棘毛基体及发达纤维；C，D. 皮层颗粒侧面观（C）及表面观（D）；E，F. 纤毛图式腹面观（E）及背面观（F）
比例尺：A. 20 μm；C, D. 1 μm

　　棘毛列中的棘毛数量从第 1 列至第 7 列逐渐增加：第 1 棘毛列位于波动膜左侧，且由 3 根相对较小的棘毛组成（推测此为口棘毛）；第 2-4 列棘毛分别由 4-8 根棘毛组成，而第 5-7 列棘毛则由 11 根棘毛组成。以上棘毛的长度约 10 μm。棘毛基本同律，基部几乎等大，仅略有差别：第 1 和第 7 列棘毛、第 5 和第 6 列棘毛后端的棘毛较小。染色后可见棘毛间有发达纤维联系。横棘毛基体略长，口区左侧 3 列腹棘毛的末端各着生 1 根横棘毛，形成横棘毛列，纤毛长约 20 μm。迁移棘毛列由 3-5 根紧密排布的较小棘毛组成，位于口区下方。
　　背触毛 4-6 列，分布于虫体背部左半侧，最右侧 1 列前端较短。每对毛基体均着生 2 根背触毛，纤毛长约 2 μm。
　　标本采集地　山东青岛近岸养殖水体，水温 26℃，盐度约 29‰。
　　标本采集日期　2008. 08. 28。
　　标本保藏单位　伦敦自然历史博物馆（正模，编号：NHMUK2012.11.9.1）；中国海洋大学，海洋生物多样性与进化研究所（副模，编号：JJM2008082801）。
　　生境　海水。

（3）中华心毛虫 *Caryotricha sinica* Lian, Luo, Warren, Zhao & Jiang, 2020（图 6）

Caryotricha sinica Lian, Luo, Warren, Zhao & Jiang, 2020a, *Eur. J. Protistol.*, 71: 125663, 4.

　　形态　活体大小 40-50 μm × 25-40 μm，外表坚实。虫体近卵圆形，前端略尖，后端钝圆；背腹扁平。口区阔大明显，约占体长的 66%。细胞质含深灰色的内质颗粒，在低倍镜下除中部（大核区）外均不透明。皮膜坚实，约 1 μm × 0.2 μm 的纺锤状皮层颗粒垂直分布于皮膜下，在棘毛区于棘毛列间呈条带状密布，在裸毛区则无规律密集排列。未见伸缩泡。口边缘有 4 或 5 个不明显突起。大核球形，直径约 17 μm，活体观察时明显可见，通常位于虫体前部。未观察到小核。

　　运动方式类似同属种，附基质缓慢爬行，受扰动时会迅速沿直线游走，伴随虫体绕体长轴旋转。

　　口围带略弯曲，约占体长的 66%，由 14-21 片小膜组成，每片小膜由 4 排毛基体组成，第 1 排最短，其余 3 排明显较长且近等长。口侧膜由多列毛基体组成，口内膜由单列毛基体组成，二者等长，大部分近平行排列，相交于前端。

　　体纤毛图式如图 6 所示，7 列纵向排布的棘毛分于腹面及背面的前部，末端终止于虫体体长约 66% 处，形成后部的裸毛区，棘毛长约 10 μm。棘毛列中的棘毛数量由内而外逐列增加，通常 1-5 列位于虫体腹面，6、7 列位于虫体侧背面；第 1、2 列由 3-5 根棘毛组成（其中第 1 列推测为口棘毛）；第 3 列由 8-11 根棘毛组成，而第 4、5、6、7 列则分别由 10-18 根、13-20 根、14-23 根和 17-30 根棘毛组成。第 1-5 列棘毛基本同律，毛基部几乎等大，第 6 列棘毛最末的 2、3 根棘毛及第 7 列棘毛明显较小。横棘毛 3 或 4 根，排成横棘毛列，位于口区下部，基休略长，纤毛长约 20 μm。迁移棘毛列由 3-8 根紧密排布的较小棘毛组成，位于口区下方。

　　背触毛 5 列，分布于虫体背部左半侧，最右侧 1 列前端较短。每对毛基体均着生 2 根背触毛，纤毛长约 3 μm。

　　标本采集地　广东惠州废弃养殖池塘，水温 25.5℃，盐度约 19‰。

　　标本采集日期　2018. 04. 11.

　　标本保藏单位　中国海洋大学，海洋生物多样性与进化研究所（正模，编号：LCY2018041109-1）；伦敦自然历史博物馆（副模，编号：NHMUK2012.11.9.1）。

　　生境　咸水。

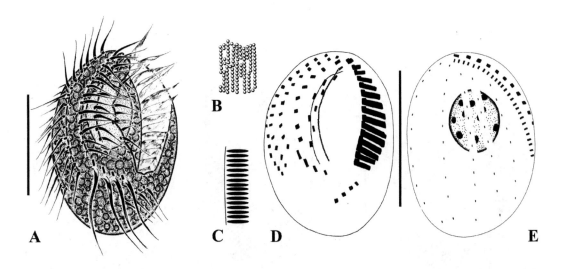

图 6　中华心毛虫 *Caryotricha sinica*
A. 典型个体活体腹面观；B，C. 皮层颗粒顶面观（B）及侧面观（C）；D，E. 纤毛图式腹面观（D）及背面观（E）
比例尺：20 μm

2. 凯毛虫属 *Kiitricha* Nozawa, 1941

Kiitricha Nozawa, 1941, *Annot. Zool. Jap.*, 20: 24.
Type species: *Kiitricha marina* Nozawa, 1941.

　　海洋凯毛科类群，2 片高度发达的波动膜，横棘毛明确分化并排为明显的 1 列，口区后无迁移棘毛列，背触毛列与棘毛列混杂。
　　该属全世界记载 1 种，中国记录 1 种。

（4）海洋凯毛虫 *Kiitricha marina* Nozawa, 1941 （图 7）

Kiitricha marina Nozawa, 1941, *Annot. Zool. Jap.*, 20: 24.
Kiitricha marina Song & Wilbert, 1997b, *Eur. J. Protistol.*, 33: 51.

　　形态　　虫体柔软，活体 110-120 μm × 80-140 μm；椭圆形，右缘明显凸出，左缘较平直仅在前端斜削；背腹扁平，腹、侧比约 2∶1；口区阔大，约占体长的 90%，细胞质布满深灰色至黑色的内含物（直径约 2 μm 的油球和颗粒），使得虫体在低倍放大下观察时为不透明的暗色；食物泡中含硅藻和其他藻类；未观察到伸缩泡。2 枚椭圆形大核位于虫体中线偏左侧，形成清透的核区；小核通常多于 10 枚，散布于虫体。
　　运动方式为在基质上缓慢滑行，或长时间静止。

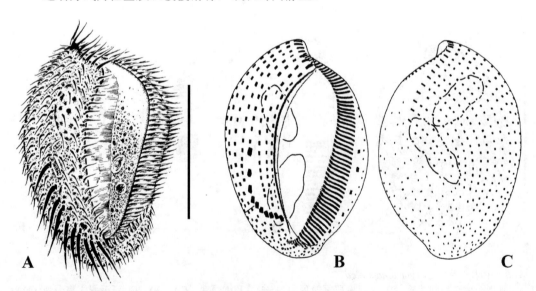

图 7　海洋凯毛虫 *Kiitricha marina*
A. 腹面观；B. 纤毛图式腹面观；C. 纤毛图式背面观
比例尺：50 μm

　　口围带沿虫体左缘排布，前端绕行至虫体背面，后端较宽，小膜基体由 3 排长的和 1 排短的毛基体组成；口围带纤毛长约 20 μm；口侧膜和口内膜长且明显，彼此平行，口侧膜由紧密排布的斜向动基列组成，各动基列含 5-8 个毛基体，口内膜由纵向的 2 列毛基体组成，波动膜纤毛长约 30 μm。

　　与其他高等的腹毛类不同，本种的棘毛分布于腹面和背面，且为若干纵向的棘毛列，除横棘毛外，通体棘毛同律无分化，仅每列最前端的 1 根棘毛较后方棘毛略大；在腹面的口区右侧，分布有 8-10 列棘毛，其中 3 列位于口区和横棘毛之间；在腹面的口区左侧，仅分布一短的、由 4-7 根棘毛组成的棘毛列；口区后方的棘毛退化，每根棘毛仅由 2 对毛基体组成。

　　虫体背面，分布 13-16 列彼此平行的棘毛，于虫体右侧与腹面棘毛列相接，其中，左侧几列于后方明显缩短且与不规则排布的背触毛列相接；与一般腹毛类特征不同，本种背触毛列仅分布于背面左后部且为"混合"触毛列，既包含由 1 对毛基体组成的毛基体对，也含由 2 对毛基体组成的类棘毛结构；每个毛基体对着生 2 根纤毛。

　　标本采集地　山东青岛封闭养殖池塘，水温 5-13℃，盐度 32‰-35‰。

　　标本采集日期　1995. 10. 13，2006. 09. 20。

　　标本保藏单位　中国海洋大学，海洋生物多样性与进化研究所（编号：SWB1995101301，SC2006092001）。

　　生境　海水。

第 2 篇　盘头目 Discocephalida Wicklow, 1982

邵　晨（Chen SHAO）　　罗晓甜（Xiaotian LUO）

Discocephalida Wicklow, 1982, *Protistologica*, 18: 302.

额棘毛、腹棘毛、横棘毛和缘棘毛明确分化，额腹横棘毛多于 18 根；无额前棘毛；口棘毛 2 根；横棘毛粗壮、明确分化；左、右缘棘毛单列；连接纤毛器的纤维普遍十分发达（图 8A-D）。

Corliss（1979）认为盘头类应代表属级阶元并将其归入腹毛目下的游仆科中。同时，Jankowski（1979）则将该类群作为科级阶元置于散毛目中。Wicklow（1982）根据其细胞发生学特征将其提升为亚目级阶元并置于腹毛目内。而在同期较经典的系统学安排中，Small 和 Lynn（1985）将此亚目转移到游仆目。随后，Tuffrau（1986）又将此亚目重新归入腹毛亚纲，并与游仆目、排毛目和散毛目平行。Puytorac 等于 1993 年在腹毛纲尖毛亚纲下建立盘头目，此系统随后被 Tuffrau 和 Fleury（1994）所接受。Lynn 和 Small（2002）及 Lynn（2008）则仍然坚持了 Small 和 Lynn（1985）的原安排，将此类作为亚目级阶元，纳入游仆目。

直到新近的工作，借助分子和发生学信息的帮助，Shao 等（2008d）明确提出：盘头类代表了独立的目级阶元，是腹毛类（狭义）中的祖先型，应属于腹毛亚纲与游仆亚纲之间的居间类群。本目中的另一个大类群——伪小双科曾被认为是尾柱目的一员（Berger, 2006; Shao *et al.*, 2006），Yi 等（2008）基于分子系统学信息，将伪小双科转入盘头目，否定了 Lynn 将其作为游仆类姐妹群的安排。

在 Miao 等（2011）基于 SSU rRNA 基因序列构建的系统发育树中，伪小双虫类与盘头类聚为姐妹群，尽管置信值并非最高，但分子系统树的拓扑结构与重要形态特征（如明显具有头部，具有高度发达的纤维结构用以连接棘毛，一般是 2 列明确分开的腹棘毛、高度发达的横棘毛等）的相似性表明：伪小双科和盘头科应该被归入同一类群，即盘头目。该工作进一步建议，盘头目应作为腹毛亚纲和游仆亚纲的边缘类群。结合形态特征及细胞发生模式信息，此两类可能分别代表盘头目下的 2 个亚目，即盘头亚目和伪小双亚目。

为维持与上述系统安排的一致性，本章将盘头科与伪小双科安排在盘头目中。但二者在发生学过程和特征上仍旧显示出诸多高度的差异性。虽然在分子系统树中二者可以勉强归入同一进化支（目）内，但在发生学层面，二者更多地显示出彼此互相隔离、不一致的发育过程。这也许可以解释为：即便它们属于来自同一个祖先的单元发生系，也是两个处于高度分化、渐行渐远的不同进化支。总之，本目内 2 个科级阶元分别代表了彼此界限分明、发生学及形态学上亲缘关系疏远的两个类群。该目全世界记载 2 科，中国记录 2 科。

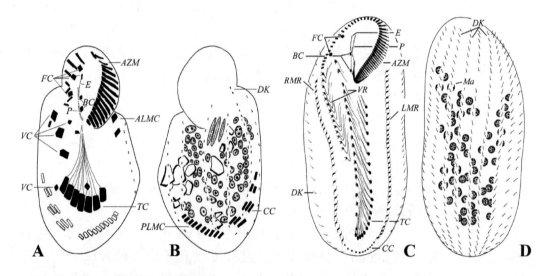

图 8　盘头目纤毛虫纤毛图式的模式图
A，B. 盘头科腹面观（A）与背面观（B）；C，D. 伪小双科腹面观（C）与背面观（D）

科检索表

1. 具明显的头部，横棘毛约 8 根，波动膜前后排列，尾棘毛成若干纵列分布于背面右侧···**盘头科 Discocephalidae**
不具有头部，横棘毛约 20 根，波动膜水平排列，尾棘毛成一横列分布于虫体末端···**伪小双科 Pseudoamphisiellidae**

第 2 章　盘头科 Discocephalidae Jankowski, 1979

Discocephalidae Jankowski, 1979, *Tr. Zool. Inst.*, 86: 57.

普遍在外形上截然分为盘状头部和体部，背腹显著扁平并具有腹毛类的基本纤毛器结构；口围带发达，小膜往往有形态分化；体区纤毛图式表现出高度的多变性：腹面棘毛从基本无分化的呈纵列结构到类似高等游仆类的模式（数目少、数量趋于稳定），并可能成组分布；额棘毛、腹棘毛、横棘毛和缘棘毛明确分化，额腹横棘毛多于 18 根；无额前棘毛；口棘毛 2 根；横棘毛粗壮、分化明确；左、右缘棘毛单列，常局部退化或呈片段状分布，少数极端类群可能单侧缺失（不详）；连接纤毛器的纤维普遍十分发达（图 8A, B）。

该科全世界记载 4 属，中国记录 3 属。

盘头类是专性栖息于沙质海岸中的类群，以其明显与体部相异的盘状头部（以适应于沙隙中的挖掘和运动）、沙隙生境和特殊的纤毛器特征而与其他广义的腹毛类纤毛虫相区别。

然而，就形态特征来说，与游仆类相比盘头类与狭义腹毛类明显更为相似。例如，盘头类左、右缘棘毛列均存在，而游仆类的右缘棘毛缺失，部分种类左缘棘毛也缺失；虫体柔软，而游仆类通常刚硬；与低等排毛类相似，盘头类的横棘毛多于 5 根，而在游仆类则是稳定的 5 根；盘头类的口区很小，并具有类似于尖毛虫的波动膜，而游仆类通常具有宽大的口区和单片波动膜；盘头类的大核均匀分布在体内，而游仆类的大核通常 1 枚，或紧密排为 1 列。

属检索表

3. 盘头虫属 *Discocephalus* Ehrenberg in Hemprich & Ehrenberg, 1831

Discocephalus Ehrenberg in Hemprich & Ehrenberg, 1831, *Berolini ex officina Academica*, Berlin (date of plates 1828), 98.

Type species: *Discocephalus rotatorius* Ehrenberg in Hemprich & Ehrenberg, 1831.

　　腹棘毛散布，无右缘棘毛，左缘棘毛列分为前、后两部分，横棘毛高度发达，具尾棘毛。

　　该属全世界记载 3 种，中国记录 2 种。

种检索表

1. 额部无额外小膜，腹棘毛 4 根，后侧棘毛 10-15 根 ············· **埃氏盘头虫 *D. ehrenbergi***

　 额部具一额外小膜，腹棘毛 6 根，后侧棘毛 7 根 ········ **相似轮盘头虫 *D. pararotatorius***

（5）埃氏盘头虫 *Discocephalus ehrenbergi* Dragesco, 1960 （图 9）

Discocephalus ehrenbergi Dragesco, 1960, *Trav. Stat. Biol. Roscoff*, 12: 350.

Discocephalus ehrenbergi Li, Song, Al-Rasheid, Warren, Roberts, Gong, Zhang, Wang & Hu, 2008b, *Acta Protozool.*, 47: 356.

　　形态　活体大小 80-100 μm × 50-60 μm，长、宽比 2∶1 至 3∶1，腹、侧比约 2∶1；椭圆形，虫体边缘微凸，前端形成"头部"，后端渐细。背面微隆起，有两凹槽分别位于尾棘毛与后侧缘棘毛列处。腹面扁平，沿腹棘毛列有一凹陷，另一凹陷从胞口处延伸至横棘毛。虫体阔短坚硬，除"头部"在运动时可扭动收缩外，虫体其他部分无收缩性且不可弯曲。细胞质内具大量沙粒、微小油球及许多摄入硅藻的食物泡，致使在低倍放大下观察时虫体腹部略微不透明。未观察到伸缩泡，或许不存在。55-110 枚直径 2-5 μm 的球形大核，散布于细胞质内，但"头部"较少，未观察到小核。

　　运动方式为快速向前滑行，头部遇碎片或沙粒弯曲；当改变运动方向或受惊扰时，虫体以发达的横棘毛快速后弹逃逸，通常横棘毛保持不动。

　　口器占体长约 35%，口围带分为远端和近端，二者无明显间隙。远端位于背面，包含 6-10 片间隔较宽的小膜，纤毛长约 22 μm。近端位于腹面，包含约 18 片小膜，基部长于远端部分。口侧膜为双动基系，向前约延伸至口区前中部附近。单列毛基体组成的口内膜长于口侧膜，从最前端的口棘毛延伸至前端小膜。

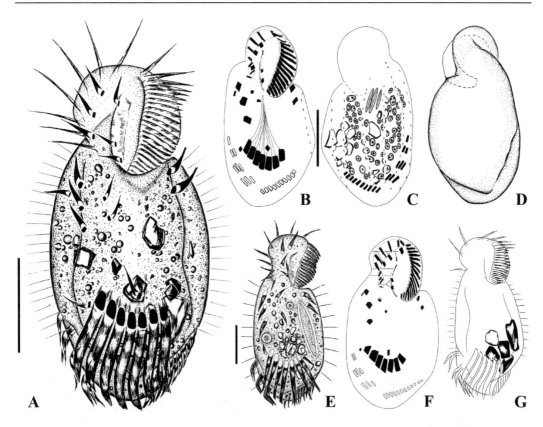

图 9　埃氏盘头虫 *Discocephalus ehrenbergi*
A. 典型个体的活体腹面观；B，C. 纤毛图式腹面观（B）和背面观（C）；D. 活体背面观；E. 腹面观，示少数个体体形；F. 纤毛图式；G. 腹面观示体内的沙粒
比例尺：30 μm

　　稳定具有 4 根额棘毛，其中 3 根明显加粗并位于口围带远端，另 1 根相对较细且位于波动膜前端。2 根口棘毛位于波动膜中部。8 根腹棘毛分为 4 组：前 2 根位于口围带近端处，后 2 根邻近横棘毛；右侧 2 根腹棘毛显著加粗，于虫体右侧近乎排列成一直线；通常 1 根细小的额外腹棘毛位于第 1 根右腹棘毛旁边。左缘棘毛列分为两部分：2 根前左缘棘毛，靠近口围带近端；11 根密集分布的后侧左缘棘毛位于背侧面。恒定具有 7 根发达的横棘毛，活体下每根长约 30 μm，位于虫体尾部，呈 "U" 形分布。

　　6-9 列背触毛，触毛呈针状，长约 10 μm，在活体观察时显著超出细胞边缘。8 或 9 根尾棘毛排列成 3 或 4 列，位于虫体近右侧边缘的背侧面。

　　标本采集地　山东青岛潮间带沙滩，水温 10℃，盐度 33‰。

　　标本采集日期　2006. 04. 14。

　　标本保藏单位　中国海洋大学，海洋生物多样性与进化研究所（编号：WYG2006041403）；伦敦自然历史博物馆（编号：NHMUK2008:5:18:1）。

　　生境　潮间带沙隙。

（6）相似轮盘头虫 *Discocephalus pararotatorius* **Jiang, Xing, Miao, Shao, Warren & Song, 2013**（图 10）

Discocephalus pararotatorius Jiang, Xing, Miao, Shao, Warren & Song, 2013c, *J. Eukaryot. Microbiol.*, 60: 391.

形态　活体大小 50-70 μm × 20-40 μm；身体卵圆形，前端具明显的、占体长 25%-33% 的头部；身体坚硬，但头部柔软，可以轻度扭曲和收缩；背腹扁平，腹、侧比约 3∶1；背面凸起呈半球形，在左右两侧各有一凹陷，分别着生尾棘毛和后侧缘棘毛列。在皮膜下观察到棒状结构（疑为射出体）；头部清透，身体浅灰色并含有若干食物泡、油球和沙粒；大核 20-39 枚，散布于虫体主体部分；未观察到伸缩泡。

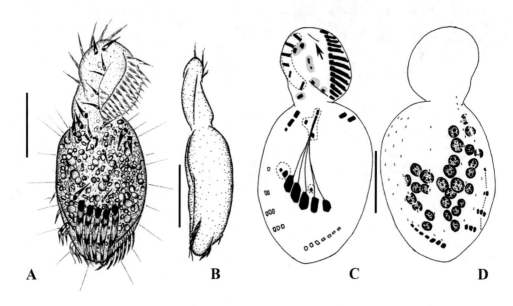

图 10　相似轮盘头虫 *Discocephalus pararotatorius*
A. 典型个体活体腹面观；B. 活体侧面观；C. 纤毛图式腹面观，箭头示额外小膜；D. 纤毛图式背面观
比例尺：20 μm

　　运动方式为相对快速地在基质上蠕动，在改变运动方向或者受到惊扰时向后猛退，偶见在水体中沿虫体主轴自转。
　　口围带很明显地分为两部分，远端一段位于背面右侧并包括 6 片稀疏分布的小膜；近端一段位于腹面，含 13 片小膜，每片小膜由 4 条毛基体组成，其中，第 1 条非常短，第 2 条相对长很多，第 3、4 条比第 2 条稍长；口侧膜（疑似）为单列动基体结构，很短，从口区的后 1/3 处延伸至最近端一片小膜的右侧；头部前端具 1 个单列毛基体组成的膜状结构，推测为口内膜，不确定是否着生纤毛。
　　恒为 5 根额棘毛，其中 2 根沿口区右缘分布（第 2 根十分细弱），另 2 根位于头部前端并相对粗壮，还有 1 根位于虫体右侧边缘、头部和身体连接处；2 根口棘毛位于波动膜中部。9 根相对细弱的腹棘毛分 4 组排布：前 3 根呈三角形排布于口后，2 根位于最右侧 1 根横棘毛右侧，1 根位于第 2 根横棘毛前端，3 根右侧腹棘毛在身体右前部呈

1 列排布，其中最下方 1 根退化；左缘棘毛分为两部分：前 2 根左前缘棘毛位于近端小膜附近，后 7 根后侧缘棘毛在虫体左后边缘的背侧面排为紧密分布的 1 列。稳定具有 5 根非常粗壮的横棘毛，排列为略为弯曲的棘毛列；5 或 6 列背触毛，前端并不延伸至头部，每列包括 7-12 对毛基体。

背部触毛长约 15 μm，在低倍放大下明显可见；8 或 9 根尾棘毛在虫体右缘的背侧面呈 3 或 4 列排布。

标本采集地　广东深圳潮间带沙滩，水温 27℃，盐度 28‰。

标本采集日期　2009. 05. 05。

标本保藏单位　伦敦自然历史博物馆（正模，编号：NHMUK2012.11.9.4）；中国海洋大学，海洋生物多样性与进化研究所（副模，编号：JJM2009050501）。

生境　潮间带沙隙。

4. 拟盘头虫属 *Paradiscocephalus* Li, Song, Al-Rashcid, Warren, Roberts, Gong, Zhang, Wang & Hu, 2008

Paradiscocephalus Li, Song, Al-Rasheid, Warren, Roberts, Gong, Zhang, Wang & Hu, 2008b, *Acta Protozool.*, 47: 354.

Type species：*Paradiscocephalus elongatus* Li, Song, Al-Rasheid, Warren, Roberts, Gong, Zhang, Wang & Hu, 2008.

盘头科类群，腹棘毛锯齿状排列，具有右缘棘毛列，左缘棘毛列分为前后两部分，横棘毛高度发达，尾棘毛存在。

该属全世界记载 1 种，中国记录 1 种。

（7）长拟盘头虫 *Paradiscocephalus elongatus* Li, Song, Al-Rasheid, Warren, Roberts, Gong, Zhang, Wang & Hu, 2008 (图 11)

Paradiscocephalus elongatus Li, Song, Al-Rasheid, Warren, Roberts, Gong, Zhang, Wang & Hu, 2008b, *Acta Protozool.*, 47: 354.

形态　活体 110-180 μm × 35-65 μm，长椭圆形或长卵圆形（食物充足时），长、宽比 3：1 至 5：1；幅、厚比约 2：1。前端明显形成盘状的头部，且与体部区分显著，后端钝圆；右缘较平直，左缘微凸。背面轻微凸起，腹面扁平，腹面具有沿缘棘毛列分布的 2 个凹槽，1 个凹陷由胞口处延伸至横棘毛。虫体柔软无收缩性。口器占体长 15%-25%。皮膜坚硬，其下有稀疏排列的直径小于 0.5 μm 的皮层颗粒；其他颗粒（可能为线粒体）无色，大小约 1.5 μm × 4 μm，在皮膜和细胞质中适度密集分布，使细胞呈现不透明（除口区）的状态。未观察到食物泡及伸缩泡，或许二者均不存在。30-65 枚球形大核，直径为 3-8 μm，散布于虫体（除头区）；1-4 枚球形小核，直径约 2.5 μm。

通常趋底缓慢爬行而不停顿；受惊扰后利用强壮的横棘毛在底质迅速后退，或在水中绕体轴快速旋转而后突然下降。

口围带分为两部分：远端部分位于背侧，通常含有 6 片间隔较远的小膜，纤毛长约 18 μm；近端部分包含约 22 片小膜，中间几片小膜明显宽于两端小膜，可达 11 μm。口侧膜由 2 列毛基体形成，前端止于口区中部前端；口内膜由单列组成，延伸至口区最前端。

棘毛均较为粗壮。恒为 4 根额棘毛，1 根较细的额棘毛靠近口内膜，另外 3 根粗壮的额棘毛，纤毛长约 16 μm，沿远端部分的口围带分布，最下方 1 根额棘毛位于右缘棘毛列前端与口围带远端之间。2 根口棘毛邻近口侧膜后端。中腹棘毛复合体由口围带近端延伸至横棘毛处，由约 7 对锯齿状排列的腹棘毛组成，中腹棘毛对间距较大。9-11 根发达的横棘毛，长 40-45 μm，排列上轻微弯曲，位于尾部。缘棘毛列均始于头部以下，右缘棘毛列由 14-21 根棘毛组成，止于虫体亚尾部。左缘棘毛列分为两部分，呈"J"形，向后延伸并弯曲至虫体背侧面，前段由 16-29 根棘毛组成，后段由排列紧密的 9-15 根后侧缘棘毛组成。2 列缘棘毛后端无交叉。

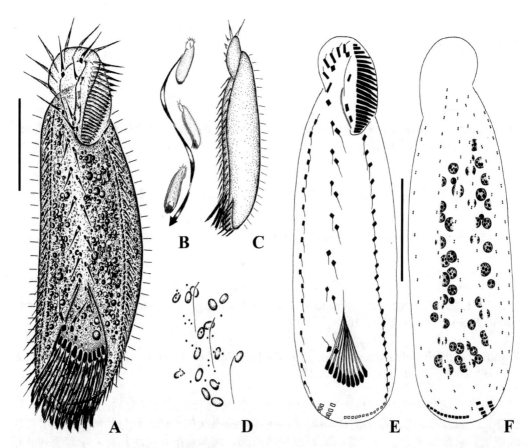

图 11　长拟盘头虫 *Paradiscocephalus elongatus*
A. 典型个体腹面观；B. 示运动轨迹；C. 左侧面观；D. 皮膜表面，示皮层颗粒和线粒体样颗粒；E, F. 纤毛图式腹面观（E）和背面观（F）
比例尺：A. 30 μm；F. 40 μm

　　6 或 7 列背触毛，每列包括 16-20 对毛基体。在活体观察时，触毛长 8-10 μm，超出虫体边缘。5-8 根尾棘毛排成 2 列，位于虫体右边缘的背侧面。

　　标本采集地　山东青岛封闭养殖池塘，水温约 10℃，盐度 32‰。

　　标本采集日期　2007. 11. 20。

　　标本保藏单位　中国海洋大学，海洋生物多样性与进化研究所（副模，编号：LLQ2007112001）；伦敦自然历史博物馆（正模，编号：NHMUK2008:5:15:1）。

　　生境　海水或潮间带沙隙。

5. 原盘头虫属 *Prodiscocephalus* Jankowski, 1979

Prodiscocephalus Jankowski, 1979, *Akad. Nauk. SSSR Tr. Zool. Inst*, 86: 63.

Type species：*Prodiscocephalus minimus* (Dragesco, 1968) Jankowski, 1979.

　　盘头科类群，腹棘毛不成列且彼此分离，左、右缘棘毛列均存在，左缘棘毛列分为前、后两部分，横棘毛高度发达，尾棘毛存在。

　　该属全世界记载 2 种，中国记录 2 种。

种检索表

1. 右缘棘毛 7-10 根，背触毛 6 列 ···························· **博罗原盘头虫** *P. borrori*

   右缘棘毛 10-19 根，背触毛 7 列 ························· **东方原盘头虫** *P. orientalis*

（8）博罗原盘头虫 *Prodiscocephalus borrori* Lin, Song & Warren, 2004 (图 12)

Psammocephalus borrori Wicklow, 1982, *Protistologica*, 18: 302.

Prodiscocephalus borrori Lin, Song & Warren, 2004, *Eur. J. Protistol.*, 40: 138.

　　形态　活体大小 40-110 μm × 10-40 μm，多数个体大小 50-80 μm × 15-30 μm。前端收缩，形成一个小而独特的盘状"头部"区域；后端较钝圆；细胞左、右两侧几乎呈直线或平行；背腹扁平，幅、厚比约 2：1；背部微凸，腹部扁平且沿缘棘毛列分布有明显的凹槽，有一凹陷从胞口延伸到横棘毛。身体较硬，无伸缩性。口器占虫体长度的 30%-40%。表膜僵硬，无皮层颗粒。细胞质无色或灰色，通常含有许多直径 3-5 μm 的晶体，因此细胞不透明。未观察到伸缩泡。20-40 枚卵圆形大核，散布于细胞内，蛋白银染色后大小约 5 μm × 3 μm，活体观察时较难发现。未观察到小核。

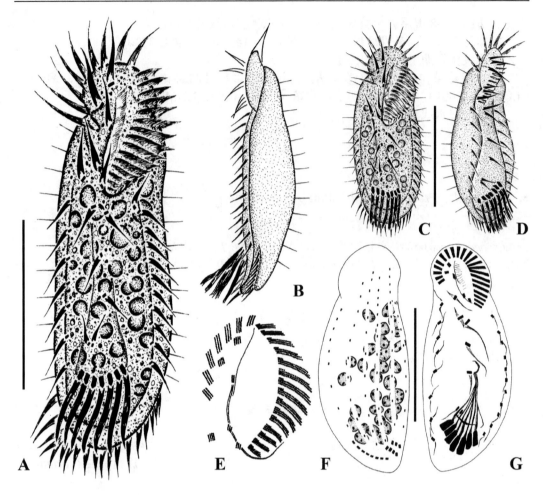

图 12　博罗原盘头虫 *Prodiscocephalus borrori*
A，C. 典型个体腹面观；B. 左侧面观；D. 右侧面观；E. 虫体前端纤毛图式；F，G. 纤毛图式的腹面
观（G）和背面观（F）
比例尺：50 μm

运动速度适中，爬行在培养皿底部或基质上。当遇到干扰时有明显的趋触性。主要
以硅藻为食。

口围带由两部分组成：远端约由 8 片小膜组成，纤毛长 15-18 μm，小膜（毛基体
组成的动基列）宽 3-7 μm；近端约由 15 片小膜组成，纤毛长 10-12 μm；近端小膜的宽
度最长为 12 μm。口侧膜由 2 列毛基体组成，终止于口棘毛；口内膜为单列毛基体，从
口棘毛后方延伸至口区最前端。

所有的纤毛都较为粗壮。4 根额棘毛：2 根位于口区顶端，1 根位于口内膜中段，1
根位于口棘毛右侧。2 根口棘毛位于口侧膜后端。恒定 6 根腹棘毛分为 2 组：前 4 根略
粗壮且几乎在一条线上，后 2 根位于横棘毛附近。7 根发达的横棘毛分布在靠近亚尾部，
周围聚集高度发达的纤维，长约 30 μm。7-10 根棘毛排列成稀疏的右缘棘毛列。左缘棘
毛列分为两部分：前部含有 9-14 根前左缘棘毛，后部为 7 根紧密间隔排列的后侧缘棘
毛，位于背侧；2 列缘棘毛后端分离。

背触毛呈鬓毛状，活体长 6-8 μm，为稳定的 6 列，每列含 9-13 对毛基体。通常 7 根尾棘毛以两短列分布于虫体右侧边缘。

标本采集地 山东青岛封闭养殖池塘，水温约 25℃，盐度 32‰。

标本采集日期 2002. 07. 04。

标本保藏单位 中国海洋大学，海洋生物多样性与进化研究所（编号：LXF2002070401）；伦敦自然历史博物馆（编号：NHMUK2004:01:19:1）。

生境 海水和潮间带沙隙。

（9）东方原盘头虫 *Prodiscocephalus orientalis* Lian, Luo, Warren, Zhao & Jiang, 2020
（图 13）

Prodiscocephalus orientalis Lian，Luo，Warren，Zhao & Jiang, 2020a, *Eur. J. Protistol.*, 71: 125663, 4.

形态 活体大小 85-140 μm × 25-35 μm。通常呈长椭圆形，前端收缩，形成一小而独特的盘状"头部"区域；后端钝圆，细胞右侧平直，左侧微凸；背腹扁平。背部微凸，腹部扁平且沿缘棘毛列分布有明显的凹槽，有一凹陷从胞口延伸到横棘毛。虫体无伸缩性，口区占虫体长度的 20%-25%。皮膜易碎，未见皮层颗粒。细胞质无色或浅灰色，通常含有许多内质颗粒。未观察到伸缩泡。21-37 枚球形大核，蛋白银染色后直径 3-5 μm，散布于细胞内。未观察到小核。

运动速度适中，通常在培养皿底部或基质上爬行。当遇到干扰时快速后退，或在水中绕体长轴旋转。

口器如图 13 所示，口围带由两部分组成：远端部分约包含 6 片小膜，小膜间隔较远；近端部分约包含 17 片小膜，每片小膜由 4 排毛基体组成，第 1 排极短，第 2 排稍长，第 3、4 排最长且等长，小膜纤毛长约 10 μm。口侧膜长约 9 μm，口内膜长约 15 μm，二者在口内膜中部相交。

7 根额棘毛：4 根分布于口区右侧（其中 2 根近口侧膜，较小，可能为口棘毛）；2 根位于头部顶端，毛基体稍大；1 根位于头部和体前部交界处。通常 8 根腹棘毛：前 6 根略粗壮且近乎纵列排布，后 2 根位于横棘毛附近。6-8 根发达的横棘毛近于亚尾部，纤毛长约 35 μm。10-19 根棘毛排列成稀疏的右缘棘毛列。左缘棘毛列分为两部分：前部 15-21 根左缘棘毛间隔较远，后部 5-13 根棘毛排列紧密，延伸至背侧，其中最后 1 或 2 根棘毛毛基体较小。

背触毛呈鬓毛状，活体长约 10 μm，呈稳定的 7 列。6-8 根尾棘毛形成 2 个短列，分布于虫体右侧背部边缘，活体长约 10 μm。

标本采集地 广东惠州离岸水体，水温约 25.5℃，盐度 33‰。

标本采集日期 2018. 05. 14。

标本保藏单位 中国海洋大学，海洋生物多样性与进化研究所（正模，编号：LCY2018051401-1；副模，编号：LCY2018051401-2）；伦敦自然历史博物馆（副模，编号：NHMUK2018:01:19:1）。

生境 海水。

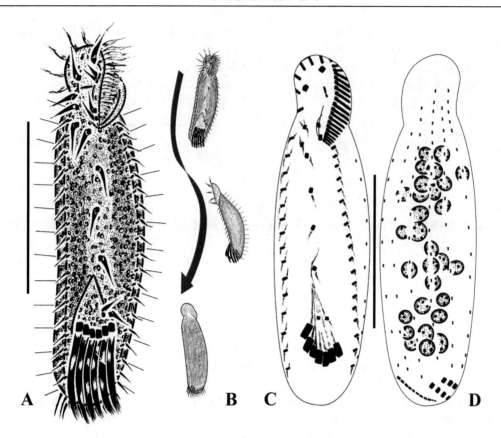

图 13 东方原盘头虫 *Prodiscocephalus orientalis*
A. 典型个体腹面观；B. 示运动轨迹；C，D. 纤毛图式腹面观（C）和背面观（D）
比例尺：50 μm

第3章　伪小双科 Pseudoamphisiellidae Song, Warren & Hu, 1997

Pseudoamphisiellidae Song, Warren & Hu, 1997, *Arch. Protistenkd.*, 147: 266.

　　虫体长椭圆形，具有约 40 根以非典型锯齿状模式排布的中腹棘毛；横棘毛约 20 根；波动膜水平排列；尾棘毛成 1 横列分布于虫体末端或不存在；左、右缘棘毛列均单列；无额前棘毛；口棘毛 2 根（图 8C，D）。

　　该科种类均发现于海水生境，全世界记载 2 属，中国记录 2 属。

　　伪小双虫属的模式种拉氏伪小双虫最初由 Maupas（1883）以 *Holosticha lacazei* 为名报道。另一种泡状伪小双虫则由 Kahl（1932）以 *Holosticha alveolata* 为名报道。因该属类群具有类似于尾柱类的锯齿状排布的腹棘毛，而被长期认为是尾柱目全列虫属的成员。直至 Song（1996）对拉氏全列虫做出非常详尽的形态学研究，发现该种的腹棘毛并非典型的 "zig-zag" 排布，而是间隔较大的 2 列纵向排布的伪棘毛，且横棘毛高度发达（超出一般尾柱类横棘毛的发达水平）并前行至胞口后方，从而以该种为模式种建立了伪小双虫属。随后，Song 等（1997）对拉氏伪小双虫进行了详细的细胞发生学追踪研究，因为其特殊的缘棘毛发育方式及额前棘毛的缺失，而以伪小双虫属为模式属建立了伪小双科。之后，Song 和 Warren（2000）对泡状全列虫进行了形态学重描述，并将该种转移至伪小双虫属。此后，Shen 等（2008）和 Li 等（2010b）分别报道了四核伪小双虫和长伪小双虫。

　　本科的另外一种——蠕状线双虫，因为原始报道中纤毛图式信息不明，而长期被认为是额斜虫属 *Epiclintes* 的成员。直至 Li 等（2007c）对该种进行了详细的形态学、细胞重组及分子信息学研究，发现该种代表了一新的属级阶元，由此建立了线双虫属，并归入伪小双科。

伪小双科的系统地位一直悬而未决。在最新修订中，Berger（2006）和 Shao 等（2006）认为该科是与尾柱类亲缘关系较近的一类纤毛虫。在最近的系统分析中，Yi 等（2008）认为伪小双科应纳入盘头目。从形态特征看，由于伪小双虫属在细胞发生过程中腹棘毛列分散排布且非锯齿状结构，特别是在发生过程中没有由最右侧 1 列额腹横棘毛原基形成的迁移棘毛产生，因此该类群被认为与典型的尾柱类不同。此外，尾棘毛，这在所有典型尾柱类都缺失的结构，在伪小双虫中从每个背触毛原基的后端形成，同时，右缘棘毛列是独特的独立发生（即以邻近额腹横棘毛原基的独立原基形式出现，在其他腹毛类中总是在老结构中产生），所有这些结构都强烈质疑伪小双虫属乃至伪小双科的归属。

属检索表

1. 体形蠕虫状，伸缩性强，无尾棘毛 ···线双虫属 *Leptoamphisiella*
   体形长椭圆形，几乎无伸缩性，具尾棘毛 ························伪小双虫属 *Pseudoamphisiella*

6. 线双虫属 *Leptoamphisiella* Li, Song, Al-Rasheid, Hu & Al-Quraishy, 2007

Leptoamphisiella Li, Song, Al-Rasheid, Hu & Al-Quraishy, 2007c, *J. Eukaryot. Microbiol.*, 54：527.

Type species：*Leptoamphisiella vermis* Li, Song, Al-Rasheid, Hu & Al-Quraishy, 2007.

伪小双科类群，长蠕虫状，高度伸缩，额棘毛明确分化，具口棘毛，横棘毛高度发达；额腹横棘毛列相互分离，呈不典型的锯齿状，左、右缘棘毛各 1 列，无额前棘毛和尾棘毛。

该属全世界记载 1 种，中国记录 1 种。

（10）蠕状线双虫 *Leptoamphisiella vermis* (Gruber, 1888) Li, Song, Al-Rasheid, Hu & Al-Quraishy, 2007 (图 14)

Epiclintes vermis Gruber, 1888, *Ber. Naturf. Ges. Freiburg*, 3: 58.
Leptoamphisiella vermis Li, Song, Al-Rasheid, Hu & Al-Quraishy, 2007c, *J. Eukaryot. Microbiol.*, 54: 527.

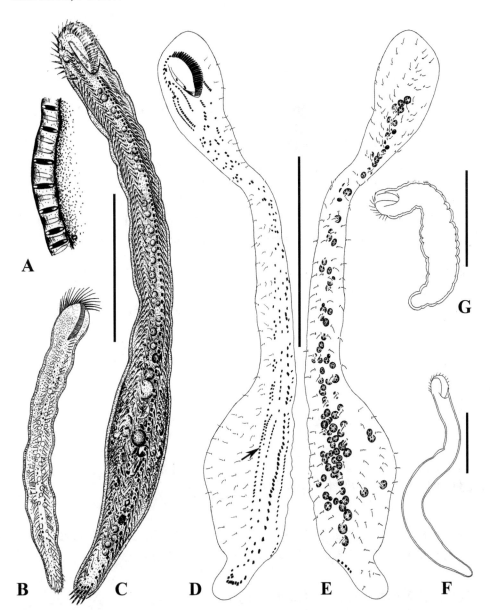

图 14　蠕状线双虫 *Leptoamphisiella vermis*
A. 皮层颗粒侧面观；B，C. 活体腹面观；D，E. 纤毛图式腹面观（D）和背面观（E），图 D 中箭头指示右缘棘毛列；F，G. 示活体不同体形
比例尺：200 μm

形态 虫体细长带状，体型极大，活体时通常为 400-800 μm × 40-60 μm，长、宽比 8：1 至 20：1（基于对 5 个体的观察）。虫体柔软且可高度伸缩（舒展时增幅可达全长的 3/5），个体间体形变化大。幅、厚比约 3：1。在伸展的个体中，前端阔圆似"头部"，后端略细缩。口区窄小，活体时只占体长的 1/10 左右。表膜外有 1 层明显的泡状透明结构，厚度为 2-4 μm，其中的杆状射出体向着细胞表膜垂直排列。虫体细胞质透明，常因内含食物泡和其他颗粒而使后部呈深灰色，直径 5-10 μm 的折光体散布于细胞质内，通常以舟形硅藻为食。表膜颗粒和伸缩泡未观察到。大核 73-121 枚，球形或卵圆形；小核 5-13 枚，球形，直径约 3 μm；二者均散布于细胞质中。

运动方式似蠕虫，通常分两种情况：①附于基底或培养皿底部缓慢爬行，无中间停顿；②以横棘毛黏附于基底，头前端举起并左右摇摆。受到刺激时，整个细胞会迅速皱缩。

口围带末端沿细胞右缘一直向后延伸至胞口水平。小膜基部长 8-10 μm。口侧膜与口内膜平直且平行，近等长。

3 根稍粗壮的额棘毛沿口围带远端排布，其中最下端的 1 根位于口围带末端和右缘棘毛列前端之间。2 根口棘毛位于波动膜腹侧。2 列棘毛显著分开，其中左侧 1 列起始于近口围带小膜处，终止于细胞末端。右侧 1 列始于口围带远端，延伸至虫体 2/3-3/4 长处。值得注意的是，在极度收缩的个体中，中腹棘毛和横棘毛通常会以锯齿状排列。横棘毛十分发达，由近尾端向前一直延伸到胞口位置。左、右各 1 列缘棘毛，向后止于横棘毛附近。蛋白银染色可显示与体棘毛相联系的粗壮纤维。

背触毛长约 5 μm，约 10 列背触毛纵贯体长。

标本采集地 山东青岛封闭养殖池塘，水温约 10℃，盐度 31‰。

标本采集日期 2006. 12. 10。

标本保藏单位 中国海洋大学，海洋生物多样性与进化研究所（编号：LLQ2006121001）。

生境 海水。

7. 伪小双虫属 *Pseudoamphisiella* Song, 1996

Pseudoamphisiella Song, 1996, *Oceanol. Limnol. Sin.*, 27: 18.
Type species: *Pseudoamphisiella lacazei* Song, 1996.

伪小双科类群，长椭圆形，额棘毛明确分化，具口棘毛，横棘毛高度发达；额腹横棘毛列相互分离，呈不典型的锯齿状排列，左、右缘棘毛各 1 列，无额前棘毛，具尾棘毛。

该属全世界记载 4 种，中国记录 4 种。

种检索表

1. 无膜泡层 ·· 拉氏伪小双虫 *P. lacazei*

（11）泡状伪小双虫 *Pseudoamphisiella alveolata* (Kahl, 1932) Song & Warren, 2000 （图 15）

Holosticha alveolata Kahl, 1932, *Tierwelt Del.*, 25: 581.
Holosticha alveolata Borror, 1963, *Arch. Protistenk.*, 106: 510.
Pseudoamphisiella alveolata Song & Warren, 2000, *Eur. J. Protisol.*, 36: 452.

形态 活体大小通常 120-200 μm × 50-70 μm，偶尔可达 240 μm 长、80 μm 宽，长、宽比 2.5：1 至 4：1；当分裂时，细胞长度少于 100 μm 且相对较厚。体形多变，略呈纺锤形、细长或宽的卵圆形至椭圆形；受刺激时虫体明显收缩，皮膜较薄。背腹扁平，幅、厚比约 2：1。通常，左缘前端呈耳形并或多或少地形成头部。由于口腔右壁向左大幅度突出致使口区较窄。口围带发达，约占体长的 2/5，其远端向后弯至右后腹面。腹面沿细胞两侧边缘可见 2 个明显的纵沟，偶尔轻微弯曲（螺旋），左、右缘棘毛列（也可能是尾棘毛）位于其中。细胞表面覆盖一透明泡层，厚约 3 μm，低倍放大下明显可见。背面观察时，该泡层含有不规则多边形结构。射出体稀疏地分布于泡膜下，棒状，长约 3 μm。细胞质呈暗色，通常含有大量的大小为 5-10 μm 的颗粒，使虫体体色较暗、不透明。食物泡较难发现。未观察到伸缩泡，或许缺失。口围带纤毛长约 25 μm。额棘毛与横棘毛发达，长 30-40 μm。其余棘毛纤毛长 20-30 μm。缘棘毛弯向腹面或位于腹面纵沟中，不从边缘突出，因此在背面观察时难以发现，仅在虫体后方可以观察到部分棘毛。尾棘毛紧密排列，且通常轻微偏向右侧。2 枚球形大核位于虫体中央或偏左侧。2-5 枚小核，直径约 3 μm，位于大核附近。

运动方式为缓慢连续地爬行于底质或培养皿底部，当受到惊扰时反应迅速并保持短暂的静止。

小膜基部宽 10-15 μm，口围带远端基部明显短于近端。口侧膜较长，平行于口内膜。

3 根粗壮的额棘毛，最右端的 1 根位于口围带远端后方。2 根口棘毛相距较远，靠近口侧膜与口内膜右侧。右侧腹棘毛列相对较短，前端止于最右侧额棘毛；左侧腹棘毛列前端延伸至额区中部。横棘毛十分发达，各个棘毛彼此相距较近，且排列成 "J" 形，终止于右缘棘毛列末端。缘棘毛分布紧密，缘棘毛列后端几乎与尾棘毛列连成一列，因此难以确定缘棘毛终止处。纤维高度发达，依据长度和结构聚集，并特异性地与腹棘毛、缘棘毛和横棘毛关联。

背触毛纵贯虫体，有 2 或 3 列位于侧面。背触毛长 3-5 μm 且可能源于皮膜深层或泡膜底层。

标本采集地 山东青岛离岸水体，温度约 25℃，盐度 35‰。

标本采集日期 1999. 08. 02。

标本保藏单位 伦敦自然历史博物馆（新模，编号：NHMUK1999:12:7:1）。

生境 海水。

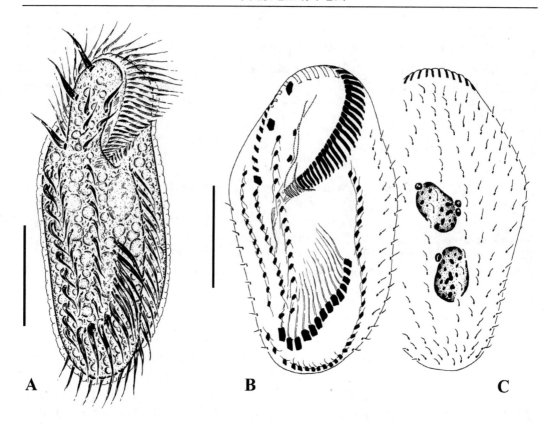

图 15 泡状伪小双虫 *Pseudoamphisiella alveolata*
A. 活体腹面观；B，C. 纤毛图式腹面观（B）和背面观（C）
比例尺：50 μm

（12）长伪小双虫 *Pseudoamphisiella elongata* Li, Song, Al-Rasheid, Warren, Li, Xu & Shao, 2010 (图 16)

Pseudoamphisiella elongata Li, Song, Al-Rasheid, Warren, Li, Xu & Shao, 2010b, *Zool. J. Linn. Soc.*, 158: 232.

形态 活体大小通常 200 μm × 30 μm，长、宽比为 5∶1 至 7∶1。虫体呈细长椭圆形或长带形，前部稍呈"耳状"，后部稍窄。虫体柔软，几乎无收缩性。虫体左、右边缘平直甚至平行。体形较为稳定，食物丰富时的个体较食物匮乏时的个体稍丰满，而后者最宽处为口区。幅、厚比约 3∶1。口区仅占活体体长的 15%左右。活体时可见明显的表膜泡层，厚约 3 μm。其中，短棒状的射出体垂直于皮膜方向密集排列。当垂直观察虫体背面的泡膜，可见不规则的多边形网格结构。细胞质透明，摄入的食物包括翼状硅藻等使虫体呈不透明至灰色。未观察到伸缩泡，可能缺失。大核 25-44 枚，球形至椭球形；小核 6-17 枚，球形，直径约 3 μm。

运动特征为较快速、连续地在基质上或培养皿底部爬行；未受惊扰时长时间静伏不动。

　　口围带末端向右后方扭转至接近口沟。小膜基部最宽处长约 12 μm，而末端（右边）的小膜则明显短于后端（左边）。口侧膜短于口内膜，且二者不相互交叉。

　　体棘毛大多数相对细弱，活体长约 15 μm。3 根稍粗壮的额棘毛沿口围带右部下方排布，其中最后 1 根处于口围带末端和右缘棘毛前端之间。2 根较粗壮的口棘毛位于波动膜之间。2 列腹棘毛，左列长，起始于波动膜，终止于虫体向后 1/5 处。棘毛排列密集的右列则起始于口围带末端，并向后延伸至虫体的 2/3-3/5 的位置。横棘毛极为发达，约 20 根左右，纤毛长约 20 μm，呈“J”形排列，其前端一直延伸到胞口处。2 根细弱的横前棘毛紧邻横棘毛列后端。左、右缘棘毛各 1 列，分别由 26-45 根和 28-36 根棘毛组成；缘棘毛的末端与尾棘毛在虫体尾部交汇，因此较难分辨缘棘毛列的末端。蛋白银染色还显示出连接所有体棘毛的粗壮的动纤丝。

　　背触毛 6 或 7 列，贯通虫体全长，纤毛长约 5 μm。

　　标本采集地　山东青岛封闭养殖池塘，水温 8℃，盐度 29‰-31‰。

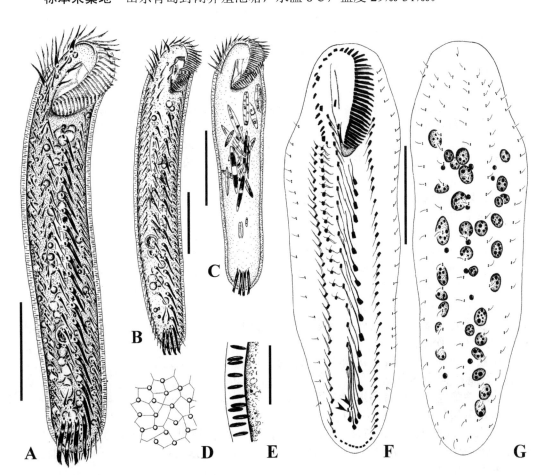

图 16　长伪小双虫 *Pseudoamphisiella elongata*
A. 典型个体腹面观；B. 体形较瘦的个体；C. 腹面观，示摄入的硅藻；D, E. 皮膜局部（顶面和侧面观），示多边形的网格结构和射出体；F. 腹面纤毛图式；G. 背面纤毛图式
比例尺：A，B，C，F，G. 50 μm；E. 10 μm

标本采集日期 2007. 11. 27。

标本保藏单位 伦敦自然历史博物馆（正模，编号：NHMUK2008:5:14:1）；中国海洋大学，海洋生物多样性与进化研究所（副模，编号：LLQ2007112701）。

生境 海水。

（13）拉氏伪小双虫 *Pseudoamphisiella lacazei* **(Maupas, 1883) Song, 1996** (图 17)

Holosticha lacazei Maupas, 1883, *Archs Zool. exp. gén.*, 2e Série 1: 589.
Pseudoamphisiella lacazei Song, 1996, *Arch. Protistenkd.*, 147: 266.

形态 活体大小 150-250 μm × 45-70 μm，长、宽比为 2.5：1 至 4：1。虫体较长，柔软，体形多变，偶尔表面可见不明显的凹痕或折叠，尤其是在饥饿个体中。通常，虫体左缘前端呈耳形，向左侧突出。口围带长达虫体长的 1/3，其远端延长至虫体右侧并有明显的凹痕（或凹陷）使得虫体稍微呈现头部。右缘较直，左缘微凸。虫体后端微窄。皮层颗粒不明显，棒状，长约 2 μm，不规则分布。细胞质灰色，通常含有许多长 1-5 μm 的颗粒使得细胞较暗，不透明。刚从自然状态采集分离到的个体的食物泡中主要含有小型纤毛虫及鞭毛虫。球形大核，直径约 5 μm，分布于全身。小核较难发现（7-10 枚）。活体下口围带纤毛长约 25 μm。额棘毛和横棘毛长 25-30 μm。其余纤毛长约 20 μm。缘棘毛位于细胞边缘之下（位于后区的棘毛除外），且不从边缘突出，因此在背外侧观察时不能分辨。

常在培养皿底缓慢爬行，受惊扰时爬行较快。在其自然栖息地，该种以小型纤毛虫和其他原生动物为食，但也可在仅有细菌的条件下生存。

纤毛图式如图 17 所示。小膜基部长约 10 μm，口围带远端明显向虫体尾端弯曲。口侧膜较短，轻微弯曲并与较长的口内膜交叉。咽部纤维在蛋白银染色后清晰可见。

3 根发达的额棘毛，2 根适度发达的口棘毛，左侧腹棘毛列较长，延伸至体后约 1/5 处。右侧腹棘毛列的前端起始于口围带远端下方。高度发达的横棘毛排列成"J"形，止于近右缘棘毛列后端。尾棘毛与左、右缘棘毛列相连，因此很难辨别缘棘毛终止于何处。与腹棘毛、缘棘毛和横棘毛相关联的纤维具有特征性。即使在发生末期，与横棘毛相关联的纤维仍清晰可辨。

背触毛纤毛长 3-5 μm，通常排为 11 列，其中第 1 和第 2 列在侧边。尾棘毛排列成斜线，轻微朝向虫体左侧。

标本采集地 山东青岛近岸水体，水温 15℃，盐度 32‰。

标本采集日期 1995. 05. 01。

标本保藏单位 中国海洋大学，海洋生物多样性与进化研究所（编号：SWB1995050101）；伦敦自然历史博物馆（编号：NHMUK1996:5:31:1，1996:5:31:2）。

生境 海水。

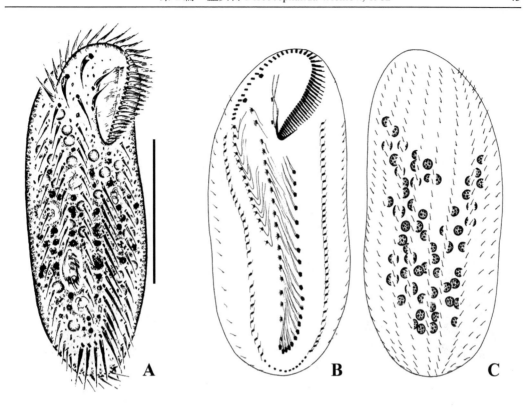

图 17　拉氏伪小双虫 *Pseudoamphisiella lacazei*
A. 活体腹面观；B，C. 纤毛图式腹面观（B）和背面观（C）
比例尺：80 μm

（14）四核伪小双虫 *Pseudoamphisiella quadrinucleata* Shen, Lin, Long, Miao, Liu, Al-Rasheid & Song, 2008（图 18）

Pseudoamphisiella quadrinucleata Shen, Lin, Long, Miao, Liu, Al-Rasheid & Song, 2008, *J. Eukaryot. Microbiol.*, 55: 512.

形态　细胞大小通常约 180 μm × 70 μm，长、宽比 2∶1 至 3∶1。个体间差异较大：细长个体长可达 220 μm，而椭圆形个体宽约 120 μm。虫体柔软，受惊扰时轻微收缩。虫体伸长呈椭圆形，两端钝圆，左前区域轻微突出。背腹扁平，幅、厚比约 2∶1。虫体表膜较薄易破，表面覆盖 1 层明显的厚约 5 μm 的透明泡，即使在显微镜低倍放大下也可见。棒状射出体，长约 3 μm，稀疏地分布于泡层下，一端黏附于泡层，使细胞表面看起来像含有大量"亮点"。口区较窄，口腔右侧向左强烈突出。口围带小膜显著，占体长 1/4-1/3。前端小膜纤毛长约 30 μm。额棘毛与横棘毛发达，长约 30 μm。中腹棘毛、缘棘毛和尾棘毛长约 15 μm。尾棘毛排列紧密，并与左缘棘毛相连。背触毛纤毛长约 5 μm。细胞质常为深灰色，通常含有许多直径 5-10 μm 颗粒状物质，使细胞较暗不透明，尤其是在低倍放大下观察时。食物泡很难辨别。未观察到伸缩泡。细胞含有 4 枚球形或椭球形大核，最前端的 1 枚通常明显向左偏移；大小 13-30 μm × 9-23 μm；在活体下虫体中央部分常见 4 个透明区域。2-5 枚直径约 3 μm 的小核，常位于大核凹陷处，活体下不可见。

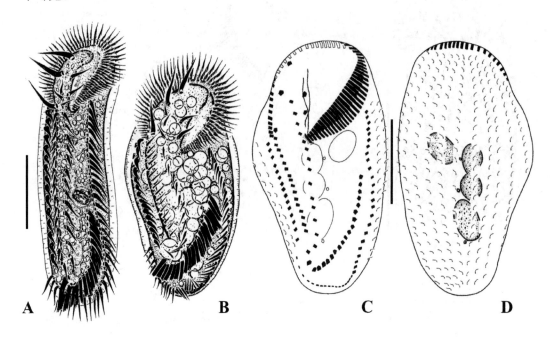

图 18　四核伪小双虫 *Pseudoamphisiella quadrinucleata*
A. 典型个体腹面观；B. 少数个体腹面观；C, D. 纤毛图式腹面观（C）及背面观（D）
比例尺：60 μm

　　常于基底上持续爬行，速度相对较快。当受惊扰时反应迅速，并在短时间内保持不动。
　　口围带由 49-75 片小膜组成，其基部长 10-15 μm，远端小膜的基部明显短于近端小膜。口侧膜约 40 μm，常与口内膜交叉。
　　2 根口棘毛靠近口侧膜右侧。3 根额棘毛，最右侧 1 根靠近口围带远端。右侧腹棘毛列相对较短，包含 14-20 根棘毛，终止于最右侧额棘毛前端。左侧腹棘毛列由 11-22 根松散排列的棘毛组成，其前端延伸至约额区中部。横棘毛高度发达，含有 17-23 根密集分布的棘毛，排列成 "J" 形。横棘毛向前终止于近虫体中部，向后至左侧中腹棘毛列末端。缘棘毛紧密排布，左、右缘棘毛列分别含有 15-31 根和 14-20 根棘毛；左缘棘毛列后端几乎与尾棘毛相连。纤维高度发达，依据纤毛长度、结构和性质特异性地聚集于中腹棘毛、缘棘毛和横棘毛附近。
　　12-17 列背触毛，纵贯虫体。尾棘毛明显小于其他棘毛，由 13-24 根紧密排列的棘毛组成。
　　标本采集地　香港近岸水体，水温 24℃，盐度 33.5‰；广东广州封闭养殖池塘，水温 23，盐度 19‰。
　　标本采集日期　2007.10.25，2007.11.08。
　　标本保藏单位　华南师范大学，生命科学学院（正模，编号：SZ200711080401；副模，编号：SZ200711080402）。
　　生境　海水。

第3篇　游仆目 Euplotida Small & Lynn, 1985

姜佳枚（Jiamei JIANG）　　李凤超（Fengchao LI）　　连春禹（Chunyu LIAN）

Euplotida Small & Lynn, 1985, In: Lee, Hutner & Bovee. An illustrated guide to the Protozoa. *Society of Protozoologists*, Lawrence, Kansas, 455.

游仆目普遍被认为是纤毛门中进化程度最高的类群（Corliss, 1979; Song *et al.*, 2009）。一个主要依据是，该目中的所有类群均具有各自完全稳定的纤毛图式与核器特征，包括基本形态、结构、数量和空间位置，也包括其基本的发育模式。上述稳定性来自原基演化的高度完善，因此也说明其代表了其在系统演化过程中的终极发育阶段。近年来的分子信息支持游仆类是一单元发生系并与腹毛类（狭义）具有最近的亲缘关系（Gao *et al.*, 2016）。

游仆类体表往往不同程度地盔甲化，外表坚实；具有高度发达的口围带和1或2片低分化的波动膜；腹面具额-腹棘毛、横棘毛、左缘棘毛和尾棘毛等，右缘棘毛通常缺失，各部位的棘毛数目在特定类群稳定，有次生性消失的趋势。背面纤毛退化为成列触毛。部分类群具有特异性的背面银线系，构成不同的模式，从而成为物种鉴定的重要特征（图19）（Curds, 1977; Borror & Hill, 1995）。

在经典的分类系统中（Corliss, 1979），本类群被分散地安排入（腹毛目中）散毛亚目下的几个科内；在 Lynn 和 Small（2002）系统中，本类群则集合为1"目"，并占用了"腹毛目"Hypotrichida 这一广为人知的阶元名称；Lynn（2008）系统中，该类群构成游仆亚目，和盘头类共同组成游仆目；Adl 等（2012）则将该类群和盘头类归入游仆亚科 Euplotia，与腹毛亚科（狭义腹毛类）并行。最近几年对盘头类与伪小双类的研究显示，二者很可能是游仆类与腹毛类的过渡类型

（或居间类群），因此本书将盘头类单独列目。总之，目前所积累的个体发育及分子信息，完全不排斥"游仆类代表了广义腹毛类中发育最高等"这个经典判断。更主流的观点是：其作为亚纲级阶元与狭义的腹毛亚纲并列。

该目全世界记载6科，中国记录5科。

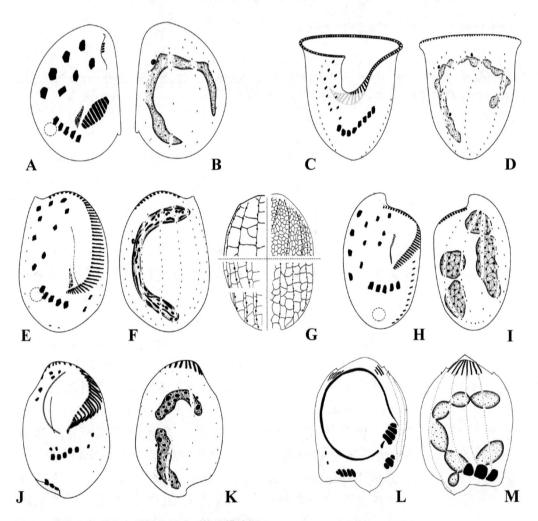

图 19　游仆目各科代表的纤毛图式及核器模式图
A，B. 楯纤科的腹面和背面观；C，D. 腹棘科的腹面和背面观；E-G. 游仆科的腹面和背面观，G 示银线类型，左上为单银线系，右上为复杂银线系，左下为双盘型银线系，右下为双阔口型银线系；H，I. 舍太科的腹面和背面观；J，K. 尾刺科双眉虫类的腹面和背面观；L，M. 尾刺科尾刺虫属的腹面和背面观

科检索表

1. 无左缘棘毛 ·· 2

　　有左缘棘毛 ·· **3**
2. 口小膜均位于腹面 ····································· 楯纤科 **Aspidiscidae**
　　远端小膜部分绕至背面 ························· 腹棘科 **Gastrocirrhidae**
3. 无尾棘毛 ··· 舍太科 **Certesiidae**
　　有尾棘毛 ··· **4**
4. 尾棘毛细弱 ··· 游仆科 **Euplotidae**
　　尾棘毛发达 ·· 尾刺科 **Uronychiidae**

第4章 楯纤科 Aspidiscidae Ehrenberg, 1830

Aspidiscidae Ehrenberg, 1830, *Abh. preuss. Akad. Wiss., Phys.-math. Kl.*, 81.

　　Müller 在 1773 年发现并描述了 *Trichoda lynceus*，Ehrenberg（1830）以此种为模式种建立了楯纤虫属，进而建立楯纤科。该类群种类众多（楯纤虫属含 60 多种），研究历史悠久。但由于早期研究缺乏详细的活体和/或纤毛图式等形态学信息，加上部分种类的体形、大小、额腹棘毛数目等特征高度重叠，以及原生质突起、背部脊突等活体外观特征种群间可变，对该类群的分类仍旧存在极大的困难。Kahl（1932）、Wu 和 Curds（1979）先后对楯纤虫属进行过修订：前者认为可根据淡水、海水生境将其分为 2 类；后者提出根据额腹棘毛的数量和排布模式将其分为 3 类。然而，该属下大部分种类至今仍未经现代银染方法研究，可靠的分子序列信息广泛缺失，因而具体的属内系统划分仍待探索。

　　楯纤虫属纤毛虫广泛分布于海洋、淡水和土壤等生境中。虫体背腹高度扁平，表膜高度盔甲化，外形稳定，近盘形或阔肾形，背面常有脊突。口区阔大，口围带仅分布于腹面，小膜数相对游仆类其他科较少，并独特地前、后远远分离分为 2 组；口侧膜单一，退化或相对不发达。具额腹棘毛和横棘毛，无缘棘毛和尾棘毛。通常具伸缩泡，大核呈倒"U"形。

　　该科全世界记载 2 属，中国记录 1 属。

8. 楯纤虫属 *Aspidisca* Ehrenberg, 1830

Aspidisca Ehrenberg, 1830, *Abh. preuss. Akad. Wiss., Phys.-math. Kl.*, 81.
Type species: *Aspidisca lynceus* (Müller, 1773) Ehrenberg, 1830.

　　口围带独特地前、后远远分离为 2 组，其中 1 组高度退化，位于虫体腹面左前方，另 1 组位于中部偏左。额腹棘毛 7 或 8 根，双排斜向排列；横棘毛通常 5 根，但在活体观时常次生性地形成 6-8 根；背触毛 4 列，每列中的纤毛（对）数目具有稳定的种间特异性。该属存在简略的银线系。普遍为单一大核，倒"U"形。

　　该属全世界记载约 60 种，中国记录 9 种。

种检索表

1. 额腹棘毛均布于体前半部，呈"4+3"模式两排斜向排列（"*lynceus*"型排列）··········
··· 锐利楯虫 *A. lynceus*
　额腹棘中 6 根于体前部，呈"3+3"两排斜向排列，1 根稍远，布于体中后部，常位于体右缘的内突之后（"*polystyla*"型排列）·································· 2
2. 2 枚大核·· 棕色楯纤虫 *A. fusca*
　1 枚大核·· 3
3. 额腹棘毛 7 根··· 4
　额腹棘毛 8 根··· 7
4. 大型种，体长可达 100 μm 以上···················· 巨大楯纤虫 *A. magna*
　小型种，体长不超 50 μm··· 5
5. 体左缘具口后原生质突起························· 舢板楯纤虫 *A. hexeris*
　体缘光滑，无明显突起··· 6
6. 背部具一特别发达、高耸呈翼状的脊突·········· 阿库楯纤虫 *A. aculeata*
　背部无特别发达的脊突···························· 斯坦楯纤虫 *A. steini*
7. 细弱棘毛位于右上方额腹棘毛的右侧·········· 直须楯纤虫 *A. orthopogon*
　细弱棘毛位于右下方额腹棘毛的右侧·· 8
8. 体形为对称椭圆形，活体可见约 12 根横棘毛·········· 香港楯纤虫 *A. hongkongensis*
　体形为不对称椭圆形，活体可见 7 或 8 根横棘毛·········· 优美楯纤虫 *A. leptaspis*

（15）阿库楯纤虫 *Aspidisca aculeata* (Ehrenberg, 1838) Kahl, 1932(图 20)

Euplotes aculeatus Ehrenberg, 1838, *L. Voss, Leipzig*, 512.
Aspidisca aculeata Kahl, 1932, *Tier welt Del.*, 25: 646.
Aspidisca aculeata Li, Shao, Yi, Song, Warren, Al-Rasheid, Al-Farraj, Al-Quraishy, Zhang, Hu, Zhu & Ma, 2008a, *Acta Protozool.*, 47: 84.

　　形态　小型种，30-40 μm × 20-30 μm，腹面观为不对称的阔椭圆形，背面具 4 列明显脊突，左侧第 2 条脊突高高隆起呈帆状。后部口区明显阔大，口区左后方具一角状突起；虫体因扁平而高度清透。虫体边缘光滑无凸起，具细小凹痕。1 枚伸缩泡，位于虫体右侧近后缘。大核倒"U"形。

　　附底质爬行，运动缓慢，受惊扰时可十分牢固地吸附在底质上。

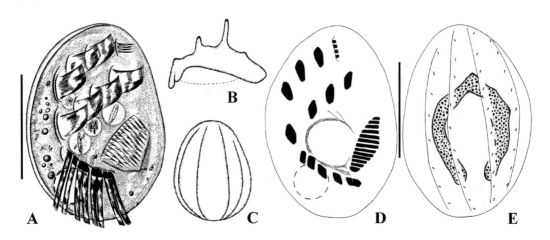

图 20　阿库楯纤虫 *Aspidisca aculeata*
A. 活体腹面观；B. 脊突顶面观；C. 脊突背面观；D，E. 纤毛图式腹面观（D）和背面观（E）
比例尺：20 μm

　　第 1 组口围带含 4 片小膜，位于体前方凹陷处；第 2 组由约 13 片小膜组成。口侧膜弱小，不易观察到。

　　体纤毛如图 20 所示，额腹棘毛 7 根，均发达、粗壮，分两组呈 "*polystyla*" 式排列；横棘毛 5 根，粗壮，斜向排列，最左侧棘毛的毛基体群通常裂为两部分。

　　4 列背触毛纵贯虫体背部，毛基体排列稀疏，每列约 10 对毛基体。

　　标本采集地　山东青岛潮间带，水温 12℃，盐度 29‰-31‰。

　　标本采集日期　2006. 05. 23。

　　标本保藏单位　中国海洋大学，海洋生物多样性与进化研究所（编号：LLQ2006052301）。

　　生境　海水。

（16）棕色楯纤虫 *Aspidisca fusca* Kahl, 1928（图 21）

Aspidisca fusca Kahl, 1928, *Arch. Hydrobiol.*, 19: 240.
Aspidisca fusca Jiang, Huang, Li, Al-Rasheid, Al-Farraj, Lin & Hu, 2013a, *Eur. J. Protistol.*, 49: 635.

　　形态　中小型海洋种，活体大小 40-70 μm × 30-45 μm，腹面观近卵圆形，左缘平直，右缘突起。虫体外缘圆滑，左后方具 1 个原生质突起，突起的明显程度在不同个体间有所变化。背面具 4 列明显脊突。细胞质无色，因内含大量食物颗粒及沙粒而不透明。未观察到伸缩泡。2 枚大核，短棒状。

　　附底质爬行，运动缓慢，受惊扰时可牢固地吸附在底质上。

　　口围带的第 1 组含 4 片小膜，位于体前方凹陷处；第 2 组由 9-13 片小膜组成。口侧膜弱小，不易辨识。

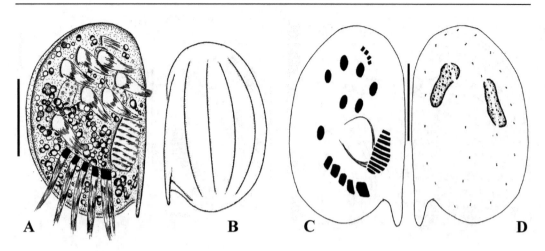

图 21　棕色楯纤虫 Aspidisca fusca
A. 活体腹面观；B. 背面观；C，D. 纤毛图式腹面观（C）和背面观（D）
比例尺：20 μm

额腹棘毛 7 根，均发达、粗壮，呈 "*polystyla*" 式排列，纤毛长 12-16 μm；横棘毛
5 根，粗壮，斜向排列，最左侧棘毛在活体观察下常分裂成两部分。

4 列背触毛纵贯虫体背部，每列含 6-19 对相对稀疏排列的毛基体。

标本采集地　山东青岛潮间带沙隙，水温 22℃，盐度 28‰。

标本采集日期　2008.06.05。

标本保藏单位　中国海洋大学，海洋生物多样性与进化研究所（编号：
JJM2008060502）。

生境　海水。

（17）舣板楯纤虫 *Aspidisca hexeris* Quennerstedt, 1869（图 22）

Aspidisca hexeris Quennerstedt, 1869, *Acta Univ. lund.*, 6: 27.
Aspidisca hexeris Jiang, Huang, Li, Al-Rasheid, Al-Farraj, Lin & Hu, 2013a, *Eur. J. Protistol.*,
　　49: 636.

形态　小型海洋种，活体大小 25-40 μm × 20-30 μm，背腹扁平，表膜坚实，腹面观
近椭圆形，中部最宽，两端阔圆，右缘较左缘稍凸；左缘自上而下具有 4 个原生质小突
起，突起的明显程度具种群间及个体间差异，部分个体甚至无明显突起。背部具 4 条脊
突。细胞边缘较透明，中部由于含食物泡和食物颗粒（直径 1-2 μm）等内容物而不透明。
伸缩泡位于近纵轴后 1/5 处。大核倒 "U" 形，未观察到小核。

通常附底质缓慢爬行，受扰动则紧紧贴附在底质上。

口围带的第 1 组含 7 片小膜，位于体前方凹陷处；第 2 组由 11-13 片小膜组成。口
侧膜弱小，位于口区后端，不易辨识。

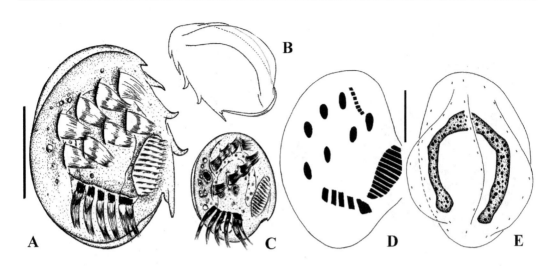

图 22　舡板楯纤虫 *Aspidisca hexeris*
A，C　活体腹面观；B. 侧面观；D，E. 纤毛图式腹面观（D）和背面观（E）
比例尺：A. 20 μm；D，E. 10 μm

　　额腹棘毛 7 根，均发达、粗壮，呈 "*polystyla*" 式排列，纤毛长约 10 μm；横棘毛 5 根，粗壮，纤毛长 10-12 μm，斜向排列，最左侧 1 根活体观下常裂成两部分。

　　4 列背触毛纵贯虫体背部，每列含 6-12 对排列较稀疏毛基体。

　　标本采集地　广东湛江红树林，水温 20℃，盐度 26‰；深圳潮间带沙隙，水温 20℃，盐度 27‰。

　　标本采集日期　2010. 03. 02，2010. 04. 15。

　　标本保藏单位　中国海洋大学，海洋生物多样性与进化研究所（编号：JJM2010032102，JJM2010041503）。

　　生境　咸水。

（18）香港楯纤虫 *Aspidisca hongkongensis* **Shen, Huang, Lin, Yi, Li & Song, 2010**（图 23）

Aspidisca hongkongensis Shen, Huang, Lin, Yi, Li & Song, 2010, *Eur. J. Protistol.*, 46：207.

　　形态　大型海洋种，活体大小 80-95 μm × 55-65 μm，腹面观近对称的椭圆形，两端阔圆；背腹扁平，厚、宽比 1∶2 至 1∶3。表膜坚实，虫体边缘较圆滑，左前方有一原生质显突起。口区阔大，口区左侧前后方各有 1 个向内的小突起；背部具 9-11 个明显脊突。细胞边缘透明，其他部分由于含食物泡和食物颗粒等内容物而不透明。伸缩泡位于最左侧横棘毛下方，直径 6 μm。若干直径 1-3 μm 的小泡，近虫体后缘分布。大核倒 "U" 形，未观察到小核。

　　通常附底质快速爬行，受扰动则紧紧贴附在底质上。

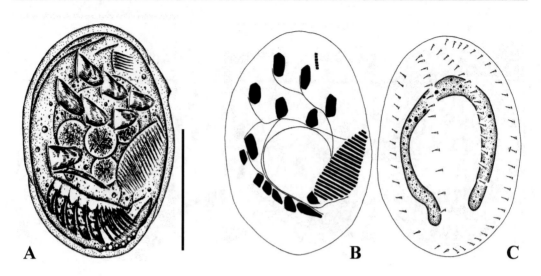

图 23　香港楯纤虫 *Aspidisca hongkongensis*
A. 活体腹面观；B，C. 纤毛图式腹面观（B）和背面观（C）
比例尺：40 μm

　　口围带的第 1 组含 6 片小膜，位于体前方凹陷处；第 2 组由 17-23 片小膜组成。口侧膜较小，位于口区后端。

　　额腹棘毛共 8 根：左前 7 根粗壮发达，纤毛长约 12 μm；最右后方的 1 根棘毛相对弱小，纤毛长约 15 μm。活体观可见约 12 根横棘毛，纤毛长 15-18 μm，视觉上最左侧 8 根棘毛着生于同个粗大的毛基体上。

　　4 列背触毛纵贯虫体背部，每列含 9-16 对排列较密集的毛基体。

　　标本采集地　香港近岸水体，水温 24℃，盐度 33‰。

　　标本采集日期　2007. 11. 28。

　　标本保藏单位　华南师范大学，生命科学学院（正模，编号：SZ200711280204）；英国伦敦自然历史博物馆（副模，编号：NHMUK2010:2:6:1）。

　　生境　海水。

（19）优美楯纤虫　*Aspidisca leptaspis* Fresenius, 1865（图 24）

Aspidisca leptaspis Fresenius, 1865, *Zool. Gart.*, 6: 85.
Aspidisca leptaspis Song & Wilbert, 1997a, *Arch. Protistenk.*, 148: 436.

　　形态　活体体长可达 60-80 μm，外表坚实，不可弯折；虫体腹面观为不对称的椭圆形并高度扁平，背面沿背触毛具 4 个不明显的沟槽。后部口区明显阔大；虫体因极其扁平而无色透明。食物泡中含小型硅藻及其他微小颗粒。虫体左侧边沿具 2 个棘突，尾部后边缘具 4 或 5 个齿状棘突（该结构稳定存在，但其突起程度具种群间差异）。1 个伸缩泡位于最右后方横棘毛附近。大核倒 "U" 形，3-5 枚小核紧附于大核上方的凹陷处。

　　运动较活跃，在底质上不停地爬动，受惊扰时可十分牢固地吸附在底质上。

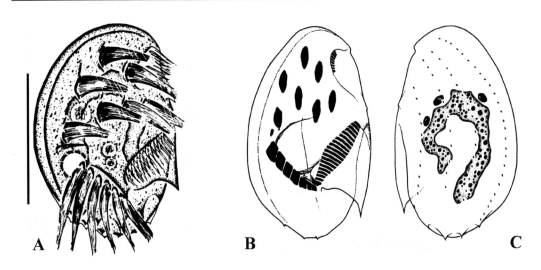

图 24　优美楯纤虫 *Aspidisca leptaspis*
A. 活体腹面观；B，C. 纤毛图式腹面观（B）和背面观（C），图 B 中箭头示退化棘毛
比例尺：40 μm

　　口围带第 1 组含 7 片退化态的细弱小膜，位于体前方凹陷处；第 2 组由约 20 片小膜组成，形成明显口区。口侧膜单片，呈小三角形，毛基体无序排列。

　　额腹棘毛共 8 根，其中最右后方棘毛退化明显，位置上稳定地靠近横棘毛；活体观7 或 8 根（纤毛图式及发生学上为 5 根）横棘毛，较为粗壮。

　　4 列背触毛纵贯虫体背部，其中的毛基体对排列密集。

　　标本采集地　山东青岛近岸水体，水温 18℃，盐度 31‰。

　　标本采集日期　1996. 06. 26。

　　标本保藏单位　中国海洋大学，海洋生物多样性与进化研究所（编号：SWB1996052601）。

　　生境　海水。

（20）锐利楯纤虫 *Aspidisca lynceus* (Müller, 1773) Ehrenberg, 1830 (图 25)

Trichoda lynceus Müller, 1773, *Havniae et Lipsiae*: 78.

Aspidisca lynceus Ehrenberg, 1830, *Abh. preuss. Akad. Wiss., Phys.-math. Kl.*,76.

Aspidisca lynceus Lian, Luo, Fan, Huang, Yu, Bourland & Song, 2018, *J. Eukaryot. Microbiol.*, 65 :533.

　　形态　中小型海洋种，活体大小 35-55 μm × 25-40 μm，腹面观呈阔卵圆形，前端略尖，后端阔圆；背腹扁平，厚、宽比约 1：3。表膜坚实，虫体边缘圆滑，无原生质突起。口区阔大。背部光滑，无脊突。虫体半透明。伸缩泡近右缘亚尾端，靠背侧，直径 8 μm。若干直径 1-3 μm 的小泡，近虫体后缘分布。大核倒"U"形，1 枚小核，紧贴大核。

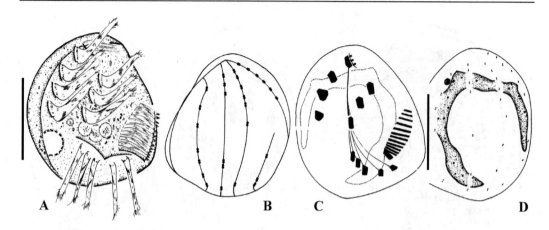

图 25　锐利楯纤虫 *Aspidisca lynceus*
A. 活体腹面观；B. 背面银线；C，D. 纤毛图式腹面观（C）和背面观（D）
比例尺：20 μm

　　通常附底质快速绕圈爬行，受扰动则紧紧贴附在底质上。
　　口围带的第 1 组含 3 片小膜，位于体前方凹陷处；第 2 组由 10-14 片小膜组成。口侧膜较小，紧贴口区后端。
　　额腹棘毛共 7 根，均发达、粗壮，呈“*lyncester*”式排列，纤毛长约 8 μm；5 根横棘毛，纤毛长约 10 μm，右边 3 根棘毛紧密、斜向排列，左边 2 根棘毛稀疏、近水平排列，两组间有明显间隔。
　　背触毛 5 列，其中的毛基体对排列稀疏、不均匀。第 4 列背触毛仅含 1-3 对毛基体，分布于体后半部近右缘；第 5 列于虫体右缘，位于体前 1/3 处；其他 3 列触毛纵贯虫体背部，银线系简单，基本为沿触毛列走向的纵向银线。
　　标本采集地　湖北武汉淡水池塘，水温 24℃。
　　标本采集日期　2015. 10. 16。
　　标本保藏单位　中国海洋大学，海洋生物多样性与进化研究所（编号：LCY2015101602）。
　　生境　淡水。

（21）巨大楯纤虫 *Aspidisca magna* Kahl, 1932（图 26）

Aspidisca magna Kahl, 1932, *Tierwelt Del.*, 25: 650.
Aspidisca magna Li, Zhang, Al-Rasheid, Kwon & Shin, 2010c, *Acta Protozool.*, 49: 328.

　　形态　中大型海洋种，活体大小通常 50-100 μm × 40-80 μm，个别体长可达 160 μm。腹面观呈阔卵圆形，中后部最宽；背腹扁平，厚、宽比约 1:3。表膜坚实，虫体边缘圆滑，于左边缘具一明显棘状原生质突起。口区阔大。背部具 4 个脊突，中间 2 个脊突较其他更为突出，可呈翼状。虫体半透明。伸缩泡近右缘亚尾端，靠背侧，直径 12 μm。大核倒“U”形，小核未观察到。

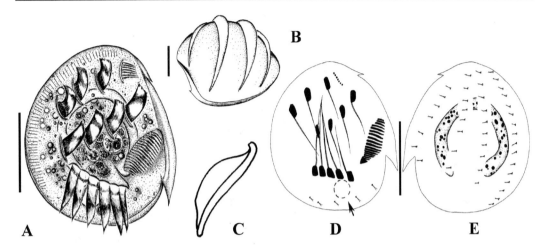

图 26　巨大楯纤虫 *Aspidisca magna*
A. 活体腹面观；B. 活体背面观；C. 活体侧面观；D，E. 纤毛图式腹面观（D）和背面观（E）
比例尺：40 μm

　　通常附底质缓慢绕圈爬行，受扰动则紧紧贴附在底质上。
　　口围带的第 1 组含 7 或 8 片小膜，位于体前方凹陷处；第 2 组由约 16 片小膜组成。口侧膜较小，紧贴口区后端。
　　额腹棘毛通常 7 根，少数个体棘毛数更多，可达 10 根，棘毛发达、粗壮，呈"*polystyla*"式排列，纤毛长约 16 μm；5 根横棘毛紧密斜向排列，纤毛长约 20 μm，最左侧棘毛在活体下常分裂为两部分。
　　背触毛 4 列，其中的毛基体对排列较稀疏。左侧 3 列后端缩短，自左向右分别含约 8 对、10 对、11 对毛基体；最右侧 1 列纵贯虫体，约含 19 对毛基体。
　　标本采集地　山东青岛开放养殖区，水温 16℃，盐度 30‰。
　　标本采集日期　2007.09.17。
　　标本保藏单位　中国海洋大学，海洋生物多样性与进化研究所（编号：LLQ2007091701）。
　　生境　海水。

（22）直须楯纤虫 *Aspidisca orthopogon* Deroux & Tuffrau, 1965（图 27）

Aspidisca orthopogon Deroux & Tuffrau, 1965, *Cah. Biol. Mar.*, 6: 295.
Aspidisca orthopogon Li, Shao, Yi, Song, Warren, Al-Rasheid, Al-Farraj, Al-Quraishy, Zhang, Hu, Zhu, & Ma, 2008a, *Acta Protozool.*, 47: 86.

　　形态　本种为体型最大的海洋楯纤虫之一，活体大小 80-110 μm × 40-60 μm。腹面观椭圆形至近圆形并高度扁平，虫体尾部（偏于左侧）在大部分个体常有 1 个长角形棘突，但在某些个体，该棘突不显著至完全不存在。口区阔大极为明显。虫体呈浅灰色，边缘透明。皮膜坚实，密布无色至浅灰色的皮层颗粒（直径 1-3 μm）。背面有不显著的

4 条纵沟。1 枚伸缩泡位于虫体末端，近背侧，直径约 12 μm。1 枚大核呈深凹的倒 "U"
形；1 枚小核，椭球形，靠近大核上方。

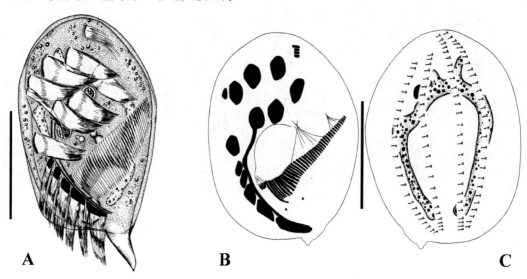

图 27　直须楯纤虫 Aspidisca orthopogon
A. 活体腹面观；B，C. 纤毛图式腹面观（B）和背面观（C）
比例尺：45 μm

运动活跃，为附底质上快速绕圈式爬行，受惊扰会牢牢吸附在底质上。
口围带的第 1 组含细弱退化态的 4 片小膜，位于虫体前方凹陷处；第 2 组十分长，
由约 40 片小膜组成。口侧膜较小，位于第 2 组口围带末端。
额腹横棘毛恒为 8 根，呈 "polystyla" 式排列。当中 7 根棘毛粗壮，纤毛长约 16 μm，
1 根棘毛弱小，紧贴于前排最右侧的额棘毛右侧；5 根横棘毛斜向排列，纤毛长约 20 μm，
左侧 3 根棘毛明显粗壮，（活体观时）也常次生性地裂成多部分。
背触毛 4 列，每列约 25 对排列密集的毛基体。
标本采集地　山东青岛开放养殖区，水温 10℃，盐度 25‰。
标本采集日期　2007.04.22。
标本保藏单位　中国海洋大学，海洋生物多样性与进化研究所（编号：
LLQ2007042202）。
生境　咸水。

（23）斯坦楯纤虫 *Aspidisca steini* (Buddenbrock, 1920) Kahl, 1932（图 28）

Onychaspis steini Buddenbrock, 1920, *Arch. Protistenk.*, 41: 351.
Aspidisca steini Kahl, 1932, *Tierwelt Del.*, 25: 645.
Aspidisca steini Song & Wilbert, 1997a, *Arch. Protistenk.*, 148: 434.

形态　个体极小的海洋种，活体大小 20-35 μm × 15-27 μm，腹面观为不对称的蚕豆

形，前端略向左突起，略似喙状，中部或中后部最宽，右缘凸起，左缘近平直；背腹扁平，厚、宽比约 1：2。表膜坚实，虫体边缘无明显突起。背部 4 个脊突。细胞质透明，内含硅藻。伸缩泡位于虫体后方最右横棘毛处。大核倒 "U" 形，2 或 3 枚小核紧贴大核。

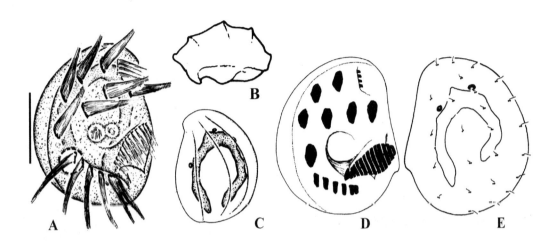

图 28　斯坦楯纤虫 *Aspidisca steini*
A. 活体腹面观；B. 顶面观；C. 背面观；D，E. 纤毛图式腹面观（D）和背面观（E）
比例尺：10 μm

运动较活跃，在底质上不停地爬动，受惊扰时可十分牢固地吸附在底质上。

口围带的第 1 组含 4 片小膜，位于体前方凹陷处；第 2 组由约 12 片小膜组成。口侧膜弱小，位于口区后端，不易辨识。

额腹棘毛 7 根，均发达、粗壮，呈 "*polystyla*" 式排列，纤毛长约 10 μm；横棘毛 5 根，相对细长，纤毛长 10-12 μm，斜向排列，最左侧棘毛活体下常裂成 2 根。

4 列背触毛纵贯虫体背部，每列含 5-8 对排列较稀疏毛基体。

标本采集地　山东青岛胶州湾海域，水温 18℃，盐度 31‰。

标本采集日期　1996.06.26。

标本保藏单位　中国海洋大学，海洋生物多样性与进化研究所（编号：SWB1996062601）。

生境　海水。

第5章　舍太科 Certesiidae Borror & Hill, 1995

Certesiidae Borror & Hill, 1995, *J. Eukaryot. Microbiol.*, 42: 460.

舍太科是游仆目中唯一仅含单属、单种的科。虫体外形高度盔甲化而坚实，背腹扁平。口围带及单片的口侧膜均发达。额腹棘毛不分组，散布于额腹区；5 根粗壮的横棘毛；无右缘棘毛，左缘棘毛为单列构造（区别于目下其他各科的主要特征），无尾棘毛。

该科全世界记载 1 属 1 种，中国记录 1 种。发现于海水。

Fabre-Domergue（1885）以四核舍太虫 *Certesia quadrinucleata* 为模式种建立了舍太虫属，Bütschli（1889）和 Sauerbrey（1928）将其认定为游仆虫属（广义）下的一个亚属，在随后的研究中，又被归为游仆科下辖属（Kahl, 1932; Corliss, 1979; Curds & Wu, 1983）。Borror 和 Hill（1995）对游仆目进行修订，建立了舍太科。近期，舍太虫的系统地位被不同学者基于形态学、发生学和 SSU rDNA 系统树分别进行了研究（Lin & Song, 2004b; Li & Song, 2006; Chen *et al.*, 2010），结果虽均将其归入游仆目，但给出的精确系统定位并不一致。这可能是由于游仆目不同种属之间在进化中存在一定程度的性状交叉引起的。

9. 舍太虫属 *Certesia* Fabre-Domergue, 1885

Certesia Fabre-Domergue, 1885, *J. Anat. Physiol.*, 21: 559.
Type species: *Certesia quadrinucleata* Fabre-Domergue, 1885.

中型大小，特征同科。

该属全世界记载 1 种，中国记录 1 种。

（24）四核舍太虫 *Certesia quadrinucleata* Fabre-Domergue, 1885 (图 29)

Certesia quadrinucleata Fabre-Domergue, 1885, *J. Anat. Physiol.*, 21: 551.
Certesia quadrinucleata Lin & Song, 2004b, *J. Mar. Biol. Ass. U.K.*, 84: 4595/3.

　　形态　活体 60-90 μm × 40-70 μm，虫体外形坚实，基本为对称的长卵圆形，长、宽比 5：3，体右前端具一角状突起，后端阔圆。虫体左右边缘较为平直，基本互相平行。背腹高度扁平，长、厚比 3：1 至 4：1，背部略隆起，腹面平坦。虫体不可收缩。细胞质无色或浅灰色，内含大量直径 2-4 μm 的闪光颗粒。伸缩泡位于尾端，近背侧，直径约 8 μm。4 枚大核（2 枚偏左、2 枚偏右），核仁间有线状结构相连。

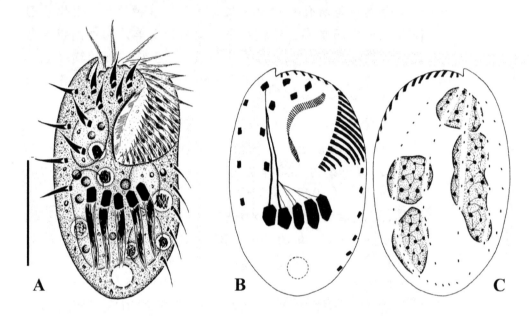

图 29　四核舍太虫 *Certesia quadrinucleata*
A. 活体腹面观；B，C. 纤毛图式腹面观（B）和背面观（C）
比例尺：25 μm

　　运动较慢，于底质或碎屑沉积物上爬行，间或有短暂停滞，继而改变运动方向。
　　活体下口区占体长的 40%-50%。口围带含 22-26 片小膜，前端小膜纤毛长约 20 μm。口侧膜呈弓状，长及整个口区，由多排毛基体组成。
　　额腹棘毛 11 或 12 根，较粗壮，纤毛长约 15 μm，其中 4 或 5 根沿虫体右缘分布；5 根粗壮横棘毛，纤毛长约 25 μm；左缘棘毛列由 5-7 根棘毛组成，纤毛长约 15 μm。
　　5 列背触毛纵贯虫体，最左侧列中毛基体排列较紧，且后端向右弯折。
　　标本采集地　山东青岛封闭养殖区，水温 18℃，盐度 31‰。
　　标本采集日期　2003.04.10。
　　标本保藏单位　中国海洋大学，海洋生物多样性与进化研究所（编号：LXF2003041001）。
　　生境　海水。

第6章　游仆科 Euplotidae Ehrenberg, 1838

Euplotidae Ehrenberg, 1838, *L. Voss, Leipzig*, 548.

　　游仆科的种类广泛分布于海洋、淡水和土壤，是游仆目中种类数最多的科级阶元。基本特征如下：背腹观为阔卵圆形或盘状，所有已知种类均高度背腹扁平，外形坚实（表膜坚固），背面常有纵行的脊突结构，在腹面常有不规则的脊突；伸缩泡普遍存在，单一并恒于横棘毛的外侧；口围带高度发达，长通常占体长的 1/2 以上；口侧膜单片，短阔并深藏于口前庭内，为一无序排列的毛基体结构；腹面棘毛分化形成 7-10 根额腹棘毛、5 根横棘毛、1 或 2 根左缘棘毛和 2 或 3 根尾棘毛，以此作为支撑爬行于基质上；背面纤毛退化为触毛，成列分布；大核"C"形或马蹄形；普遍具银线系。

　　该类群研究历史悠久，Borror（1972）、Carter（1972）和 Curds（1975）都对本类群进行过修订，但由于早期研究缺乏详细的棘毛数目、银线系模式等形态学信息，并且有相当一些种具相同或相似的体形、大小、额腹棘毛数目、背触毛列数等特征，此外，虫体大小、背部脊突明显程度及触毛列数等性状又存在一定的种群间或个体间变异，种种原因造成该类群的分类仍旧存在极大的混乱，使游仆科成为最难鉴定的纤毛虫阶元之一。近年，分子信息，尤其是 SSU rDNA 序列的使用可以在一定程度上有效帮助进行种类区分和鉴定。同时，我们也发现，部分种类，在淡水中和咸水中都有发现，种群间也存在一定的性状差异（如背触毛列数、腹面口围带的形状等），但是 SSU rDNA 序列信息一致（如扁口游仆虫、伍氏似游仆虫），对于此类情况是否将其分为两个种，仍存在争议，本书暂作同名处理。

　　目前科内命名种 150 多个，存在大量如异物同名、同物异名等混乱，故无法对本章各属的种类数给出准确数字。目前科内属的划分也尚无定论，为能基于形态特征进行快速检索、定种，我们在这里采用 Borror 和 Hill（1995）的划分：主要根据额腹棘毛的数目、排布以及背面银线系类型，将游仆科分为游仆虫属、单游仆虫属、似游仆虫属和类游仆虫属。

该科全世界记载 4 属，中国记录 4 属。

属检索表

1. 额腹棘毛 10 根 ·· 2
   额腹棘毛 9 根或更少 ··· 3
2. 单型银线系 ·· 单游仆虫属 *Moneuplotes*
   非单型银线系 ··· 游仆虫属 *Euplotes*
3. 额腹棘毛 9 根，棘毛 VI/3 缺失 ·· 似游仆虫属 *Euplotoides*
   额腹棘毛 7-9 根，棘毛 VI/2 缺失 ·· 类游仆虫属 *Euplotopsis*

10. 游仆虫属 *Euplotes* Ehrenberg in Hemprich & Ehrenberg, 1831

Euplotes Ehrenberg in Hemprich & Ehrenberg, 1831, *Mittler*, 119.
Type species: *Euplotes charon* (Müller, 1773) Ehrenberg, 1830.

该属多数海洋种，少数咸水及淡水种，具 10 根额腹棘毛，非单型银线系。

该属全世界记载 30 多种，中国记录 11 种。

种检索表

1. 左缘棘毛 1 根 ··· 2
   左缘棘毛 2 根 ··· 5
2. 小型种，体长通常 30-35 μm ····································· 稀毛游仆虫 *E. rariseta*
   中大型种 ·· 3
3. 双盘型银线系 ·· 中华游仆虫 *E. sinicus*
   双阔口型银线系 ·· 4
4. 背触毛 7 列 ··· 青岛游仆虫 *E. qingdaoensis*
   背触毛 12 或 13 列 ·· 上海游仆虫 *E. shanghaiensis*
5. 额腹棘毛基体近等大 ·· 6
   其中 2 根额腹棘毛基体明显较小 ······················· 武汉游仆虫 *E. wuhanensis*
6. 尾棘毛 2 根 ··· 7
   尾棘毛 3 或 4 根 ·· 博格游仆虫 *E. bergeri*
7. 体长大多 100 μm 以下，前端无特殊性状 ·· 8

体长可达 150 μm，前端有"领" ·· 扁口游仆虫 *E. playstoma*

8. 小型种，体长多 50 μm 以下 ···**9**

中型种，体长多 50 μm 以上 ···**10**

9. 背触毛 6 或 7 列 ································· 拟波罗的游仆虫 *E. parabalteatus*

背触毛 8 列 ······································· 波罗的游仆虫 *E. balteatus*

10.背触毛 7 列 ·· 河口游仆虫 *E. estuarinus*

背触毛 9 或 10 列 ······························· 卡龙游仆虫 *E. charon*

（25）波罗的游仆虫　*Euplotes balteatus* (Dujardin, 1841) Kahl, 1932 (图 30)

Plasconia balteatus Dujardin, 1841, *Librarie Encyclopédique de Roret*, Paris, 646.
Euplotes balteatus Kahl, 1932, *Die Tierwelt Deutschlands*, 25: 635.
Euplotes balteatus Pan, Li, Shao, Hu, Ma, Al-Rasheid & Warren, 2012, *Acta Protozool.*, 51: 30.

　　形态　虫体大小差异较大，活体时为 30-80 μm × 20-60 μm。皮膜坚实，外形稳定。虫体阔卵圆形，有时前端稍窄。背腹高度扁平，腹面稍内凹，背面呈拱形，但无明显的脊突或沟槽。棒状的表膜颗粒以辐射状围绕在触毛周围。细胞质透明，中部充满大小不一的折光颗粒或食物颗粒等，因此虫体在活体时显得不透明或呈深灰色。伸缩泡位于虫体右下缘，直径约 8 μm。大核通常为"C"形，不同个体之间形状略有变化。小核卵圆形，常依附于大核外缘中部。

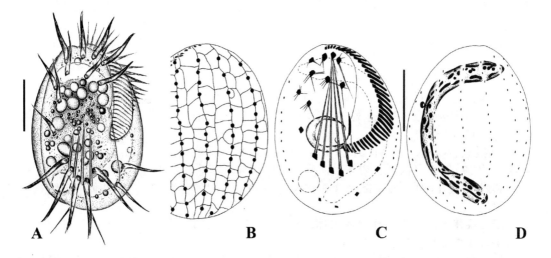

图 30　波罗的游仆虫 *Euplotes balteatus*
A. 活体腹面观；B. 背面银线系；C, D. 纤毛图式腹面观（C）和背面观（D）
比例尺：30 μm

通常在基底以中等速度爬行，自身不停颤动，喜聚集在细菌富集处。

活体下口围带较为显著，占整个体长的 55%-85%，含 28-43 片小膜。口侧膜细长形，平行于虫体长轴位于口围带后端上方。

腹面纤毛均较为细弱。额腹棘毛恒为 10 根，纤毛长约 14 μm；横棘毛恒为 5 根，粗壮程度相当，纤毛长约 30 μm；左缘棘毛 2 根，十分细弱，间距较大，纤毛长约 12 μm；尾棘毛 2 根，更为细弱，分散排列于细胞尾端，纤毛长约 12 μm。

背触毛 8 列，中间列包含 12-16 对毛基体。双阔口型银线系。

标本采集地　山东青岛封闭养殖水体，水温 20℃，盐度 31‰。

标本采集日期　2007.09.18。

标本保藏单位　中国海洋大学，海洋生物多样性与进化研究所（编号：LLQ2007091801）。

生境　海水。

（26）博格游仆虫 *Euplotes bergeri* Lian, Wang, Li, Al-Rasheid, Jiang & Song, 2020（图 31）

Euplotes bergeri Lian, Wang, Li, Al-Rasheid, Jiang & Song, 2020b, *J. King Saud Univ. Sci.*, 32: 1287.

形态　虫体大小 70-80 μm × 45-50 μm。体形呈"D"形，左边缘凸起，右边缘平直，右前端具角状凸起。虫体背腹扁平，背部略隆起，腹面横棘毛处有数道脊突，额棘毛处有 2 个长脊突。皮膜下具有若干短棒状皮层颗粒，其分布模式为：在背部围绕背触毛形成花环状结构，在腹面集中于棘毛和口围带小膜的基部。细胞质无色，通常因充满折光颗粒和食物泡而呈浅灰色。伸缩泡直径约 10 μm，位于虫体右下缘。大核"C"形，小核不详。

运动无明显特征，附底质中速爬行，经常短暂停滞。

活体状态下口区狭窄，占体长的 80%。口围带由 43-57 片小膜构成，小膜基体长约 14 μm，口侧膜由无规则排列的毛基体组成，位于口围带末端上方，染色后呈长达 15-27 μm 的斑块。

10 根额腹棘毛，纤毛长约 20 μm；横棘毛 5 根，纤毛长约 25 μm；左缘棘毛 2 根，纤毛长约 17 μm；尾棘毛 3 或 4 根，位于虫体末端，纤毛长约 15 μm。

背触毛 12-14 列，最左侧列含 6-15 对毛基体，中间列含 14-20 对毛基体。银线系为双阔口型。

标本采集地　广东惠州离岸水体，水温 26℃，盐度 32‰。

标本采集日期　2018.05.04。

标本保藏单位　中国海洋大学，海洋生物多样性与进化研究所（正模，编号：LCY2018050402-1；副模，编号：LCY2018050402-2,3,4）。

生境　海水。

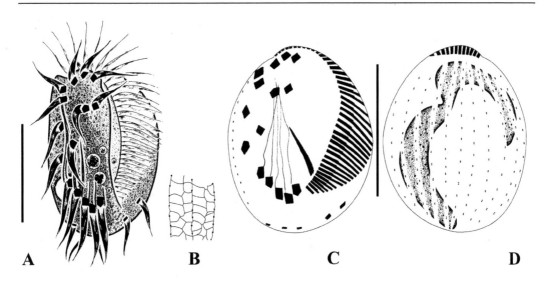

图 31 博格游仆虫 *Euplotes bergeri*
A. 活体腹面观；B. 背面银线系；C，D. 纤毛图式腹面观（C）和背面观（D）
比例尺：50 µm

（27）卡龙游仆虫 *Euplotes charon* (Müller, 1773) Ehrenberg, 1830 (图 32)

Trichoda charon Müller, 1773, *Havniae et Lipsiae*, 129.
Euplotes charon Ehrenberg, 1830, *Abh. preuss. Akad. Wiss., Phys.-math. Kl.*, 85.
Euplotes charon Song & Packroff, 1997, *Arch. Protistenk.*, 147: 343.

形态 体长 70-110 µm，外形变化较大：通常为不对称的阔卵圆形，前端略窄，后端钝圆，虫体左边缘外凸明显；食物充足时虫体偏圆，长、宽比可达 1：1；饥饿时口区阔大，后部明显较窄，整个虫体略呈倒梯形。背部具 7 或 8 列明显脊突。细胞质透明，中部充满了大小不一的折光颗粒或食物泡，呈不透明或浅灰色。通常以细菌、原生动物、藻类为食。伸缩泡位于虫体右下缘。大核近马蹄形，1 枚小核卵圆形，常依附于大核外缘中部。

运动无明显特征，附底质中速爬行，时而短程后退，继而转变方向继续爬行。

口围带十分发达，占体长的 2/3-3/4，由约 55 片小膜构成，后部的小膜明显较宽，最宽处可达 20 µm。口侧膜由密集的毛基体组成，平行于虫体长轴位于口围带后端上方。

腹面具 10 根额腹棘毛，纤毛长约 20 µm；5 根粗壮的横棘毛，纤毛长约 30 µm；2 根左缘棘毛；尾棘毛多为 2 根，罕见 3 或 4 根，纤毛长约 15 µm。

背触毛 9 或 10 列，各列中的毛基体对排列较密。银线系为双阔口型。

标本采集地 山东青岛封闭养殖水体，水温 18℃，盐度 31‰。

标本采集日期 1990. 06. 18。

标本保藏单位 中国海洋大学，海洋生物多样性与进化研究所（编号：SWB1990061801）。

生境 海水。

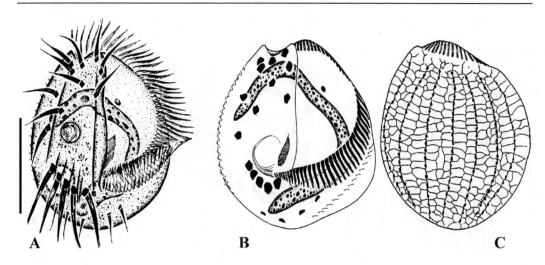

图 32　卡龙游仆虫 *Euplotes charon*
A. 活体腹面观；B. 腹面纤毛图式；C. 背面银线系
比例尺：50 μm

（28）河口游仆虫 *Euplotes estuarinus* Yan, Fan, Luo, El-Serehy, Bourland & Chen, 2018
（图 33）

Euplotes estuarinus Yan, Fan, Luo, El-Serehy, Bourland & Chen, 2018, *Eur. J. Protistol.*, 64:
　　22.

　　形态　咸水生境，虫体大小 50-75 μm × 30-50 μm。体形稳定，近卵圆形，前端略窄，右前端向前形成角状突起。虫体背腹扁平，背部略隆起，腹部稍凹陷。背部具明显脊突，腹面也具数道沟嵴。背部每个触毛周围由约 10 个 2.0 μm × 0.5 μm 的皮层颗粒环绕。细胞质无色，边缘透明，中部因充满折光颗粒（直径 3-5 μm）和食物泡（直径 8-10 μm）而呈不透明的浅灰色。未观察到内共生细菌。伸缩泡直径约 8 μm，位于虫体右下缘，收缩间隔时间为 30 s。大核"C"形。

　　运动无明显特征，附底质中速爬行，经常短暂停滞。

　　活体状态下口区狭窄，占体长的 60%。口围带由 25-33 片小膜构成，口侧膜由无规则排列的毛基体组成，染色后呈长 8-10 μm 的斑块。

　　腹面具 10 根额腹棘毛，纤毛长约 20 μm；横棘毛 5 根，左侧 2 根和其他 3 根之间有明显间隔，棘毛 III/1 和 IV/I 同高；左缘棘毛 2 根，纤毛长 10-15 μm；尾棘毛 2 根，位于虫体末端。

　　背触毛 7 列，最左侧列仅含 2 对毛基体；中间列含 9-12 对毛基体。银线系为双阔口型。

　　标本采集地　广州河口区，水温 31.5℃，盐度 4‰。

　　标本采集日期　2013.05.06。

　　标本保藏单位　中国海洋大学，海洋生物多样性与进化研究所（正模，编号：FYB2013050601；副模，编号：FYB2013050602）。

　　生境　咸水。

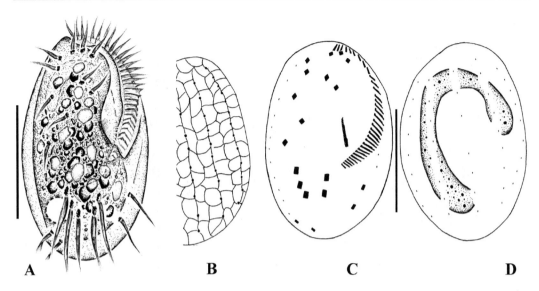

图 33　河口游仆虫 *Euplotes estuarinus*
A. 活体腹面观；B. 背面银线系；C，D. 纤毛图式腹面观（C）和背面观（D）
比例尺：35 μm

（29）拟波罗的游仆虫 *Euplotes parabalteatus* Jiang, Zhang, Hu, Shao, Al-Rasheid & Song, 2010（图 34）

Euplotes parabalteatus Jiang, Zhang, Hu, Shao, Al-Rasheid & Song, 2010a, *Int. J. Syst. Evol. Microbiol.*, 60: 1243.

　　形态　小型海洋种，虫体活体长 30-35 μm，体形稳定，近长卵圆形，背腹扁平，背部略隆起，腹面稍凹陷。背腹部光滑，背部无脊突，腹面仅在横棘毛间具数个短突起。背部每个触毛周围由若干 1.5 μm × 0.8 μm 大小的短棒状皮层颗粒花型环绕。细胞质无色，含若干闪光颗粒和食物泡。伸缩泡位于虫体右下缘。大核呈十分粗壮的棒状，微弯；小核不详。
　　运动无特殊性，多附底质中速爬行。
　　活体状态下口区占体长的 2/3-3/4。口围带由 19-23 片小膜构成，口侧膜由不规则排列的毛基体组成，位于口围带末端上方。
　　腹面具额腹棘毛 10 根，棘毛 V/2 位置偏低，更近棘毛 VI/2；横棘毛 5 根；左缘棘毛 2 根，分布位置很低，接近体后端的 2 根尾棘毛。
　　背触毛 6 或 7 列，最左侧列仅含 2 对毛基体；中间列含 9 对毛基体。银线系为双阔口型。
　　标本采集地　山东青岛胶州湾近岸水体，水温 23℃，盐度 27‰。
　　标本采集日期　2007. 09. 17。
　　标本保藏单位　中国海洋大学，海洋生物多样性与进化研究所（正模，编号：JJM200709270101；副模 JJM200709170102）；伦敦自然历史博物馆（副模，编号：NHMUK2008:8:5:1）。
　　生境　海水。

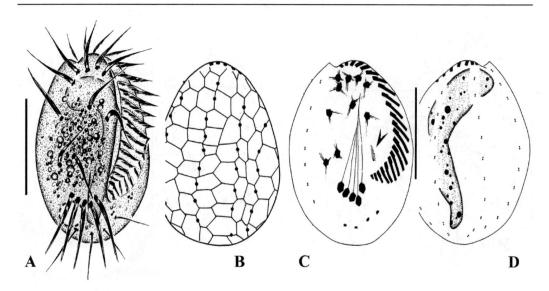

图 34　拟波罗的游仆虫 *Eupltoes parabalteatus*
A. 活体腹面观；B. 背面银线系；C，D. 纤毛图式腹面观（C）和背面观（D）
比例尺：20 μm

（30）扁口游仆虫 *Euplotes platystoma* Dragesco & Dragesco-Kernéis, 1986（图 35）

Euplotes platystoma Dragesco & Dragesco-Kernéis, 1986, *Faune. Trop*, 26: 507.
Euplotes platystoma Yan, Fan, Luo, El-Serehy, Bourland & Chen, 2018, *Eur. J. Protistol*., 64:
　　28.

　　形态　咸水生境，虫体活体大小 100-150 μm × 50-80 μm。腹面观为不对称的椭圆形，
两端宽度相近，两侧边缘近竖直；个别虫体前端略宽于后端，左边缘较右边缘更加外凸。
因前端口小膜经由背侧绕至腹面，虫体前端形成一透明的领状结构。虫体背腹扁平，长、
厚比 3：1 至 4：1。背腹面光滑，背部无脊突或凹陷，腹面在横棘毛间有若干小的脊突。
每个背触毛周围由很多约 1.5 μm × 1.0 μm 大小的皮层颗粒环绕。细胞质无色，高度透明，
内含大量直径 3-5 μm 的油滴。若干直径 10-12 μm 的食物泡使得虫体呈深灰色至黑棕色。
未观察到存在内共生细菌的情况。伸缩泡直径约 8 μm，位于虫体右下缘，收缩间隔时
间为 30 s。大核呈"3"形，小核未观察到。
　　运动无明显特征，附底质慢速爬行，常短暂停滞不动。
　　活体状态下口区可占体长的 3/4，口右缘延伸至体中部；口围带由 46-54 片小膜构
成，口侧膜由无规则排列的毛基体组成，位于口唇下方。
　　腹面棘毛粗壮有力，含额腹棘毛 10 根，纤毛长约 30 μm；横棘毛 5 根，纤毛长约
40 μm；左缘棘毛 2 根，纤毛长约 25 μm；尾棘毛 2 根，位于虫体末端。
　　背触毛 10 或 11 列，最左侧、最右侧列位于腹面，其他列纵贯虫体背面；中间列含
15-22 对毛基体。银线系为双阔口型。
　　标本采集地　广东惠阳红树林，水温 32℃，盐度 1‰。
　　标本采集日期　2012. 04. 26。

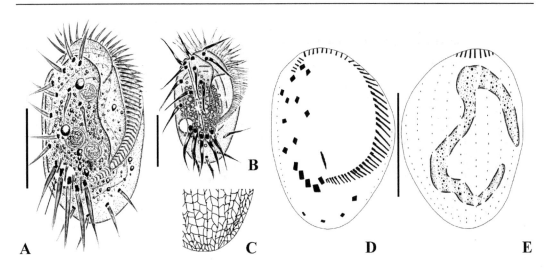

图 35　扁口游仆虫 *Eupltoes platystoma*
A. 活体腹面观；B. 非典型个体活体腹面观；C. 背面银线系（局部）；D, E. 纤毛图式腹面观（D）
和背面观（E）
比例尺：70 μm

标本保藏单位　中国海洋大学，海洋生物多样性与进化研究所（编号：
FYB2012042603）。
　　生境　咸水。

（31）青岛游仆虫 *Euplotes qingdaoensis* Chen, Ma & Al-Rasheid, 2014（图 36）

Euplotes qingdaoensis Chen, Ma & Al-Rasheid, 2014b, *Chin. J. Oceanol. Limnol.*, 32: 427.

　　形态　海洋种，虫体活体长约 100 μm。腹面观为近卵形，前端较后端稍微或明显
尖削；少数个体左右边缘平直，使得整个虫体腹面观近矩形。虫体很厚，背腹略扁平。
背腹面光滑，背部无脊突或凹陷，腹面在横棘毛间有若干小的突起。每个背触毛周围由
很多约 1.2 μm×0.5 μm 大小的无色皮层颗粒环绕。细胞质无色，内含大量黄色至棕色的
食物颗粒，使得虫体活体呈暗棕色。稳定具有 2 个类似伸缩泡的泡状结构，分别位于虫
体中部近右边缘和虫体右后缘，近最右横棘毛处，未观察到二者有伸缩活动。大核呈"3"
形，小核未观察到。
　　运动无明显特征，附底质慢速爬行，偶见长时间停滞不动。
　　活体状态下口区可占体长的 1/2。口围带由 26-29 片小膜构成，小膜纤毛长 12-15 μm；
口侧膜由无规则排列的毛基体组成，位于口唇下方。
　　腹面棘毛粗壮有力，含额腹棘毛 10 根，横棘毛 5 根，左缘棘毛 1 根，近口区下方，
尾棘毛 2 根。横棘毛纤毛长约 20 μm，其他纤毛长约 15 μm。
　　背触毛 7 列：最左侧列起于虫体前 1/3 处，位于腹面，含约 11 对毛基体；其他列纵
贯虫体背面，含 14-16 对毛基体。银线系为双阔口型。

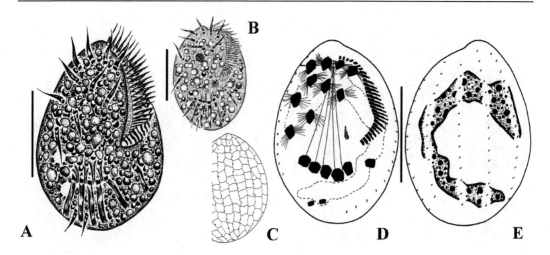

图 36 青岛游仆虫 *Euplotes qingdaoensis*
A. 活体腹面观；B. 非典型个体活体腹面观；C. 背面银线系（局部）；D，E. 纤毛图式腹面观（D）
和背面观（E）
比例尺：70 μm

标本采集地 山东青岛潮间带，水温 16℃，盐度 30‰。
标本采集日期 2006. 12. 10。
标本保藏单位 伦敦自然历史博物馆（正模，编号：NHMUK2011.11.14.1）；中国
海洋大学，海洋生物多样性与进化研究所（副模，编号：CXR2006121001-05）。
生境 海水。

（32）稀毛游仆虫 *Euplotes rariseta* Curds, West & Dorahy, 1974（图 37）

Euplotes rariseta Curds, West & Dorahy, 1974, *Bull. Br. Mus. Nat. Hist. (Zool.)* , 27: 97.
Euplotes rariseta Song & Packroff, 1997, *Arch. Protistenk.*, 147: 346.

形态 海洋小型种，虫体活体大小 30-50 μm × 20-40 μm，背腹观为稳定的卵圆形，
前端较尖削。虫体背腹扁平，背面略隆起。背部有 5 列较明显的脊突，腹面也具该属典
型的脊突；细胞质无色，内含少量白色和浅黄色结晶颗粒。伸缩泡位于虫体右下缘的典
型位置。大核呈"C"形，小核不详。
运动无明显特征，附底质慢速爬行，偶见长时间停滞不动。
活体状态下口区可占体长的 2/3。口围带由 17-22 片小膜构成，口侧膜由无规则排
列的毛基体组成，位于口唇下方。
腹面棘毛粗壮有力，含额腹棘毛 10 根，横棘毛 5 根，纤毛长 15 μm，左缘棘毛 1
根，纤毛长 12 μm；尾棘毛 2 根，纤毛长 10 μm。
背触毛 7 列，毛基体分布稀疏，每列由约 6 对毛基体组成。银线系为双盘型。
标本采集地 山东青岛近岸水体，温度 10℃，盐度 30‰。
标本采集日期 1990. 11. 18。

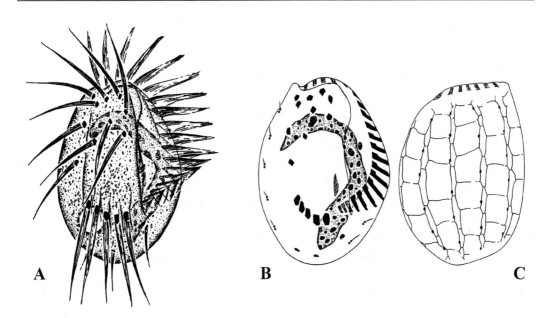

图 37　稀毛游仆虫 *Euplotes rariseta*
A. 活体腹面观；B. 腹面纤毛图式；C. 背面银线系
比例尺：10 μm

标本保藏单位　中国海洋大学，海洋生物多样性与进化研究所（编号：SWB1990111802）。
生境　海水。

（33）上海游仆虫 *Euplotes shanghaiensis* **Song, Warren & Bruce, 1998**（图 38）

Euplotes shanghaiensis Song, Warren & Bruce, 1998, *Eur. J. Protistol.*, 34: 105.

　　形态　淡水种，虫体活体大小 80-120 μm × 50-80 μm。虫体腹面观近 "D" 形，右边缘平直，左边缘凸起，体前 1/3 处最宽，前端钝圆，后部变窄；饥饿个体呈倒三角形。虫体背腹扁平，长、厚比约 4 : 1。口围带前端绕至虫体背面。背腹面光滑，背部脊突不明显，腹面具典型的低矮脊突。细胞质透明无色，内含若干 2-4 μm 长、短棒状的反光颗粒和少量食物泡。伸缩泡位于虫体右下缘的典型位置。大核呈 "C" 形，右上方有凹陷；1 枚椭球形小核，位于大核凹陷处。
　　运动无明显特征，附底质慢速爬行，偶见长时间停滞不动。
　　活体状态下口区阔大，长达体长的 70%-80%。口围带由 53-58 片小膜构成，口侧膜由无规则排列的毛基体组成，稍长，位于口唇下方。
　　腹面棘毛粗壮有力，含额腹棘毛 10 根，纤毛长 25-30 μm；横棘毛 5 根，长 30-40 μm；左缘棘毛、尾棘毛各 2 根，纤毛长 20-25 μm。
　　背触毛 12 或 13 列，最左侧列较短，起于虫体后 1/3 处，位于腹面；其他列纵贯虫体背面，含约 23 对毛基体。银线系为双阔口型。

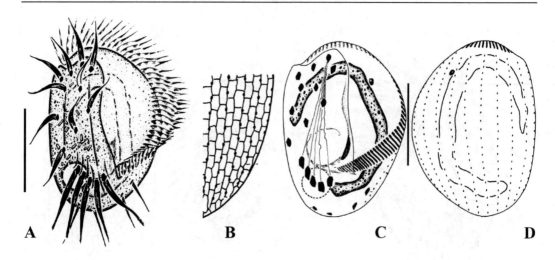

图 38　上海游仆虫 *Euplotes shanghaiensis*
A. 活体腹面观；B. 背面银线系；C，D. 纤毛图式腹面观（C）和背面观（D）
比例尺：50 μm

标本采集地　上海淡水水塘，温度 20℃。
标本采集日期　1996.05.09。
标本保藏单位　中国海洋大学，海洋生物多样性与进化研究所（编号：SWB1996050901）。
生境　淡水。

（34）中华游仆虫　*Euplotes sinicus* Jiang, Zhang, Hu, Shao, Al-Rasheid & Song, 2010
（图 39）

Euplotes sinicus Jiang, Zhang, Hu, Shao, Al-Rasheid & Song, 2010a, *Int. J. Syst. Evol. Microbiol*, 60: 1242.

形态　海洋种，个体大小居中，活体状态下长 70-80 μm；腹面观阔卵圆至卵圆形，前端略窄，后端钝圆，体右前方有一明显角状突起；背腹扁平，背部高高隆起，腹部略凹陷，长、厚比约 2：1；背部 5 个脊突呈刃状，十分显著；腹面脊突分布与大部分同属种类相似，无明显特征。每根背触毛周围由很多直径约 2 μm 大小的皮层颗粒环绕。细胞质无色，边缘高度透明，中央内含大量油滴及食物泡而发暗。伸缩泡位于虫体右下缘。大核 "C" 形或弯折棒状。小核不详。
运动无特殊性，附底质中速爬行。
口区约占体长的 2/3，口围带均匀弯曲，由 38-46 片小膜组成；口侧膜由不规则排列的毛基体组成，位于口唇下方。
腹面恒具 10 根额腹棘毛、5 根横棘毛、2 根尾棘毛和 1 根较细弱的左缘棘毛。
背触毛 7 列，中列含约 12 对毛基体。银线系为双盘型。
标本采集地　山东青岛胶州湾近岸水体，水温 23℃，盐度 27‰。

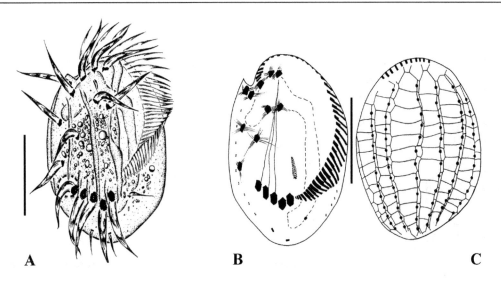

图 39　中华游仆虫 *Euplotes sinicus*
A. 活体腹面观；B. 腹面纤毛图式；C. 背面银线系
比例尺：30 μm

标本采集日期　2007.09.17。

标本保藏单位　伦敦自然历史博物馆（正模，编号：NHMUK2008:8:4:1，副模，编号：NHMUK2008:8:4:2）；中国海洋大学，海洋生物多样性与进化研究所（副模，编号：JJM200709170301，02）。

生境　咸水。

（35）武汉游仆虫 *Euplotes wuhanensis* Lian, Zhang, Al-Rasheid, Yu, Jiang & Huang, 2019 (图 40)

Euplotes wuhanensis Lian, Zhang, Al-Rasheid, Yu, Jiang & Huang, 2019, *Eur. J. Protistol.*, 67: 4.

　　形态　活体大小 40-50 μm × 25-30 μm，背腹观呈卵圆形，左、右边缘均外凸，右前端向前形成角状凸起。虫体背腹扁平，背面略隆起。腹面具数脊突，从虫体前端延伸至横棘毛，背部具 4 或 5 个脊突。细胞质无色，边缘透明，中部因充满大小不一的折光颗粒和食物泡而呈不透明的浅灰色。伸缩泡直径约 10 μm，位于虫体右下缘。大核呈 "C" 形，1 枚圆形小核，位于大核前部凹陷处。

　　运动无明显特征，通常在基底以中等速度爬行，偶见长时间停滞不动。

　　活体状态下口区可占体长的 3/4。口围带由 18-24 片小膜构成，小膜基体宽约 10 μm。口侧膜由无规则排列的毛基体组成，位于口唇下方。

　　腹面具额腹棘毛 10 根，其中 V/2 和 VI/2 原基明显较小；横棘毛 5 根，稀疏排列，左侧 2 根和其他 3 根之间有不明显间隔，纤毛长 20 μm；左缘棘毛、尾棘毛各 2 根，纤毛长 15 μm。

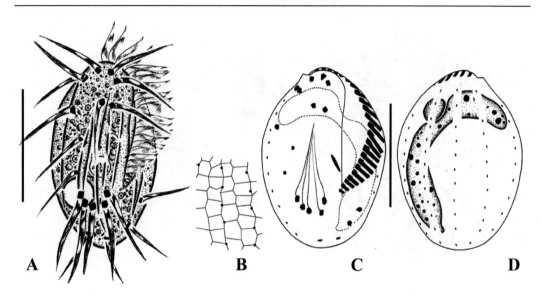

图 40　武汉游仆虫 *Euplotes wuhanensis*
A. 活体腹面观；B. 背面银线系；C, D. 纤毛图式腹面观（C）和背面观（D）
比例尺：30 μm

背触毛 7 列，中列由 9-13 对毛基体组成，最左列位于腹面，含 2 或 3 对毛基体。
银线系为双阔口型。

标本采集地　湖北武汉土壤，温度 20℃。

标本采集日期　2016. 04. 12。

标本保藏单位　中国海洋大学，海洋生物多样性与进化研究所（正模，编号：
LCY2016041201-1；副模，编号：LCY2016041201-2）；伦敦自然历史博物馆（编号：
NHMUK 2018.10.22.1）。

生境　土壤。

11. 似游仆虫属 *Euplotoides* Borror & Hill, 1995

Euplotoides Borror & Hill, 1995, *J. Eukaryot. Microbiol.*, 42: 460.
Type species: *Euplotoides patella* (Müller, 1773) Borror & Hill, 1995.

该属多淡水种，具 9 根额腹棘毛，棘毛 VI/3 缺失，双型银线系。
该属全世界记载 10 余种，中国记录 4 种。

种检索表

1. 大核 "T" 形或 "Y" 形 ·· 伍氏似游仆虫 *E. woodruffi*

　　　大核"3"形或"C"形 ··· **2**
2. 背触毛 12 列或以上 ·· 阿密特似游仆虫 *E. amieti*
　　背触毛 8 或 9 列 ··· **3**
3. 背部具脊突，腹面口围带呈弧形 ································ 小腔似游仆虫 *E. aediculatus*
　　背部无脊突，腹面口围带呈"S"形 ··························· 阔口似游仆虫 *E. eurystomus*

（36）小腔似游仆虫 *Euplotoides aediculatus* (Pierson, 1943) Borror & Hill, 1995（图 41）

Euplotes aediculatus Pierson, 1943, *J. Morphol.*, 72: 138.
Euplotoides aediculatus Borror & Hill, 1995, *J. Eukaryot. Microbiol.*, 42: 460.
Euplotes aediculatus Zhang, Wang, Fan, Luo, Hu & Gao, 2017, *Biodivers. Sci.*, 25: 551.

　　形态　淡水大型种，活体大小 150-170 μm × 100-120 μm，腹面观呈卵圆形至矩形，前端较方阔，后端钝圆；背腹扁平，背面稍隆起，长、厚比约 3∶1，背面前端领状突起不明显。背面具 6 条不明显的脊突。每个背触毛基部周围由 7-9 个长约 1 μm 的针棒状皮层颗粒花环状环绕。细胞质无色，虫体口区及边缘区域透明，口后中部区域由于具食物颗粒及许多脂质颗粒而呈灰黑色。伸缩泡直径约 25 μm，位于最右侧横棘毛深处，收缩时间约 30 s。1 枚大核，"3"形；1 枚小核，球形。
　　运动方式为典型的游仆类，爬行于基质，速度较快。
　　口区阔大呈倒三角形，约占体长的 2/3。口围带由 47-55 片小膜构成，从腹面额腹棘毛前端处（约 3 片小膜）绕到背面领状突起处（约 12 片小膜），再绕回腹面并延伸至体长 2/3 处，腹面小膜基本呈平直排布。口侧膜位于口围带末端右侧口唇下方，由不规则排列的毛基体组成。

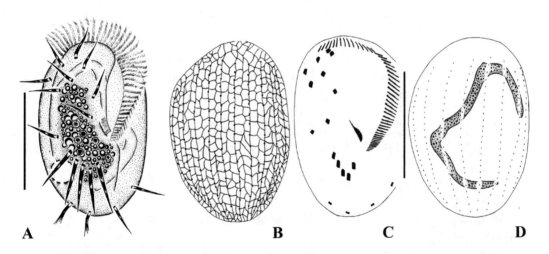

图 41　小腔似游仆虫 *Euplotoides aediculatus*
A. 活体腹面观；B. 背面银线系；C, D. 纤毛图式腹面观（C）和背面观（D）
比例尺：100 μm

　　腹面棘毛数较恒定：额腹棘毛 9 根，纤毛长约 40 μm；横棘毛 5 根，纤毛长 45-50 μm；

左缘棘毛 2 根，纤毛长约 40 μm；尾棘毛 2 根，纤毛长 35-40 μm，且活体状态下尾棘毛末端纤毛呈分散状。

背触毛 8 列，中间列具 21-26 对毛基体，最左侧列具 15-23 对毛基体。背面银线系为双阔口型。

标本采集地　山东青岛淡水池塘，水温 20℃。

标本采集日期　2013. 10. 10。

标本保藏单位　中国海洋大学，海洋生物多样性与进化研究所（编号：ZX2013101001）。

生境　淡水。

（37）阿密特似游仆虫 *Euplotoides amieti* (Dragesco, 1970) Borror & Hill, 1995 (图 42)

Euplotes amieti Dragesco, 1970, *Annls Fac. Sci. Univ. féd. Cameroun, Numéro hors-série*: 79.
Euplotoides amieti Borror & Hill, 1995, *J. Eukaryot. Microbiol.*, 42: 460.
Euplotes amieti Liu, Fan, Miao, Hu, Al-Rasheid, Al-Farraj & Ma, 2015, *Acta Protozool.*, 54: 173.

形态　大型淡水种，活体大小 120-200 μm × 70-100 μm，腹面观呈卵圆形，两端钝圆，前端稍窄，后端稍宽；背腹扁平，腹面稍向内凹，背面稍隆起，长、厚比约 2：1；背面前端具明显领状凸起。背面无明显脊突，腹面横棘毛之间具 4 条较短脊突。背腹皮膜下密布许多颗粒状结构（可能是线粒体），椭圆形至卵圆形，长 1.5-2 μm；每个背触毛基部周围由约 9 个长约 1 μm 的棒状皮层颗粒环绕。细胞质无色，虫体边缘透明，中部由于具许多不同大小的脂质颗粒和食物泡而呈灰黑色。伸缩泡直径 25 μm，位于最右侧横棘毛深处，收缩间隔 1-2 min。1 枚大核，"3" 形；1 枚小核。

典型的游仆类运动方式，较快地爬行于基质，偶有轻微的颤动。

口区阔大呈倒三角形，占体长的 1/2-2/3。口围带由 60-65 片小膜构成，从腹面额腹棘毛前端处（约 5 片小膜）绕到背面领状突起处（约 16 片小膜），再绕回腹面并延伸至体长 1/2-2/3 处，腹面小膜呈 "S" 形排布。口侧膜靠近口围带末端，染色后基体斑块长约 22 μm，由许多不规则排布的毛基体组成。

额腹棘毛 9 根，纤毛长约 35 μm；横棘毛 5 根，左缘棘毛 2 根，纤毛长约 35 μm；尾棘毛通常 2 根，偶见 3 根，纤毛长约 30 μm，尾棘毛末端纤毛分散。

背触毛 10-12 列，中间列具 21-24 对毛基体，最左侧列具 11-20 对毛基体。银线系双阔口型。

标本采集地　上海淡水水体，水温约 18℃。

标本采集日期　2004. 10. 07。

标本保藏单位　中国海洋大学，海洋生物多样性与进化研究所（编号：FYB2013091001）。

生境　淡水。

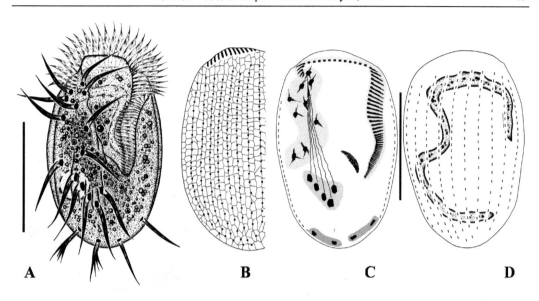

图 42　阿密特似游仆虫 *Euplotoides amieti*
A. 活体腹面观；B. 背面银线系；C, D. 纤毛图式腹面观（C）和背面观（D）
比例尺：100 μm

(38) 阔口似游仆虫 *Euplotoides eurystomus* (Wrzesniowski, 1870) Borror & Hill, 1995 (图 43)

Euplotes patella eurystomus Wrzesniowski, 1870, *Z. wiss. Zool.*, 20: 493.
Euplotoides eurystomus Borror & Hill, 1995, *J. Eukaryot. Microbiol.*, 42: 460.
Euplotes eurystomus Ma, Gong, Wang, Hu, Ma, Song, 2000, *J. Zibo Univers.*, 2: 75.

　　形态　大型淡水种，活体大小 88-125 μm × 55-78 μm，腹面观呈不对称卵圆形，后部稍尖，右缘较左缘凸出，背腹扁平，腹面稍向内凹，背面稍隆起。背面无明显脊突，腹面横棘毛之间具 5 列较短脊突。皮层颗粒不详。细胞质无色，虫体边缘透明，中部由于具许多不同大小的食物颗粒而呈深灰色或黑色。单一伸缩泡位于最右侧横棘毛深处。1 枚大核，"C" 形或空间发生扭曲而略呈 "3" 形；小核不详。
　　典型的游仆类运动方式。
　　口区阔大呈倒三角形，约占体长的 2/3。口围带由 44-53 片小膜构成，从腹面额腹棘毛前端处绕到背面领状突起处，再绕回腹面，腹面口围带 "S" 形。口侧膜窄小，靠近口围带末端，由许多不规则排布的毛基体组成。
　　腹面棘毛数较恒定：额腹棘毛 9 根，纤毛长约 38 μm；横棘毛 5 根，左缘棘毛 2 根，纤毛长 40-48 μm；尾棘毛通常 2 根，纤毛长约 38 μm。
　　背触毛 8 或 9 列，中间列具 15-23 对毛基体。银线系双阔口型。
　　标本采集地　山东青岛淡水湖泊，温度约 25℃。
　　标本采集日期　1997.5.8，2004.09.15。
　　标本保藏单位　中国海洋大学，海洋生物多样性与进化研究所（编号：

MHW1997051001）。

生境 淡水。

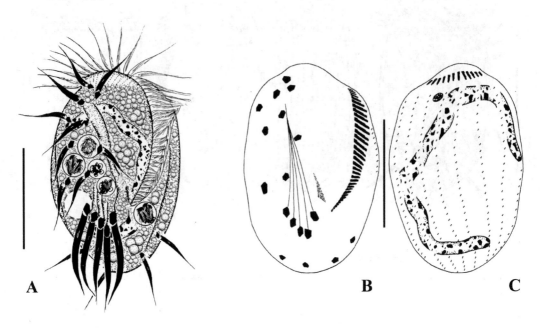

图 43 阔口似游仆虫 *Euplotoides eurystomus*
A. 活体腹面观；B，C. 纤毛图式腹面观（B）和背面观（C）
比例尺：40 μm

（39）伍氏似游仆虫 *Euplotoides woodruffi* (Gaw, 1939) Borror & Hill, 1995 (图 44)

Euplotes woodruffi Gaw, 1939, *Arch. Protistenk.*, 93: 3.
Euplotoides woodruffi Borror & Hill, 1995, *J. Eukaryot. Microbiol.*, 42: 460.
Euplotes woodruffi Song & Bradbury, 1997, *Arch. Protistenk.*, 148: 400.
Euplotes woodruffi Dai, Xu & He, 2013, *J. Eukaryot. Microbiol.*, 60: 71.

形态 大型种，淡水及咸水生境均有发现。活体大小 110-160 μm × 60-110 μm，腹面观呈不对称的卵圆形，前端稍宽、后端稍窄；右缘较左缘更为外凸，尤其在饱食个体中。背腹扁平，长、厚比 3∶1 至 4∶1；背面前端具明显领状凸起。背面具 8 列浅沟（在饱食个体中不可见），腹面横棘毛之间具较短的 5 列突起。背面皮膜下密布颗粒状结构（可能是线粒体），椭圆形至卵圆形，长约 1 μm。细胞质无色，虫体边缘透明，中部由于具许多不同大小的脂质颗粒（直径 1-4 μm）和食物泡（直径 5-30 μm）而呈灰黑色。伸缩泡位于最右侧横棘毛深处。1 枚大核，"T"形或"Y"形，具两个不等长的短臂和下面的"柄"，有时"柄"上有钩形突起；1 枚小核，位于大核的左臂和钩形突起之间。

典型的游仆类运动方式，较慢地爬行于基质，偶有短暂停滞不动。

口区阔大呈倒三角形，约占体长的 2/3；口腔背壁折叠形成一倒水滴形的口前袋，该结构在淡水种群清晰可见，在咸水种群中不明显甚至不可见。口围带由 57-70 片小膜构成，口围带末端终止于最左横棘毛上方。口侧膜靠近口围带末端，由许多不规则排布的毛基体组成。

　　腹面棘毛数较恒定，棘毛细长：额腹棘毛 9 根，纤毛长约 40 μm；横棘毛 5 根，纤毛长约 50 μm；左缘棘毛 2 根，纤毛长 40-50 μm；尾棘毛 2 根，纤毛长约 40 μm，尾棘毛末端纤毛分散。

　　背触毛 9 或 10 列，中间列具 23-28 对毛基体。银线系双阔口型。

　　标本采集地　山东青岛淡水池塘，温度 20℃；上海淡水池塘，温度 20℃。

　　标本采集日期　1995. 09. 25，2006. 05. 15。

　　标本保藏单位　中国海洋大学，海洋生物多样性与进化研究所（编号：SWB1995102501）。

　　生境　淡水。

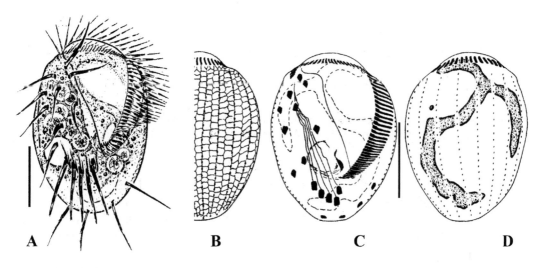

图 44　伍氏似游仆虫 *Euplotoides woodruffi*
A. 活体腹面观；B. 背面银线系（局部）；C, D. 纤毛图式腹面观（C）和背面观（D）
比例尺：50 μm

12. 类游仆虫属 *Euplotopsis* Borror & Hill, 1995

Euplotopsis Borror & Hill, 1995, *J. Eukaryot. Microbiol.*, 42: 460.
Type species: *Euplotopsis affinis* (Dujardin, 1841) Borror & Hill, 1995.

　　广泛生境，具 7-9 根额腹棘毛，棘毛 VI/2 缺失或高度退化，高度退化的棘毛在染色后显示为单毛基体对，部分种类可形成包囊。非单型银线系。

　　该属全世界记载至少 20 种，中国记录 5 种。

种检索表

（40）包囊类游仆虫 *Euplotopsis encysticus* **(Yonezawa, 1985) Borror & Hill, 1995** (图 45)

Euplotes encysticus Yonezawa, 1985, *J. Sci. Hiroshima Univ. Series B. Division I. Zoology*, 32: 39.

Euplotopsis encysticus Borror & Hill, 1995, *J. Eukaryot. Microbiol.*, 42: 460.

Euplotes encysticus Fan, Huang, Lin, Li, Al-Rasheid & Hu., 2010, *J. Mar. Biol. Assoc. U.K.*, 90: 1412.

形态 中型种，活体大小 80-90 μm × 50-65 μm，腹面观为不对称卵圆形，左缘较右缘更为外凸，后端较前端稍宽。背腹扁平，长、厚比约 4∶1。背面具 6 条脊突，腹面偏平坦，仅在横棘毛之间及横棘毛与口区末端之间具若干短脊突。背面每个触毛基部周围密布环绕约 6 个椭圆形皮层颗粒，颗粒大小约 1.5 μm × 0.2 μm。细胞质无色，内有许多不同大小的折光颗粒和食物泡。伸缩泡直径约 10 μm，位于最右侧横棘毛深处，可快速收缩（1 s 内），间隔时间约 60 s。1 枚大核，"C"形，有的个体大核前后端有弯折；1 枚小核，椭球形，于大核侧上方。长期培养（约 1 个月）后，虫体可形成不规则球形包囊，包囊直径约 40 μm，边缘凹凸不平，伸缩泡仍可见。

典型的游仆类运动方式。

口区狭长，约占体长的 3/4，最前端形成突起。口围带由 35-43 片小膜构成。口侧膜小而窄，靠近口围带末端，由许多不规则排布的毛基体组成。

腹面具粗壮棘毛，数目恒定：额腹棘毛 9 根，纤毛长 25-30 μm，棘毛 VI/2 缺失；横棘毛 5 根，纤毛长 30-40 μm；左缘棘毛和尾棘毛各 2 根，纤毛长约 20 μm。

背触毛 7 列，中间列具 21-30 对毛基体，最左侧列位于腹面，明显缩短。银线系为复杂型。

标本采集地 广东惠阳潮间带，水温 12℃，盐度 6‰。

标本采集日期 2007. 12. 26。

标本保藏单位 中国海洋大学，海洋生物多样性与进化研究所（编号：FXP2007122602）。

生境 咸水。

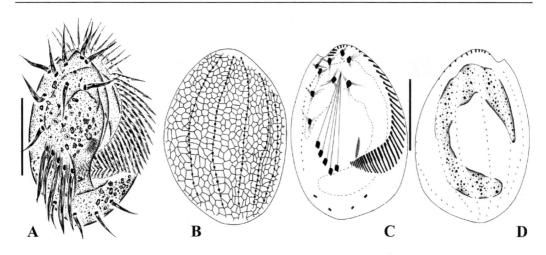

图 45　包囊类游仆虫 *Euplotopsis encysticus*
A. 活体腹面观；B. 背面银线系；C，D. 纤毛图式腹面观（C）和背面观（D）
比例尺：50 μm

（41）苔藓类游仆虫 *Euplotopsis muscicola* (Kahl, 1932) Borror & Hill, 1995 (图 46)

Euplotes muscicola Kahl, 1932, *Tierwelt Dtl.*, 25: 637.
Euplotes muscicola Foissner, 1982, *Arch. Protistenkd.*, 126: 128.
Euplotopsis encysticus Borror & Hill, 1995, *J. Eukaryot. Microbiol.*, 42: 460.
Euplotes muscicola Shin & Kim, 1995, *Korean J. Syst. Zool.*, 38: 163.
Euplotes muscicola Lian, Zhang, Al-Rasheid, Yu, Jiang & Huang, 2019, *Eur. J. Protistol.*, 67: 5.

　　形态　活体大小 40-80 μm × 35-55 μm，腹面观近卵圆形，左右边缘均外凸，前端较窄，右侧有一角状突起。背腹扁平。背面具数条脊突，腹面具较长脊突，延长至横棘毛，此外横棘毛之间还具有若干短脊突。背面触毛基部周围环绕 5 或 6 个短棒状皮层颗粒。细胞质无色透明，通常因充满折光颗粒和食物泡而呈浅灰色。伸缩泡位于最右侧横棘毛深处。1 枚大核，呈"C"形；小核不详。
　　典型的游仆类运动方式，中速爬行于基质，偶有轻微的颤动。
　　口区约占体长的 75%，口围带由 25-33 片小膜构成。口侧膜细而长，靠近口围带末端，由许多不规则排布的毛基体组成。
　　腹面棘毛数较恒定：额腹棘毛 9 根，纤毛长约 20 μm；横棘毛 5 根，纤毛长约 25 μm；左缘棘毛和尾棘毛各 2 根，纤毛长约 18 μm。
　　背触毛 9 或 10 列，最左列具 2-5 对毛基体，中间列具 18-35 对毛基体。银线系复杂型。
　　标本采集地　湖北武汉土壤，温度 15℃。
　　标本采集日期　2016.04.12。
　　标本保藏单位　中国海洋大学，海洋生物多样性与进化研究所（编号：LCY2016041202-1；LCY2016041202-2；LCY2016041202-3；LCY2016041202-4）。
　　生境　土壤、淡水。

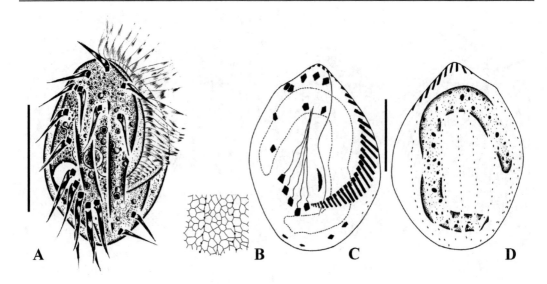

图 46　苔藓类游仆虫 *Euplotopsis muscicola*
A. 活体腹面观；B. 背面银线系；C, D. 纤毛图式腹面观（C）和背面观（D）
比例尺：30 μm

（42）东方类游仆虫 *Euplotopsis orientalis* **(Jiang, Zhang, Warren, Al-Rasheid, Song, 2010) comb. nov.** (图 47)

Euplotes orientalis Jiang, Zhang, Warren, Al-Rasheid, Song, 2010b, *Eur. J. Protistol.*, 46: 122.

　　形态　小型海洋种，活体长 35-45 μm，腹面观近卵圆形，左、右边缘均外凸，前端较窄，右侧有一角状突起。背腹扁平。背面具 5 或 6 个脊突，腹面具 2 条较长脊突及横棘毛之间的若干短脊突。背面触毛基部周围密布环绕若干长约 0.8 μm 的椭圆形皮层颗粒。细胞质无色，虫体边缘透明，中部由于具许多不同大小的脂质颗粒和食物泡而呈灰黑色。伸缩泡直径约 3 μm，位于最右侧横棘毛深处。1 枚大核，倒 "U" 形；小核不详。
　　典型的游仆类运动方式，中速爬行于基质，偶有轻微的颤动。
　　口区约占体长的 65%，口围带由 18-25 片小膜构成。口侧膜小而宽，靠近口围带末端，由许多不规则排布的毛基体组成。
　　腹面棘毛数较恒定：额腹棘毛 8 根，棘毛 IV/2 和 V/2 均退化，活体状态无棘毛，染色后可见单毛基体对形式的残基；5 根横棘毛；左缘棘毛和尾棘毛各 2 根。
　　背触毛 6 或 7 列，中间列具 6-8 对毛基体，最左侧列位于腹面，含 1 或 2 对毛基体。银线系双盘型。
　　标本采集地　山东青岛潮间带，水温 19℃，盐度 28‰。
　　标本采集日期　2006. 10. 25。
　　标本保藏单位　伦敦自然历史博物馆（正模，编号：NHMUK2009:5:11:1；副模，编号：NHMUK2009:5:11:2）；中国海洋大学，海洋生物多样性与进化研究所（副模，编号：JJM2006102501）。
　　生境　海水。

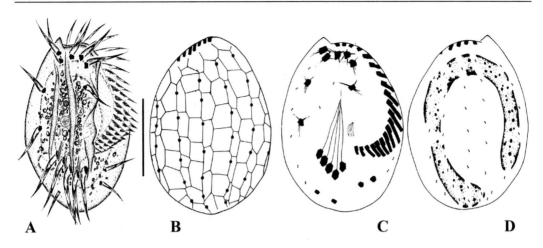

图 47　东方类游仆虫 *Euplotopsis orientalis*
A. 活体腹面观；B. 背面银线系；C，D. 纤毛图式腹面观（C）和背面观（D）
比例尺：20 μm

（43）拉可夫类游仆虫 *Euplotopsis raikovi* (Agamaliev, 1966) Borror & Hill, 1995 （图 48）

Euplotes raikovi Agamaliev, 1966, *Acta Protozool.*, 4: 174.
Euplotopsis raikovi Borror & Hill, 1995, *J. Eukaryot. Microbiol.*, 42: 460.
Euplotes raikovi Jiang, Zhang, Warren, Al-Rasheid, Song, 2010b, *Eur. J. Protistol.*, 46: 125.

　　形态　小型海洋种，活体长 40-56 μm，腹面观近阔卵圆形，虫体最宽处在体前 1/3 处，前后端略窄。背腹扁平，长、厚比约 3∶1。背面具 5 个明显脊突，腹面具游仆虫的典型脊突。背面触毛基部周围密布环绕若干大小约 2.5 μm × 0.8 μm 的椭圆形皮层颗粒。细胞质无色，虫体边缘透明，中部由于具许多不同大小的脂质颗粒和食物泡而呈灰黑色。1 枚伸缩泡位于最右侧横棘毛深处。1 枚大核，"C" 形；小核不详。
　　典型的游仆类运动方式，中速爬行于基质，偶有轻微的颤动。
　　口区约占体长的 65%，口围带由 22-29 片小膜构成。口侧膜细小，靠近口围带末端，由许多不规则排布的毛基体组成。
　　腹面棘毛数较恒定：额腹棘毛 7 根，棘毛 III/2、IV/2 缺失，棘毛 V/2 高度退化（活体状态无棘毛，染色后可见单毛基体对形式的残基）；横棘毛 5 根；左缘棘毛 1 根；尾棘毛 2 根。
　　背触毛 7 或 8 列，中间列具 10-13 对毛基体，最左列位于腹面，含 3-5 对毛基体。银线系双盘型。
　　标本采集地　山东青岛潮间带，水温 17℃，盐度 29‰。

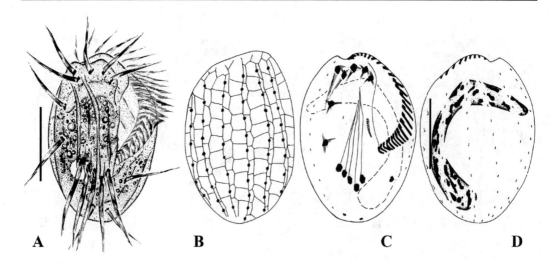

图 48　拉可夫类游仆虫 *Euplotopsis raikovi*
A. 活体腹面观；B. 背面银线系；C，D. 纤毛图式腹面观（C）和背面观（D）
比例尺：30 μm

标本采集日期　2006. 11. 19。

标本保藏单位　中国海洋大学，海洋生物多样性与进化研究所（编号：
JJM2006111901）。

生境　海水。

（44）韦斯类游仆虫 *Euplotopsis weissei* **(Lian, Wang, Li, Al-Rasheid, Jiang & Song, 2020) comb. nov.** (图 49)

Euplotes weissei Lian, Wang, Li, Al-Rasheid, Jiang & Song, 2020b, *J, King Saud Univ. Sci.*, 32: 1288.

形态　活体大小 35-40 μm × 20-30 μm，腹面观呈倒三角形，前端较宽，后端略窄。背腹扁平，长、厚比约 2：1。背面具 2 条明显纵沟，腹面具游仆虫的典型脊突。背面触毛基部周围密布环绕着若干呈短棒状的皮层颗粒。细胞质无色，虫体边缘透明，中部由于具许多不同大小的折光颗粒和食物泡而呈灰黑色。伸缩泡位于最右侧横棘毛深处。1枚大核，"C"形；小核不详。

典型的游仆类运动方式，中速爬行于基质，偶有轻微的颤动。

口区约占体长的 66%，口围带由 20-28 片小膜构成。口侧膜细小，靠近口围带末端，由许多不规则排布的毛基体组成。

腹面棘毛数较恒定：额腹棘毛 9 根，纤毛长约 15 μm；横棘毛 5 根，纤毛长约 15 μm；左缘棘毛 1 根，尾棘毛 2 根，纤毛长约 10 μm。

背触毛 6 或 7 列，中间列具约 10 对毛基体，最左侧列位于腹面，含 1-3 对毛基体。银线系单型-双阔口混合型。

标本采集地　山东青岛海水观赏缸，水温 19℃，盐度 30‰。

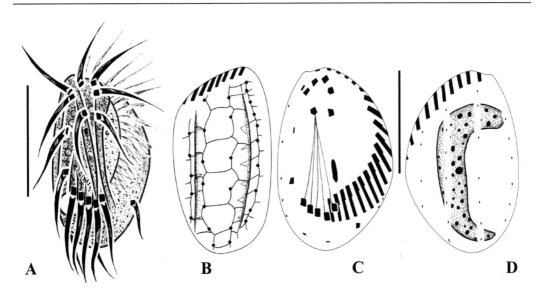

图 49　韦斯类游仆虫 *Euplotopsis weissei*
A. 活体腹面观；B. 背面银线系；C，D. 纤毛图式腹面观（C）和背面观（D）
比例尺：20 μm

　　标本采集日期　2017. 12. 08。
　　标本保藏单位　中国海洋大学，海洋生物多样性与进化研究所（正模，编号：LCY2017120801-1；副模，编号：LCY2017120801-2；LCY2017120801-3）。
　　生境　海水。

13. 单游仆虫属 *Moneuplotes* Jankowski, 1979

Moneuplotes Jankowski, 1979, *Tr. Zool. Inst*, 86: 80.
Type species: *Moneuplotes vannus* (Müller, 1786) Borror & Hill, 1995.

　　该属存在于海洋生境，具 10 根额腹棘毛，单型银线系。
　　该属全世界记载 6 种，中国记录 3 种。

种检索表

1. 中型种，体长 50-70 μm ·· **2**
　大型种，体长 90-140 μm ······························· 扇形单游仆虫 *M. vannus*
2. 2 根缘棘毛基体等大 ···································· 小单游仆虫 *M. minuta*

上方缘棘毛基体明显大于下方缘棘毛基体·····················辛氏单游仆虫 *M. shini*

（45）小单游仆虫 *Moneuplotes minuta* (Yocum, 1930) Borror & Hill, 1995（图 50）

Euplotes minuta Yocum, 1930, *Publs Puget Sound mar. biol. Stn*, 7: 243.
Moneuplotes minuta Borror & Hill, 1995, *J. Eukaryot. Microbiol.*, 42: 460.
Euplotes minuta Song & Wilbert, 1997a, *Arch. Protistenk.*, 148: 431.

形态　中小型种，活体大小 50-70 μm × 40-55 μm，腹面观呈长卵圆形，前、后端略窄；左缘较右缘更为外凸。背腹扁平，长、厚比约 3：1；背面脊突不明显，腹面具较矮 2 条脊突。细胞质无色，内含若干棒状晶体及少量食物泡。伸缩泡位于最右侧横棘毛深处。1 枚大核，"C" 形，含很多大的核仁；1 枚小核，椭球形，位于大核的前半部。

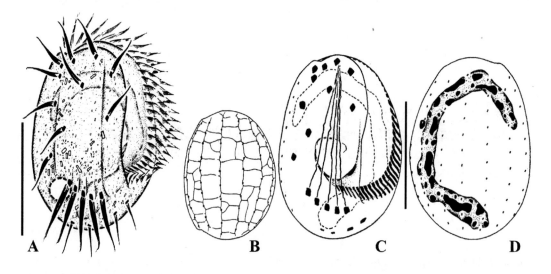

图 50　小单游仆虫 *Moneuplotes minuta*
A. 活体腹面观；B. 背面银线系；C，D. 纤毛图式腹面观（C）和背面观（D）
比例尺：40 μm

典型的游仆类运动方式，较慢地爬行于基质，可长时间停滞不动。
口区约占体长的 3/4；口围带由 33-41 片小膜构成，前端位于背面，后向腹面弯折，整个口围带在后部弯折成近直角连接胞口。口侧膜较小，靠近口围带末端，由许多不规则排布的毛基体组成。
腹面棘毛数较恒定，棘毛细长：额腹棘毛 10 根，横棘毛 5 根，左缘棘毛 2 根，尾棘毛 2 根。横棘毛纤毛长 20 μm，其他纤毛长 12-15 μm。
背触毛 7-9 列，中列具约 10 对毛基体，最左侧列具 5 或 6 对毛基体。单型银线系。
标本采集地　山东青岛近岸水体，水温 18℃，盐度 30‰。
标本采集日期　1996.06.26。

标本保藏单位　中国海洋大学，海洋生物多样性与进化研究所（编号：SWB1996062602）。

生境　海水。

（46）辛氏单游仆虫 *Moneuplotes shini* **(Lian, Wang, Li, Al-Rasheid, Jiang & Song, 2020) comb. nov.** (图 51)

Euplotes shini Lian, Wang, Li, Al-Rasheid, Jiang & Song, 2020b, *J. King Saud Univ. Sci.*, 32: 1288.

形态　活体大小 65-75 μm × 35-45 μm，通常为卵圆形，左、右边缘均外凸，前端较窄，右侧有一角状突起。细胞质无色透明，体边缘透明，中部由于具许多不同大小的折光颗粒和食物泡而呈灰黑色。伸缩泡直径 10 μm，近体后缘。1 枚大核，呈 "3" 形；小核不详。

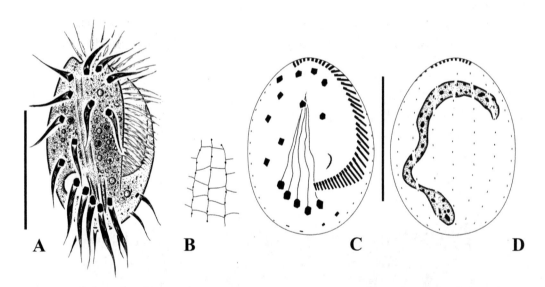

图 51　辛氏单游仆虫 *Moneuplotes shini*
A. 活体腹面观；B. 背面银线系；C，D. 纤毛图式腹面观（C）和背面观（D）
比例尺：50 μm

典型的游仆类运动方式，较慢地爬行于基质，可长时间停滞不动。

口区约占体长的 3/4；口围带包括 37-46 片小膜。口侧膜较小，靠近口围带末端，由许多不规则排布的毛基体组成。

腹面棘毛数较恒定：额腹棘毛 10 根，纤毛长约 17 μm；横棘毛 5 根，纤毛长约 27 μm；左缘棘毛 2 根，上方左缘棘毛基体明显大于下方的棘毛基体；尾棘毛通常 2 根，纤毛长约 12 μm。

背触毛 9 列，中间列具 10-14 对毛基体，最左侧列具 7-15 对毛基体。单型银线系。

　　标本采集地　广东惠州离岸水体，水温 25℃，盐度 35‰。

　　标本采集日期　2018.04.01。

　　标本保藏单位　中国海洋大学，海洋生物多样性与进化研究所（正模，编号：LCY2018040103-1；副模，编号：LCY2018040103-2，LCY2018040103-3）。

　　生境　海水。

（47）扇形单游仆虫 *Moneuplotes vannus* (Müller, 1786) Borror & Hill, 1995（图 52）

Kerona vannus Müller, 1786, *Mölleri*, 279.
Moneuplotes vannus Borror & Hill, 1995, *J. Eukaryot. Microbiol.*, 42: 460.
Euplotes vannus Song & Packroff, 1997, *Arch. Protistenk.*, 147: 344.

　　形态　中大型种，活体长 90-140 μm，通常为阔或较窄的长方形（而非卵圆形），但外形可有较大的变化：在营养充分时虫体常变形为阔椭圆形，在左侧后部形成翼状突起，因此虫体更为阔圆。背部不具明显的脊突；虫体透明，但在中央区常有大片黑色区域（食物泡所致）。伸缩泡位于最右侧横棘毛深处。1 枚大核，"C"形；1 枚小核，椭球形，位于大核的前半部。

　　典型的游仆类运动方式，较慢地爬行于基质，可长时间停滞不动。

　　胞口区较狭窄，长度约占体长的 2/3；口围带包括约 60 片小膜，每片小膜明显较短（因此"带"也较窄），整个口围带在后部弯折成近直角连接胞口（此为本种的特征之一）。口侧膜较小，靠近口围带末端，由许多不规则排布的毛基体组成。

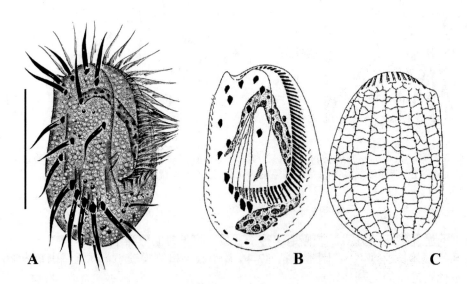

图 52　扇形单游仆虫 *Moneuplotes vannus*
A. 活体腹面观；B. 腹面纤毛图式；C. 背面银线系
比例尺：50 μm

　　腹面棘毛数较恒定，棘毛细长，纤毛长 25-30 μm：额腹棘毛 10 根，横棘毛 5 根，左缘棘毛 2 根，尾棘毛数目不同种群间存在变异，有的种群 2 或 3 根，有的种群 3 或 4 根。

　　背触毛 9 或 10 列，中列具 16-21 对毛基体，最左列具 5 或 6 对毛基体。单型银线系。

　　标本采集地　山东青岛近岸水体，水温 18℃，盐度 30‰。

　　标本采集日期　1990. 06. 18。

　　标本保藏单位　中国海洋大学，海洋生物多样性与进化研究所（编号：SWB1990061803）。

　　生境　海水。

第 7 章　腹棘科 Gastrocirrhidae Fauré-Fremiet, 1961

Gastrocirrhidae Fauré-Fremiet, 1961, *Académie des Sciences*, 252: 3515-3519.

　　该类群种类较少，研究历史悠久，Kahl（1932）、Corliss（1979）、Curds 和 Wu（1983）等都曾对腹棘科相关类群进行过修订，但是他们的原始报道中存在较多同物异名以及科属关系混乱等现象。其原因在于，部分可变特征（如额腹棘毛和横棘毛的数目）被误作为稳定特征处理。随后也有涉及本类群的相关研究，然而该类群的分类依然存在较多的混乱，如有的研究者未能将自己的种群和历史报道充分比对，进而误建新种甚至新属（如 *Cirrogaster* Ozaki & Yagiu, 1942）。Hu 和 Song（2003b）基于现代银染方法对 *Gastrocirrus* 和 *Euplotidium* 进行了简单梳理，然而因为早期工作缺乏准确的纤毛图式信息，腹棘科仍有部分种类有待核实，未来梳理工作仍待逐步完善。

　　形态特征为具有游仆类中所罕见的高杯形或钟罩形外形，即虫体横断面基本为适应游泳生活的圆形或近圆形；顶端为口区，口区十分阔大，中间有一大的漏斗状口前庭。额腹棘毛分两组（无额棘毛分化）。横棘毛发达，无尾棘毛。大核普遍呈念珠状或腊肠状。

　　该科种类分布于海水生境，全世界记载 3 属（腹棘虫属、拟游仆虫属和西塔虫属），中国记录 1 属。

　　本书未收录的拟游仆虫属 *Euplotidium* 和西塔虫属 *Cytharoides* 因腹面棘毛与游仆科种类相似而被认为与其具有较近的亲缘关系，长期被归为游仆科（Corliss, 1979; Curds & Wu, 1983），Corliss（1979）也曾尝试将腹棘虫属放入游仆科，并建议该属独立于其他游仆科下属。相关发生学研究发现，腹棘虫的额腹棘毛为多原基发生，完全不同于其他游仆目类群的 5 原基发生（Lei *et al.*, 2002; Hu & Song, 2003b）。Miao 等（2007）和 Yi 等（2009a）基于 SSU rRNA、

ITS1-5.8S-ITS2 和组蛋白 H4 等多个基因序列探讨游仆类纤毛虫系统发生关系时发现，腹棘虫属和拟游仆虫属是一对姐妹群，两属是尾刺科向其他游仆类复合体进化的过渡类群，这些观点与传统的形态学和形态分类学的结论相矛盾。考虑到目前科内大部分种类形态未经银染方法研究、发生信息不明、分子信息仍远未完善，该科的划分及系统地位还有待进一步研究。

14. 腹棘虫属 *Gastrocirrhus* Lepsi, 1928

Gastrocirrhus Lepsi, 1928, *Annls Protist*., 1: 195-197.
Type species: *Gastrocirrhus intermedius* Lepsi, 1928.

中型种类，基本体形特征如科。口围带发达，兼作游泳及捕食，绕顶端的口围区旋转近一周后终止于腹面的口前庭深处；波动膜单一，高度发达。额腹棘毛呈 2 列分布，横棘毛呈 "U" 形排布，无缘棘毛和尾棘毛。大核呈念珠状或腊肠状。

该属全世界记载 5 种，中国记录 2 种。

种检索表

1. 体形偏宽，横棘毛 10 根，大核念珠形，分为 10 多段 ·········· 念珠腹棘虫 *G. monilifer*
   体形偏窄，横棘毛约 7 根，大核腊肠形 ························ 喇叭腹棘虫 *G. stentoreus*

（48）念珠腹棘虫 *Gastrocirrhus monilifer* (Ozaki & Yagiu, 1942) Curds & Wu, 1983 (图 53)

Cirrhogaster monilifer Ozaki & Yagiu, 1942, *Annotones Zool. Jap.*, 21: 80.
Gastrocirrhus monilifer Curds & Wu, 1983, *Bull. Br. Mus.(Nat. Hist). Zool.*, 44: 232.
Gastrocirrhus monilifer Hu & Song, 2003b, *Acta Protozool.*, 42: 352.

形态 虫体钟罩状，活体长 100-140 μm。细胞背腹面光滑，腹面在横棘毛间有低倍放大下观察呈深灰色的若干短的突起。表膜脆弱，易惊扰。虫体皮膜下具长约 2 μm 的短棒状颗粒。内质不透明，充满球形内储颗粒使得虫体在低倍放大下观察呈深灰色。大核由 10-14 个结节组成，呈念珠状排列；4-9 枚小核，分布于大核周围。

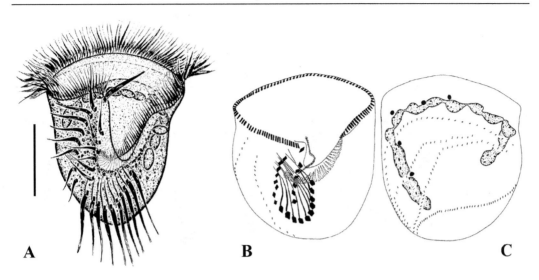

图 53　念珠腹棘虫 *Gastrocirrhus monilifer*
A. 活体腹面观；B，C. 纤毛图式腹面观（B）和背面观（C）
比例尺：50 μm

　　运动方式为跳跃或在水中连续不停地快速游动，有时以口围带附于基质上捕食。
　　口区阔大，漏斗状，开口于顶端，向下凹陷延伸至体中部。口围带约由 120 片小膜组成，绕顶端的口围区旋转近一周后终止于腹面的口前庭深处，小膜纤毛长约 25 μm。波动膜由数列毛基体组成。
　　腹面棘毛分化不明显：口区右侧具 2 列斜向额腹棘毛列，左列具棘毛 6-8 根，右列具棘毛 6-11 根；最前端另具 1 根粗大的额棘毛，纤毛长约 35 μm；横棘毛 10 根，于胞口后端密集排列成"U"形，棘毛末端呈刷状散开。
　　5 列背触毛，触毛长约 4 μm。
　　标本采集地　山东青岛开放养殖区，水温 25℃，盐度 32‰。
　　标本采集日期　2000.08.10。
　　标本保藏单位　中国海洋大学，海洋生物多样性与进化研究所（编号：HXZ2000081001）。
　　生境　海水。

（49）喇叭腹棘虫　*Gastrocirrhus stentoreus* Bullington, 1940 （图 54）

Gastrocirrhus stentoreus Bullington, 1940, *Pap. Tortugas Lab.*, 32: 192.
Gastrocirrhus stentoreus Hu & Song, 2003b, *Acta Protozool.*, 42: 354.

　　形态　虫体活体长 80-130 μm，外形与念珠腹棘虫相似，但常更细瘦并左、右轻微不对称；背腹略扁平。细胞背腹面光滑，腹面在横棘毛间有若干短的脊突。表膜脆弱，其下具有十分粗砺的颗粒（结构不详），在体背腹面斑块状分布。内质不透明，在中部及两侧部位常因充满球形内储颗粒而显深灰色或黑色。大核单一，细长腊肠状，盘曲成问号形；2 枚小核，球形，紧附于大核旁。

运动方式如同念珠腹棘虫，通常为跳跃式，或在水中快速游动，易受惊扰。

口区阔大，漏斗状，开口于顶端，向下凹陷延伸至体中部。口围带约由 80 片小膜组成，绕顶端的口围区旋转近一周后终止于腹面的口前庭深处，小膜纤毛长约 25 μm。波动膜由数列毛基体组成。

腹面棘毛分化不明显：14 根额腹棘毛分 2 列斜向排列于口区右缘，左列 5 或 6 根，右列 8-10 根；最前端另具 1 根十分粗大的额棘毛，纤毛长约 35 μm；约 7 根横棘毛，于胞口后端密集排列成"J"形。

5 列背触毛，触毛长约 4 μm。

标本采集地　山东青岛开放养殖区，水温 15℃，盐度 32‰。

标本采集日期　2001.05.17.

标本保藏单位　中国海洋大学，海洋生物多样性与进化研究所（编号：HXZ2001051701）。

生境　海水。

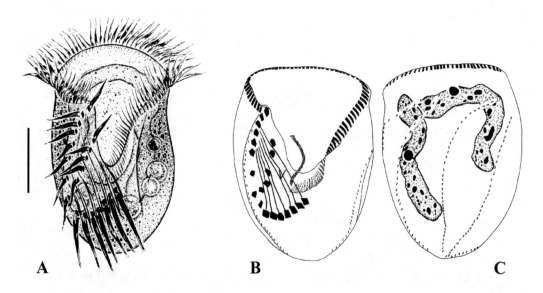

图 54　喇叭腹棘虫 *Gastrocirrhus stentoreus*
A. 活体腹面观；B，C. 纤毛图式腹面观（B）和背面观（C）
比例尺：40 μm

第 8 章　尾刺科 Uronychiidae Jankowski, 1975

Uronychiidae Jankowski, 1975, *Zool. Inst. Akad. Nauk. SSSR*, 26.

　　Kahl（1932）、Corliss（1979）、Curds 和 Wu（1983）等都曾对该科相关类群进行过修订，囿于方法和可用资料的限制，他们的原始报道中存在较多异物同名、同物异名等现象。Song 等（2007）基于多年的现代形态学研究，对双眉虫类进行了修订，认定了 9 个种。在此之后，双眉虫类有更多新种、新属被发现和建立（Song *et al.*, 2009a; Jiang & Song, 2010; Jiang *et al.*, 2011）。尾刺虫属的报道近年寥寥无几，相关修订工作有待开展。

　　该类体形多近卵圆形，横截面近圆形。可自由游泳；口区小膜前端经常绕至背面，有的明显分为背侧远端小膜和腹面近端小膜两部分。波动膜通常较发达（除伪双眉虫属），额腹棘毛明显，聚集在虫体右侧；横棘毛 4 或 5 根，较粗壮；尾棘毛 3 根，着生于虫体背面右侧，活体下十分明显，造成虫体不对称的观感。大核 2 枚或形成数枚念珠状亚单位。

　　该科全世界记载 7 属，中国记录 6 属。见于淡、海水生境。

　　根据额腹棘毛的数目及发达与否，尾刺科可划分为尾刺虫（属）和广义双眉虫类。前者含经认定的 4 个已知种，属内呈现高度一致的形态结构和模式（不同主要在于背触毛中的毛基体数目），且无论是形态学还是发生学上均表现出极为突出的特征，这些特征大部分无法与所有其他游仆类建立直接的溯源链条。后者直到 30 年以前，均被认为代表了单一一属，即双眉虫属。然而近年的研究表明，尽管该类已明确鉴定的仅十余种，但它们显示了形态学和发生学上的众多差异，因此被设立了 6 属（双眉虫属、偏双眉虫属、伪双眉虫属、异双眉虫属、拟双眉虫属和类双眉虫属）（Song *et al.*, 2009a; Jiang & Song, 2010; Jiang *et al.*, 2011）。在系统学上广义双眉虫目前普遍被认为在游仆目中极大可能代表着一个亚科级阶元（双眉亚科 Diophryinae），但由于缺乏形态学及发生学上关系密切的相邻类群，双眉虫的实际系统地位仍有待厘清。

双眉虫类和棘尾虫类之间的系统长期处于混乱状态。Borror（1972）、Corliss（1979）和 Tuffrau（1986）将双眉虫属和尾刺虫属归置于腹毛亚纲内的游仆科中。Jankowski（1979）又将它们归入游仆虫超科中，并下设 2 科——双眉科和尾刺科。随后 Small 和 Lynn（1985）将双眉虫属置于游仆科中并将尾刺虫属置于尾刺科中，Shi 等（1999）接受了这样的划分。但 Puytorac 等（1993）将它们划入不同的目级阶元中，即游仆目和尾刺目。Lynn 和 Small（2002）及 Lynn（2008）认为，广义双眉虫和尾刺虫为姐妹群，并将其归入尾刺科，这一划分虽然得到了分子信息的支持，但与形态学和发生学上二者有较大区别的结论是相矛盾的。然而，游仆类纤毛虫之间的形态差异比其余腹毛类纤毛虫之间的形态差异要大得多，因此不排除分子系统学结论的可靠性（Berger，2006）。鉴于此，我们在本书中将尾刺虫属与广义双眉虫放入尾刺科。

属检索表

1. 波动膜异常发达 ……………………………………… 尾刺虫属 *Uronychia*
   波动膜一般，不发达 …………………………………………………… 2
2. 波动膜 2 片，即口侧膜和口内膜 …………………………………… 3
   波动膜 1 片，无口侧膜和口内膜分化 …………… 伪双眉虫属 *Pseudodiophrys*
3. 背触毛活体观非常明显，长度大于体宽 1.5 倍 …………………… 4
   背触毛活体观不非常明显，长度不足体宽 1.5 倍 ………………… 5
4. 缘棘毛 1 根 ……………………………………… 类双眉虫属 *Diophryopsis*
   缘棘毛多根、成列 ……………………………… 异双眉虫属 *Heterodiophrys*
5. 缘棘毛 3 根以上，分组分布 …………………… 偏双眉虫属 *Apodiophrys*
   缘棘毛 1-3 根，未分组分布 …………………………………………… 6
6. 缘棘毛 1 或 2 根，分布于口后 ………………………… 双眉虫属 *Diophrys*
   缘棘毛 3 根，分布于亚尾端 ………………………… 拟双眉虫属 *Paradiophrys*

15. 偏双眉虫属 *Apodiophrys* Jiang & Song, 2010

Apodiophrys Jiang & Song, 2010, *J. Eukaryot. Microbiol.*, 57: 360.
Type species: *Apodiophrys ovalis* Jiang & Song, 2010.

　　海洋生境的双眉虫类。虫体表面高度盔甲化。口围带分两部分，波动膜分化为口侧膜和口内膜。额腹棘毛部分于额区成列排布，部分靠近横棘毛；横棘毛 4 根；缘棘毛多根，聚为有明显间隔的前、后两组；3 根尾棘毛位于右缘亚尾端。
　　该属全世界记载 1 种，中国记录 1 种。

（50）卵圆偏双眉虫 *Apodiophrys ovalis* Jiang & Song, 2010 (图 55)

Apodiophrys ovalis Jiang & Song, 2010, *J. Eukaryot. Microbiol.*, 57: 355.

　　形态　虫体活体大小约 60 μm × 40 μm。体表坚实，后端较窄且左边缘末端向内凹陷。细胞表面高度盔甲化且凹凸不平：前端较薄，在背部的口小膜间具有明显的齿状增厚；左前端有一角状突起；腹面靠近体两侧各有一纵向脊突；末端左侧具有一凹槽，内着生后缘棘毛；背部略隆起，前部有一浅沟横贯虫体，后端明显凹陷着生尾棘毛。体表背腹面均密布成列排布的直径约 2.5 μm 的无色皮层颗粒。细胞质无色至浅灰色，体中央含许多内质颗粒。稳定具 2 枚大核、球状；3 或 4 枚小核。

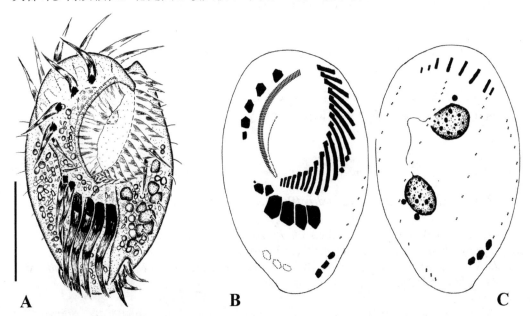

图 55　卵圆偏双眉虫 *Apodiophrys ovalis*
A. 活体腹面观；B，C. 纤毛图式腹面观（B）和背面观（C）
比例尺：30 μm

运动方式为附基质缓慢运动，偶有跳跃。

口区占体长的 1/2。口围带分成两部分，相互具有明显界限：7 或 8 片小膜位于背部，纤毛长约 15 μm；其余约 20 片小膜位于腹面。波动膜似双眉虫属：口侧膜发达，由多列毛基体组成；口内膜弱，仅由单列毛基体组成，长度仅为口侧膜的 1/2。

腹面额腹棘毛排布与双眉虫属类似：5 根粗壮的额腹棘毛在额区排成 1 列，另 3 根较弱的额腹棘毛分布在横棘毛右侧，且其中最右侧 1 根非常细弱。横棘毛 4 根，非常发达。左缘棘毛 5 根，独特的分两组排布：2 根位于口后，3 根位于亚尾端，前后组分隔明显。后缘棘毛纤毛长约 12 μm。横棘毛纤毛长约 30 μm。

背触毛 4 列。最左列终止于腹面后缘棘毛上方，其他各列均完全位于背部，其中左数第 3 列后部较短，第 4 列终止于尾棘毛附近。活体状态下背触毛明显，长约 8 μm。3 根尾棘毛，位于体背部末端凹陷中，纤毛长约 12 μm。

标本采集地 广东惠阳潮间带，水温 22℃，盐度 28‰。

标本采集日期 2009. 04. 22。

标本保藏单位 英国伦敦自然历史博物馆（正模，编号：NHMUK2010:1:18:1）；中国海洋大学，海洋生物多样性与进化研究所（副模，编号：JJM2009042203）。

生境 潮间带沙隙。

16. 类双眉虫属 *Diophryopsis* Hill & Borror, 1992

Diophryopsis Hill & Borror, 1992, *J. Protozool.*, 39: 150.
Type species: *Diophryopsis hystrix* (Buddenbrock, 1920) Hill & Borror, 1992.

该属为海洋浮游类群，体形似双眉虫，前端平截，个体很小，体截面近圆形。波动膜分化为口侧膜和口内膜，但都相对不发达。额区棘毛成列排布，1 根左缘棘毛，5 根横棘毛，3 根尾棘毛。背触毛发达，活体明显可见。

该属全世界记载 1 种，中国记录 1 种。

（51）针毛类双眉虫 *Diophryopsis hystrix* (Buddenbrock, 1920) Hill & Borror, 1992 (图 56)

Diophrys hystrix Buddenbrock, 1920, *Arch. Protistenk.*, 41: 350.
Diophryopsis hystrix Hill & Borror, 1992, *J. Protozool.*, 39: 150.
Diophrys hystrix Song, Wilbert, Al-Rasheid, Warren, Shao, Long, Yi & Li, 2007, *J. Eukaryot. Microbiol.*, 54: 283.

形态 个体极小，活体大小约 30 μm × 20 μm。虫体呈不对称卵圆形，前端较平。体表坚实，背腹扁平，背面隆起，长、厚比约 2：1。细胞表面较平滑，仅尾棘毛处有一凹陷。未观察到皮层颗粒。细胞质无色透明，常饱含直径约 3 μm 的折光颗粒。未观察到伸缩泡。2 枚卵圆形大核，1 枚小核。

　　常附基底爬行或在水中悬游, 可静止不动维持 10 s 或更长时间, 骤然连续短程跳动, 复静止不动; 偶受惊扰后快速以折线路径游动, 伴绕体轴旋转。

　　口区约占体长的 1/2。口围带分为两部分, 之间无明显间隔: 约 7 片前端小膜, 活体下纤毛长达 12 μm; 后方约 10 片小膜, 基体较长。波动膜结构较特殊。口侧膜未着生在口腔附近, 而是近额区棘毛, 分成 2 段: 前段较短, 由 4-6 对毛基体密集排列构成; 后段较长, 由若干对松散排列的毛基体构成, 口侧膜纤毛长约 3 μm。口内膜由密集排列的单列毛基体构成, 向前延伸至口区 1/2。

　　腹面通常具有 9 根额腹棘毛: 7 根分布于额区, 排成 2 列, 纤毛长约 10 μm; 另外 2 根位于最右端横棘毛附近。5 根粗壮的横棘毛, 纤毛长约 15 μm, 可分为两组, 左侧 3 根着生位置较其他 2 根明显较高; 左缘棘毛 1 根, 位于口后。

　　背触毛 5 列, 左侧第 2、3 列较其他列长, 各列中触毛分布稀疏。背触毛在活体可见, 异常发达, 呈针棘状。3 根尾棘毛, 纤毛长约 20 μm, 呈钩状弯曲, 位于最右列背触毛后端。

　　标本采集地　山东青岛海水养殖箱, 水温 8℃, 盐度 17‰。

　　标本采集日期　2006.03.27。

　　标本保藏单位　中国海洋大学, 海洋生物多样性与进化研究所 (编号: SWB2006032701)。

　　生境　海水。

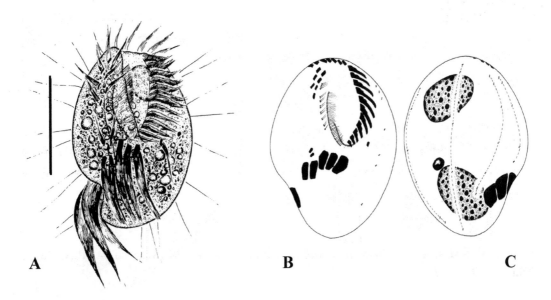

图 56　针毛类双眉虫 *Diophryopsis hystrix*
A. 活体腹面观; B, C. 纤毛图式腹面观 (B) 和背面观 (C)
比例尺: 15 μm

17. 双眉虫属 *Diophrys* Dujardin, 1841

Diophrys Dujardin, 1841, *Librarie Encyclopédique de Roret*, Paris, 675.
Type species: *Diophrys marina* Dujardin, 1841.

该属为海洋生境，虫体背腹观多为不对称的卵圆形，通常轻度盔甲化，因此外形稳定。右侧尾端具缺刻，3 根粗壮的尾棘毛由此向侧后伸出，因而显得虫体纤毛器结构上左、右不对称。口围带发达，具 2 片波动膜。该属特征主要表现在体纤毛器：右侧缘棘毛消失，左侧通常 2 根缘棘毛；通常 7 根额腹棘毛，构成典型的 "5+2" 模式（5 根较粗壮的集中在前端额区，2 根细弱的靠近横棘毛）；5 根横棘毛；3 根尾棘毛。目前所知种类大核均为 1 枚，球形、椭球形或腊肠状；1 或 2 枚小核。

该属全世界记载至少 14 种，中国记录 6 种。

种检索表

1. 1 根左缘棘毛 ··· 2
   2 根左缘棘毛 ··· 3
2. 多 5 列背触毛，当中毛基体排列稀疏（4-8 对）········ **偏寡毛双眉虫** *D. apoligothrix*
   多 4 列背触毛，当中毛基体排列密集（10 对以上）······ **日本双眉虫** *D. japonica*
3. 口围带连续或为不明显两部分 ··· 4
   口围带为明显两部分 ································· **拟悬游双眉虫** *D. parappendiculata*
4. 中型种，体长 100 μm 以下 ·· 5
   大型种，体长 100 μm 以上 ··· **盾圆双眉虫** *D. scutum*
5. 背触毛中毛基体连续分布 ··· **寡毛双眉虫** *D. oligothrix*
   背触毛中毛基体严重片段化 ·· **悬游双眉虫** *D. appendiculata*

（52）偏寡毛双眉虫 *Diophrys apoligothrix* Song, Shao, Yi, Li, Warren, Al-Rasheid & Yang, 2009（图 57）

Diophrys apoligothrix Song, Shao, Yi, Li, Warren, Al-Rasheid & Yang, 2009a, *Eur. J. Protistol.*, 45: 41.

形态 活体大小约 80 μm × 50 μm，外形因轻度盔甲化而稳定，基本为不对称的卵圆形或近矩形。背腹扁平，宽、厚比约 2：1。虫体背部前端在口围带小膜之间具约 6 个明显的锯齿状加厚凸起。虫体主体背面隆起，边缘处加厚，在口围带远端和尾棘毛着生处向内凹陷。无皮层颗粒。细胞质无色。2 枚腊肠形大核，小核不详。

运动特征基本如属内其他种，通常表现为于底质缓慢爬行，偶见跳动，速度较缓慢，但在静息时除口围带小膜外所有纤毛器均处于静止状态。

口区阔大，约占体长的 1/2。口围带分为 2 组，相互分离不明显：约 6 片小膜位于背面，间隔稍远，小膜纤毛长约 40 µm；约 20 片位于腹面，小膜纤毛稍短。波动膜有分化：口侧膜由多列毛基体组成，沿口缘弯曲，延伸至口区前缘；口内膜由单列毛基体组成，长度较短。

额腹棘毛 7 根，纤毛长约 30 µm，排列成该属典型的"5+2"模式；横棘毛 5 根，纤毛长约 40 µm；左缘棘毛为罕见的单根，纤毛长约 30 µm，紧靠口围带下方。

背触毛 5 列，其中的毛基体对连续而疏松地排列，触毛显著，长 6-8 µm。尾棘毛 3 根，从右侧背面的凹陷中伸出。

标本采集地　山东青岛潮间带，水温 15℃，盐度 30‰。

标本采集日期　2006. 11. 15。

标本保藏单位　中国海洋大学，海洋生物多样性与进化研究所（编号：YJP2006111502）。

生境　海水。

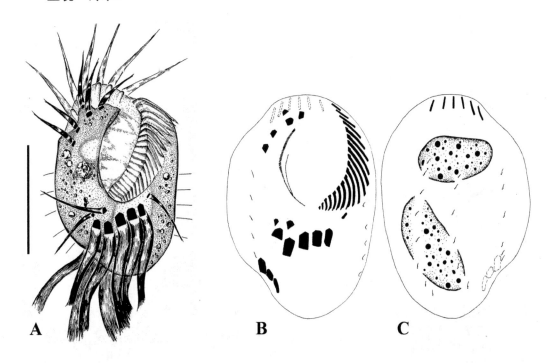

图 57　偏寡毛双眉虫 *Diophrys apoligothrix*
A. 活体腹面观；B，C. 纤毛图式腹面观（B）和背面观（C）
比例尺：60 µm

（53）悬游双眉虫 *Diophrys appendiculata* (Ehrenberg, 1838) Schewiakoff, 1893（图 58）

Stylonychia appendiculata Ehrenberg, 1838, *L. Voss, Leipzig*, 482.
Diophrys appendiculata Schewiakoff, 1893, *Zap. imp. Akad. Nauk*, 41: 167.
Diophrys appendiculata Song & Packroff, 1997, *Arch. Protistenk.*, 147: 352.

形态 体长 30-70 μm，通常 35-50 μm，但虫体大小可在较大范围内变化（在食物缺乏等极端的情况下，有时可显著增大至 100 μm 以上并具极度扩张的胞口）。外形几乎恒为阔卵圆形。活体常因充满食物颗粒而色深（暗灰色）。具 2 枚腊肠形大核，分别位于体前部和体后半部；小核不详。

虫体运动方式为底质中速爬行。

口区阔大，约占体长的 2/3。口围带连续，由 35-44 片小膜构成。口侧膜较长，前端弯曲，延伸至口区前缘；口内膜稍短。

腹面棘毛数目及排布类似于同属他种：额腹棘毛 7 根，以"5+2"的模式分布；横棘毛 5 根；左缘棘毛 2 根。

恒具背触毛 5 列，每列均分为上、下 2 组，组间有明显的间隔，组内毛基体密集排列，触毛明显较长。尾棘毛 3 根，从右侧背面的凹陷中伸出。

标本采集地 山东青岛潮间带，水温 15℃，盐度 30‰。

标本采集日期 1990.06.18。

标本保藏单位 中国海洋大学，海洋生物多样性与进化研究所（编号：SWB1990061804）。

生境 海水。

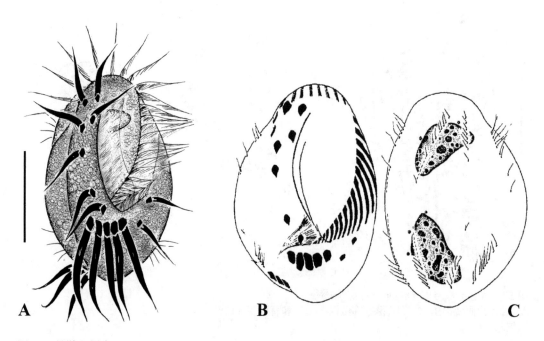

图 58 悬游双眉虫 *Diophrys appendiculata*
A. 活体腹面观；B，C. 纤毛图式腹面观（B）和背面观（C）
比例尺：20 μm

（54）日本双眉虫 *Diophrys japonica* Hu, 2008（图 59）

Diophrys japonica Hu, 2008, *Eur. J. Protistol.*, 44: 116.

形态　活体大小 85-120 μm × 45-70 μm，虫体轻度盔甲化，外形稳定，呈椭圆形，前端稍窄，后端钝圆，体左缘较平，右缘稍有凸起。虫体前缘形成透明的领状凸起，背部前端在口围带小膜之间具有明显的锯齿状加厚凸起。背面皮膜下成列密布直径 0.2-0.3 μm、细小的无色皮层颗粒。细胞质无色，因充满食物颗粒而在低倍放大下观察呈浅灰色至浅黄绿色。具 2 枚卵圆形至椭圆形大核，分别位于体前部和体后半部。

虫体运动方式多样：于底质缓慢爬行，时常发生骤然变向，伴随向后短程急退，也可于水中悬游、上下蹿动或漂浮于水面。

口区阔大，约占体长的 2/3。口围带由 33-41 片小膜构成。口侧膜较长，前端弯曲，延伸至口区前缘，由多列毛基体组成；口内膜较短，仅为口侧膜的 1/2，由单列毛基体组成。

额腹棘毛恒为 7 根：5 根粗壮的额棘毛呈拱形排列于额区，2 根腹棘毛位于最右横棘毛附近。横棘毛 5 根；左缘棘毛 1 根，位于口后左侧，其左侧上方具 3 对毛基体片段。

背触毛 4 或 5 列（通常为 4 列），其中的毛基体对连续排列，但未延伸至虫体前端。活体状态下背触毛明显可见，长 5-8 μm。尾棘毛 3 根，从右侧背面的凹陷中伸出。

标本采集地　山东青岛近岸水体，水温 16℃，盐度 30‰。

标本采集日期　2010. 11. 10。

标本保藏单位　中国海洋大学，海洋生物多样性与进化研究所（编号：FYB2010111002）。

生境　海水。

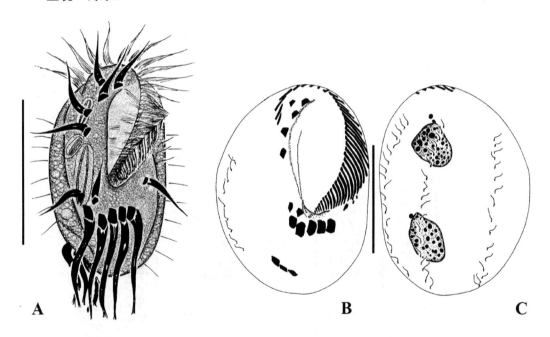

图 59　日本双眉虫 *Diophrys japonica*
A. 活体腹面观；B，C. 纤毛图式腹面观（B）和背面观（C）
比例尺：60 μm

（55）寡毛双眉虫 *Diophrys oligothrix* Borror, 1965（图60）

Diophrys oligothrix Borror, 1965, *Trans. Amer. Micros. Soc.*, 84: 559.
Diophrys appendiculata Song & Packroff, 1997, *Arch. Protistenk.*, 147: 351.

形态 活体通常为细瘦椭圆形，前、后端略窄，但在营养充分时与悬游双眉虫相似，大小约 70 μm × 25 μm（体长变化在 50-80 μm）。虫体内质无色或略带淡黄棕色（尤其在低倍放大下观察时），内含很多细小颗粒。2 枚腊肠形大核，小核不详。

运动通常表现为附底质爬行，速度较缓，少见停歇。

口区约占体长的 1/2，口围带连续，由 26-35 片小膜构成。口侧膜较长，前端弯曲，延伸至口区前缘；口内膜稍短。

额腹棘毛 7 根，基本以"5+2"模式分布，横棘毛 5 根。左缘棘毛 2 根，相距较远，分别位于口后及横棘毛附近。

普遍具有 4 列（少数为 5 列）背触毛，每列内的毛基体（对）构成连续的长列。尾棘毛 3 根，从右侧背面的凹陷中伸出。

标本采集地 山东青岛近岸水体，温度 16℃，盐度 30‰。

标本采集日期 1990.06.18。

标本保藏单位 中国海洋大学，海洋生物多样性与进化研究所（编号：SWB1990061805）。

生境 海水。

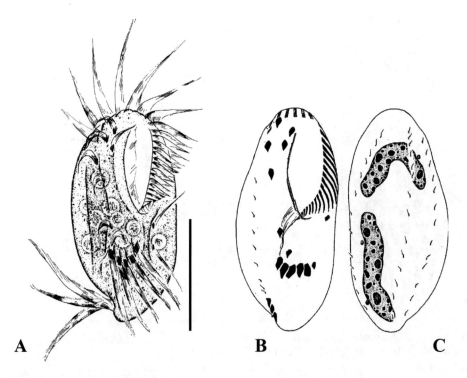

图60 寡毛双眉虫 *Diophrys oligothrix*
A. 活体腹面观；B，C. 纤毛图式腹面观（B）和背面观（C）
比例尺：25 μm

（56）拟悬游双眉虫 *Diophrys parappendiculata* Shen, Yi & Warren, 2011 (图 61)

Diophrys parappendiculata Shen, Yi & Warren, 2011, *J. Eukaryot. Microbiol.*, 58: 243.

　　形态　活体长 120-160 μm，体形通常为卵圆形，前端明显变窄。虫体长、厚比约 2：1。虫体皮膜较坚硬，一般不易变形，但大量进食后右缘明显凸起。在低倍放大下，虫体呈透明或半透明的浅灰色，高倍放大下可见虫体含有分布均匀的浅灰色内质颗粒，直径约 3 μm。未观察到伸缩泡。大核多 2 枚，腊肠状；小核不详。

　　运动通常表现为于底质爬行或于水中游动，速度较缓慢。

　　口区阔大明显，占体长的 60%-70%。口围带明显分为两部分：前端小膜排列稍稀疏，含约 20 片小膜，小膜纤毛长约 25 μm；后端小膜排列较紧密，含 33-47 片小膜，小膜纤毛长约 10 μm。口侧膜较长，略弯，延伸至口区前缘，纤毛长约 35 μm，几乎覆盖整个口区；口内膜稍短，靠近口侧膜中部。

　　7 根额腹棘毛呈典型的 "5+2" 排布：5 根位于口区右侧，纤毛长约 25 μm，个别个体棘毛基体有 "断裂" 现象；2 根位于横棘毛上方。横棘毛 5 根，较粗壮，纤毛长约 50 μm；左缘棘毛 2 根，位于口后，纤毛长约 40 μm。

　　背触毛 5 或 6 列，严重片段化，每列可分为若干组，组内毛基体密集排列，组间形成大的间隔区。尾棘毛 3 根，末端分散，从右侧背面的凹陷中伸出，纤毛长约 30 μm。

　　标本采集地　广东惠阳近岸水体，水温 23℃，盐度 30‰。

　　标本采集日期　2007. 03. 03。

　　标本保藏单位　英国伦敦自然历史博物馆（正模，编号：NHMUK2010:2:6:2）；中国海洋大学，海洋生物多样性与进化研究所（副模，编号：SZ2007033103）。

　　生境　海水。

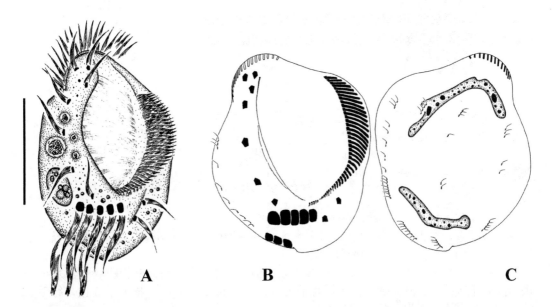

图 61　拟悬游双眉虫 *Diophrys parappendiculata*
A. 活体腹面观；B，C. 纤毛图式腹面观（B）和背面观（C）
比例尺：50 μm

（57）盾圆双眉虫 *Diophrys scutum* (Dujardin, 1841) Kahl, 1932 （图 62）

Ploesconia scutum Dujardin, 1841, *Librarie Encyclopédique de Roret*, Paris, 663.
Diophrys scutum Kahl, 1932, *Die Tierwelt Deutschlands*, 25: 624.
Diophrys scutum Song & Packroff, 1997, *Arch. Protistenk.*, 147: 348.

　　形态　　本种为属内已知种中最大的，体长 140-200 μm，虫体轻度盔甲化，外形稳定，呈椭圆形，长、宽比约 2 : 1，体前 1/3 处最宽，后端略窄。虫体前缘形成透明的领状凸起，腹面口区左、右侧各见一明显脊突。细胞质无色，因充满食物颗粒及大食物泡而在低倍放大下呈浅至深灰色。2 枚腊肠形大核，2-4 枚球形小核。

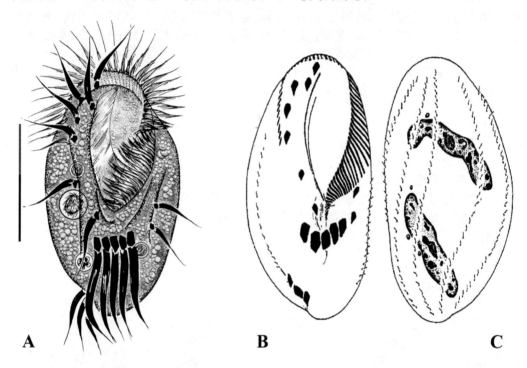

图 62　盾圆双眉虫 *Diophrys scutum*
A. 活体腹面观；B，C. 纤毛图式腹面观（B）和背面观（C）
比例尺：70 μm

　　运动通常表现为于底质快速爬行，少见停歇。
　　口区阔大，约占体长的 60%。口围带连续，由 60-70 片小膜构成。口侧膜较长，前端弯曲，延伸至口区前缘；口内膜稍短。
　　额腹棘毛数目有时可有变动，但基本以 "5+2" 的模式分布：5 根粗壮的额棘毛呈拱形排列于额区，2 根腹棘毛位于横棘毛上方，纤毛长 20-30 μm。横棘毛 5 根，纤毛长约 50 μm；缘棘毛 2 根，位于口后左侧。
　　背触毛 6-9 列，毛基体排列密集并连续分布。尾棘毛 3 根，从右侧背面的凹陷中伸出。
　　标本采集地　　山东青岛近岸水体，温度 20℃，盐度 30‰。
　　标本采集日期　　1990.06.18。
　　标本保藏单位　　中国海洋大学，海洋生物多样性与进化研究所（编号：

SWB1990061806）。

生境　海水。

18. 异双眉虫属 *Heterodiophrys* Jiang & Song, 2010

Heterodiophrys Jiang & Song, 2010, *J. Eukaryot. Microbiol.*, 57: 360.
Type species: *Heterodiophrys zhui* Jiang & Song, 2010.

海洋生境的双眉虫类。口围带分为两部分，波动膜分化为口侧膜和口内膜。额腹棘毛排布似双眉虫属，具有缘棘毛列（含多于 3 根棘毛）；5 根横棘毛，3 根尾棘毛；背触毛高度发达，呈坚挺针棘状。

该属全世界记载 1 种，中国记录 1 种。

（58）朱氏异双眉虫 *Heterodiophrys zhui* Jiang & Song, 2010（图 63）

Heterodiophrys zhui Jiang & Song, 2010, *J. Eukaryot. Microbiol.*, 57: 355.

形态　个体极小，活体 30-40 μm × 15-22 μm。虫体呈不对称卵圆形，长、宽比约 3∶2，前端较平。体表坚实，背腹扁平，宽、厚比约 2∶1。细胞表面较平滑，仅尾棘毛处有一凹陷。未观察到皮层颗粒。细胞质无色透明，内含直径 1-3 μm 的内质颗粒。2 枚大核，呈长椭球形，周围各附 1 枚小核。

运动方式为附底质爬行。虫体可长时间停滞，除前端小膜摆动外，所有纤毛静止不动。当受到扰动，会紧紧附着于底质难以吸取。

口区约占体长的 1/2。口围带由两部分组成：4 片小膜位于背面，活体下小膜纤毛长达 20 μm；约 15 片小膜位于腹面，活体下小膜纤毛长约 10 μm。腹面小膜其中 2 片的基体明显加长。波动膜结构似双眉虫，口侧膜由多列毛基体组成，口内膜仅由单列毛基体组成。

腹面通常具有 9 根额腹棘毛：8 根排布于额区，按双眉虫模式排列，其中 1 根基体较小；另有 1 根位于最右端横棘毛附近。具 5 根横棘毛，最右侧 1 根较其他较弱；5 或 6 根左缘棘毛沿体左侧边缘排成 1 列，前端 2 根距离较近。额腹棘毛和缘棘毛纤毛长约 10 μm，横棘毛纤毛长约 20 μm。

背触毛 5 列，各列中触毛分布不均匀，两端较密集，中部稀疏。背触毛呈针棘状，异常发达，在活体可见，纤毛长约 15 μm。3 根尾棘毛纵向排列，位于最右列背触毛后端。

标本采集地　广东惠阳潮间带，水温 22℃，盐度 30‰。

标本采集日期　2009.04.22。

标本保藏单位　英国伦敦自然历史博物馆（正模，编号：NHMUK2010:1:18:2）；中国海洋大学，海洋生物多样性与进化研究所（副模，编号：JJM2009042204）。

    生境   潮间带沙隙。

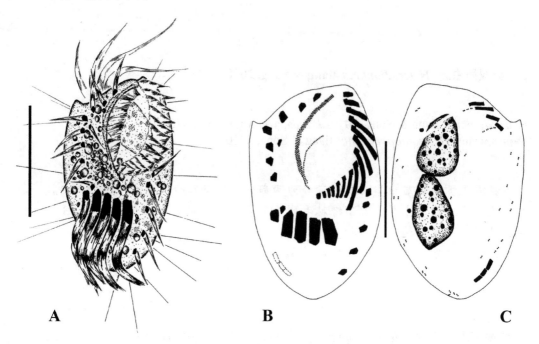

图 63　朱氏异双眉虫 *Heterodiophrys zhui*
A. 活体腹面观；B，C. 纤毛图式腹面观（B）和背面观（C）
比例尺：20 μm

19. 拟双眉虫属　*Paradiophrys* Jankowski, 1978

Paradiophrys Jankowski, 1978, *Zool. Inst. Leningrad, Akad. Nauk SSSR*: 39-40.
Type species: *Paradiophrys irmgard* Mansfeld, 1923.

    背腹观近矩形，通常高度盔甲化。口围带发达，具 2 片波动膜。左缘棘毛通常 3 根，位于亚尾端；额腹棘毛 7-10 根，其中 2 根较细弱，往往靠近横棘毛排布；横棘毛 4 根；尾棘毛 3 根。

    该属全世界记载 4 种，中国记录 2 种。

种检索表

1. 额腹棘毛 7 根 ·· 张氏拟双眉虫 *P. zhangi*
   额腹棘毛 10 根 ·· 秀丽拟双眉虫 *P. irmgard*

（59）秀丽拟双眉虫 *Paradiophrys irmgard* (Mansfeld, 1923) Jankowski, 1978 (图 64)

Diophrys irmgard Mansfeld, 1923, *Arch. Protistenk.*, 46: 132.
Paradiophrys irmgard Jankowski, 1978, *Zool. Inst. Leningrad, Akad. Nauk SSSR*: 39.
Diophrys irmgard Song, Wilbert, Al-Rasheid, Warren, Shao, Long, Yi & Li, 2007, *J. Eukaryot. Microbiol.*, 54: 283.

　　形态　活体大小 70-120 μm × 25-55 μm，长、宽比约 2：1。虫体近似矩形，外形稳定，不可伸缩变形。背腹扁平，长、厚比约 3：1。体表具有明显突起：前缘较薄，背部具约 10 个穿插在小膜间的齿状加厚凸起，具 2 列纵贯背部的脊突和尾端右侧着生尾棘毛的凹陷；腹面在横棘毛间具短脊突，左侧亚尾端缘棘毛着生处有凹陷。皮膜无缺刻，具两种颗粒：一种直径约 0.5 μm 的细小颗粒，三两一组，排成不规则的列，位于背部表膜下；另一种直径约 3 μm，位于小颗粒下，密集排布于背腹面。细胞质透明，常含有大量食物泡，使得低倍放大下细胞呈黑色。未观察到明显的伸缩泡。2 枚圆形大核，分别位于细胞前后 1/3 位置；每个大核伴有 1 枚球形小核。

　　运动特征为附基质上缓慢行进，伴偶尔跳跃；整个虫体包括棘毛可长时间静止不动，仅口围带小膜摆动。

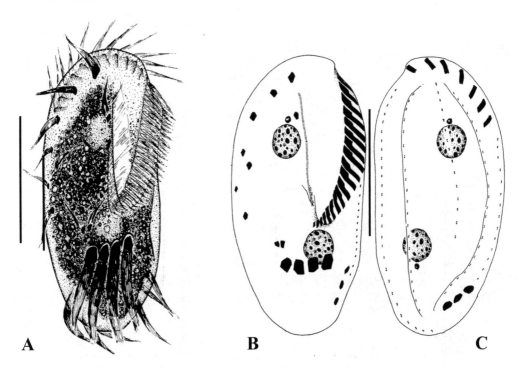

图 64　秀丽拟双眉虫 *Paradiophrys irmgard*
A. 活体腹面观；B，C. 纤毛图式腹面观（B）和背面观（C）
比例尺：50 μm

　　口区约占体长的 1/2 以上。口围带分为两部分，之间无明显间隔：7 或 8 片小膜着生在前端背面、齿状凸起之间，约 20 片小膜位于腹面口区左缘。小膜基部长约 25 μm。口侧膜发达，长而直，由 2 列毛基体组成；口内膜高度退化，非常短小，靠近口围带末端，由单列毛基体组成。

　　腹面通常具：10 根较细弱的额腹棘毛，其中 8 根散布于额区，2 根位于横棘毛附近；4 根粗壮的横棘毛；3 根缘棘毛。额腹棘毛和缘棘毛纤毛长约 30 μm，横棘毛纤毛长 40-50 μm。

　　稳定具有 6 列背触毛，左侧第 1 列位于腹面，其他位于背面。左侧第 4 列后端明显缩短。3 根尾棘毛位于虫体右侧尾端，纤毛长 30-40 μm，弯曲呈钩状。

　　标本采集地　山东青岛潮间带，水温 18℃，盐度 17‰。

　　标本采集日期　2005. 11. 16。

　　标本保藏单位　中国海洋大学，海洋生物多样性与进化研究所（编号：SWB2005111601）。

　　生境　潮间带沙隙。

（60）张氏拟双眉虫 *Paradiophrys zhangi* Jiang, Warren & Song, 2011 (图 65)

Paradiophrys zhangi Jiang, Warren & Song, 2011, *J. Eukaryot. Microbiol.*, 58: 439.

　　形态　虫体大小 75-90 μm × 40-50 μm，外形呈矩形，两端钝圆。背腹扁平，宽厚比约 4 : 1。背部隆起，前缘较薄、较清透。体表具有明显突起：背部前端在小膜之间具有明显的齿状凸起，随后有一横向的隆起，后侧尾端具凹陷，着生尾棘毛；在腹面，左缘棘毛处有一短脊突。细胞质中充满了很多食物颗粒及油球（直径不超过 5 μm），导致细胞呈深灰色。体表具约 1.5 μm × 0.2 μm 的短棒状皮层颗粒，三两聚集，成列的排布在背腹面皮下。2 枚球形大核，分别位于虫体的前、后半部。

　　运动特征为附基质上缓慢行进，无明显停歇。

　　口区阔大，约占体长的 2/3。口围带分为 2 组：约 8 片着生在前端背面、齿状凸起之间，18-22 片小膜位于腹面口区左缘。口侧膜发达，由多列毛基体组成；口内膜高度退化，由单列毛基体组成，仅口侧膜 1/3 长。

　　7 根额腹棘毛（5 根散布于额区，2 根位于横棘毛附近），4 根横棘毛，3 根缘棘毛。极少数个体具多余或缺少部分棘毛（如具 9 根额腹棘毛，2 或 4 根缘棘毛）。

　　稳定具有 6 列背触毛，除左侧第 2 列较长外，各列末端均有所缩短。触毛长约 4 μm。3 根尾棘毛位于虫体右侧尾端。

　　标本采集地　山东青岛潮间带，水温 17℃，盐度 27‰。

　　标本采集日期　2008. 11. 12。

　　标本保藏单位　英国伦敦自然历史博物馆（正模，编号：NHMUK2010:10:27:1）；中国海洋大学，海洋生物多样性与进化研究所（副模，编号：JJM2008111201）。

　　生境　潮间带沙隙。

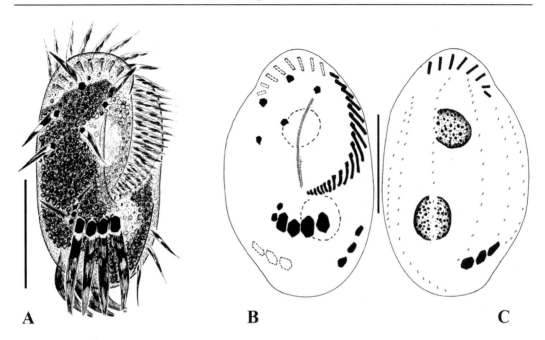

图 65　张氏拟双眉虫 *Paradiophrys zhangi*
A. 活体腹面观；B，C. 纤毛图式腹面观（B）和背面观（C）
比例尺：40 μm

20. 伪双眉虫属 *Pseudodiophrys* Jiang, Warren & Song, 2011

Pseudodiophrys Jiang, Warren & Song, 2011, *J. Eukaryot. Microbiol.*, 58: 444.
Type species: *Pseudodiophrys nigricans* Jiang, Warren & Song, 2011.

　　活体形态及体纤毛图式均似双眉虫属，但波动膜仅 1 片，未分化为口侧膜和口内膜。
　　该属全世界记载 1 种，中国记录 1 种。

（61）暗色伪双眉虫 *Pseudodiophrys nigricans* Jiang, Warren & Song, 2011（图 66）

Pseudodiophrys nigricans Jiang, Warren & Song, 2011, *J. Eukaryot. Microbiol.*, 58: 438.

　　形态　活体大小约 80 μm × 50 μm。体表坚实，外形卵圆形至矩形。背腹扁平，长、厚比 3：1 至 2：1。腹部具有明显 2 条脊突，右上方有一角状突起；背部体缘前部较薄，在小膜间具齿状突起。整个背部隆起，仅在尾棘毛着生处有凹陷。细胞质呈灰色，含大量的颗粒导致细胞中央呈深色。未观察到皮层颗粒。2 枚腊肠形大核；2 枚小核，各自附大核周围。

运动方式为附基质缓慢爬行，偶尔跳跃。

口区无明显外界，约占体长 1/2。口围带分为两部分，但是无明显分隔：8 片小膜着生背部，约 17 片小膜着生腹部。波动膜仅 1 片，着生于突起之上的细胞表面，高度退化，非常短，仅由若干毛基体短列构成，远离口区。

腹面纤毛如图 66 所示：额腹棘毛 7 根，其中 5 根于额区沿体边缘排为一列，2 根位于最右 1 根横棘毛的两侧；左缘棘毛 2 根，紧挨口围带末端；横棘毛 5 根。额腹棘毛及缘棘毛纤毛长约 25 µm，横棘毛纤毛长达 40 µm，尾棘毛纤毛长约 20 µm。

4 或 5 列背触毛，各列均明显缩短，最左 1 列通常位于腹部左体缘。背触毛活体状态下长约 5 µm，3 根尾棘毛纵向排列，位于最右列背触毛后端。

标本采集地　山东青岛潮间带，水温 22℃，盐度 28‰。

标本采集日期　2008.06.05。

标本保藏单位　英国伦敦自然历史博物馆（正模，编号：NHMUK2010:10:27:2）；中国海洋大学，海洋生物多样性与进化研究所（副模，编号：JJM2008060501）。

生境　潮间带沙隙。

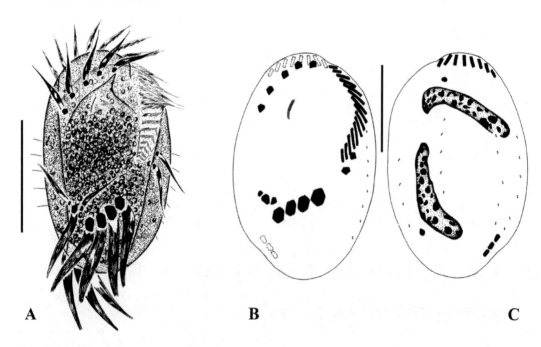

图 66　暗色伪双眉虫 *Pseudodiophrys nigricans*
A. 活体腹面观；B，C. 纤毛图式腹面观（B）和背面观（C）
比例尺：40 µm

21. 尾刺虫属　*Uronychia* Stein, 1859

Uronychia Stein, 1859, *Prir. K. ceské Spol. Náuk*, 10: 63.
Type species: *Uronychia transfuga* (Müller, 1776) Stein, 1859.

　　海洋或半咸水生境，属下的各种活体和棘毛排布特征基本一致。腹背观呈不对称的近方形或卵圆形，在虫体前端的背面及侧面生有多枚棘状尖突，尾部居体中线处另有 1 棘突，棘突的发达程度在种群间存在变异。虫体后半部形成两个明显的凹陷，缘棘毛及尾棘毛分别位于左、右侧的凹陷处。口围带分成前、后远离的两部分，前部由 11 片长短不一的小膜组成，后部包括 4 片非典型的小膜及 1 片（根）短的并远相分离的棘毛状小膜，故又称"口棘毛"。口侧膜十分发达，为单片近闭合的结构，其基部毛基体为无序排列。体纤毛器包括背腹两个区域：腹面纤毛器分别由额、腹、横及缘棘毛组成。其中额棘毛恒为 4 根，细弱而窄长，分布于口区右侧的虫体前缘；腹棘毛除多毛尾刺虫外均呈退化状态（弱小）甚至完全缺失；横棘毛恒为 5 根，其中左侧 4 根十分发达；左缘棘毛 3 根，长而粗壮，位于细胞左侧后方的凹陷处。背面纤毛包括模式恒定的 6 列背触毛，其中左侧第 3 列后延至虫体最末端；3 根粗大的尾刺毛位于右侧亚尾端，活体观该棘毛弯成僵硬的钩状。大核 2 枚（腊肠形）或多枚（念珠形，包含 4-16 个结节状片段）；小核 1 枚。
　　该属全世界记载至少 4 种，中国记录 4 种。

种检索表

1. 2 枚大核 ·· **2**
　多枚大核 ··· **3**
2. 个体较小，多 45-55 μm 长 ····················· 柔枝尾刺虫 *U. setigera*
　个体较大，多 90-110 μm 长 ·············· 双核尾刺虫 *U. binucleata*
3. 2 根腹棘毛 ·· 胖尾刺虫 *U. transfuga*
　6-8 根腹棘毛 ···································· 多毛尾刺虫 *U. multicirrus*

（62）双核尾刺虫　*Uronychia binucleata* Young, 1922（图 67）

Uronychia binucleata Young, 1922, *J. Exp. Zool.*, 36: 354.
Uronychia binucleata Song & Wilbert, 1997a, *Arch. Protistenk.*, 148: 427.

　　形态　中等大小，体长 90-110 μm，虫体阔圆形或近方形，左、右缘外凸。长、厚比约 3∶2，前面和侧面棘突不明显，后端两个棘突活体不易观察到，但蛋白银染色后可见。细胞质呈浅灰色至深灰色，当中含大量细小颗粒（直径 1-1.5 μm）。食物泡中含鞭毛虫或其他小型纤毛虫。伸缩泡位于横棘毛右侧深处。2 枚腊肠形大核，其间夹有 1 枚小核。

运动同属内特征，常快速侧向、后向跳跃，也可绕体轴快速旋转游泳。

口区约占体长的 1/2。口区小膜、口侧膜与属的基本模式相同。口棘毛明显较短，易被忽视，棘毛基体长 3 μm；口侧膜右端无弯钩，纤毛长约 30 μm。

腹面棘毛数目、分布无特征；2 根腹棘毛，极弱小；横棘毛纤毛长 30-40 μm。

恒定具 6 列背触毛，左侧第 1、2 列背触毛约含 30 对毛基体。3 根粗大的尾棘毛位于右侧亚尾端，活体观该棘毛弯成僵硬的钩状，纤毛长 40-60 μm。

标本采集地　山东青岛近岸水体，温度 22℃，盐度 30‰。

标本采集日期　1996. 06. 26。

标本保藏单位　中国海洋大学，海洋生物多样性与进化研究所（编号：SWB1996 062604）。

生境　海水。

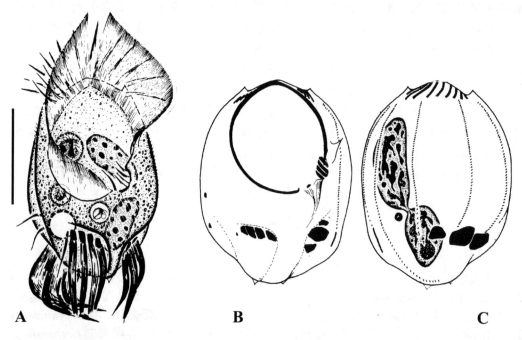

图 67　双核尾刺虫 *Uronychia binucleata*
A. 活体腹面观；B，C. 纤毛图式腹面观（B）和背面观（C）
比例尺：50 μm

（63）多毛尾刺虫　*Uronychia multicirrus* Song, 1997 （图 68）

Uronychia multicirrus Song, 1997, *Acta Protozool.*, 36: 280.
Uronychia multicirrus Shen, Shao, Gao, Lin, Li, Hu & Song, 2009, *J. Eukaryot. Microbiol.*, 56: 296.

形态　活体大小为 120-200 μm × 80-140 μm；虫体卵圆形或近矩形，右缘近直，左缘微微外凸。长、厚比约 2︰1。虫体体表凹陷分布、棘突同属特征相同，棘突长度可变，活体时可能不明显。细胞质呈浅灰色至深灰色，当中含大量直径小于 1.5 μm 的颗粒。食物泡中含鞭毛虫或其他小型纤毛虫。未观察到伸缩泡。大核通常 6 或 7 枚，排列成"C"状弯曲的念珠形。1 枚球形小核，位于大核附近。

　　运动同属内特征，常快速侧向、后向跳跃，也可绕自身体轴旋转的快速游泳。

　　口区占体长的 60%-70%。口区小膜、口侧膜与属的基本模式相同。口棘毛明显较短，易被忽视，棘毛基体长 6-8 μm；口侧膜近口棘毛右端微弯，纤毛长 50-60 μm。

　　腹棘毛构成特征性分布：6-8 根构成 1 列，沿虫体右缘前伸。额、腹棘毛纤毛长 20-30 μm，横棘毛纤毛长 60-90 μm，左缘棘毛纤毛长 70-100 μm。

　　背部恒定具背触毛 6 列，左侧第 1、2 列背触毛位于腹面，最左列含约 50 对毛基体。3 根粗大的尾棘毛位于右侧亚尾端，活体观该棘毛弯成僵硬的钩状，纤毛长 70-100 μm。

标本采集地　山东青岛开放养殖区，广东惠阳近岸水体，水温约 23℃，盐度 29‰。

标本采集日期　1993. 11. 21，2006. 12. 14。

标本保藏单位　华南师范大学，生命科学学院（编号：SZ2006121401）。

生境　海水。

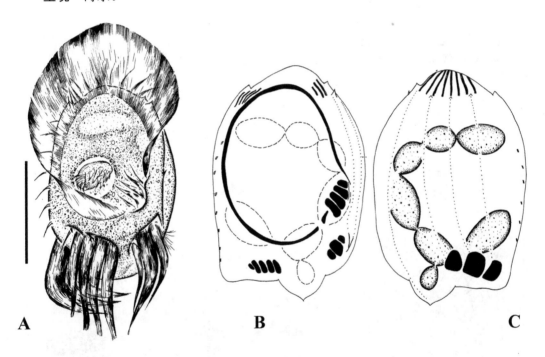

图 68　多毛尾刺虫 *Uronychia multicirrus*
A. 活体腹面观；B，C. 纤毛图式腹面观（B）和背面观（C）
比例尺：100 μm

（64）柔枝尾刺虫　*Uronychia setigera* Calkins, 1902（图 69）

Uronychia setigera Calkins, 1902, *Fish Commission*, 21: 449.
Uronychia setigera Song & Wilbert, 1997a, *Arch. Protistenk.*, 148: 424.

形态　属内个体最小的一种，大多 50 μm × 40 μm。虫体通常阔圆形。长、厚比约 3：2。虫体体表凹陷和棘突的分布基本同属特征，但未观察到后棘突，有的虫体左侧棘突尤其发达。细胞质呈无色至浅灰色，当中含大量细小的内质颗粒。伸缩泡位于横棘毛右侧。2 枚腊肠形大核，近虫体边缘，相互间有核丝相连；1 枚球形小核，位于大核之间。

运动同属内特征，常快速侧向、后向跳跃，也可绕自身体轴旋转式快速游泳。

口区阔大，约占体长的 60%。口区小膜、口侧膜与属的基本模式相同。口棘毛明显较短，棘毛基体长 2-3 μm；口侧膜位于口棘毛右端，呈钩状，纤毛长约 25 μm。

腹面棘毛分布无特殊性。额、腹棘毛纤毛长 10-15 μm，横棘毛纤毛长 20-30 μm，左缘棘毛纤毛长 20-40 μm。

背面恒定具背触毛 6 列，左、右两侧的背触毛位于腹面，左侧第 1、2 列背触毛内含 15-20 对毛基体（因此较稀疏）。3 根粗大的尾棘毛位于右侧亚尾端，活体观该棘毛弯成僵硬的钩状，尾棘毛纤毛长 35-45 μm。

标本采集地　山东青岛近岸水体，温度 20℃，盐度 30‰。
标本采集日期　1996.06.26。
标本保藏单位　中国海洋大学，海洋生物多样性与进化研究所（编号：SWB1996062605）。
生境　海水。

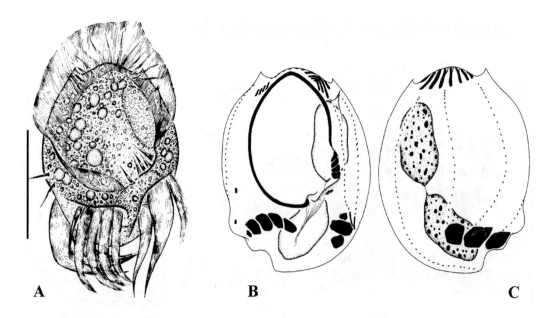

图 69　柔枝尾刺虫 *Uronychia setigera*
A. 活体腹面观；B，C. 纤毛图式腹面观（B）和背面观（C）
比例尺：40 μm

（65）胖尾刺虫　*Uronychia transfuga* (Müller, 1776) Stein, 1859（图 70）

Trichoda transfuga Müller, 1776, *Animalcula Infusoria*, 249.
Uronychia transfuga Stein, 1859, *Pozpr. mat.-prir. K. ceské Spol. Náuk*, 10: 63.
Uronychia transfuga Song & Wilbert, 1997a, *Arch. Protistenk.*, 148: 429.

　　形态　大型种，大多长 150-200 μm。外形与同属其他 3 种相似但明显更接近矩形或梯形。长、厚比约 2∶1。虫体体表凹陷分布、棘突基本符合属的特征，不少于 3 个前棘突，另具 1 个侧棘突和 2 个后棘突。细胞质浅灰色，如果含大量内质颗粒则呈深灰色。食物泡中含有鞭毛虫和小型楯纤类纤毛虫。伸缩泡位于横棘毛右侧。多枚大核结节排成念珠形，由核丝相连而呈大的马蹄形，其间夹有 1 枚小核。
　　运动同属内特征，常快速侧向、后向跳跃，也可绕自身体轴旋转式快速游泳。
　　口区阔大，约占体长的 3/4。口区小膜与同属种相同。前端口小膜纤毛长 20-30 μm；口侧膜靠近口棘毛右端，呈明显弯折，纤毛长约 50 μm。
　　腹面棘毛分布无特殊性。横棘毛纤毛长约 50 μm，左缘棘毛纤毛长 50-65 μm。
　　背面恒定具背触毛 6 列，左、右两侧的背触毛位于腹面，左侧第 1 列背触毛约含 50 对毛基体，在近末端毛基体形成斑块状结构。3 根粗大的尾刺毛位于右侧亚尾端，活体观该棘毛弯成僵硬的钩状，纤毛长 70-100 μm。
　　标本采集地　山东青岛近岸水体，水温 16℃，盐度 30‰。
　　标本采集日期　1996. 06. 26。
　　标本保藏单位　中国海洋大学，海洋生物多样性与进化研究所（编号：SWB1996062606）。
　　生境　海水。

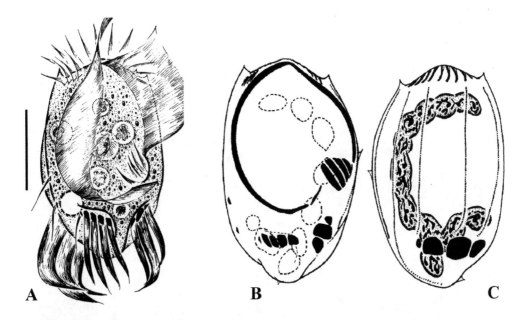

图 70　胖尾刺虫 *Uronychia transfuga*
A. 活体腹面观；B，C. 纤毛图式腹面观（B）和背面观（C）
比例尺：50 μm

第 4 篇 排毛目 Stichotrichida Fauré-Fremiet, 1961

邵　晨（Chen SHAO）　陈凌云（Lingyun CHEN）　李俐琼（Liqiong LI）

Stichotrichida Fauré-Fremiet, 1961, *Académie des Sciences*, 252: 3515.

虫体长椭圆形，少数类群具尖细的尾部。腹面棘毛明确分化，普遍存在无分组化，具多列短至集中于口区、长至纵贯虫体的长度变化较大的腹棘毛列（类似非尾柱目中出现的锯齿状中腹棘毛）；该目模式科，即小双科，在发生过程中特殊且典型地出现某条 FVT-原基为主干、其余 1 至多条额-腹-横棘毛原基条带为辅的拟合发育现象，后者将在棘毛形成过程中并入前者，共同形成营养期细胞的某列棘毛，因此体现为：1 列腹棘毛实际可能来自多列 FVT-原基条带的"混合"，本现象在其他 3 科则未出现，即腹棘毛列来自单一的额-腹-横棘毛原基条带。背触毛列通常存在，仅施密丁科中有缺失。

排毛目的设立，更多是因其纤毛图式中普遍存在的数目不定、"无分组化"的额-腹-横棘毛（列），这些棘毛（列）程度不同地显示出同律性和低分化度。但形态学特征并不能将其与"更高等的"散毛类截然区分开。换言之，排毛类与后面将叙述的散毛类共享着很多基本的形态学特征。同样，以小核糖体亚基基因为基础的分子系统学分析也不能将之很好地廓清出来。因此，有关该目的外延和内涵实际是一个并没有解决的问题。因此在本书中，暂时按照 Lynn（2008）的安排，将该目作为 1 个独立的阶元论述。该目全世界记载 5 科，中国记录 5 科（图 71）。

此外，形态学和细胞发生学证据显示殖口虫属、拟殖口虫属、后殖口虫属、瓦拉虫属和施密丁科具有非常近的亲缘关系，它们都具有典型的、在进化中非常保守的殖口虫型口器，并且具有相似的腹面棘毛发育过程，这一点也得到了分

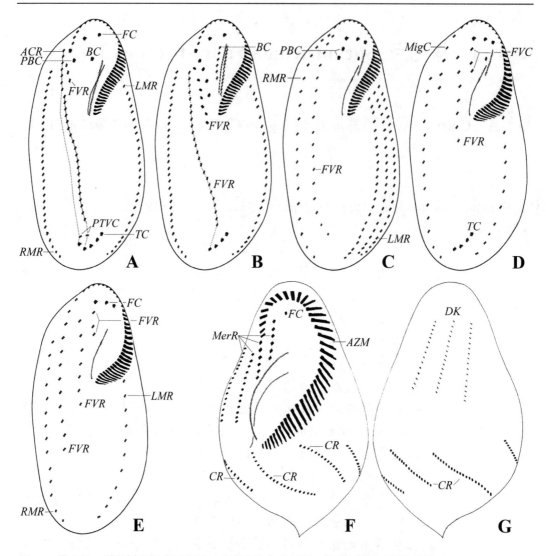

图 71 排毛目 5 科的纤毛图式示意图（虚线连接来自于同一额-腹-横棘毛原基的棘毛）
A. 小双科；B, C. 卡尔科；D. 殖口科；E. 施密丁科；F, G. 旋纤科

子生物学证据的支持。实际上，这一姐妹群或许代表着更高的阶元，但由于作者尚无确凿的证据，故在本书中暂时将其置入排毛目。

不仅如此，在多个系统安排中，该目内的科级阶元的内涵及科级阶元之间的界限也不甚明晰，科级阶元的定义常常因作者不同而发生较大的变化（Lynn 2002, 2008; Berger, 2008, 2011）。此外，分子系统学分析表明该目内多个科级阶元并非单元发生系，科内各属之间在形态和发生学过程及特征上显示出较大的差异，属间关系也缺乏定论。

　　因此，本书中该目内的科级划分仅是一个临时性的参考，有待进一步的研究对该目内科属的系统关系进行彻底的梳理。我们暂时将具有殖口虫型口器且具有口棘毛、背触毛、尾棘毛的一类归入殖口科，将具有殖口虫型口器且口棘毛、背触毛、尾棘毛缺失的一类归为施密丁科，将具有小双虫腹棘毛列的种属归入小双科，将具有一般额腹棘毛列且口器为一般口器的一类划分为旋纤科（虫体扭转）和卡尔科（虫体正常）（图 71）。

科检索表

1. 腹棘毛列为小双虫腹棘毛列，即在发生过程中由 2 或 3 条额-腹-横棘毛原基形成的棘毛拼接而成 ……………………………………………… **小双科 Amphisiellidae**
   腹棘毛列非小双虫腹棘毛列，即在发生过程中由单一额-腹-横棘毛原基条带形成 ……**2**
2. 口器和背面纤毛器殖口虫型 ………………………………………………………………**3**
   口器和背面纤毛器非典型殖口虫型 ………………………………………………………**4**
3. 具背触毛及口侧膜 ………………………………………… **殖口科 Gonostomatidae**
   不具背触毛及口侧膜 ……………………………… **施密丁科 Schmidingerothidae**
4. 虫体或腹面棘毛列扭转 ……………………………………… **旋纤科 Spirofilidae**
   虫体或腹面棘毛列不扭转 …………………………………… **卡尔科 Kahliellidae**

第9章 小双科 Amphisiellidae Jankowski, 1979

Amphisiellidae Jankowski, 1979, *Tr. Zool. Inst.*, 86: 78.

口围带为典型的问号形；具额棘毛和口棘毛；具有长或短的腹棘毛列（即小双虫腹棘毛列）。左、右缘棘毛各1列；背触毛贯穿虫体（无背缘触毛列）；尾棘毛有或无（图71A）。该科种类在海水、淡水及土壤生境均有分布。该科全世界记载14属，中国记录3属。

小双科具标志性的小双虫腹棘毛列，此为该科唯一的形态学衍征。该棘毛列为混合棘毛列，即它由2或3条额-腹-横棘毛原基形成的额前棘毛列（通常来源于原基VI）和口后腹棘毛列（来源于原基 V）拼接而成（偶尔也由来自于额-腹-横棘毛原基VI的前段、来自额-腹-横棘毛原基IV的中段，以及来自于额-腹-横棘毛原基 V 的后段组成）。"额前棘毛列"构成了小双虫腹棘毛列的前半部分，"口后腹棘毛"则构成了该列的后半部分。在具有18根棘毛的腹毛类纤毛虫中，棘毛IV/3通常与2根额前棘毛和2根口后腹棘毛大体处在一条直线上，这预示着小双虫腹棘毛列最初是由3部分拼接而成的。这一特征目前依然存在，旋双虫属就是一个例子。然而，对于大多数小双虫而言，它们的小双虫腹棘毛列仅由原基V和原基VI两部分拼接而成，即原基IV最前段产生的棘毛不再参与拼接，这部分棘毛向左迁移，与棘毛III/2共同构成了"位于小双虫腹棘毛列左前端的棘毛列"，这一特征被用于定义小双科中的若干属级阶元。小双科所具有的其他特征，如3根额棘毛，具口棘毛、横棘毛和尾棘毛，左、右缘棘毛各1列，背触毛列均延伸至虫体两端，则是从腹毛亚纲的共有祖先处继承而来的祖征。

要判断物种是否属于小双科，其细胞发生过程的信息是必需的，因为该科主要的形态学衍征（小双虫腹棘毛列）本质上是细胞发生学特征：该列棘毛必须由原基VI(形成前段)

和原基 V（形成后段）产生的棘毛拼接而成；在一些属（如旋双虫属）内该列棘毛由 3 段拼接而成，其中段来源于原基 IV。所以，那些额腹棘毛列仅来源于单一原基的物种，在目前来看并不属于小双科。

小双科模式属小双虫属的模式种头状小双虫 *Amphisiella capitata* 由 Pereyaslawzewa（1886）报道。之后的修订者 Kahl（1932）认可小双虫属并在属内增加若干新种。但他将该属定为全列虫属的亚属，将其作为尾柱目的典型代表。随后小双虫属虽被重新提升至属级阶元，但它仍被保留在全列科或尾柱科内（Fauré-Fremiet, 1961; Borror, 1972; Stiller, 1974; Corliss, 1979）。

Jankowski（1979）建立了小双科。Hemberger（1982）给出了同样的结论，但因为 Jankowski 的文章于 3 年前发表在一本知名度低、流传不广的俄文期刊上，Hemberger 并不知晓该文的存在，所以他再一次建立小双科。同样的，Small 和 Lynn（1985）于 3 年后第 3 次提出小双科这一科级阶元。目前而言，小双科被公认为是由 Jankowski 建立的（Eigner & Foissner, 1994; Lynn & Small, 2002）。

小双科在腹毛亚纲系统进化树上确切的位置还不十分确定。目前仅能得到的结论是：小双虫属和其他一些"典型的"小双虫（如拉姆虫属）都具有较为简单的背触毛模式，即不具有背缘触毛及背触毛断裂，该模式同样在尾柱目和殖口科中出现，并被认为是腹毛亚纲的祖征，而背缘触毛及背触毛断裂是腹毛亚纲中的另一大主要类群——背缘类（Dorsomarginalia）的衍征。在此之前，Berger（1999）认为多数尖毛虫（包含殖口虫属）具有的 18-额-腹-横棘毛模式是尖毛科的衍征。而这一简单的背触毛模式，即 Berger 和 Foissner（1997）所指的殖口虫属模式，是经由相对复杂的尖毛虫属模式（具有背缘触毛列，背触毛原基存在断裂现象）演化而来的。演化过程包括了背触毛原基存在断裂现象和背缘触毛列这两大特征的次级退化。然而，这一解释并不遵循简约性原则。相反，Berger（2006）认为 18-额-腹-横棘毛模式是腹毛亚纲（狭义）的衍征，殖口虫属模式的背面结构则是腹毛亚纲的祖征。目前的假设得到了分子数据的支持：大体上具有殖口虫属背面模式的殖口科类群和小双科类群，是从整个腹毛亚纲系统进化树极靠近基底部的位置分支出去的。

　　Paiva 和 Silva-Neto（2007）发表了一篇关于圆纤虫属 *Strongylidium* 的 研 究 论 文 ， 他 们 对 伪 厚 圆 纤 虫 *S. pseudocrassum* 进行重描述，并发现其与半小双虫属和伪瘦尾虫属之间具有很大的相似性，最显著的特征在于这些类群都有口后腹棘毛（棘毛 IV/2），以及它们的额腹棘毛列都由原基 IV（形成中段）、原基 V（形成后段）和原基 VI（形成前段）形成的棘毛列拼接而成。可惜的是，当时对此 3 属的研究并不十分详尽，且缺乏分子生物学相关信息的支持，因此仍不能确定该属的系统发生学地位。但 Berger（2008）推测圆纤虫属很可能与小双科有着密切的关系。

　　近期，Luo 等（2018）基于分子生物学信息对圆纤虫属、半小双虫属和伪瘦尾虫属开展系统学分析，建议为上述 3 属重启圆纤科，并给出科的新定义，同时提出圆纤科与背缘触毛类纤毛虫有较近的亲缘关系。

属检索表

1. 虫体及腹面棘毛列高度扭转，具尾棘毛 ································ **旋双虫属 *Spiroamphisiella***
   虫体及腹面棘毛列不扭转，无尾棘毛 ··**2**
2. 小双虫腹棘毛列较为短小（终止于虫体中部以上），背触毛原基数目较少（约 3 条）··
   ···**拉姆虫属 *Lamtostyla***
   小双虫腹棘毛列较长（终止于虫体中部以下），且背触毛原基数目较多（约 6 条）···
   ···**小双虫属 *Amphisiella***

22. 小双虫属 *Amphisiella* Gourret & Roeser, 1888

Amphisiella Gourret & Roeser, 1888, *Archs Biol.*, 8: 188.
Type species: *Amphisiella marioni* Gourret & Roeser, 1888.

　　虫体柔软，长椭圆形。具有连续的口围带，波动膜直且分化为互相平行的口侧膜和口内膜。存在额棘毛与口棘毛。小双虫腹棘毛列较长（终止于虫体中部以下），发生上来源于第 5 条原基（前部）和第 6 条原基（后部）。其左上侧存在 2 至多根棘毛来自第 4 条原基。口后棘毛缺失。常具 2 根横前棘毛，5 至多根显著的横棘毛。左、右缘棘毛各 1 列。约 6 列背触毛，且均在老结构中发生。尾棘毛缺失。海水生境。
该属全世界记载 10 种，中国记录 6 种。

种检索表

1. 虫体前端明显头部化···中华小双虫 *A. sinica*
   虫体前端不存在头部化···2
2. 细胞质内含有环状结构···3
   细胞质内无环状结构···4
3. 多于 6 列背触毛···美丽小双虫 *A. pulchra*
   6 列背触毛···米纳小双虫 *A. milnei*
4. 口围带分为两部分···玛丽小双虫 *A. marioni*
   口围带非两部分组成···5
5. 1 种皮层颗粒··苍白小双虫 *A. candida*
   2 种皮层颗粒··条纹小双虫 *A. annulata*

（66）条纹小双虫 *Amphisiella annulata* (Kahl, 1932) Borror, 1972 (图 72)

Holosticha annulata Kahl, 1928, *Arch. Hydrobiol.*, 19: 212.
Amphisilla (*Holosticha*) *annulata* Kahl, 1932, *Tierwelt. Dtl.*, 25: 590.
Amphisiella annulata Li, 2009, *Dessertation, Ocean University of China, Qingdao*, 49.

形态 活体大小 100-210 μm × 25-75 μm，长、宽比为 3：1 至 5：1，虫体大小因营养条件而多变。虫体柔软、稍具收缩性，呈细长椭圆形，前后两端钝圆，左边缘中部凸起，右边缘略呈 "S" 形。背腹扁平，厚、幅比 1：2 至 1：3；无色皮层颗粒（疑似射出体），直径 0.5-1 μm，围绕背触毛或者沿着背触毛列成簇排布，射出后长 2-3 μm。另一种小的皮层颗粒直径 0.3 μm 左右，密集地无规则排布。未观察到伸缩泡。细胞质透明，低倍放大下观察呈无色或浅灰色，常含有折光性内储颗粒，直径 2-5 μm；食物泡内多为细菌，直径 1-2 μm，位于虫体中部。2 枚椭圆形大核位于口区之后靠近左边缘，活体观透明而匀质；2-6 枚小核，长约 4 μm，分布于大核附近。

底质上缓慢运动，游泳时沿身体中轴旋转运动。

口区占体长的 25%-33%，口围带远端向后延伸至虫体腹面右侧，口围带由 33-62 片小膜组成，纤毛长约 15 μm。口侧膜和口内膜平行排列，口侧膜的位置明显靠前且由双列毛基体组成，口内膜由单列毛基体组成。

3 根比较粗壮的额棘毛，纤毛长约 15 μm；单一口棘毛位于口侧膜右侧，纤毛长 10-12 μm，拟口棘毛位于最右侧额棘毛左下方，3 根棘毛组成的额腹棘毛短列位于小双虫腹棘毛列左前方；小双虫腹棘毛列由 33-61 根棘毛组成。5-7 根横棘毛 "J" 形排布，纤毛长 16-20 μm，2 根横前腹棘毛较细小，位于小双虫腹棘毛列末端和横棘毛之间。左、右缘棘毛各 1 列，分别包含 25-53 根和 22-48 根棘毛。

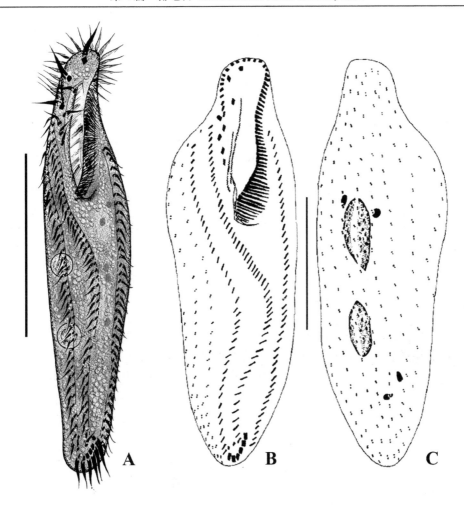

图 72　条纹小双虫 *Amphisiella annulata*
A. 典型个体腹面观；B，C. 纤毛图式腹面观（B）及背面观（C）
比例尺：60 μm

7-10 列纵贯体长的背触毛，纤毛长约 5 μm，活体下容易区分。
标本采集地　山东青岛封闭养殖池塘，温度 15℃，盐度 33‰。
标本采集日期　2006.07.03。
标本保藏单位　中国海洋大学，海洋生物多样性与进化研究所（编号：
LLQ2006070301）。
生境　海水。

（67）苍白小双虫 *Amphisiella candida* Chen, Shao, Lin, Clamp & Song, 2013 （图 73）

Amphisiella candida Chen, Shao, Lin, Clamp & Song, 2013d, *Eur. J. Protistol.*, 49: 461.

形态 活体大小 100-130 μm × 35-50 μm。虫体柔软但无伸缩性，细长椭圆形，前后两端钝圆。背腹扁平，厚、幅比约 2 : 3。皮层颗粒无色，直径约 0.3 μm，腹面无规律分散排布，背面聚集成纵向的条带。未观察到伸缩泡。细胞灰褐色，可能来源于细小的色素颗粒；细胞质内具有食物泡，其内充满细菌和硅藻。2 枚椭球形大核位于虫体左侧，蛋白银染色后大小 13-25 μm × 8-13 μm，活体状态下匀质清亮；2 或 3 枚小核，近球形，分布于大核附近，蛋白银染色后直径 3-6 μm。

运动速度相对较快，通常在基质表面快速爬行，或是自由游动。

口区约占体长的 37%，口围带由 31-38 片小膜组成，纤毛长 10-12 μm。波动膜平直，略有交叉。

3 根粗壮的额棘毛，纤毛长约 12 μm。单一口棘毛位于波动膜顶端右侧；拟口棘毛位于最右边额棘毛的左下方；3 根棘毛组成的额腹棘毛短列位于小双虫腹棘毛列左前方。小双虫腹棘毛列含有 23-31 根棘毛，平均具有 27 根，起始于最右边的额棘毛右侧，略呈"S"形，延伸至虫体 2/3 处，活体下纤毛长 7-9 μm。通常 5 根粗壮的横棘毛呈"J"形排布，纤毛长 12-15 μm，延伸出虫体后端，2 根横前腹棘毛。左、右缘棘毛各 1 列，分别含有 24-36 根和 25-36 根缘棘毛，纤毛长 7-9 μm，相对排布较紧密。

5-7 列纵贯虫体全长的背触毛，平均为 6 列，触毛活体下长约 3 μm。

标本采集地 广东湛江近岸水体，温度 24℃，盐度 26‰。

标本采集日期 2010.04.07。

标本保藏单位 中国海洋大学，海洋生物多样性与进化研究所（副模，编号：CXM2010040703）；伦敦自然历史博物馆（正模，编号：NHMUK2012.1.21.2）。

生境 咸水。

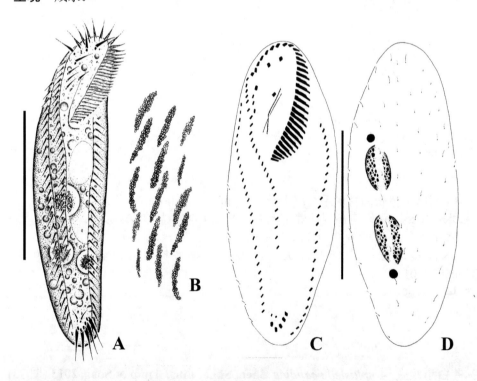

图 73 苍白小双虫 *Amphisiella candida*
A. 典型个体腹面观；B. 皮层颗粒在虫体背面聚集成条带状；C，D. 纤毛图式腹面观（C）及背面观（D）
比例尺：50 μm

（68）玛丽小双虫 *Amphisiella marioni* Gourret & Roeser, 1888（图 74）

Amphisiella marioni Gourret & Roeser, 1888, *Archs Biol.*, 8: 189.
Amphisiella marioni Li, Lin, Shao, Gong, Hu & Song, 2007a, *J. Eukaryotic. Microbiol.*, 54:
　　364.

　　形态　活体长 100-140 μm，长、宽比为 4：1 至 5：1。虫体柔软有轻微的收缩性，细长，前端宽圆而后端略窄，腹面扁平，且有 3 条明显的沟痕沿缘棘毛列和小双虫中线棘毛列分布。背腹扁平，厚、幅比约 1：2。皮膜相对较厚，含有圆点状皮层颗粒，直径约 0.5 μm，深红色，沿虫体纵轴不规则地成组排布。胞质中含有线粒体状结构，其大小约 3 μm × 1.5 μm，密集分布于细胞表面之下，在低倍放大下仍明显可见。单一伸缩泡位于虫体中部稍后靠近左侧边缘，直径约 10 μm。细胞质透明至浅灰色，常含有许多闪亮的油球，直径为 3-5 μm。2 枚椭圆形大核位于虫体中部，大小约 14 μm × 8 μm，其含有许多球状染色质颗粒，在微分干涉显微镜下可见。未观察到小核。

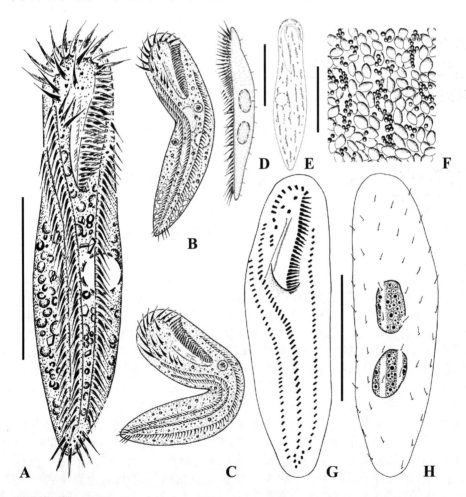

图 74　玛丽小双虫 *Amphisiella marioni*
A. 典型个体腹面观；B，C. 不同体形个体腹面观；D. 侧面观；E. 背面观，示皮层颗粒；F. 示小的皮层颗粒和大的线粒体状颗粒；G，H. 纤毛图式腹面观（G）及背面观（H）
比例尺：50 μm

运动相对较快。虫体在皿底或碎屑上爬行，且伴有短暂及经常性的停歇，而后改变其运动方向。

口区明显，占体长的 30%-40%，其中小膜分为不明显的两部分，远端小膜独特地位于腹面。口围带共包括 25-36（平均 31）片小膜，口围带的两部分中间并无明显间隙：远端部分包括 8-10 片小膜，纤毛长 10-12 μm；近端部分由 23-27 片小膜组成，纤毛长约 8 μm。波动膜直而平行，前端终止于口棘毛附近；口侧膜由双列毛基体组成，口内膜由单列毛基体组成。

3 根额棘毛沿口围带远端斜向分布，单一口棘毛位于波动膜顶端，拟口棘毛位于最右侧额棘毛左下方，3 根棘毛组成的额腹棘毛短列位于小双虫腹棘毛列左前方。小双虫腹棘毛列由紧密排列的 31-45 根棘毛组成，始于口围带远端末，"S" 形延伸至近横棘毛前端，位于小双虫腹棘毛列中部的棘毛比两端的棘毛略长。左、右缘棘毛各 1 列，2 列缘棘毛末端彼此靠近，分别包含 30-43 根和 28-42 根棘毛。恒定 6 根横棘毛呈 "V" 形排布，位于虫体末端，活体下纤毛长约 10 μm，因此明显地超出细胞后端。

通常具有 6 列松散排列的背触毛，鬃毛状、纵贯虫体，纤毛长约 3 μm。尾棘毛缺失。

标本采集地 山东青岛海水养殖排放口，温度 25℃，盐度 31‰。

标本采集日期 2004.02.21。

标本保藏单位 中国海洋大学，海洋生物多样性与进化研究所（编号：LXF2004022101）。

生境 海水。

（69）米纳小双虫 *Amphisiella milnei* (Kahl, 1932) Horváth, 1950 (图 75)

Holosticha milnei Kahl, 1932, *Tierwelt. Dtl.*, 25: 590.

Amphisiella milnei Li, Zhao, Ji, Hu, Al-Rasheid, Al-Farraj & Song, 2016b, *Eur. J. Protistol.*, 54: 61.

形态 活体大小 110-160 μm × 30-40 μm，长、宽比为 4：1 至 5：1。虫体柔软，不具伸缩性。长椭圆形，前后端均钝圆，左右缘较平直，个体间体形较稳定，仅在食物摄入较多时中部会稍隆起。背腹扁平，厚、幅比约 1：3。皮膜较厚，皮层颗粒亮黄色，直径约 0.5 μm，在腹面无规则排布，在背面成簇排布为纵向条纹状。未观察到伸缩泡。解剖镜和显微镜低倍下观察虫体呈暗黄色至棕色，细胞质无色至浅灰色，常常包含一些油球，直径 3-5 μm；在活体观察的 5 个个体中，无一例外地具有 2 个环状结构，直径 6-7 μm，分别位于虫体前、后端。2 枚椭圆形大核，大小约 17 μm × 10 μm，位于虫体中线偏左，大致位于中心位置，活体下匀质清亮；2-5 枚小核靠近大核分布。

虫体在皿底或碎屑上爬行，且伴有短暂及经常性的停歇，随后改变运动方向。

口区显著，占体长的 30%-40%，口围带由 27-43 片小膜组成，远端小膜向后延伸至口区 1/4 处；基部最宽处约 8 μm。波动膜大致平行排列，口侧膜稍靠前于口内膜。

3 根粗大的额棘毛沿口围带远端斜向排布，拟口棘毛位于最右边额棘毛的下方，单一口棘毛位于波动膜前端 1/3 处；通常 2 根，少数情况下 1 或 3 根棘毛纵向分布于最左边额棘毛与口棘毛之间。恒定 3 根棘毛组成的额腹棘毛列位于小双虫腹棘毛列前端左侧。小双虫腹棘毛列包含 22-36 根棘毛，所有的棘毛大小相近，通常由不明显的两部分组成，起始于口围带远端终止于虫体体长的 3/4 处。常常具有 5 根较粗壮的横棘毛，呈 "J" 形排列，活体时超出虫体尾缘部分约占棘毛全长的 3/5。2 根横前腹棘毛位于右边 2 根横棘毛上方。左、右缘棘毛各 1 列，分别含有 27-39 根和 23-37 根棘毛，末端分离。

6 列背触毛贯穿虫体，纤毛长约 3 μm，尾棘毛明显缺失。

标本采集地　山东青岛近岸水体，水温 24℃，盐度 29‰。

标本采集日期　2007. 09. 28。

标本保藏单位　中国海洋大学，海洋生物多样性与进化研究所（编号：LLQ2007092802）。

生境　海水。

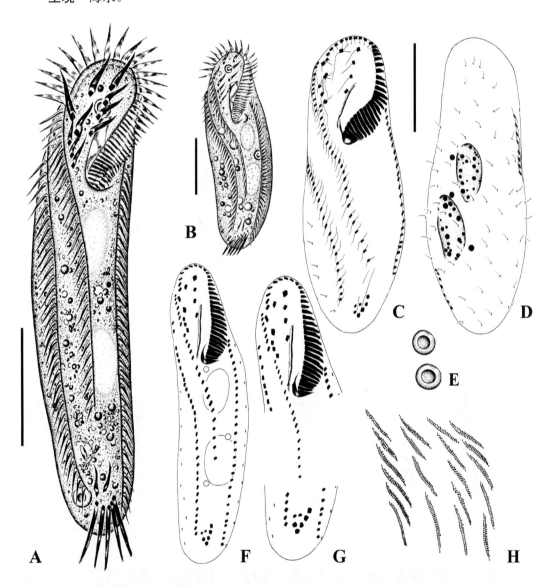

图 75　米纳小双虫 *Amphisiella milnei*
A. 典型个体腹面观；B. 不同体形个体腹面观；C, D. 纤毛图式腹面观（C）及背面观（D）；E. 环状结构；F, G. 另一个体蛋白银染色后腹面观；H. 背面观，示以线状成簇排列的细小皮层颗粒
比例尺：30 μm

（70）美丽小双虫 *Amphisiella pulchra* Chen, Shao, Lin, Clamp & Song, 2013（图 76）

Amphisiella pulchra Chen, Shao, Lin, Clamp & Song, 2013d, *Eur. J. Protistol.*, 49: 456.

形态 活体大小 100-120 μm × 25-40 μm。虫体柔软但无伸缩性，有时可轻微扭转。细长椭圆形，前、后端钝圆；背腹扁平，厚、幅比 1：2 至 1：3。皮层颗粒无色，直径约 0.5 μm，成簇排列，无规律散布于虫体腹面和背面。未观察到伸缩泡。细胞有时呈现浅浅的黄褐色，可能来源于实物颗粒或其他内含物；细胞质内具有一些盘状结构，直径 3-5 μm；食物泡内多为细菌和硅藻。2 枚椭圆形大核位于虫体左侧，活体状态下匀质清亮；小核 2-8 枚，近球形，分布于大核附近。

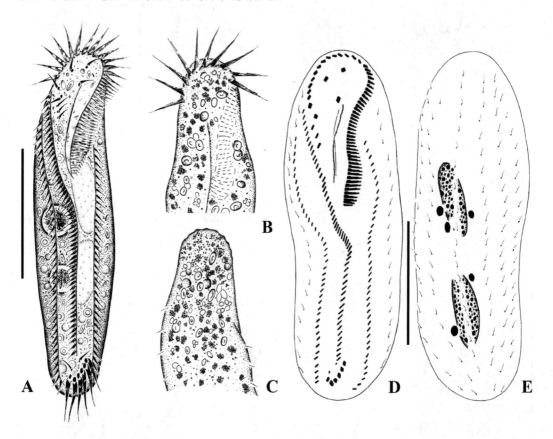

图 76　美丽小双虫 *Amphisiella pulchra*
A. 典型个体腹面观；B，C. 腹面观（B）和背面观（C），示盘状结构和成团排列的细小皮层颗粒；
D，E. 纤毛图式腹面观（D）及背面观（E）
比例尺：A-C. 50 μm；D，E. 60 μm

　　运动速度相对缓慢，通常在基质表面缓慢爬行，或是自由游动。
　　口区约占体长的 40%，口围带由 43-65 片小膜组成。纤毛长 12-15 μm。口侧膜与口内膜几乎等长，大约在中部相交。
　　3 根互相分离的额棘毛，纤毛长 6-8 μm。单一口棘毛位于波动膜顶端；拟口棘毛位于最右边额棘毛的斜下方，恒有 3 根棘毛组成的额腹棘毛列位于小双虫腹棘毛列左前方。

小双虫中腹棘列含有 49-64 根棘毛，起始于最右边的额棘毛右侧，略呈"S"形，延伸至横棘毛前端，活体下纤毛长 10-12 μm。5-7 根粗壮的横棘毛呈"J"形排列，纤毛长 15-20 μm，延伸出虫体后端，2 根横前腹棘毛。左、右缘棘毛各 1 列，分别含有 36-52 根和 34-49 缘棘毛，纤毛长 8-10 μm；相对排布较紧密，末端分离。

7-9 列（平均 8 列）背触毛，纵贯虫体全长，背触毛活体下长约 4 μm。

标本采集地　香港盐沼，温度 18℃，盐度 10.4‰。

标本采集日期　2009.11.03。

标本保藏单位　中国海洋大学，海洋生物多样性与进化研究所（副模，编号：CXM2009110302）；伦敦自然历史博物馆（副模，编号：NHMUK2012.1.21.1）。

生境　咸水。

（71）中华小双虫 *Amphisiella sinica* Li, Zhao, Ji, Hu, Al-Rasheid, Al-Farraj & Song, 2016（图 77）

Amphisiella sinica Li, Zhao, Ji, Hu, Al-Rasheid, Al-Farraj & Song, 2016b, *Eur. J. Protistol.*, 54: 62.

形态　活体大小 135-180 μm × 30-40 μm，长、宽比为 4∶1 至 5∶1。表膜柔软可屈，不具明显的伸缩性，通常沿身体中轴扭曲，虫体呈细长椭圆形，前后端稍细缩。背腹扁平，虫体前 1/3 处因颈状细缩而形成不明显的"头"部，"头"部微左倾。虫体左缘上部稍隆起，右缘较平直。厚、幅比 1∶2 至 1∶3。皮层颗粒 3 种：较大的皮层颗粒球状，直径约 1 μm，无色，沿着背触毛成簇分布；一些楔形皮层颗粒，大小 4-5 μm，通常与前者混杂；小的皮层颗粒直径 0.3-0.5 μm，密集分布于整个皮层表面。细胞质无色，含有 70-100 个直径 4-5 μm 的盘状结构，分布于虫体前端和后端，致使细胞在低倍放大下不透明，呈浅灰色。除此之外，细胞质内含有大量食物泡，直径可达 15 μm，食物泡内多为细菌和硅藻。恒定 2 枚椭圆形大核，大小 14-30 μm × 5-14 μm；小核 2-8 枚，球形，靠近大核分布。

运动时以慢至中等速度在底质或碎屑上爬行，且伴有短暂及经常性的停歇，而后改变其运动方向。

口区约占整个体长的 1/3，口围带近端膨大，由 46-64 片小膜组成：前端小膜呈"棘毛"状，且绕体前端向虫体右后方弯曲达口区前 2/5 处；后端小膜向后渐宽，基部最宽处达 8 μm。波动膜平直且相互平行，口侧膜位置明显靠前，且由双动基体组成，口内膜由单动基体组成。

3 根粗大的额棘毛沿口围带远端斜向分布，纤毛长约 12 μm，拟口棘毛分布于最右边额棘毛的左下方，单一口棘毛位于口侧膜右前方；由 3 根较细弱的棘毛组成的额腹棘毛列始终位于小双虫腹棘毛列左上侧。小双虫腹棘毛列平均由 47 根棘毛组成，起始于最右边的额棘毛右下侧，终止于横棘毛前端，靠近口区部分的棘毛特化为宽扁的长条状，宽 4-5 μm，通常由 2 列毛基体组成，且排列紧密。通常具有 6 根横棘毛，呈"J"形排布，纤毛长约 15 μm，明显超出虫体末端边缘，2 根细弱的横前腹棘毛位于横棘毛前端。左、右缘棘毛各 1 列，分别含有 30-44 根和 31-49 根棘毛，纤毛长约 8 μm，末端分离。

恒定具有 6 列纵贯体长的背触毛，纤毛长约 3 μm。

标本采集地　山东青岛近岸水体，温度 18℃，盐度 30‰。

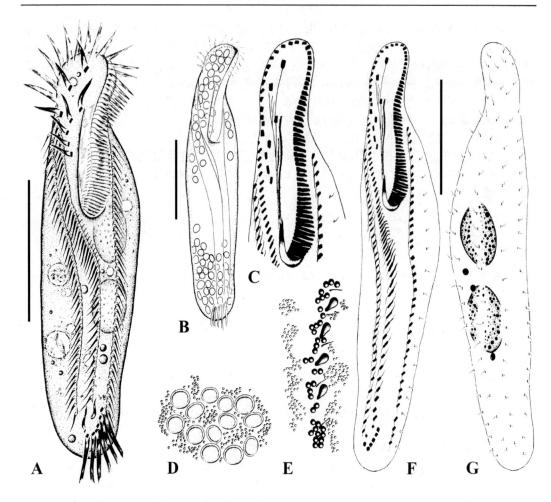

图 77　中华小双虫 *Amphisiella sinica*
A. 典型个体腹面观；B. 腹面观，示体内扁盘结构的分布；C. 口区腹面观；D. 扁盘结构与细小的点状颗粒；E. 皮层背面观，示射出体、大的皮层颗粒及细小的点状颗粒；F，G. 纤毛图式腹面观（F）及背面观（G）
比例尺：A，B. 50 μm；F，G. 45 μm

　　标本采集日期　　2007. 10. 24。
　　标本保藏单位　　中国海洋大学，海洋生物多样性与进化研究所（正模，编号：LLQ2007102401）；伦敦自然历史博物馆（副模，编号：NHMUK2010:1:30:4）。
　　生境　　海水。

23. 拉姆虫属 *Lamtostyla* Buitkamp, 1977

Lamtostyla Buitkamp, 1977, *Acta Protozool.*, 16: 270.

Type species: *Lamtostyla lamottei* Buitkamp, 1977.

口围带连续，约 3 根明确分化的额棘毛，口棘毛存在，小双虫腹棘毛列左侧存在若干棘毛，小双虫腹棘毛列较为短小（终止于虫体中部以上），发生上来源于第 5 条原基（后部）和第 6 条原基（前部）。口后棘毛缺失。部分种类具横前棘毛。横棘毛少于 5 根。左、右缘棘毛各 1 列。2-5 列背触毛，无背缘触毛列，背触毛列在细胞发生过程中不发生断裂。尾棘毛缺失。土壤生境。

该属全世界记载 14 种，中国记录 2 种。

种检索表

1. 具皮层颗粒 ·· 盐拉姆虫 ***L. salina***
   无皮层颗粒 ·· 卵圆拉姆虫 ***L. ovalis***

（72）卵圆拉姆虫 *Lamtostyla ovalis* Luo, Gao, Yi, Pan, Al-Farraj & Warren, 2017（图 78）

Lamtostyla ovalis Luo, Gao, Yi, Pan, Al-Farraj & Warren, 2017a, *Zool. J. Linn. Soc.*, 179, 479.

形态　活体大小 70-110 μm × 40-60 μm，长、宽比 5∶3 至 2∶1。虫体柔软，皮膜较薄，头部可弯曲以改变运动方向。虫体卵圆形，头部尖削，尾端钝圆，厚、幅比约 1∶2。皮层颗粒缺失。单一伸缩泡位于虫体左缘中线处，直径约 10 μm。细胞质无色，虫体较为透亮，除口区外全身布满大量的圆球形结构，显微镜明视野下呈暗绿色，直径 3-10 μm，疑似存在与该虫共生的绿藻；大量食物泡包含藻类和一些小的纤毛虫，导致细胞呈灰绿色。背面散布若干大小不一的菌斑，由几个至几十个杆菌排列形成。2 枚椭球形大核，大小 18-28 μm × 6-12 μm，核间距较远，蛋白银染色后可见 2 枚大核间存在明显的纤丝，活体下较为清亮；2 枚球形小核位于大核附近，直径约 2 μm。

虫体多数在底质上蠕动状爬行，未见游泳状态。

口区清亮，约占体长的 1/4，口围带由 19-25 片小膜组成，远端含有 4 片小膜，纤毛长约 12 μm。波动膜较短，口侧膜与口内膜近于平行，二者长度相似，约占口区长度的 1/2。

3 根粗大的额棘毛位于虫体顶端，纤毛长约 12 μm，单一口棘毛位于口侧膜前端右侧；3-7 根额腹棘毛位于小双虫腹棘毛列前端左侧，纤毛长 8-10 μm。小双虫腹棘毛列较短，由 8-11 根棘毛组成，起始于最右边额棘毛下方延伸至大约口区水平；5 根粗大的横棘毛呈"J"形排布，位于虫体近尾部，纤毛长约 12 μm；1-3 根横前腹棘毛位于横棘毛前端。左、右缘棘毛各 1 列，分别包含 16-24 根和 19-31 根棘毛，左缘棘毛起始于口围带末端，右缘棘毛起始于小双虫腹棘毛列前端，末端分离，纤毛长 8-10 μm。

3 列背触毛，纵贯虫体，活体时纤毛长约 3 μm。无尾棘毛。

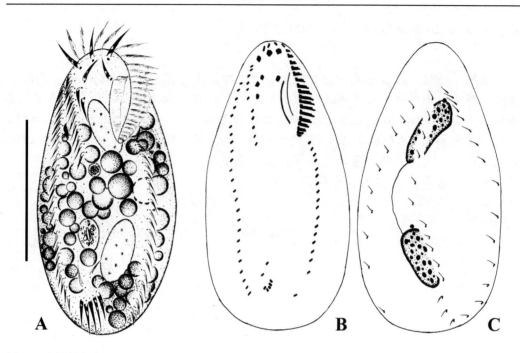

图 78　卵圆拉姆虫 *Lamtostyla ovalis*
A. 典型个体腹面观；B，C. 纤毛图式腹面观（B）及背面观（C）
比例尺：30 μm

标本采集地　山东青岛排污口，温度 21℃，盐度 20‰。

标本采集日期　2010.09.28。

标本保藏单位　中国海洋大学，海洋生物多样性与进化研究所（正模，编号：PY2010092801）；伦敦自然历史博物馆（副模，编号：NHMUK2015.7.10.2）。

生境　咸水。

（73）盐拉姆虫 *Lamtostyla salina* Dong, Lu, Shao, Huang & Al-Rasheid, 2016（图 79）

Lamtostyla salina Dong, Lu, Shao, Huang & Al-Rasheid, 2016, *Eur. J. Protistol.*, 56: 221.

形态　活体大小 100-160 μm × 45-50 μm，染色后大小为 90-160 μm × 28-67 μm。虫体柔软，但无收缩性，矛尖形，前端阔圆，后端窄圆，在体长 1/3 处最宽，轻微沿长轴扭曲。背腹扁平，厚、幅比约 2：3。通常沿缘棘毛列有明显的凹槽。皮层颗粒不明显且无色，直径约 0.5 μm，散布于细胞表面。单一伸缩泡位于虫体左边缘体长的 33%-40% 处，直径约 10 μm。细胞质无色至浅灰色，含有大量油球，直径 1-6 μm，致使细胞在低倍放大下观察时不透明且呈暗色。2 枚椭圆形大核，蛋白银染色后大小约 26 μm × 14 μm，位于细胞中线或稍左侧，分别在细胞的前半部与后半部；通常 2 枚小核靠近大核分布，直径约 2 μm。

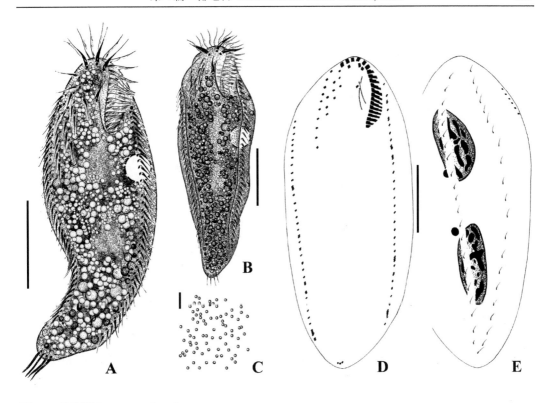

图 79　盐拉姆虫 *Lamtostyla salina*
A. 典型个体腹面观；B. 少数个体腹面观；C. 皮层颗粒；D，E. 纤毛图式腹面观（D）及背面观（E）
比例尺：A. 65 μm；B. 60 μm；C. 6 μm；D，E. 30 μm

　　缓慢爬行于底质、水膜或基质碎片上。营养富足的条件下细胞通常聚集在米粒周围。
　　口围带长 20-32 μm，蛋白银染色后占体长的 16%-28%，包含 18-29 片小膜，纤毛长达 15 μm。口侧膜和口内膜分别长约 12 μm 和 16 μm，二者相交于前端，纤毛长 10 μm。
　　3 根粗大的额棘毛，纤毛长约 15 μm。单一口棘毛位于口侧膜前部右侧，纤毛长约 10 μm。小双虫腹棘毛列包含 5-13 根棘毛，起始于约口围带远端水平位置处，终止于体长的 13%-39%处。在小双虫腹棘毛列左侧有 4-20 根棘毛排列成 2-4 列额腹棘毛。在观察的 23 个个体中，19 个个体含有 3 列额腹棘毛，2 个个体含有 2 列额腹棘毛，另有 2 个个体含有 4 列额腹棘毛。从左至右 1、2、3、4 列额腹棘毛分别含有 1-4 根、2-6 根、2-10 根和 7-9 根棘毛。2-6 根横棘毛，横前腹棘毛缺失。通常左、右缘棘毛各 1 列，纤毛长约 10 μm，约起始于口围带中部水平位置，在虫体后部不汇合，分别含有 17-51 根和 20-51 根棘毛。有时，在一侧或两侧存在第 2 或第 3 列缘棘毛。例如，在 24 个观察个体中，3 个个体具 2 列右缘棘毛，4 个个体具 2 列左缘棘毛，仅 1 个个体具 3 列左缘棘毛。有趣的是，在多数非分裂个体中，缘棘毛的排列无规律，即一些缘棘毛没有很好的轮廓，看起来似未完全分化，并且棘毛彼此靠近聚集形成一些相对较大的棘毛带。
　　背触毛通常 2 列，但少数 3 列，24 个体中 1 个体具 3 列背触毛。
　　标本采集地　东北大庆龙凤湿地含盐土壤，温度 20℃，盐度 20‰。
　　标本采集日期　2015.03.25。
　　标本保藏单位　中国海洋大学，海洋生物多样性与进化研究所（正模，编号：LEO2015032501）；伦敦自然历史博物馆（副模，编号：NHMUK2016.8.1.1）。

生境　咸水。

24. 旋双虫属 *Spiroamphisiella* Li, Song & Hu, 2007

Spiroamphisiella Li, Song & Hu, 2007b, *Acta Protozool.*, 46: 108.
Type specie: *Spiroamphisiella hembergeri* Li, Song & Hu, 2007.

　　虫体沿纵轴扭转并具有不明显的头部；口围带连续；3 根额棘毛；口棘毛存在；腹棘毛（即小双虫腹棘毛列）1 列，由来自于额-腹-横棘毛原基 VI 的前段、来自额-腹-横棘毛原基 IV 的中段，以及来自于额-腹-横棘毛原基 V 的后段组成；棘毛 III/2 位于小双虫腹棘毛列左上方；口后棘毛存在，粗壮，位于小双虫腹棘毛列内部；横前腹棘毛、横棘毛及尾棘毛分化明确；左缘棘毛 1 列，右缘棘毛多于 1 列均沿虫体腹面旋转；具尾棘毛；背触毛 3 列，殖口虫属型。海水生。
　　该属全世界记载 1 种，中国记录 1 种。

（74）汉博旋双虫 *Spiroamphisiella hembergeri* Li, Song & Hu, 2007（图 80）

Spiroamphisiella hembergeri Li, Song & Hu, 2007b, *Acta Protozool.*, 46: 108.

　　形态　活体大小约 150 μm × 40 μm。表膜不太柔软，无伸缩性，虫体明显随体中轴扭转。虫体通常长椭圆形或梭形，前端稍呈头状，末端常以尾尖突出并向一侧倾斜。背腹稍扁平，腹面平直，背面在中间处凸起。皮层颗粒缺失。未观察到伸缩泡。细胞质无色，内含大量食物泡，食物泡内有许多硅藻。2 枚椭圆形大核，大小约 20 μm × 10 μm，位于虫体中线偏左；1-3 枚球形小核靠近大核分布。
　　运动非常缓慢，大多数时间静止在基底上，偶尔前后急动。
　　口区约占体长的 1/2，口围带由 44-54 片小膜组成，纤毛长约 20 μm。口围带远端向虫体右后方延伸至额区约 1/2 的位置。口侧膜和口内膜在空间上相互交错。
　　额区具有 3-7 根较粗的棘毛，纤毛长约 20 μm，所有棘毛不规则地排列。单一口棘毛位于口侧膜前 2/5 处。小双虫中腹棘毛 1 列，但作为 1 个分离的结构通常形成 2 段（极少数为 3 段），中间以最后 1 根额区棘毛分隔开来；其中前一段始于口围带远端，向后一直延伸至细胞赤道位置，而后一段终止于虫体后 1/3 处。1 列左缘棘毛，2 列右缘棘毛，缘棘毛列随虫体长轴旋转；左缘棘毛列包含 8-42 根棘毛；2 列右缘棘毛中，靠近内侧 1 列包含 35-61 根棘毛，始于虫体背面终止于横棘毛处，外侧 1 列明显缩短，向前仅延伸至虫体中部，包含 17-50 根缘棘毛。腹棘毛和缘棘毛纤毛长约 15 μm，均沿体表不明显的纵沟旋转排列。通常具有 5 根横棘毛，极少数个体为 4 或 6 根，纤毛长约 20 μm，位于虫体近尾端处。常常具有 2 根细弱的横前腹棘毛位于横棘毛前端，在某些个体中不存在。

3 列背触毛纵贯虫体，触毛长 3-5 µm。3 根细弱的尾棘毛位于虫体尾端。

标本采集地　山东莱州湾封闭养殖池塘，水温 5-10℃，盐度 25‰。

标本采集日期　2006. 03. 15，2006. 04. 25。

标本保藏单位　中国海洋大学，海洋生物多样性与进化研究所（编号：LLQ2006031501）。

生境　咸水。

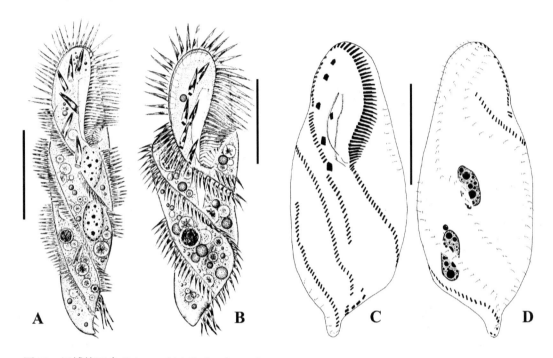

图 80　汉博旋双虫 *Spiroamphisiella hembergeri*
A. 典型个体腹面观；B. 不同体形个体腹面观；C，D. 纤毛图式腹面观（C）及背面观（D）
比例尺：50 µm

第 10 章　殖口科 Gonostomatidae Small & Lynn, 1985

Gonostomatidae Small & Lynn, 1985, In: Lee, Hutner & Bovee. An illustrated guide to the Protozoa. *Society of Protozoologists*, Lawrence, Kansas, 455.

口器殖口虫属型，腹棘毛大致为 18 根额-腹-横棘毛模式，少数种类具有长的腹棘毛列（部分额-腹-横原基条带分化较多棘毛，但一般来说，额腹横棘毛原基条带的数量维持在 6 条）。左、右缘棘毛各 1 列。3 列纵贯体长的背触毛，每条末端分布 1 根尾棘毛。无背缘触毛列和背触毛列断裂（图 71D）。该科种类多见于土壤生境。该科全世界记载 14 属，中国记录 4 属。

该科最主要的特征在于其独特的口器，即殖口虫属模式。口围带的形状并不像大多数腹毛亚纲物种呈现问号形，相反，口围带中部沿着虫体左缘呈直线延伸，口围带近端陡然朝虫体中心弯折。口侧膜（普遍）由数量极少的、间距很大的毛基体构成，延伸至超过口内膜前端的位置，后者在结构上大体正常。目前无法判断这种具有显著特征的口器类型是否是殖口科在演化过程中形成的衍征。如果是新形成的，那么我们必须假设具有该类型口器的两个背缘类中的阶元，即卡尔虫属和片尾虫属，通过趋同演化形成这一特征。然而，如果我们认为这些属在口器形态上的相似性有着共同的起源，那就意味着这一口器特征非常古老，很可能在腹毛亚纲的最后共同祖先中就已经出现。但基于目前信息不足，我们尚无法做出确定的推断。

殖口科的又一个特征在于"口后"腹棘毛的前置。当殖口虫属被分类在尖毛科内时，棘毛移位这一特征被认为是殖口虫属的一个衍征（Berger & Foissner, 1997; Berger, 1999）。Berger（2011）提出口后腹棘毛位于口围带后部的右侧，可能是腹毛亚纲基本模式的特征，因为游仆亚纲的口围带向后延伸的程度非常大，这导致大部分甚至全部的额腹棘毛都位于口围带的右侧，而游仆亚纲又是从旋毛纲系统进化树的基底位置（附近）分支出去的。因此，殖口虫属和尖颈虫属中口后腹棘毛位置的"偏移"有可能是从早期旋毛纲物种中继承而来的。如果这一假设是正确的，那么口后腹棘毛位于口区之后这一特征就应该是其余腹毛亚纲物种的衍征。

殖口科由 Small 和 Lynn（1985）以殖口虫属为模式属建立。起初，殖口科包含 *Trachelochaeta* Šrámek-Hušek, 1954、*Wallackia* Foissner, 1976 和殖口虫属（该属未包括模式种 *G. affine*）。相反，Lynn 和 Small（2002）将殖口科并入尖颈科，并将如下 5 属都归入该科：*Terricirra* Berger & Foissner, 1989；*Hemisincirra* Hemberger, 1985；*Trachelostyla* Borror, 1972；*Lamtostyla* Buitkamp, 1977；*Gonostomum*（模式种 *G. affine* 依然被归在尖颈虫属内）。最近，Lynn（2008）又一次将殖口科归为尖颈科的同物异名。Berger（2011）认为殖口科和尖颈科都是有效的阶元，建议激活殖口科；同时对该科内 6 属 33 种做出细致的梳理。随后 Foissner（2016）、Kumar 和 Foissner（2016）报道了 5 新属，到目前为止该科包含 11 属 50 余种：*Apogonostomum* Foissner, 2016；*Cladotricha* Gaievskaia, 1925；*Cotterillia* Foissner & Stoeck, 2011；*Gonostomoides* Foissner, 2016；*Gonostomum* Sterki, 1878；*Heterogonostomum* Kumar & Foissner, 2016；*Metagonostomum* Foissner, 2016；*Neowallackia* Berger, 2011；*Paragonostomoides* Foissner, 2016；*Paragonostomum* Foissner *et al.*, 2002；*Wallackia* Foissner, 1976。在中国发现隶属于 4 属的 5 种。近期，Lu 等（2017）对所有具有殖口虫属类型的属级种级阶元进行了详细的梳理总结。

在 Corliss（1979）和 Berger（1999）等经典系统中，殖口虫属曾被划分在尖毛科内，因为该属的模式种 *Oxytricha affinis* 具有类似 18 根额-腹-横棘毛模式，而 18-棘毛模式被认为是尖毛科的一个衍征（Berger & Foissner, 1997；Berger, 1999）。这样分类的前提是殖口虫属简单的背触毛模式——3 列贯穿体长的背触毛及每 1 列末端各产生 1 根尾棘毛，是由更为复杂的尖毛虫属发生模式演化而来的。演化过程包括：背触毛原基断裂现象的第一次缺失（瘦体虫属模式）和第二次缺失（殖口虫属模式）。然而，通过对形态学和发生学信息的重新审视，以及范围更广的分子分析的应用，Berger（2011）认为 18 根额-腹-横棘毛模式并不是尖毛科的衍征，而是腹毛亚纲的衍征，也就是说，这一模式很可能在腹毛亚纲的最后共同祖先中演化形成，因此它是整个腹毛类基本模式的特征之一，迄今报道的腹毛亚纲物种，它们多样性极高的纤毛图式都源自于 18 根额-腹-横棘毛，殖口虫属模式的背面发育模式并非从尖毛虫属模式演化而来。同时，基于形态学和发生学数据（如背触毛原基发生或不发生断裂）及分子系统学分析，Berger（2011）认为尖毛科是对大体具有 18 根额-腹-横棘毛特征的腹毛类的一个主观分类；殖口虫属不应隶属于尖毛科，依据在于：该属不像尖毛科一样出现背触毛原基断裂的现象，并不具有背缘触毛列。

在考虑殖口虫属的系统发生地位时，不同研究者的分子分析结果差异很大，因为我们必须对这些结果持怀疑态度，且不应该过分解读细节。近年来的研究囊括了数量众多的物种，系统发生分析显示殖口虫属大体上聚集在背缘类之外，即从腹毛亚纲系统进化树基底部位或其附近分支出来。殖口虫属通常位于典型的尖毛科之外，与小双科，和/或尖颈虫属，和/或尾柱超科关系较近（Gong *et al.*, 2006; Schmidt *et al.*, 2007; Shao *et al.*, 2007c, 2008d; Foissner & Stoeck, 2008; Paiva *et al.*, 2009; Yi *et al.*, 2009a）。小双科和尾柱超科与殖口虫属一样，都缺少背缘触毛以及背触毛原基断裂的现象（Berger, 2006, 2008）。尖颈虫属也缺少背缘触毛，且具有与殖口虫属类似的口区，但该属存在十分特殊的背触毛原基断裂模式（Shao *et al.*, 2007c; Berger, 2008, 2011）。

属检索表

25. 殖口虫属 *Gonostomum* Sterki, 1878

Gonostomum Sterki, 1878, *Z. wiss. Zool.*, 31: 36.

Type species: *Gonostomum affine* Stein, 1859.

　　额腹横棘毛数目约 18 根，最右侧棘毛列中棘毛数目偶有增加，或终止于胞口附近。具横前腹棘毛和横棘毛。背触毛殖口虫属型，具尾棘毛。

　　该属全世界记载 10 种，中国记录 2 种。

种检索表

1. 4-6 根迁移棘毛，4 或 5 根横棘毛 ·· 刚强殖口虫 *G. strenuum*

　 2 根迁移棘毛，3 根横棘毛 ··· 近缘殖口虫 *G. affine*

（75）近缘殖口虫 *Gonostomum affine* (Stein, 1859) Sterki, 1878 (图 81)

Oxytricha affinis Stein, 1859, *Organismus der Infusionsthiere*, 186.

Gonostomum affine Sterki, 1878, *Z. wiss. Zool.*, 31: 54.

Gonostomum affine Pan, 2012, *Dessertation, Ocean University of China, Qingdao*, 29.

　　形态　活体大小 70-100 μm × 20-35 μm。皮膜较坚实，虫体不易弯曲或收缩变形。虫体体形变化较大，一般呈长椭圆形，头部较尾端窄，左、右边缘略突出，在某些个体中左边缘在虫体中上部有明显突出。厚、幅比约 1：2。皮层颗粒较为细小，为无色球形，直径约 0.2 μm，呈短列纵行密布于虫体背腹面。伸缩泡位于口围带后方、虫体左边缘体长的 3/5 处，直径 10 μm。虫体在低倍放大下呈暗灰色，主要由体内大量的内质颗粒所导致，包括：大量的结晶体散布于整个虫体，大小 3-5 μm，形状不规则；油球主要集中于虫体两侧及中后部，直径约 3 μm；若干食物泡分布于虫体中后部，大小 2-5 μm。两个大核清透区在高倍放大下明显可见，大小约 20 μm × 10 μm。

　　虫体通常在基底上中速爬行，也可绕体中轴旋转游动。

　　口区较狭长，约占体长的 54%，口围带由 28-32 片小膜组成，小膜纤毛最长可达 15 μm；波动膜呈典型的殖口虫型，口侧膜由若干稀疏排列的毛基体组成，口内膜贴近口侧膜，一直延伸到口区深处，二者在空间上无交叉。

　　3 根较为粗壮的额棘毛分化明显，位于口围带远端之下，纤毛长约 15 μm；单一口棘毛靠近口区，位于口侧膜前端右侧；7 根额腹棘毛散布于额区，从右缘棘毛前端一直延伸到口区末端；恒有 3 根较为粗壮的横棘毛位于亚尾端，纤毛长约 18 μm，2 或 3 根横前腹棘毛紧靠横棘毛前方，纤毛长约 12 μm。左、右缘棘毛各 1 列，分别包含 11-14 根和 15-19 根棘毛，两条棘毛列在虫体末端分离，纤毛长约 12 μm。

　　3 列背触毛，贯穿虫体，纤毛长约 4 μm；3 根较为纤细的尾棘毛，位于每列背触毛的末端，纤毛长约 12 μm。

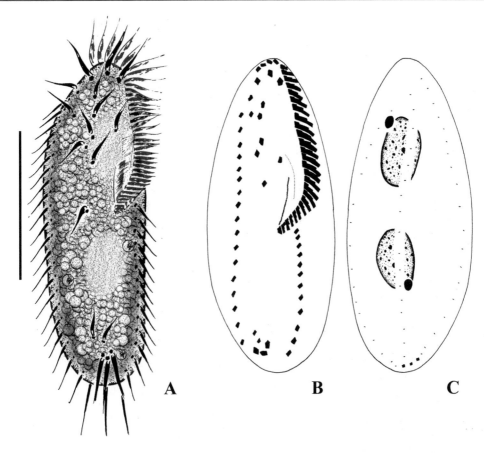

图 81　近缘殖口虫 *Gonostomum affine*
A. 典型个体腹面观；B，C. 纤毛图式腹面观（B）及背面观（C）
比例尺：50 μm

标本采集地　广东广州大亚湾潮间带，水温 5℃，盐度 10‰。
标本采集日期　2011.04.20。
标本保藏单位　中国海洋大学，海洋生物多样性与进化研究所（编号：PY2011042001）。
生境　咸水。

（76）刚强殖口虫 *Gonostomum strenuum* (Engelmann, 1862) Sterki, 1878（图 82）

Oxytricha strenua Engelmann, 1862, *Z. wiss. Zool.*, 11: 387.
Oxytricha strenua Sterki, 1878, *Z. wiss. Zool.*, 31: 57.
Gonostomum (Oxytricha) strenuum Kahl, 1932, *Tierwelt Dtl.*, 25: 597.
Gonostomum strenuum Ning, Ma & Lv, 2018, *Chin. J. Zool.*, 53: 421.

形态 活体大小 90-115 μm × 25-35 μm，蛋白银染色后个体大小为 77-103 μm × 25-41 μm。活体似卵圆形，前后端略窄，前端左端呈斜向尖削状。背腹扁平。皮层颗粒无色，圆形，散布，直径约 1.5 μm。单一伸缩泡位于虫体中部左侧，直径至 10 μm，收缩周期约 12 s，收集管明显分布于伸缩泡前后。明视野下虫体呈浅灰色，体后端聚集大量晶体而呈橘黄色，同时分布少量油球，直径约 2 μm。2 或 3 枚椭圆形大核；1-4 枚小核，靠近大核分布。

虫体通常在基底上中速爬行，也可绕体中轴旋转游动。

口围带约占体长的 48%，长约 44 μm，平均由 30 片小膜构成，小膜纤毛长约 15 μm，为典型的殖口虫属模式。

3 根粗大的额棘毛，纤毛长约 17 μm。单一口棘毛位于波动膜右上方。4-6 根迁移棘毛。虫体腹面具 3 列腹棘毛，从左至右分别含有 2 根、3 或 4 根、5-8 根棘毛。4 或 5 根横棘毛位于虫体腹面近虫体末端，大体呈方形排布。左、右缘棘毛各 1 列，分别含有 13-19 根和 20-30 根棘毛，左缘棘毛列明显较右缘棘毛列短。

背触毛 3 列，贯穿整个虫体，纤毛长约 3 μm。尾棘毛 3 根。

标本采集地 甘肃兰州排污口，温度 20℃，盐度 2‰。

标本采集日期 2015.07.03。

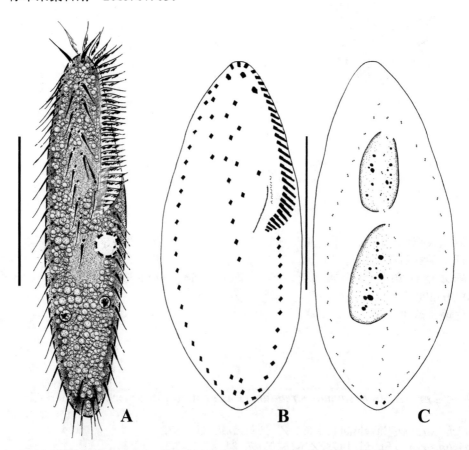

图 82 刚强殖口虫 *Gonostomum strenuum*
A. 典型个体腹面观；B，C. 纤毛图式腹面观（B）及背面观（C）
比例尺：50 μm

标本保藏单位　陕西师范大学，生命科学学院（编号：MJY2015070301）。
生境　咸水。

26. 后殖口虫属 *Metagonostomum* Foissner, 2016

Metagonostomum Foissner, 2016, *Denisia*, 35: 611.
Type species: *Metagonostomum gonostomoida* (Hemberger, 1985) Foissner, 2016.

迁移棘毛为 1 长列，横棘毛存在，背触毛殖口虫型，尾棘毛存在。
该属全世界记载 1 种，中国记录 1 种。

（77）殖口后殖口虫 *Metagonostomum gonostomoidum* (Hemberger, 1985) Foissner, 2016 (图 83)

Trachelochaeta gonostomoida Hemberger, 1985, *Arch. Protistenk.*, 130: 400.
Gonostomum gonostomoida Berger, 1999, *Monogr. Biol.*, 78: 392.
Metagonostomum gonostomoidum Foisssner, 2016, *Denisia*, 35: 611.
Metagonostomum gonostomoidum Ning, Ma & Lv, 2018, *Chin. J. Zool.*, 53: 422.

　　形态　活体大小 90-110 μm × 25-35 μm，蛋白银染色后个体大小为 57-106 μm × 30-42 μm。长、宽比约为 3.6∶1。表膜柔软，但不具有伸缩性。虫体前端尖矛形，后端相对较钝圆。单一伸缩泡位于口围带下方，舒张时最大直径约 10 μm，2 条收集管较为清晰，分布于伸缩泡前后。细胞质无色，尾部因聚集相对较多的晶体而略呈暗色。2 枚椭圆形大核，位于虫体中线偏左侧；小核约 3 枚，紧贴大核分布。
　　虫体通常在基底上中速爬行，也可绕体中轴旋转游动。
　　口围带紧贴虫体左侧边缘，近末端时明显右转，其小膜纤毛最长处达 18 μm。口围带长约 44 μm，由 32 片小膜构成，虫体口器为典型的殖口虫属模式。
　　额棘毛 3 根，位于虫体额区，略低于口围带远端小膜，纤毛长约 18 μm。单一口棘毛位于波动膜右上方。腹面分布一长列腹棘毛，平均包含 11 根棘毛，起始于口围带远端，终止于横棘毛前端。腹棘毛列左侧平均约 5 根腹棘毛，大致成对分布。3 根横棘毛，纤毛长约 16 μm。左、右缘棘毛各 1 列，分别包含约 14 根和 20 根棘毛，左缘棘毛列起始明显低于右缘棘毛列，末端分离。
　　3 列背触毛，纵贯虫体，纤毛长约 5 μm。3 根尾棘毛，纤毛长约 12 μm。
　　标本采集地　陕西西安自圭峰土壤，温度 10℃，盐度 3‰。
　　标本采集日期　2016.05.20。
　　标本保藏单位　陕西师范大学，生命科学学院（编号：MJY2016052001）。
　　生境　含盐土壤。

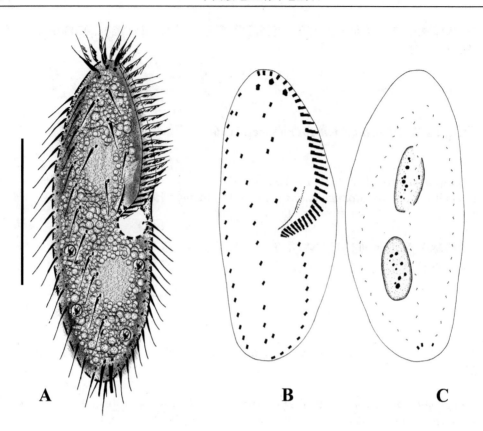

图 83　殖口后殖口虫 *Metagonostomum gonostomoidum*
A. 典型个体腹面观；B, C. 纤毛图式腹面观（B）及背面观（C）
比例尺：50 μm

27. 拟殖口虫属 *Paragonostomoides* Foissner, 2016

Paragonostomoides Foissner, 2016, *Denisia*, 35: 610.
Type species: *Paragonostomoids minutum* (Kamra, Kumra & Sapra, 2008) Foissner, 2016.

腹面迁移棘毛排为一长列，横棘毛缺失，背触毛殖口虫型，尾棘毛存在。
该属全世界记载 2 种，中国记录 1 种。

（78）西安拟殖口虫 *Paragonostomoides xianicum* Wang, Ma, Qi & Shao, 2017（图 84）

Paragonostomoides xianicum Wang, Ma, Qi & Shao, 2017, *Eur. J. Protistol.*, 61: 236.

　　形态　活体大小为 75-90 μm × 15-25 μm，长、宽比约 3∶1。虫体椭圆形，两端略窄，柔软但不具伸缩性，左边缘相对平直，右边缘稍微凸起。皮层颗粒线粒体状，无色，大小约 0.8 μm × 0.6 μm，散布于细胞表面。单一伸缩泡位于虫体中部偏左，直径约 8 μm，伸缩间隔 10 s。细胞质无色，常常包含一些大小为 4-10 μm 的食物泡。2 枚椭圆形大核，蛋白银染色后大小约 13 μm × 8 μm，分别分布在细胞前、后 1/3 处；1-4 枚小核。

　　虫体在底质上缓慢爬动，游泳状态时沿身体中轴旋转前进。

　　口围带约占体长的 40%，平均包含 25 片小膜，小膜纤毛长约 13 μm；波动膜殖口虫属模式，口侧膜由 5-10 根间距较大的毛基体组成，口内膜比口侧膜长。

　　3 根粗大的额棘毛，纤毛长约 15 μm，最右边的额棘毛位于口围带远端之下。单一口棘毛位于口内膜前端，纤毛长约 15 μm；腹面含有 2 列腹棘毛和 1 列迁移棘毛，从左到右第 1 列腹棘毛平均含 3 根棘毛，大约延伸到口区 1/2 处；第 2 列腹棘毛含约 7 根棘毛，延伸到口区以下；迁移棘毛列平均含 11 根棘毛，延伸到虫体尾端，腹棘毛纤毛长约 12 μm。横棘毛和横前腹棘毛不存在。左、右缘棘毛各 1 列，分别包含 8-15 根和 10-21 根缘棘毛，末端交汇但未相交，纤毛长约 13 μm。

　　背触毛 3 列，纵贯虫体，纤毛长约 3 μm。3 根尾棘毛分别位于 3 列背触毛的末端，纤毛长约 15 μm。

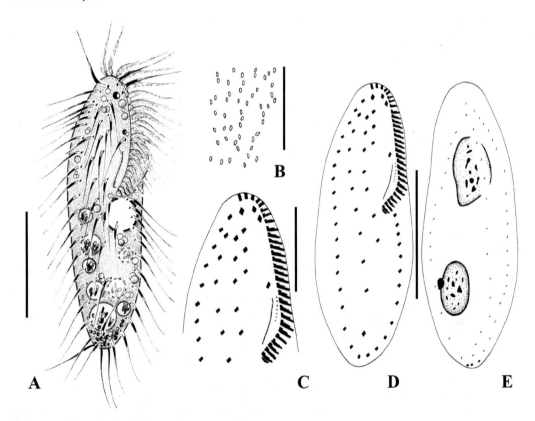

图 84　西安拟殖口虫 *Paragonostomoides xianicum*
A. 典型个体腹面观；B. 皮层颗粒；C. 纤毛图式虫体前端腹面观；D, E. 纤毛图式腹面观（D）及背面观（E）
比例尺：A, D, E. 30 μm；B, C. 15 μm

标本采集地　陕西西安土壤，温度 30℃，盐度 0‰。

标本采集日期　2016. 07. 22。

标本保藏单位　陕西师范大学，生命科学学院（正模，编号：WJY2016072201）；伦敦自然历史博物馆（副模，编号：NHMUK2017.6.27.1）。

生境　土壤。

28. 瓦拉虫属 *Wallackia* Foissner, 1976

Wallackia Foissner, 1976, *Acta Protozool.*, 15: 390.

Type species: *Wallackia schiffmanni* Foissner, 1976.

通体具 4 列长的额腹棘毛列，伸缩泡明显内移而靠近虫体中线，横棘毛缺失，背触毛殖口虫型，尾棘毛管状。

该属全世界记载 3 种，中国记录 1 种。

（79）布氏瓦拉虫 *Wallackia bujoreani* (Lepsi, 1951) Berger & Foissner, 1989 (图 85)

Paraholosticha bujoreani Lepsi, 1951, *Buletin sti. Acad. Repub. pop. rom.*, 3: 515.

Wallackia bujoreani Berger & Foissner, 1989, *Bull Br. Mus. nat. Hist.*, 55: 25.

Wallackia bujoreani Ning, Ma & Lv, 2018, *Chin. J. Zool.*, 53: 425.

形态　活体大小 60-85 μm × 20-30 μm，蛋白银染色后个体大小为 66-87 μm × 18-27 μm。皮膜柔软，虫体长椭圆形；体前端较窄，后端较前端宽圆；背腹扁平；左、右缘近乎平行，左缘平直，右缘略有弧度。皮层颗粒无色，近椭圆状，直径约 1.5 μm。单一伸缩泡位于虫体中部前方偏左侧，最大直径约 10 μm。虫体内质呈浅灰色或近似透明。2 枚大核分布于虫体中线左侧。

虫体通常在基底上中速爬行，也可绕体中轴旋转游动。

口区长达 49 μm，约占体长的 64%，口围带平均由 32 片小膜构成，小膜纤毛最长约 18 μm。口围带为典型的殖口虫模式，即口围带起始于虫体中轴的最前端，紧贴左缘笔直向下延伸，大约到虫体中部或 2/3 处明显拐入口前庭处。

3 根额棘毛位于口围带远端之下，纤毛长约 16 μm。单一口棘毛位于波动膜右上方；虫体腹面除左、右缘棘毛外，具 2 列较长和 2 列较短的腹棘毛列，排列于口围带右侧；其中 2 列长腹棘毛列均约由 12 根棘毛组成，大体均起始于虫体前端，终止于末端。左、右缘棘毛各 1 列，分别含有 10-13 根和 11-16 根棘毛。

3 列背触毛，纤毛长约 6 μm。第 2、3 列均起始于虫体前端，终止于后端。而第 1 列起始位置低于第 2、3 列，但同样终止于体后端。尾棘毛 3 根，分别位于 3 列尾棘毛末端，纤毛长约 18 μm。

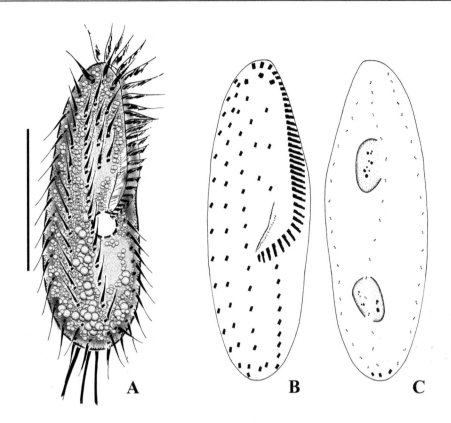

图 85　布氏瓦拉虫 *Wallackia bujoreani*
A. 典型个体腹面观；B，C. 纤毛图式腹面观（B）及背面观（C）
比例尺：50 μm

标本采集地　陕西西安城市湿地土壤，温度 20℃，盐度 2‰。
标本采集日期　2014. 05. 17。
标本保藏单位　陕西师范大学，生命科学学院（编号：LZ2014051701）。
生境　含盐土壤。

第 11 章　卡尔科 Kahliellidae Tuffrau, 1979

Kahliellidae Tuffrau, 1979, *Trans. Am. microsc. Soc.*, 98: 525.

虫体椭圆形至长椭圆形。口器为尖毛虫属型，或介于尖毛虫属型和殖口虫属型之间；额腹棘毛的分布模式变化较大，具长或短的腹棘毛列（非小双虫腹棘毛列）。横棘毛存在或缺失，尾棘毛存在或缺失。无背缘触毛列或背触毛断裂（图 71B，C）。该科种类在海水、淡水及土壤均有分布。该科全世界记载 7 属，中国记录 4 属。

Tuffrau（1979）建立了卡尔科，包括具有以下特征的腹毛类：①横棘毛缺失；②具有纵向额腹棘毛列；③较为明显的缘棘毛列；④分化程度高的额棘毛。自那时起，不同研究者对卡尔科给出的概念界定都十分模糊。

在本章中，作者没有为卡尔科找到一个良好的衍征，因此提供了宽泛的定义，这意味着这一类群并不是单系群。

卡尔虫属和戴维虫属的口器比较类似殖口虫属型，但背面结构与殖口虫属型相距较远，加之分子系统分析显示该两属与殖口虫属和施密丁虫属均不具有较近的亲缘关系，因此，作者将该两属置于卡尔科。

属检索表

29. 戴维虫属 *Deviata* Eigner, 1995

Deviata Eigner, 1995, *Eur. J. Protistol.*, 31: 343.
Type species： *Deviata abbrevescens* Eigner, 1995.

　　虫体柔软；口围带连续，呈问号形，近似殖口虫属模式；虫体非明显的背腹扁平，横截面圆形或椭圆形；3 根额棘毛，通常 1 根口棘毛，2 或 3 长列腹棘毛，横前腹棘毛和横棘毛缺失；左缘棘毛多列，右缘棘毛 1 或多列；1-3 列背触毛，尾棘毛缺失。
　　该属全世界记载 9 种，中国记录 5 种。

种检索表

1. 大核念珠状 ·· 罗西塔戴维虫 *D. rositae*
　大核非念珠状 ··· 2
2. 4 枚大核 ·· 巴西戴维虫 *D. brasiliensis*
　2 枚大核 ··· 3
3. 1 列背触毛 ··· 棒状戴维虫 *D. bacilliformis*
　多于 1 列背触毛 ··· 4
4. 2 列背触毛 ··· 缩短戴维虫 *D. abbrevescens*
　3 列背触毛 ··· 拟棒状戴维虫 *D. parabacilliformis*

（80）缩短戴维虫 *Deviata abbrevescens* Eigner, 1995 (图 86)

Deviata abbevescens Eigner, 1995, *Eur. J. Protistol.*, 31: 343.
Deviata abbevescens Fan, 2015, *Dessertation, Ocean University of China, Qingdao*, 22.

　　形态　活体大小 100-200 μm × 20-40 μm。虫体柔软但无明显伸缩性,容易弯曲折叠。虫体较细长，呈长棍状，左、右两侧几乎平直，前、后两端稍窄；背腹均隆起，体横截面近圆形。无皮层颗粒。伸缩泡位于体中部左侧，直径约 10 μm，收缩时间约 10 s。低倍放大下观察，因具大量内含物，虫体除顶部口区处清亮外，基本呈灰黑色。内含物通常为脂质球（直径 1-3 μm）和晶体（直径 3-5 μm）。2 枚长椭球形大核，分别位于体前、后 1/3 处虫体中线左侧；未观察到小核。食物缺乏时，虫体形成包囊，包囊通常呈卵球形，直径约 50 μm。
　　通常较快速地游于水中，游动姿态多样，可直行向前、绕体中轴旋转前行或翻滚；也可爬行于基质表面，爬行时速度较慢，身体发生折叠或弯曲。
　　口区狭小，口围带较短，由 21-24 片小膜组成，仅为体长的 1/7-1/5，末端位于虫体顶端而并不明显向右侧弯曲；波动膜较短且基本等长，口侧膜较口内膜靠前。

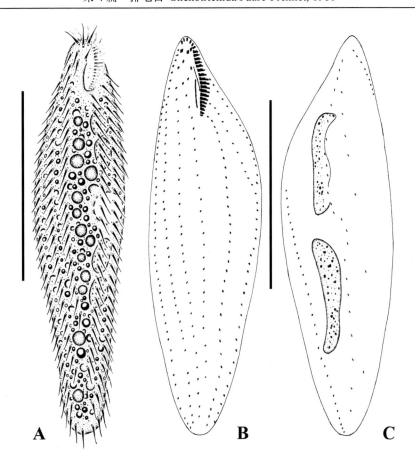

图 86　缩短戴维虫 *Deviata abbrevescens*
A. 典型个体腹面观；B，C. 纤毛图式腹面观（B）及背面观（C）
比例尺：70 μm

　　3 根额棘毛，最右侧 1 根位于口围带末端下方；单一口棘毛位于口侧膜前端右侧；1
或 2 根（通常为 2 根）拟口棘毛，位于最右侧额棘毛下方。具 3 列较长的额腹棘毛列，
从左至右：第 1 列额腹棘毛延伸至体长 2/3 处，由 13-27 根棘毛组成；第 2 列额腹棘毛
延伸至亚尾端，由 22-33 根棘毛组成；第 3 列额腹腹棘毛几乎延伸至体末端，由 29-49
根棘毛组成。无横棘毛。具 2-4 列（通常为 3 列）左缘棘毛，每列平均由 30 根棘毛组
成；1 列右缘棘毛，含 31-58 根棘毛。周身棘毛均较纤细，由 2-5 对毛基体组成。
　　具 2 列背触毛，均不延伸至虫体前、后两端；2 列背触毛中毛基体数目差异很大，
左侧 1 列含 18-28 对毛基体，右侧 1 列非常稀疏，仅含 4-8 对毛基体。尾棘毛缺失。
　　标本采集地　广东湛江淡水湖泊，水温 27℃。
　　标本采集日期　2013.03.25。
　　标本保藏单位　中国海洋大学，海洋生物多样性与进化研究所（编号：
FYB2013032502）。
　　生境　淡水。

（81）棒状戴维虫　*Deviata bacilliformis* (Gelei, 1954) Eigner, 1995 （图 87）

Kahlia bacilliformis Gelei, 1954, *Acta biol. hung.*, 5: 316.
Strongylidium bacilliforme Stiller, 1975, *Acta zool. hung.*, 21: 222.
Deviata bacilliformis Eigner, 1995, *Eur. J. Protistol.*, 31: 358.
Deviata bacilliformis Li, Li, Lv, Mei, Gao & Shao, 2015, *Acta Hydrobiol. Sin.*, 39: 1255.

　　形态　活体大小 70-160 μm × 20-55 μm，平均体长 135 μm、体宽 30 μm，刚分裂的个体较短。虫体呈长圆柱形，前、后两端略尖。内质无色，无皮层颗粒。伸缩泡位于虫体中部偏左缘，未见收集管。体内部充满直径 1-3 μm 的内质颗粒，呈暗灰色。大核 2-4 枚，小核 2-6 枚。

　　运动方式为附基底爬行，偶尔旋游于水中，并绕身体长轴不断翻转。

　　口区占体长的 1/6-1/4，口围带由 16-28 片小膜组成，口内膜和口侧膜几乎平行。

　　额棘毛 3 根，口棘毛和拟口棘毛各 1 根。额腹棘毛 6 列，从左至右逐渐变长。体棘毛纤毛长 10-15 μm。额棘毛通常由 9 个毛基体组成，口棘毛和拟口棘毛由 9 个毛基体组成，缘棘毛、2 列长额腹棘毛通常由 2 个毛基体组成（其中每列的前 1-3 根棘毛由 4 个毛基体组成）。无横棘毛，左缘棘毛 4 列（其中最外侧的 2 列前端分别有 2 根触毛），右缘棘毛 3 列。

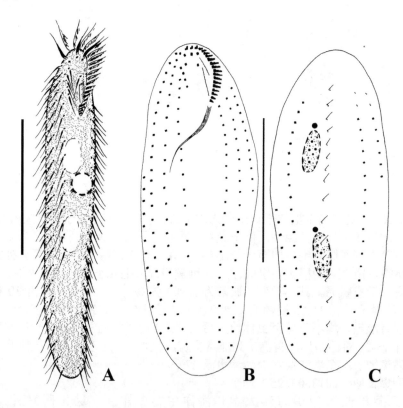

图 87　棒状戴维虫 *Deviata bacilliformis*
A. 典型个体腹面观；B，C. 纤毛图式腹面观（B）及背面观（C）
比例尺：60 μm

背触毛 1 列，纤毛长约 5 μm。

标本采集地　天津土壤，温度 5℃，盐度 0‰。

标本采集日期　2012. 11. 14。

标本保藏单位　河北大学，生命科学学院（编号：LFC2012111401）。

生境　土壤。

（82）巴西戴维虫 *Deviata brasiliensis* **Siqueira-Castro, Paiva & Silva-Neto, 2009**（图 88）

Deviata brasiliensis Siqueira-Castro, Paiva & Silva-Neto, 2009, *Zoologia*, 26: 776.

Deviata brasiliensis Ning, Ma & Lv, 2018, *Chin. J. Zool.*, 53: 421.

形态　活体大小 110-140 μm × 30-35 μm，长、宽比为 3：1 至 4：1。虫体柔软，细长椭圆形，前后两端略窄、钝圆，左、右缘中间略凸起。虫体横截面基本呈圆形。虫体前端有薄而明显的领部。无皮层颗粒。伸缩泡不具收集管，伸张状态直径 10-12 μm，近虫体左缘，位于虫体中部或稍靠后。细胞质无色，体内含有大量内质颗粒（直径 1-5 μm），使得虫体在低倍放大下呈灰暗不透明状；因此活体状态下大核、小核均不易观察到。大核位于体中线左侧，形状不定（卵圆形、椭圆形、梭形或哑铃形），数目多变，1-5 枚（通常 4 枚），且大核长、宽比范围极大，为 3：1 至 7：1。1-6 枚（平均 2 枚）小核，平均 2 枚，球形，紧靠大核分布，直径约 2 μm。

运动较快，以多种姿态游泳，向前直行或绕体长轴旋转游动，有时缓慢爬行于底质上，并稍微扭曲虫体。

口区狭小，不明显，占体长的 20%-25%，口围带大致呈殖口虫属模式，含有 19-22 片小膜。口内膜和口侧膜几乎竖直，稍微弯曲，互相平行。口内膜较长，由多列毛基体组成；口侧膜仅为口内膜长度的 1/2，由单列毛基体组成，位置较前。

3 根稍粗壮的额棘毛，紧靠口围带远端呈横列排布。单一口棘毛位于口侧膜前方右侧。通常 1 根，少数 2 根拟口棘毛位于最右侧额棘毛下方。通常 3 列额腹棘毛：从左至右第 1 列额腹棘毛起始于拟口棘毛右侧稍后的位置，终止于约体长的 60% 外；第 2 列额腹棘毛起始于第 1 列额腹棘毛前端的第 2、3 根棘毛处，终止于略前于第 3 列额腹棘毛和右缘棘毛列终点的位置；第 3 列额腹棘毛几乎起始于口围带远端同一水平位置，终止于虫体末端。左缘棘毛平均 3 列，偶尔 2 列或 4 列，极少数情况下有 1 或 5 列。恒定 1 列右缘棘毛列，于体背面最前端起始，向腹面延伸，终止于虫体末端。

2 列背触毛，左起第 1 列背触毛几乎与体长等长，含有 15-20 对等间距的毛基体，第 2 列背触毛前后两端均缩短，仅有 5-7 对毛基体，彼此之间间距较大。纤毛长约 3 μm。

标本采集地　广东湛江玛珥湖，温度 30℃。

标本采集日期　2013. 10. 24。

标本保藏单位　中国海洋大学，海洋生物多样性与进化研究所（编号：LXT2013102406）。

生境　淡水。

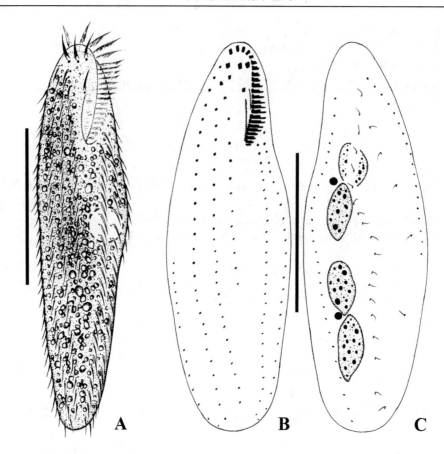

图 88　巴西戴维虫 *Deviata brasiliensis*
A. 典型个体腹面观；B，C. 纤毛图式腹面观（B）和背面观（C）
比例尺：50 μm

（83）拟棒状戴维虫 *Deviata parabacilliformis* Li, Li, Yi, Al-Farraj, Al-Rasheid & Shao, 2014（图 89）

Deviata parabacilliformis Li, Lv, Yi, Al-Farraj, Al-Rasheid & Shao, 2014, *Int. J. Syst. Evol. Microbiol.*, 64: 3776.

形态　活体大小 75-210 μm × 25-60 μm，长宽比约 4.5：1，虫体柔软，长椭圆形，两端略窄，但钝圆；虫体左侧显著外凸，右侧略凸。皮层颗粒缺失。细胞质无色，富含颗粒状内容物，直径 2-4 μm，导致虫体在低倍放大下呈灰暗不透明状。伸缩泡位于虫体中央略偏左，直径约 15 μm，不具收集管，由于内质丰富，伸缩泡不易观察到。长椭圆形大核位于虫体中线左侧；活体和蛋白银染色标本中很难观察到小核，小核一般位于大核前端。

虫体移动迅速，通常在培养皿表面附底爬行以寻找食物。在水中绕体中轴旋转游行。

口区约占体长的 20%，口围带大致呈殖口虫属模式，包含 20-23 片小膜，前端不沿虫体右侧下行。小膜纤毛长 10-12 μm。口沟平缓且于波动膜后方渐渐狭窄。咽部纤维长 20-45 μm，蛋白银染色后明显可见。波动膜平直且平行，口侧膜前置于口内膜。

棘毛排列方式较为固定，活体状态下额棘毛和缘棘毛纤毛长 10-15 μm。通常 3 根额棘毛位于口围带远端，口棘毛位于口内膜前端；1 根（极少数 2 根）拟口棘毛，位于最右侧额棘毛下方。腹面含有 2 列额腹棘毛，左边 1 列起始于拟口棘毛右下方，终止于虫体中部；右边 1 列起始于最右侧额棘毛的右侧，终止于虫体末端。右缘棘毛恒为 1 列，左缘棘毛通常 3 列（少数为 2 或 4 列）。通常，每根额棘毛由 12（3×4）个毛基体组成，每根口棘毛和拟口棘毛由 8（2×4）个毛基体组成，额腹棘毛和缘棘毛均由 2 个毛基体组成。

3 列背触毛，触毛长约 5 μm。中间的背触毛列纵贯虫体；两侧的背触毛列相对较短，且其内毛基体对间隔较大。

标本采集地　天津林区土壤，温度 5℃，盐度 0‰。

标本采集日期　2012. 11. 14。

标本保藏单位　河北大学，生命科学学院（编号：LFC2012111401）。

生境　土壤。

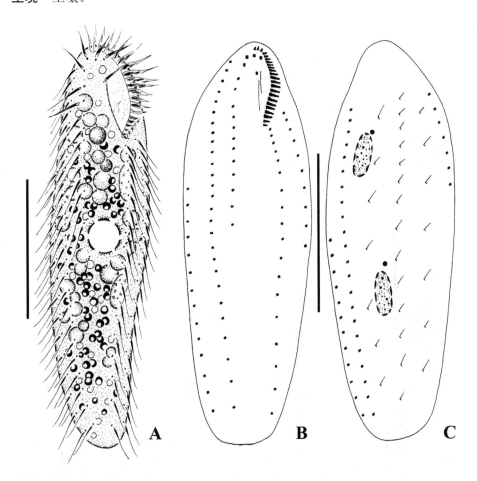

图 89　拟棒状戴维虫 *Deviata parabacilliformis*
A. 典型个体腹面观；B，C. 纤毛图式腹面观（B）及背面观（C）
比例尺：60 μm

（84）罗西塔戴维虫 *Deviata rositae* **Küppers, Lopretto & Claps, 2007**（图 90）

Deviata rositae Küppers, Lopretto & Claps, 2007, *J. Eukaryot. Microbiol.*, 54: 443.
Deviata rositae Luo, Fan, Hu, Miao, Al-Farraj & Song, 2016, *J. Eukaryot. Microbiol.*, 63: 777.

　　形态　活体大小 200-300 μm × 15-25 μm，长、宽比 7：1 至 10：1。虫体呈细长的蠕虫状；虫体柔软，易发生弯曲折叠，但无明显伸缩性；背腹均隆起，虫体横截面基本呈圆形。皮层颗粒缺失。单一伸缩泡位于体左侧 1/3 处，直径约 7 μm，收缩时间约 10 s。细胞质无色，虫体顶部口区处清亮，体内含有许多脂质球，直径 1-5 μm，使得虫体大部分区域在低倍放大下呈灰褐色。大核 4-8 枚，球形至椭球形，呈念珠状排布于虫体左侧。
　　运动速度较慢，通常悬游于水中，绕体中轴旋转前行；也可爬行于基质表面，身体发生折叠或弯曲。
　　口区狭小且口围带较短，仅约占体长的 1/10，由 16-21 片小膜组成，口围带末端位于虫体顶端却并不向右侧弯曲；口侧膜和口内膜几乎平直且相互平行，约为口围带长度的 1/2。蛋白银染色后咽部纤维较明显，长约 40 μm，由口围带近端向后倾斜延伸。

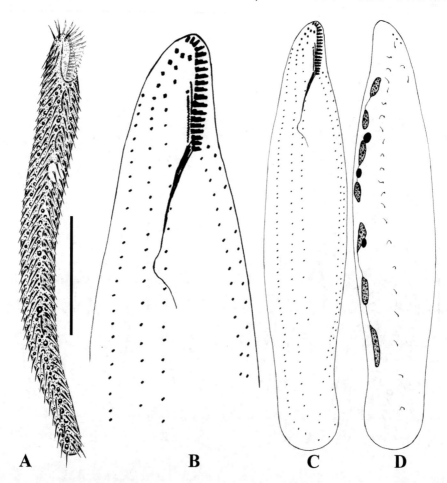

图 90　罗西塔戴维虫 *Deviata rositae*
A. 典型个体腹面观；B，C. 纤毛图式腹面观（B，C）及背面观（D）
比例尺：100 μm

　　3 根较粗壮的额棘毛，最右侧 1 根位于口围带末端后方；单一口棘毛，位于口内膜前端右侧；1 或 2 根拟口棘毛，位于最右侧 1 根额棘毛后方。具 2 列较长的额腹棘毛列：左侧额腹棘毛列起始于拟口棘毛右后方延伸至体长 2/3 处，由 23-37 根棘毛组成；右侧额腹棘毛列起始于虫体前端基本延伸至体末端，由 35-57 根棘毛组成。无横棘毛。具 2 或 3 列左缘棘毛，每列约由 34 根棘毛组成；1 列右缘棘毛，由 40-67 根棘毛组成。周身体棘毛十分纤细，由 2 或 3 对毛基体组成，活体状态下如纤毛一般。

　　2 列背触毛，左起第 1 列纵贯虫体，由 15-25 对毛基体组成；第 2 列比较短，由 2 或 3 对毛基体组成，纤毛长约 3 μm。

　　标本采集地　广东湛江玛珥湖，水温 27℃。

　　标本采集日期　2013.03.13。

　　标本保藏单位　中国海洋大学，海洋生物多样性与进化研究所（编号：FYB2013031303）。

　　生境　淡水。

30. 表裂毛虫属　*Perisincirra* Jankowski, 1978

Perisincirra Jankowski, 1978, *Tezisy Dokl. zool. Inst. Akad. Nauk., SSSR*, 1978: 40.
Type species: *Perisincirra kahli* (Grolière, 1975) Jankowski, 1978.

　　虫体柔软且具伸缩性，口区大致呈殖口虫模式，虫体中线两侧各有 2 或多列棘毛，棘毛间隔较大；额棘毛、口棘毛和拟口棘毛存在，迁移棘毛、口后棘毛、横前腹棘毛和横棘毛缺失；背触毛 3 或 4 列，尾棘毛存在。

　　该属全世界记载 3 种，中国记录 1 种。

（85）弱毛表裂毛虫　*Perisincirra paucicirrata* Foissner, Agatha & Berger, 2002（图 91）

Perisincirra paucicirrata Foissner, Agatha & Berger, 2002, *Denisia*, 5: 628.
Perisincirra paucicirrata Li, Xing, Li, Al-Rasheid, He & Shao, 2013. *J. Eukaryot. Microbiol.*, 60: 248.

　　形态　活体大小 60-110 μm × 15-30 μm（平均为 85 μm × 20 μm，$n=10$），活体长、宽比约为 4:1，蛋白银染色样本长、宽比平均为 2.4:1（1.5:1 至 3.5:1）。虫体呈长椭圆形，后部稍窄，柔软且具伸缩性。背腹面略扁平。皮层颗粒缺失。单一伸缩泡直径 5-7 μm，位于细胞中部的左缘。细胞质无色，因富含直径 2-6 μm 的颗粒状内容物，使细胞呈灰暗不透明状。2 枚长椭圆形大核位于虫体中线的左侧；小核直径 3 μm，通常位于 2 枚大核之间，活体和蛋白银染色状态下均不易看到小核。

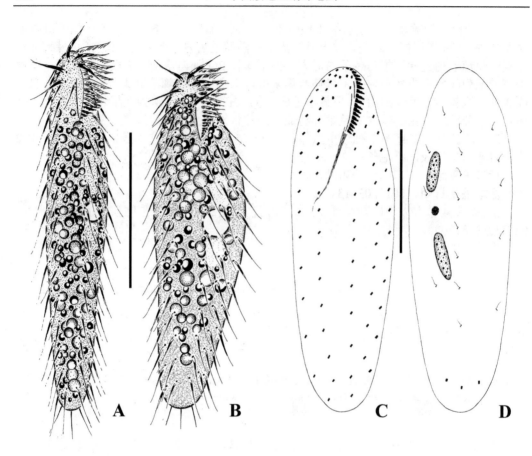

图 91　弱毛表裂毛虫 *Perisincirra paucicirrata*
A，B. 典型个体腹面观；C，D. 纤毛图式腹面观（C）及背面观（D）
比例尺：40 μm

无特殊的运动方式，水中游行或在基质上不断爬行以觅食。

口区约占体长的 20%，口围带约含 18 片小膜，小膜基部最宽处约 5 μm，纤毛长 10 μm。口内膜和口侧膜大致呈殖口虫属模式。口区狭窄平缓，口侧膜和口内膜相互平行，口内膜明显较长且较为靠后。银染后可清晰地看到咽部纤维，长 20-45 μm。

纤毛图式比较稳定，所有的纤毛较长且纤细。活体状态下额棘毛和缘棘毛纤毛长约 15 μm。额棘毛恒为 3 根，单一口棘毛位于口内膜前端、口侧膜中部左侧。最右侧额棘毛的后方通常有 2 根（极少数为 1 或 3 根，约占样本数的 4%）拟口棘毛。3 列左缘棘毛（极少数为 4 列，约占样本数的 9%），棘毛列间隔较大，由内至外左缘棘毛列内棘毛数分别为 11-15 根、10-16 根和 11-17 根。右缘棘毛恒为 2 列，纵贯虫体，由内至外右缘棘毛列内棘毛数分别为 15-24 根和 14-23 根。

背触毛 3 列，左、右 2 列排列极为稀疏，纤毛长约 3 μm。尾棘毛 3 根，分别位于每列背触毛末端，靠近虫体末端边缘，纤毛长约 15 μm。

标本采集地　山东东营河滩沙地，温度 25℃，盐度 0‰。

标本采集日期　2011. 05. 02。

标本保藏单位　河北大学，生命科学学院（编号：LFC2011050201）。

生境　淡水沙隙。

31. 伪卡尔虫属　*Pseudokahliella* Berger, Foissner & Adam, 1985

Pseudokahliella Berger, Foissner & Adam, 1985, *Protistologica*, 21: 309.
Type species： *Pseudokahliella marina* Foissner, Adam & Foissner, 1982.

　　虫体半坚硬，口区阔大，口围带大致为殖口虫型，额腹棘毛多列，横棘毛缺失，背触毛 3 列，尾棘毛缺失。

　　该属全世界记载 1 种，中国记录 1 种。

（86）海洋伪卡尔虫　*Pseudokahliella marina* (Foissner, Adam & Foissner, 1982) Berger, Foissner & Adam, 1985（图 92）

Kahliella marina Foissner, Adam & Foissner, 1982, *Protistologica*, 18: 218.
Pseudokahliella marina Berger, Foissner & Adam, 1985, *Protistologica*, 21: 309.
Pseudokahliella marina Hu & Song, 2003a, *J. Nat. Hist.*, 37: 2034.

　　形态　活体大小 120-175 μm × 50-75 μm。体形恒为椭圆形，两端较圆，左侧近平直或轻微凹陷，右侧略突。背腹扁平，厚、幅比约为 1：3。皮膜较厚，但可轻度弯折。皮层颗粒（射出体）明显，无色，直径约 1 μm，沿纵轴成列排布，射出时呈纺锤状，长 5-7 μm。伸缩泡未观察到。细胞质通常呈深灰色，含有许多可折光和颗粒状内含物，尤其在虫体后半部非常密集，从而使细胞在低倍放大观察时不透明。在自然条件下容易观察到一些大的食物泡，食物泡内含有细菌、硅藻和其他纤毛虫。多枚大核卵圆形至椭圆形，蛋白银染色后大小约为 12 μm × 9 μm，呈 "C" 形排布。4-8 枚小核，直径约 1.5 μm，靠近大核分布。

　　运动较迅速，通常在底质上爬行或绕体长轴旋转式游泳。

　　口区明显且宽阔，约占体宽的 1/3，长度为体长的 1/2-3/5，其后部为 1 片覆瓦状的细胞质突起。口围带包含 32-83 片小膜，纤毛长约 20 μm。波动膜明显较长，由独特的双列紧密排列的毛基体组成。蛋白银染色后咽部纤维长约 25 μm。

　　3 根粗大的额棘毛，纤毛长 15-18 μm，其他棘毛相对纤细，纤毛长 10-12 μm。通常 7-10 列额腹棘毛。左、右缘棘毛各 1 列，其中右缘棘毛列和 1 或 2 列最右侧棘毛列的前部延伸到背部。在观察的个体中（*n*>50，包括在形态发生阶段），至少 5 个个体含有 2 列左缘棘毛或 1 个长列加上 1 个短列。

　　3 列背触毛，毛基体紧密排列，纵贯虫体，纤毛长约 5 μm。尾棘毛缺失。

　　标本采集地　山东青岛封闭养殖池塘，水温 25℃，盐度 30‰。

　　标本采集日期　2000.08.30。

　　标本保藏单位　中国海洋大学，海洋生物多样性与进化研究所（编号：HXZ2000083001）。

　　生境　海水。

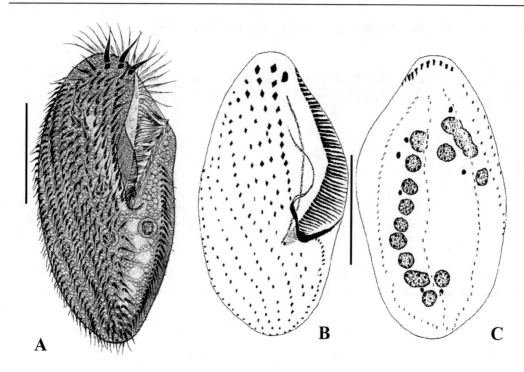

图 92　海洋伪卡尔虫 *Pseudokahliella marina*
A. 典型个体腹面观；B，C. 纤毛图式腹面观（B）及背面观（C）
比例尺：50 μm

32. 双列虫属 *Bistichella* Berger, 2008

Bistichella Berger, 2008, *Monogr. Biol.*, 88: 532.
Type species: *Paraurostyla buitkampi* (Foissner, 1982) Berger, 2008.

　　虫体柔软，口围带连续；3 根额棘毛，多根口棘毛，具 2 列较短的额棘毛和 2 列较长的额腹棘毛；口后腹棘毛及横棘毛缺失；左、右缘棘毛各 1 列；背触毛 3 列，呈殖口虫属模式，尾棘毛缺失。

　　该属全世界记载 7 种，中国记录 2 种。

种检索表

1. 最右侧腹棘毛列较短，起始于虫体后半部 ····················多变双列虫 *B. variabilis*
   最右侧腹棘毛列较长，起始于额区 ·················· 成包囊双列虫 *B. cystiformans*

（87）成包囊双列虫 *Bistichella cystiformans* Fan, Hu, Gao, Al-Farraj & Al-Rasheid, 2014
（图 93）

Bistichella cystiformans Fan, Hu, Gao, Al-Farraj & Al-Rasheid, 2014, *Int. J. Syst. Evol. Microbiol.*, 64: 4050.

　　形态　活体大小 120-200 μm × 40-80 μm。虫体前后两端钝圆，呈长椭球形，柔软但无明显伸缩性；背腹扁平，厚、幅比约 1∶3。皮膜柔软，无皮层颗粒。单一伸缩泡位于虫体中部左侧，直径约 25 μm，收缩时间约 30 s。细胞质无色，内常含有许多直径约 3 μm 的脂质球和食物泡，食物泡内多为小肾形虫、楯纤类纤毛虫或细菌等，活体和染色后均可观察到。4 枚球形至椭球形大核排列于虫体左侧，活体下明显可见；3-6 枚球形小核，与大核相连或靠近大核分布。食物缺乏时，虫体极易形成包囊，包囊通常呈球状，直径约 40 μm，皮层较薄且不明显，无皮层颗粒。包囊内主要由核器占据；包囊细胞质内具有许多球状内含物，直径约 3 μm。

　　运动较缓慢，通常爬行于底质表面，爬行时身体发生折叠或弯曲；也可绕体中轴旋转，游动前行。

　　口区约占体长的 2/5，口围带由 33-45 片小膜组成，远端位于虫体前端右侧；口侧膜和口内膜基本等长且相互平行，口侧膜比口内膜稍长。

　　恒定 3 根额棘毛，最右侧 1 根位于口围带末端；5-8 根口棘毛成列排布于口侧膜右侧；无迁移棘毛。4 列额腹棘毛，其排布和数量通常多变：从左至右第 1 列额腹棘毛由 4-6 根棘毛组成，延伸至口棘毛列末端；第 2 列额腹棘毛平均由 7 根棘毛组成，通常延伸至口区近端（其中 25 个统计个体中，有 8 个个体的第 2 列额腹棘毛由约 16 根棘毛组

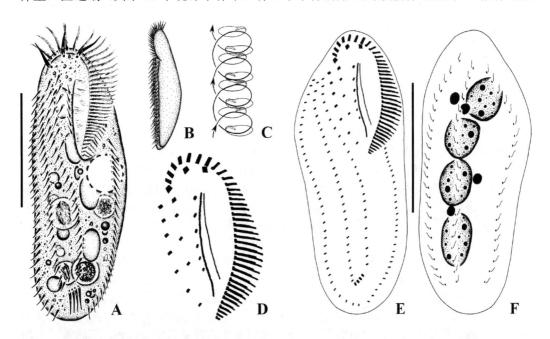

图 93　成包囊双列虫 *Bistichella cystiformans*
A. 典型个体腹面观；B. 示虫体侧面观；C. 示虫体在水中的游动轨迹；D. 虫体前部腹面观；E, F. 纤毛图式腹面观（E）及背面观（F）
比例尺：70 μm

成，延伸至虫体中部）；第 3 列额腹棘毛由 17-32 根棘毛组成，从虫体口区 1/4 处均延伸至最左侧横棘毛处；第 4 列额腹棘毛由 20-34 根棘毛组成，从右缘棘毛前端延伸至最右侧横棘毛处。通常具 4 根横棘毛，从虫体后端延伸出体外；其中 25 个统计个体中，有 3 个个体具额外 1 列额腹棘毛和 5 根横棘毛。左、右缘棘毛各 1 列，分别包含 20-35 根和 25-47 根缘棘毛，延伸至虫体后端且末端相连。

3 列背触毛，但不延伸至虫体前、后两端，平均每列约 24 对毛基体，活体状态下纤毛长约 3 μm；其中 25 个统计个体中，有 4 个个体在最左侧 1 列背触毛的左侧前端具额外 1 短列，由 4-6 对毛基体组成。

标本采集地 广东湛江红树林，水温 27℃，盐度 5‰。

标本采集日期 2012. 04. 08。

标本保藏单位 中国海洋大学，海洋生物多样性与进化研究所（编号：FYB2012040801）。

生境 咸水。

（88）多变双列虫 *Bistichella variabilis* He & Xu, 2011 （图 94）

Bistichella variabilis He & Xu, 2011, *J. Eukaryot. Microbiol.*, 58: 332.

形态 活体大小 170-270 μm × 50-90 μm，通常 220 μm × 70 μm，蛋白银染色个体长、宽比约 3∶1，蛋白银染色制片可致虫体长度收缩达 30%。虫体长椭圆形，前后两端钝圆。表膜柔软，无皮层颗粒。单一伸缩泡位于虫体中部偏左，在舒张时有一前一后两收集管。细胞质无色，包含许多直径约 4 μm 的脂滴及约 2 μm 大小的黄色晶体。活体及染色个体的食物泡中均可见摄入的肾形虫、篮口虫及硅藻。4 枚椭圆形大核位于虫体中部偏左，大小约 17 μm × 12 μm，包含许多直径为 1-2 μm 的核仁；平均 4 枚球状小核，位于大核旁边或紧邻大核分布。

虫体在基质上中速趋触性地爬动。

口区明显，约占体长的 36%，口围带平均由 56 片小膜组成，纤毛长约 15 μm。口侧膜由排列紧密的毛基体组成，纤毛长约 10 μm，前端向左弯曲。口内膜越过口侧膜向后延伸至口围带末端，二者在口区中部交叉且均由单列毛基体组成。

3 根粗大的额棘毛，纤毛长约 25 μm。除额棘毛外的其他棘毛的数目和排列经常多变。7-12 根口棘毛成列排布于口侧膜右侧。4 列额腹棘毛分布于波动膜右侧，从左至右第 1 列由 6-12 根棘毛组成，延伸至体长的 24%处结束；第 2 列平均由 8 根棘毛组成，延伸至与口围带近端近乎相同的位置，统计的所有个体中有 1 个个体的第 2 列额腹棘毛由 18 根棘毛组成并延伸至近虫体中部。第 3 列额腹棘毛由 35-62 根棘毛组成，起始于口围带最右端向后延伸至体长的 80%处；13/24 的个体中第 3 列额腹棘毛被分成两部分。第 4 列额腹棘毛由 7-38 根棘毛（平均 13 根棘毛）组成，末端总是与横棘毛相连，但其长度变化很大，大部分较短并且位于虫体后 1/4 处，在观察的 23 个个体中的 1 个个体向前延伸至虫体长 2/3 处。无口后腹棘毛。5-7 根横棘毛，纤毛长约 20 μm。右缘棘毛前端延伸至虫体背面，1/23 的个体中右缘棘毛左侧存在另外的棘毛列；这一额外的棘毛列可能是未被吸收的母代细胞的缘棘毛，也可能是腹棘毛列的一部分。左缘棘毛起始于口围带近端延伸至虫体末端。14/24 的个体中左缘棘毛的左侧有 1 列额外的棘毛列，其长度及连续性多变，可能是未被吸收的母代细胞的缘棘毛。

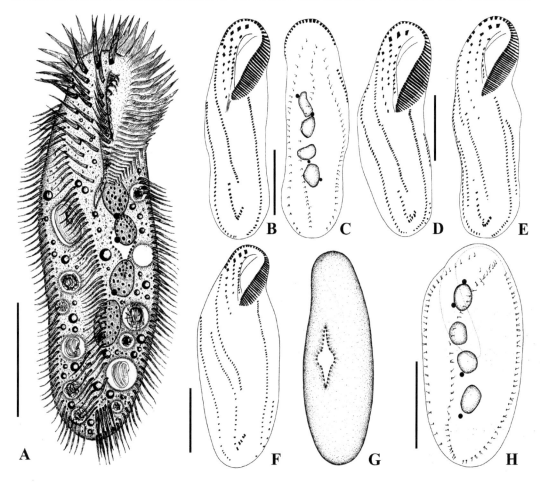

图 94　多变双列虫 *Bistichella variabilis*
A. 典型个体腹面观；B，C. 纤毛图式腹面观（B）及背面观（C）；D-F. 不同个体的腹面观，示 3 种
纤毛图式类型；G，H. 背面观，示伸缩泡和核器
比例尺：50 μm

　　3 列长度相似的背触毛；1/23 的个体在第 1 列背触毛的左侧有一短列。第 2 列背触
毛后半部分毛基体排列更紧密一些，前端的左边偶尔存在一些额外的背触毛。在 19 个
染色较好的个体中只有 7 个体的背触毛为普通的背触毛列，即每列背触毛由 1 对毛基体
组成，每对毛基体着生 1 根背触毛，长约 4 μm；其他个体的背触毛同样由 1 对毛基体
组成，但是该对毛基体均着生背触毛，长度或都是 4 μm，或 1 根长约为 4 μm，另 1 根
长约为 2 μm。
　　标本采集地　山东东营轻度盐渍化碱性土壤，温度 20℃，盐度 1.7‰。
　　标本采集日期　2009.09.26。
　　标本保藏单位　中国科学院，海洋研究所（编号：DY2009092614）。
　　生境　含盐土壤。

第 12 章　施密丁科 Schmidingerothidae Foissner, 2012

Schmidingerothidae Foissner, 2012, *Eur. J. Protistol.*, 48: 238.

口围带殖口虫属模式，但仅含口内膜，额棘毛1-3根，另外有1短列额棘毛，左、右缘棘毛各1列，口侧膜和背触毛缺失（图71E）。

该科全世界记载1属，中国记录1属。

Foissner（2012）根据模式种特异施密丁虫（*Schmidingerothrix extraordinaria*）建立施密丁虫属，并以该属为模式属建立施密丁科，该科/属最主要的特征在于其极度退化的纤毛系，即口侧膜、背触毛列缺失，口围带小膜中间1列毛基体缺失（Foissner, 2012）。在此之后，多个学者建立了3个施密丁属的物种，即盐土施密丁虫 *Schmidingerothrix salinarum* Foissner *et al.*, 2014、海盐施密丁虫 *Schmidingerothrix salina*（Shao *et al.*, 2014）Lu *et al.*, 2018 和长施密丁虫 *Schmidingerothrix elongata* Lu *et al.*, 2018。

施密丁虫属的4种均发现于极端环境（高盐或高碱），如特异施密丁虫发现于非洲纳米比亚高盐土壤（盐度约100‰，pH约7），盐土施密丁虫采自葡萄牙晒盐场（盐度和pH数据未报道），海盐施密丁虫发现于青岛晒盐场（盐度约80‰，pH约8），长施密丁虫采集于东北大庆龙凤湿地（盐度20‰，pH约10，土样具有臭鸡蛋味，或含硫化物）。加之施密丁科的形态学特征非常特殊：其纤毛图式较一般腹毛类高度简化，尤其是完全缺失背触毛和口侧膜这两个在进化上高度保守的结构。因此，Foissner（2012）认为极端生境是导致施密丁虫属纤毛系极度退化的主要驱动力，并提出施密丁虫属属"后天退化"的类群。

此后，Foissner 等（2014）提出施密丁科代表了1种非常接近祖先的原始状态，并据此提出了假说，认为："……其他腹毛类应是从一个类似施密丁虫属的祖先进化而来。"

并提出了"施密丁虫属—枝毛虫属—瘦尾虫属—尖毛虫属"的进化假说。

与 Foissner 的观点不同，Berger（2008）则推测，腹毛类最近的共同祖先应类似于现今的尖毛虫，即具有 18 根额-腹-横棘毛、2 列缘棘毛、3 列背触毛、3 根尾棘毛和 2 片波动膜这样的基本结构模式。上述两个推测中的祖先型无论是在纤毛图式结构还是在细胞发生过程均差别巨大，而且上述两个推测目前均未得到分子信息的支持。

Shao 等（2014b）提出，具有殖口虫属口器模式的殖口科、支柱科和施密丁科为单元发生系，支柱科和施密丁科较为高等并互为姐妹群。

本书作者更倾向于给出的解释是：施密丁类和尖毛类均为高度特化（包括结构的退化）的类群，而非腹毛亚纲祖先型。相比起来，也许施密丁虫保留有更多低级分化的特征。而尖毛虫代表着众多的相邻科属类群（尖毛科、棘尾科等），普遍具有完善、高度的 FVT-原基的分化、十分稳定而相近的发生过程和恒定的额-腹-横棘毛原基数目，这显然不应理解为是巧合，这样大范围、高度的相近和类似，必然是演化的结果，而不应是祖先型。

33. 施密丁虫属 *Schmidingerothrix* Foissner, 2012

Schmidingerothrix Foissner, 2012, *Eur. J. Protistol.*, 48: 239.
Type species: *Schmidingerothrix extraordinaria* Foissner, 2012.

口围带分为两部分，前、后部分存在间隔，每片口围带小膜含 3 列毛基体，口唇突出，仅具有口内膜，额棘毛 1-3 根，口棘毛、横棘毛和尾棘毛缺失。

该属全世界记载 4 种，中国记录 2 种。

种检索表

1. 大核 4-8 枚 ·· 长施密丁虫 *S. elongata*
   大核 3 或 4 枚 ·· 海盐施密丁虫 *S. salina*

（89）长施密丁虫 *Schmidingerothrix elongata* Lu, Huang, Shao & Berger, 2017（图 95）

Schmidingerothrix elongata Lu, Huang, Shao & Berger, 2017, *Eur. J. Protistol.*, 62: 26.

　　形态　活体大小 100-150 μm × 15-30 μm，蛋白银染色后通常为 120 μm × 15 μm；长、宽比 6.5∶1 至 11∶1，蛋白银染色后长、宽比平均为 4.3∶1。虫体非常柔软但不可收缩；活体下体形纤细，几乎呈蠕虫状，虫体前端钝圆或略凸起形成明显缺刻，导致口围带分段；虫体后端削细形成明显而短的尾巴，在蛋白银染色制片上也可辨认。腹面通常隆起，背面略凹陷，厚、幅比约 1∶2。皮层颗粒无色，直径约 0.5 μm，以小短列形式排布，通常 4-6 个颗粒排成 1 列。未观察到伸缩泡。细胞质无色至浅灰色，内常有许多油球颗粒，直径为 1-8 μm，导致虫体在低倍放大下呈灰色。核器沿身体中轴或偏左排列：4-8 枚椭圆形大核，长、宽比 1.2∶1 至 2∶1；1-4 枚球状小核，直径约 3 μm。

　　沿虫体中轴旋转游动或快速爬行于基质表面。

　　活体观察时，口区约占体长的 25%；蛋白银染色后，由于虫体膨胀，口区约占体长的 29%。口围带分 2 段，额、腹区各具 3 片和 20 片小膜。第 1 片额区小膜明显小于第 2、3 片小膜；额区小膜长约 18 μm。腹区小膜长度从远端到近端由 18 μm 递减为 5 μm。

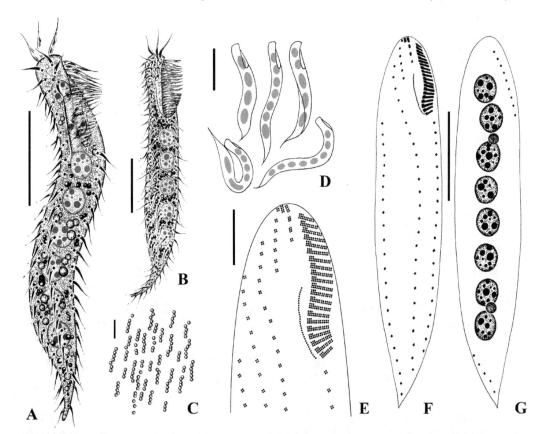

图 95　长施密丁虫 *Schmidingerothrix elongata*
A. 典型个体腹面观；B, D. 虫体不同体形及大核分布（D）；C. 皮层颗粒；E. 额腹区纤毛图式；F, G. 纤毛图式腹面观（F）及背面观（G）
比例尺：A，B. 30 μm；C. 2.5 μm；D. 45 μm；E. 20 μm；F, G. 32 μm

口内膜平均长约 14 μm，由单列毛基体组成，起始于虫体约 16%处，终止于口区末端。口侧膜缺失，但在 25 个研究个体中，有 2 个虫体在口内膜右侧存在 1 短列似口侧膜的毛基体（纤维？），其长度约为口内膜的 1/2。

额腹棘毛 3（偶有 4）列，口棘毛、横前腹棘毛及横棘毛缺失。额、腹、缘棘毛纤毛长 7-10 μm，除了第 1 列额腹棘毛的前 2 根棘毛包含 2×3 个毛基体外，其他棘毛仅包含 2×2 个毛基体。额腹棘毛列和缘棘毛列通常延伸至虫体背面。从左至右第 1 列额腹棘毛包含 3（偶有 4）根棘毛，起始于第 3 片额区小膜的后侧，止于第 6 片腹区小膜处；第 2 列额腹棘毛包含 5（偶有 6）根棘毛，起始于第 1 片额区小膜的右后侧，终止于口内膜前端右侧。第 3 列额腹棘毛平均包含 23 根棘毛，起始于第 2 列额腹棘毛的右后侧，终止于体长 90%处。在 25 个个体中，仅 2 个虫体具第 4 列额腹棘毛，约由 23 根棘毛组成，起始于第 3 列额腹棘毛右侧，终止于虫体体长约 88%处。左、右缘棘毛各 1 列，分别含 17-30 根和 22-33 根缘棘毛，右缘棘毛从虫体背面延伸至腹面；左缘棘毛从虫体腹面延伸至背面。3 片额区小膜的纤维交汇于第 1 和第 2 列额腹棘毛之间，形成 1 个不明显的黑点，易被误认为是额棘毛。

标本采集地　东北大庆龙凤湿地含盐碱土壤，温度 20℃，盐度 20‰。

标本采集日期　2015.01.05。

标本保藏单位　中国海洋大学，海洋生物多样性与进化研究所（正模，编号：LEO2015010503）；伦敦自然历史博物馆（副模，编号：NHMUK2015.3.24.1）。

生境　含盐土壤。

（90）海盐施密丁虫 *Schmidingerothrix salina* (Shao, Li, Zhang, Song & Berger, 2014) Lu, Huang, Shao & Berger, 2017 (图 96)

Paracladotricha salina Shao, Li, Zhang, Song & Berger, 2014b, *J. Eukaryot. Microbiol.*, 61: 373.
Schmidingerothrix salina Lu, Huang, Shao & Berger, 2017, *Eur. J. Protistol.*, 62: 34.

形态　虫体大小差异较大，活体为 50-120 μm × 20-35 μm。长、宽比为 2.5∶1至 4.5∶1。虫体纺锤状，略呈"S"形，常沿主轴扭转，左、右缘在虫体中部几乎平行，前端较窄，后端尖削。虫体背腹不明显的扁平，横切面近圆形。细胞质透明，内含大量油球（直径 2-3 μm）及几个含藻的食物泡。表膜较为柔软，但不具伸缩性，因此虫体外形不随运动变化。无皮层颗粒和伸缩泡。大核 3 或 4 枚，椭球形或球形，串联成念珠状。

运动特征较特别，常漂浮于水层中或侧面静伏于基质上，爬动速度十分缓慢。

口围带呈殖口虫属模式，占体长的 30%-40%，由约 23 片小膜组成，最远端的 3 片小膜与其他小膜之间有不明显的间隔。口围带远端向右侧弯曲至口围带长度的 6%处，小膜基部最宽处仅 8 μm，纤毛长约 15 μm。每片小膜仅由 2 列长和 1 列短毛基体组成。口区狭窄而不明显。仅口内膜存在，多动基体结构，平直，由虫体体长的 16%处起始，止于口区近端。

3 根略粗壮的额棘毛，左侧和中间的 2 根位于口围带远端水平处，右侧 1 根位于口围带远端后方，纤毛大约 12 μm 长。口棘毛缺失。最左 1 列额腹棘毛位于右侧额棘毛后方，由 4-7 根棘毛组成，终止于虫体体长 27%处。2 列长额腹棘毛列位于前者和右缘棘毛列之间；左侧 1 列由 12-25 根棘毛组成，前、后端略缩短，起始于约虫体体长 15%处，终止于虫体体长 85%处；右侧 1 列由 10-18 根棘毛组成，起始于右侧 1 根额棘毛水平处（约虫体体长 8%处），终止于虫体体长 65%处。左、右各 1 列缘棘毛；左缘棘毛列由 13-25 根棘毛组成，起始于约虫体体长 30%处，即略高于胞口，终止于虫体背缘末端；右缘棘毛列由 20-31 根棘毛组成，起始于背侧面约最右侧额棘毛水平处；左、右缘棘毛列在虫体末端几乎相连。口后腹棘毛、横前腹棘毛和横棘毛缺失。除额棘毛外，所有棘毛的基体似乎都是由 4 列动基体组成的，纤毛长 8-10 μm。

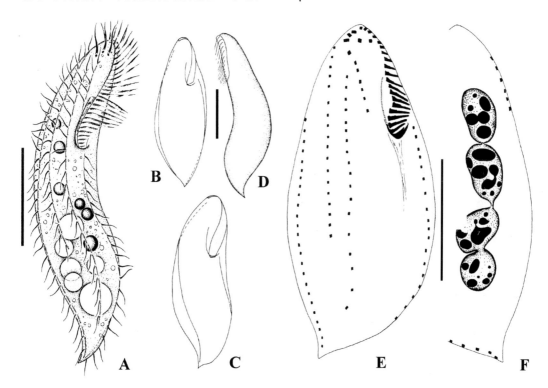

图 96　海盐施密丁虫 *Schmidingerothrix salina*
A. 典型个体腹面观；B, C. 腹面观示不同体形；D. 侧面观，示背腹扁平；E, F. 纤毛图式腹面观（E）及背面观（F）
比例尺：30 μm

标本采集地　山东青岛开放养殖水体，水温约 17℃，盐度 29‰-31‰。
标本采集日期　2006.05.23。
标本保藏单位　中国海洋大学，海洋生物多样性与进化研究所（正模，编号：LLQ2006052302；副模，编号：LLQ2006052303）。
生境　海水。

第13章　旋纤科 *Spirofilidae* von Gelei, 1929

Spirofilidae von Gelei, 1929, *Arch. Protistenkd.*, 65: 165.

　　体型变化较大，部分种类具尾部，虫体扭转。若干长或短的腹棘毛列，腹棘毛列和缘棘毛列随虫体纵轴旋转并终止于虫体背面。横棘毛存在或缺失。尾棘毛存在或缺失。背触毛列随虫体纵轴旋转（图71F，G）。该科全世界记载5属，中国记录2属。

　　Gelei（1929）以旋纤虫属 *Spirofilum* Gelei, 1929（腹毛虫属 *Hypotrichidium* Ilowaisky, 1921 的晚出异名）为模式属建立旋纤科，科内物种的主要特征为棘毛列明显螺旋或斜向弯曲。Corliss（1961）认为旋纤科是一个有效的科级名称。Fauré-Fremiet（1961）以圆纤虫属为模式属，在排毛亚目内建立圆纤科。Stiller（1975）只承认圆纤科。Corliss（1977, 1979）将旋纤科和圆纤科作为两个独立存在的科。Borror（1972）承认旋纤科并把圆纤科作为前者的晚出异名。Lynn 和 Small（2002）、Jankowski（2007）和 Lynn（2008）接受 Borror（1972）的观点。Luo 等（2018）认为旋纤科和圆纤科为两个独立的科，建议重启圆纤科，并给出新的定义。

属检索表

1. 背触毛列近乎纵贯虫体··排毛虫属 *Stichotricha*
　 背触毛列仅分布于虫体上半部分·····························腹毛虫属 *Hypotrichidium*

34. 腹毛虫属 *Hypotrichidium* Ilowaisky, 1921

Hypotrichidium Ilowaisky, 1921, *Arb. Biol. Wolga Stat.*, 6: 103.
Type species: *Hypotrichidium conicum* Ilowaisky, 1921.

虫体梨形、卵形或菱形，部分物种具尾。口区阔大，口围带问号形，口侧膜和波动膜几乎等长，弯曲明显；额区顶端通常具 1 根额棘毛，其后侧分布多列纵向棘毛；口区下端有 5 或 6 列斜向排布的棘毛列。所有棘毛列以独特的左手螺旋形式沿虫体长轴排列。3 列背触毛分布在背面前端。无尾棘毛。

该属全世界记载 4 种，中国记录 1 种。

（91）拟圆锥腹毛虫 *Hypotrichidium paraconicum* Chen, Liu, Liu, Al-Rasheid & Shao, 2013 (图 97)

Hypotrichidium paraconicum Chen, Liu, Liu, Al-Rasheid & Shao, 2013a, *J. Eukaryot. Microbiol.*, 60: 589.

形态 活体大小 90-140 μm × 55-80 μm，倒梨形，虫体后端向左螺旋扭曲并逐渐变尖，呈一尖尾状。虫体轻微柔软但无明显的收缩性。腹面平坦，背面前 2/3 平坦、后 1/3 凸起。皮层颗粒无色，圆形，直径约 1 μm，稀疏分布于背腹面。单一伸缩泡位于虫体中部靠近左边缘，直径约 15 μm。少数个体背面后部覆盖有 1 层共生菌。细胞质无色至灰色，通常含许多油球，大小 3-5 μm，食物泡大小 5-10 μm，含细菌和小型原生动物，使其在低倍放大下较暗。2 枚卵形至椭球形大核，长约 20 μm，分别位于虫体前后 1/3 处，且后端大核稍微偏向细胞中线左侧。通常每枚大核附着有 2 枚小核，但偶尔有多达 3 或 4 枚小核依附于每枚大核。

运动无特殊性，细胞适度地快速移动，通常直线前进，顺时针绕体中轴旋转，并偶尔在基底上滑动。

口区较深且阔大，活体下约占体长的 2/3。口围带在染色后平均占体长的 64%，远端跨越细胞前部边缘并且明显向下延伸至虫体右侧，平均含 41 片小膜。小膜基部宽至 13 μm，活体下纤毛长达 25 μm。口侧膜和口内膜几乎等长且显著弯曲，在后端交叉。口侧膜由 2 列毛基体组成，口内膜为单列毛基体结构。

单根略加粗的额棘毛位于额区，偶尔 2 根额棘毛斜向紧密排列，约 10% 的个体中含 2 根额棘毛，纤毛长约 25 μm。其他棘毛相对纤细，纤毛长 15-18 μm。额棘毛的右后方有 4 列纵向棘毛列，分别含有 5-7 根、5-11 根、8-17 根和 14-19 根棘毛。虫体后半部分背腹面分布有 6 列斜向排布的棘毛列。所有棘毛列以独特的左手螺旋形式沿虫体长轴排列。6 列棘毛分别含 16-25 根、17-25 根、15-28 根、10-23 根、15-25 根和 12-24 根棘毛。

3 列背触毛分布在背面前半部分，分别含 10-21 对、11-21 对、10-20 对毛基体。纤毛长约 5 μm。

标本采集地 香港米埔红树林，水温 10.4℃，盐度 18‰。

标本采集日期 2009.11.03。

标本保藏单位 中国海洋大学，海洋生物多样性与进化研究所（编号：LWW2009110303）。

生境 海水。

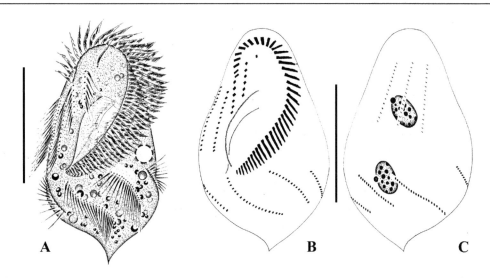

图 97　拟圆锥腹毛虫 *Hypotrichidium paraconicum*
A. 典型个体腹面观；B，C. 纤毛图式腹面观（B）及背面观（C）
比例尺：70 μm

35. 排毛虫属 *Stichotricha* Perty, 1849

Stichotricha Perty, 1849, *Mitt. Naturf. Ges. Bern. Jahr.*, 1849: 153.
Type species: *Stichotricha marina* Stein, 1867.

　　外形常见为两端尖细的长纺锤形或细长柱形，背腹无明显的扁平（或仅略扁平）并沿长轴高度旋扭；虫体普遍柔软，具一定的伸缩性（尤其在前部颈区）。具明确分化的额棘毛；口区细长狭窄，口围带最前端的小膜极发达；1 或 2 列腹棘毛旋绕纵贯虫体腹面，左、右缘棘毛各 1 列，随虫体扭转而呈螺旋形排列；尾棘毛通常存在，无横棘毛。常见栖生于由虫体自身所分泌产生的胶质管状壳室内，受惊扰时退缩到室内或弃室游走。

　　该属全世界记载 8 种，中国记录 1 种。

（92）海洋排毛虫 *Stichotricha marina* Stein, 1867（图 98）

Stichotricha marina Stein, 1867, *Engelmann, Leipzig*, 345.
Stichotricha marina Hu & Song, 2001b, *Hydrobiologia*, 464: 72.

　　形态　活体大小约 180 μm × 30 μm，虫体大小因营养状态不同而多变。细胞高度柔软但无收缩性。外形细长且扭曲，通常呈纺锤形，前端明显尖削而后端钝圆。表膜较薄，皮层颗粒球形，直径约 1 μm，单个或 2 个成组稀疏分布。细胞质灰色，包含若干油状颗粒，直径约 3 μm。若干食物泡位于虫体后半部，含细菌和硅藻。晶体形状不规则，散布于细胞质内，密集分布于前端。2 枚椭圆形大核。

　　常栖息于胶质壳室中，当受到干扰时迅速游动，沿虫体长轴旋转或在底质上爬行。

　　口区明显较窄，约占体长的 1/2。口围带含 57-84 片小膜，前端不向右弯曲。口侧膜和口内膜相对较短，轻微交叉。

　　2 根粗壮的额棘毛位于细胞前端附近，纤毛长约 10 μm。约 35 根口棘毛排成 1 列，平行于口区，向后延伸到胞口位置，其中靠后的几根棘毛通常与其余棘毛分离。腹面存在 2 列腹棘毛和 2 列缘棘毛，其中底部的棘毛较长，明显沿扭曲虫体的螺旋沟分布。

　　恒为 3 列完整的背触毛，纤毛长约 5 μm。3 根尾棘毛位于虫体后边缘。

标本采集地　山东青岛扇贝套膜腔，水温 4℃，盐度 34‰-37‰。

标本采集日期　2000.01.18。

标本保藏单位　中国海洋大学，海洋生物多样性与进化研究所（编号：HD2000011801）。

生境　海水。

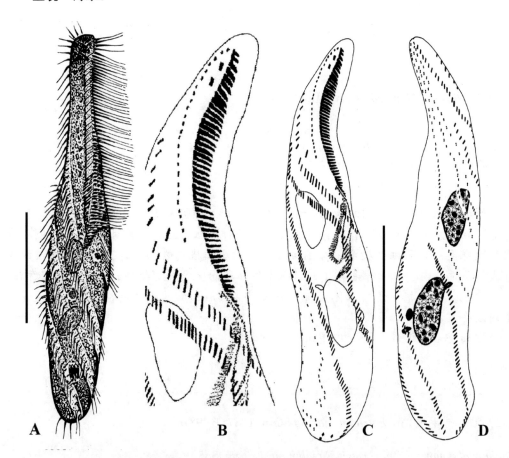

图 98　海洋排毛虫 *Stichotricha marina*
A. 典型个体腹面观；B-D. 纤毛图式腹面观（B，C）及背面观（D）
比例尺：50 μm

第 5 篇　散毛目 Sporadotrichida Fauré-Fremiet, 1961

邵　晨（Chen SHAO）　　王静毅（Jingyi WANG）

Sporadotrichida Fauré-Fremiet, 1961, *Académie des Sciences*, 252: 3515.

散毛目是腹毛亚纲纤毛虫中进化最高等的类群。在形态学上，该类群通常具有简洁、高度分化的纤毛器，其腹面普遍表现为较简化且数目趋于稳定的棘毛，与较低等类群相比，这些棘毛往往进一步地分组化且具有稳定的着生位置；在发生过程中，形成这些纤毛器的原基也几乎恒定为 5 列。在背面，不同类群则具有完全稳定的分组模式。散毛类普遍具有较少（多数为 2 枚）的大核，极少数为 4 枚或多枚，即便是多枚大核，在数量上也趋于稳定到恒定（图 99A-D）。

该类群的腹面纤毛器稳定的由 5 列额-腹-横棘毛原基条带发育而来（有些学者也将波动膜原基归入"额-腹-横原基"，因此称之为"6-原基发生模式"），大多数种类的额-腹-横棘毛原基产物按照 8：5：5 模式形成 18 根额-腹-横棘毛的分组，少数种类的棘毛数量有一定程度的增加。背面纤毛器的模式高度分化，排布模式在属间差异较大。除背触毛原基在末期出现的断裂现象以外，还存在是否具有第 2 组背触毛（即"背缘触毛列"）的差异。总之，该类群几乎在所有性状上都体现出演化、发育至最终阶段的模式（图 99）。

分子系统学和细胞发生学的研究表明：一些非 18 根额-腹-横棘毛的种类（如圆纤虫属、伪瘦尾虫属和半小双虫属等）与尖毛科具有较近的关系，它们很可能起源于具 18 根额-腹-横棘毛的纤毛虫祖先，是尖毛科的姐妹类群。然而这些具 18 根或多于 18 根额-腹-横棘毛的种类所共有的特征是：至少 1 列背触毛列发生断裂且最普遍的断裂发生在第 3 列背触毛。尽管在圆纤虫属、半小双虫属和伪瘦尾虫属中，仅伪瘦尾虫属存在背触毛断裂，但因圆纤虫属、半小双虫属和伪瘦尾虫属三者所共有的左腹棘毛列高度特化的拼接形成方式不可能是趋同进化的产物，因而 Luo 等（2018）推断前者不存在背触毛断裂是次级缺失，伪瘦尾虫属很可能是圆纤虫属和半小双虫属的祖先形式。因此在本书中，我们将其代表的圆纤科安排在散毛目下（图 99）。

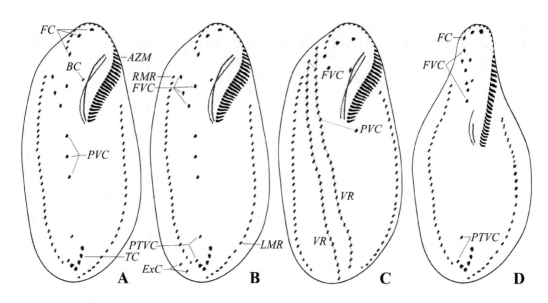

图 99　散毛目下 3 科的腹面纤毛图式示意图（虚线连接来自于同一额-腹-横棘毛原基条带的棘毛）
A，B. 尖毛科；C. 圆纤科；D. 尖颈科

　　Berger（1999）认为"背缘触毛列"是尖毛科的重要衍征，它可能比 18 根额-腹-横棘毛模式形成的更早或同时发生。结合分子系统学和传统形态学研究结果，Foissner 等（2004）、Foissner 和 Stoeck（2008）分别提出和证实 CEUU（Convergent Evolution of Urostylids and Uroleptids）假说：背部结构在某些腹毛亚纲类群的系统划分中占有更大的权重。因此最新的观点认为：额-腹-横棘毛不再是划分腹毛亚纲的唯一标准，而是否具有"背缘触毛列"成为重要的依据。但因瘦尾科的腹面纤毛器是典型的"zig-zag"状排布，来自多额-腹-横棘毛原基条带，而非来自散毛目特有的稳定的"5-原基"，因此本书将其安排在尾柱目下。

　　该目全世界记载 3 科，中国记录 3 科。

科检索表

1. 头部化明显，即身体前端削细成头状而与身体分开。3 根口后腹棘毛前置于口围带
右侧 ···**尖颈科 Trachelostylidae**
虫体无明显头部，部分或全部口后腹棘毛位于口区下方 ·························**2**
2. 具左、右缘腹棘毛列··**圆纤科 Strongylidiidae**
不具有左、右缘棘毛列 ···**尖毛科 Oxytrichidae**

第14章 尖毛科 Oxytrichidae Ehrenberg, 1838

Oxytrichidae Ehrenberg, 1838, *L. Voss, Leipzig*, 362.

尖毛科纤毛虫广泛分布在海洋、淡水和土壤等生境中，目前已知超过 200 种，是纤毛门腹毛目中包含种数最多的阶元之一。腹面通常具 18 根额-腹-横棘毛（偶略有增减），聚簇为明显的 6 组，来源于 6 条额-腹-横棘毛原基条带（图 99A，B；图 100A，B）。在若干属中，背面存在 1 或多列分隔（断裂）的背触毛（主要为第 3 列背触毛，有时背触毛片段缺失）及背缘触毛列存在（偶有缺失）（图 100C；图 101F-J）。

该科全世界记载 50 余属，中国记录 23 属。

Borror（1972）、Corliss（1979）等都曾对尖毛科的系统进行过修订，但是他们的原始报道中存在较多异物同名、同物异名及科属关系混乱等现象。例如，在 1999 年之前，尖毛科内至少 82 个种存在同物异名（同物异名率高达 48%）、9 个常见种存在 2 个或 2 个以上的同物异名、超过 140 个未定种等。Berger（1999）对尖毛科的 24 属进行了非常系统的修订。在此之后，有更多新属、新种或新组合建立。

根据虫体软硬、皮层颗粒是否存在以及口区占体长的比例，该科又被划分为尖毛亚科和棘尾亚科（Berger, 1999; Shao *et al.*, 2015）。尖毛亚科普遍虫体柔软且具有皮层颗粒（偶有缺失），口区通常小于体长 40%；棘尾亚科纤毛虫则虫体坚硬，没有皮层颗粒，口区通常大于体长的 40%。

根据口围带形状的不同，可分为两种模式：尖毛虫属模式和殖口虫属模式（Berger, 1999; Shao *et al.*, 2015）。尖毛虫属模式的口围带呈问号状（图 101A），而殖口虫属模式的口围带侧边缘沿虫体左缘伸展，近端向虫体中部突然弯曲（图 101D）。

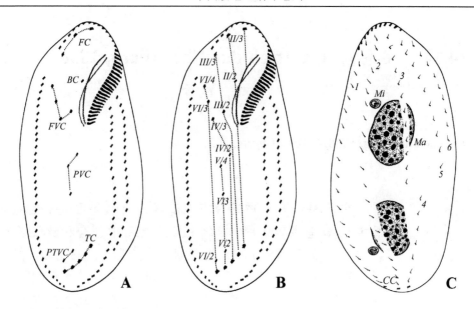

图 100　尖毛科纤毛图式的模式图

A. 6 组腹棘毛的划分及名称；B. 示额-腹-横棘毛的发育模式（虚线连接来自于同一 FVT-原基条带的棘毛，棘毛编号法则参考 Wallengren, 1900）；C. 背面模式

BC. 口棘毛；*CC.* 尾棘毛；*FC.* 额棘毛；*FVC.* 额腹棘毛；*Ma.* 大核；*Mi.* 小核；*PTVC.* 横前腹棘毛；*PVC.* 口后腹棘毛；*TC.* 横棘毛；*1-4.* 背触毛列 1-4；*5，6.* 背缘触毛列

　　根据口侧膜、口内膜的形状和排布方式，波动膜划分为以下 5 种类型。①尖毛虫属模式（图 101A）：口侧膜和口内膜略弯曲，相互交叉于二者中部；②假膜虫属模式（图 101B）：口侧膜和口内膜略弯曲，相互交叉于二者中部，但口侧膜远端向腹前侧弯曲呈明显的钩状；③管膜虫属模式（图 101C）：口内膜略弯曲，口侧膜弯曲成明显的弓状，二者在中部相互交叉；④殖口虫属模式（图 101D）：口侧膜和口内膜伸直且平行，口侧膜仅由少数间距大的毛基体组成并延伸至口内膜前端；⑤棘尾虫属模式（图 101E）：口侧膜和口内膜伸直且平行，二者长度一致。

　　背触毛的发生过程可划分为以下 5 种模式（Berger, 1999; Shao *et al.*, 2015）。①尖毛虫属模式：第 3 列背触毛断裂，背缘触毛列存在。尾棘毛存在或缺失，如果存在，通常为 3 根（有时多于 3 根并排成 3 列），每根（或每列）形成于第 1、2 和 4 列背触毛的末端。衍征是第 3 列背触毛多重断裂和（或）背缘触毛多于 2 列（图 101F）；②瘦体虫属模式：第 3 列背触毛不断裂，背缘触毛列存在。尾棘毛存在或缺失，如果存在，通常为 3 根，分别形成于第 1-3 列背触毛的末端（图

101G）；③殖口虫属模式：第 3 列背触毛不断裂，背缘触毛
列缺失，尾棘毛存在或缺失，如果存在，通常为 3 根，分别
形成于第 1-3 背触毛的末端（图 101H）；④急纤虫属模式：2
列背触毛断裂，背缘触毛列存在，衍征是背触毛列多重断裂
和（或）背缘触毛多于 2 列（图 101I）；⑤半腹柱虫属模式：
2 列背触毛断裂，背缘触毛列缺失（图 101J）。

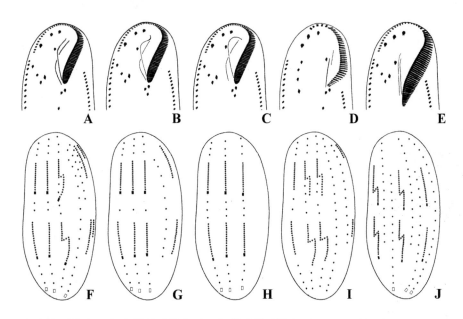

图 101　尖毛科口器（A-E）和背触毛发生（F-J）模式图（引自 Shao et al., 2015）
A. 尖毛虫属模式；B. 假膜虫属模式；C. 管膜虫属模式；D. 殖口虫属模式；E. 棘尾虫属模式；F. 尖
毛虫属模式；G. 瘦体虫属模式；H. 殖口虫属模式；I. 急纤虫属模式；J. 半腹柱虫属模式

属检索表

7. 尾棘毛缺失 ··· 桥柱虫属 *Ponturostyla*
　　尾棘毛存在 ··· 原毛虫属 *Architricha*
8. 约 18 根额-腹-横棘毛 ··· 9
　　远多于 18 根额-腹-横棘毛 ·· 14
9. 尾棘毛缺失 ·· 10
　　尾棘毛存在 ·· 11
10. 背触毛 4 或 6 列 ·································· 急纤虫属 *Tachysoma*
　　背触毛 3 列 ······························· 异急纤虫属 *Heterotachysoma*
11. 细胞质橘黄色或红色或棕褐色 ·············· 赭尖虫属 *Rubrioxytricha*
　　细胞质无色 ·· 12
12. 背触毛以瘦体虫属模式发生 ·· 13
　　背触毛以非瘦体虫属模式发生 ·················· 尖毛虫属 *Oxytricha*
13. 口围带殖口虫属模式，额腹棘毛成列排布 ········· 片尾虫属 *Urosoma*
　　口围带非殖口虫属模式，额腹棘毛呈 "V" 形排布 ········· 拟片尾虫属 *Urosomoida*
14. 尾棘毛不存在 ······································· 多毛虫属 *Polystichothrix*
　　尾棘毛存在 ·· 15
15. 背触毛 4 列 ······························· 伪腹柱虫属 *Pseudogastrostyla*
　　背触毛多于 4 列 ··· 16
16. 发生过程中老口围带被部分更新 ·········· 原腹柱虫属 *Protogastrostyla*
　　发生过程中老口围带被完全保留 ··· 17
17. 前、后仔虫棘毛原基为次级发生，后仔虫的原基 II 不向前延伸超过胞口 ···
　　·· 腹柱虫属 *Gastrostyla*
　　前、后仔虫部分棘毛原基为初级发生，后仔虫的原基 II 向前延伸超过胞口 ······
　　··· 克莱因柱形虫属 *Kleinstyla*
18. 波动膜管膜虫属模式 ····························· 硬膜虫属 *Rigidohymena*
　　波动膜非管膜虫属模式 ··· 19
19. 口围带分两段，口唇有明显突起 ·············· 放射毛虫属 *Actinotricha*
　　口围连续，口唇无明显突起 ··· 20
20. 两侧均多于 1 列缘棘毛 ························· 侧毛虫属 *Pleurotricha*
　　两侧均 1 列缘棘毛 ··· 21
21. 波动膜为尖毛虫属模式 ····························· 棘毛虫属 *Sterkiella*
　　波动膜为棘尾虫属模式 ··· 22
22. 横棘毛不分成明显的 2 组 ··················· 异源棘尾虫属 *Tetmemena*
　　横棘毛分成明显的 2 组 ························· 棘尾虫属 *Stylonychia*

36. 放射毛虫属 *Actinotricha* Cohn, 1866

Actinotricha Cohn, 1866, *Z. wiss. Zool.*, 16: 253.
Type species： *Actinotricha saltans* Cohn, 1866.

虫体坚硬；口围带分 2 段，远端小膜间距较远呈放射状；波动膜短且平行，口唇棘突起状；左、右缘棘毛各 1 列；背触毛多于 3 列；尾棘毛存在。

该属全世界记载 1 种，中国记录 1 种。

（93）盐放射毛虫 *Actinotricha saltans* Cohn, 1866（图 102）

Actinotricha saltans Cohn, 1866, *Z. wiss. Zool.*, 16: 253.
Actinotricha saltans Song & Wilbert, 1997a, *Arch. Protistenk.*, 148: 420.

形态　活体大小 40-80 μm × 15-30 μm。皮膜软，虫体不可伸缩，呈长椭圆形，前端略窄，背腹扁平。无皮层颗粒。细胞质无色至浅灰色，新采集虫体中多有数个大的内含硅藻、鞭毛虫的食物泡（直径约 10 μm）；以细菌培养的个体中则有若干小颗粒（直径 2-4 μm），多分布在虫体后半部。2 枚椭球形大核和 2-3 枚小核。

通常急促爬行（甚至跳跃）于底质上，游泳时绕体长轴慢速旋转游泳。偶尔静止，借助横棘毛趋附于底质之上。

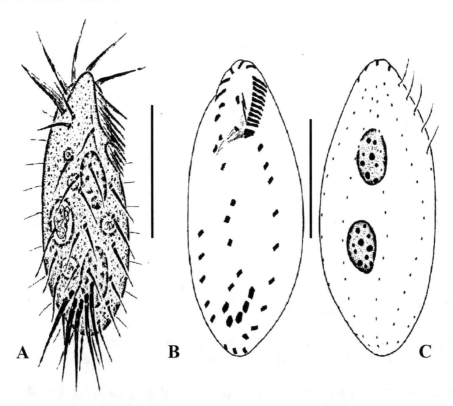

图 102　盐放射毛虫 *Actinotricha saltans*
A. 活体腹面观；B，C. 纤毛图式腹面观（B）及背面观（C）
比例尺：50 μm

口区很窄，约占体长的 1/3。腹面观察时，口唇几乎覆盖口围带近端部分。口唇中部有一软而明显的棘突。口围带由 13-18 片小膜组成，并由 3-5 μm 的空缺分为远端和近端两部分。远端具 5 片（少数个体 4 片）小膜，纤毛长而呈辐射状排布，活体长 20 μm 以上；近端小膜着生的纤毛较短，通常最近端的 3 片小膜紧靠在一起且与其他的近端小膜明显分开。口内膜与口侧膜短而直，二者互相平行等长。

具 7 根额棘毛且明显前置，仅 4 根位于额区。5 根腹棘毛分为不明显的 2 组，含 3 根位置偏后的口后腹棘毛和 2 根横前腹棘毛。5 根粗壮的横棘毛位于亚尾端，纤毛长约 20 μm。左缘棘毛 1 列，含 8-10 根棘毛；右缘棘毛 1 列，前端明显缩短，起始于体后端 40%处，含 5-7 根棘毛。

背触毛通常 5 列，偶有 6 列，最左侧 1 列背触毛后端明显缩短并有 1 较大的缺口。背触毛活体观十分明显，呈针状，长 8-10 μm。尾棘毛 3 根，纤毛不明显突出。

标本采集地 山东青岛开放水体，温度 20℃，盐度 30‰。

标本采集日期 1993. 10. 27。

标本保藏单位 中国海洋大学，海洋生物多样性与进化研究所（编号：SWB1993102701）。

生境 海水。

37. 原毛虫属 *Architricha* Gupta, Kamra & Sapra, 2006

Architricha Gupta, Kamra & Sapra, 2006, *Eur. J. Protistol.*, 42: 31.
Type species: *Architricha indica* Gupta, Kamra & Sapra, 2006.

虫体柔软；口围带连续，呈问号形；波动膜尖毛虫属模式；典型 18 根额-腹-横棘毛，额腹棘毛"V"形排布；左、右缘棘毛多列；尾棘毛 3 根；背触毛 6 列，尖毛虫属模式。

该属全世界记载 1 种，中国记录 1 种。

（94）印度原毛虫 *Architricha indica* Gupta, Kamra & Sapra, 2006 (图 103)

Architricha indica Gupta, Kamra & Sapra, 2006, *Eur. J. Protistol.*, 42: 31.
Architricha indica Xu, Li, Fan, Pan, Gu & Al-Farraj, 2015, *Acta Protozool.*, 54: 184.

形态 活体大小为 100-140 μm × 30-40 μm。虫体柔软，通常为细长椭圆形。皮层颗粒无色圆形，直径约 0.5 μm，背腹面均有分布：在腹面沿缘棘毛列线性排列；在背面均匀分布成排。单一伸缩泡位于虫体中部靠近左侧边缘处，直径约 12 μm，收缩间隔约 20 s；未观察到收集管。细胞质无色，包含许多油球及哑铃状晶体，大小达 8 μm；常存在几个直径约 10 μm 的食物泡。2 枚椭球形大核，大小约 10 μm × 6 μm。

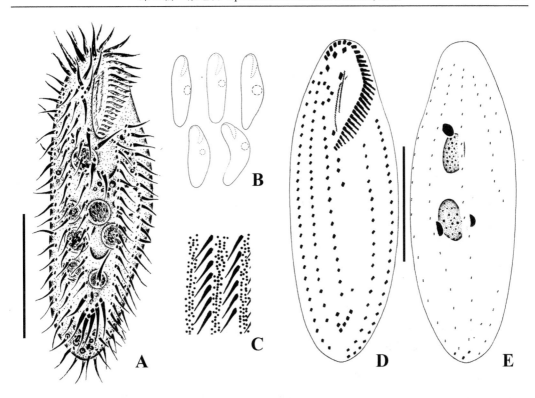

图 103　印度原毛虫 *Architricha indica*
A. 典型个体腹面观；B. 活体下的不同体形；C. 皮层颗粒排布；D, E. 纤毛图式腹面观（D）及背面观（E）
比例尺：50 μm

通常缓慢爬行于底质上，时而静止，多数时间为游泳状态，游泳时绕体长轴慢速旋转。

口围带不突出，仅占体长的 1/4-1/3，由 30-35 片小膜组成，小膜最宽处约 15 μm，纤毛约 10 μm。口侧膜短而直，口内膜较长且下方轻微弯曲。

3 根额棘毛，4 根额腹棘毛呈不对称的"V"形排布。单一口棘毛靠近口侧膜前端。3 根口后腹棘毛线性排列位于口围带后端下方；2 根横前腹棘毛较分散，1 根位于最内侧右缘棘毛列最后 1 根棘毛的右后方，另 1 根位于其左上方；5 根横棘毛呈对号形排列。左缘棘毛 2 列，右缘棘毛 3 列，二者末端分离。

具 6 列背触毛，左起 3 列背触毛纵贯虫体，第 4 列背触毛非常短（仅包含几对毛基体）且局限于虫体后端，第 5 和第 6 列背触毛位于虫体前半部分。3 根尾棘毛位于第 1、第 2 和第 4 列背触毛后端，尾棘毛不明显。

标本采集地　上海淡水池塘，水温 16℃。

标本采集日期　2012. 06. 07。

标本保藏单位　华东师范大学，生命科学学院（编号：FXP2012060701）。

生境　淡水。

38. 偏腹柱虫属 *Apogastrostyla* Li, Huang, Song, Shin, Al-Rasheid & Berger, 2010

Apogastrostyla Li, Huang, Song, Shin, Al-Rasheid & Berger, 2010a, *Acta Protozool.*, 49: 196.
Type species: *Apogastrostyla rigescens* (Kahl, 1932) Li, Huang, Song, Shin, Al-Rasheid & Berger, 2010.

　　虫体略柔软，前端或多或少削细（头部化）；口围带连续，呈问号形，远端极度向后延伸；波动膜为棘尾虫属模式；典型的 18 根额-腹-横棘毛，部分额腹棘毛和口后腹棘毛排列成 1 列斜线；左、右缘棘毛各 1 列；2 根"额外"棘毛位于右缘棘毛的右后方；尾棘毛 3 根；背触毛 3 列，殖口虫属模式。
　　该属全世界记载 1 种，中国记录 1 种。

（95）僵硬偏腹柱虫 *Apogastrostyla rigescens* (Kahl, 1932) Li, Huang, Song, Shin, Al-Rasheid & Berger, 2010 (图 104)

Tachysoma rigescens Kahl, 1932, *Tierwelt Dtl.*, 25: 605.
Apogastrostyla rigescens Li, Huang, Song, Shin, Al-Rasheid & Berger, 2010a, *Acta Protozool.*, 49: 197.

　　形态　活体大小 140-160 μm × 32-60 μm，长、宽比为 3.4∶1 至 5.5∶1。皮膜较坚韧，可略弯折，不具明显的伸缩性，虫体呈长带状或长椭圆形，前端略呈"头"状，歪向右侧而与体部区分开；左、右缘较为平直，某些摄食较多的个体体形略有变化，左、右缘略隆起，尾端稍细缩。厚、幅比约 1∶2。皮层颗粒球状，无色，直径 0.3-0.5 μm，密集分布于背腹面，以短列排布。未观察到伸缩泡。在低倍放大下观察，虫体呈铁锈色，高倍放大下观察则呈褐色。细胞质透明，包含大量食物泡及其他不规则的内质颗粒，以及数个（通常 4-8 个）环状结构，散布于虫体内，直径约 6 μm。2 枚椭球形大核，活体下可见其清亮匀质，位于虫体中部偏左，蛋白银染色后大小为 14-22 μm × 6-11 μm；小核 1-4 枚，球形，常伴随大核。
　　通常长时间静伏于底质上，"头"部右倾。爬行时速度中等，无特别规律与趋触性。主要以硅藻等为食。
　　口围带由 37-51 片（平均 43 片）小膜组成，高度弯曲至口区右侧而包围虫体之"头部"。顶端至远端的小膜棘毛状，活体时长约 15 μm。近端小膜明显发达，基部最宽处约 10 μm。波动膜为棘尾虫属模式，口侧膜与口内膜近乎平行，近等长，向前终止于口区 1/2 处。
　　恒有 18 根额-腹-横棘毛，大多数体棘毛较为粗壮。活体时缘棘毛纤毛长约 10 μm，横棘毛纤毛长 18-20 μm，其他额腹区棘毛纤毛长 12-15 μm。纤毛图式为：3 根额棘毛位于额区，其中 2 根位于顶端，1 根位于口围带末端，较难辨认；单一口棘毛紧邻口侧膜上端；4 根额腹棘毛靠近右缘棘毛列上方左侧，棘毛 III/2 位于最右侧额棘毛左下方，其余的额腹棘毛与口后腹棘毛排列为 1 斜列；近尾端，5 根粗大的横棘毛排列成"J"形，活体时超出虫体尾缘部分占纤毛全长的 1/3-1/2；其上有 2 根细弱的横前腹棘毛；最右侧的横棘毛右侧、右缘棘毛列下侧另有 2 根"额外"棘毛；左、右缘棘毛各 1 列，分别含有 23-31 根和 17-27 根缘棘毛，右缘棘毛列起始于第 2 根额腹棘毛附近，向后端延伸至最左侧横前腹棘毛水平位置，与 2 根"额外"棘毛明显分离。左缘棘毛列前端位于口后方，末端与尾棘毛相连接。

　　3 列贯穿体长的背触毛，纤毛长约 3 μm。每列末端具 1 根十分细弱的尾棘毛。

　　标本采集地　山东青岛封闭养殖池，温度 30℃，盐度 30‰。

　　标本采集日期　2007.09.24。

　　标本保藏单位　中国海洋大学, 海洋生物多样性与进化研究所（编号: LLQ2007092401）。

　　生境　海水。

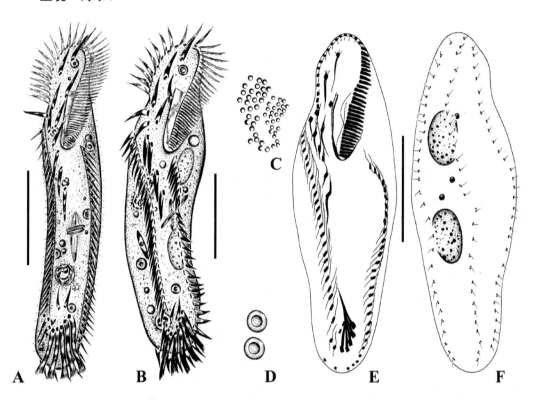

图 104　僵硬偏腹柱虫 *Apogastrostyla rigescens*
A，B. 典型个体腹面观；C. 皮层颗粒；D. 直径为 6 μm 的环状结构；E, F. 纤毛图式腹面观（E）及背面观（F）
比例尺：20 μm

39. 管膜虫属 *Cyrtohymena* Foissner, 1989

Cyrtohymena Foissner, 1989, *Sber. öst. Akad. Wiss.*, 196: 238.

Type species：*Cyrtohymena muscorum* (Kahl, 1932) Foissner, 1989.

虫体柔软；口围带连续，呈问号形；波动膜为管膜虫属模式；典型的 18 根额-腹-横棘毛；左、右缘棘毛各 1 列；尾棘毛 3 根；背触毛 5 或 6 列，尖毛虫属模式。

该属全世界记载 10 余种，中国记录 1 种。

（96）海洋管膜虫 *Cyrtohymena marina* (Kahl, 1932) Foissner, 1989（图 105）

Steinia marina Kahl, 1932, *Tierwelt Dtl.*, 25: 614.
Cyrtohymena marina Foissner, 1989, *Sber. öst. Akad. Wiss.*, 196: 238.
Cyrtohymena marina Song, Wilbert & Warren, 2002, *Acta Protozool.*, 41: 160.

形态　活体大小约 120 μm × 40 μm，呈长卵圆形或椭圆形，柔软，后端尖削；长、宽比为 2.5：1 至 3：1，在瘦削的个体中，长、宽比可达 4：1，左缘略明显隆起，右缘直；背腹高度扁平，厚、幅比为 1：3；口区阔大，几乎占体长的 1/2。表膜薄，皮层颗粒无色，细弱（直径约 0.8 μm），数量少而散布于虫体背面；在少数个体中未观察到皮层颗粒；另一些个体中，在皮膜下分布大量线形排布的小颗粒（直径约 0.2 μm），使得虫体呈暗色。细胞质无色至灰色，在摄食充分的个体中通常可见很多含其他纤毛虫、鞭毛虫和硅藻的大型食物泡，这些食物泡使得虫体不透明。大量的晶体分布于细胞质。伸缩泡大，位于体前 2/5 处，近左缘。2 枚卵球形大核和 2-5 枚小核。

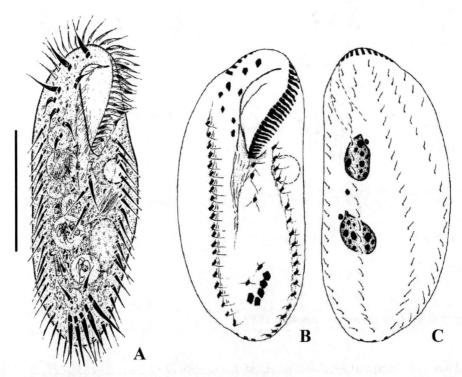

图 105　海洋管膜虫 *Cyrtohymena marina*
A. 典型个体腹面观；B，C. 纤毛图式腹面观（B）及背面观（C）
比例尺：50 μm

　　口围带远端明显向右弯曲，止于腹面右前端，由 32-42 片小膜组成，小膜基部 10-12 μm；口侧膜和口内膜等长，前端弯曲明显。

　　棘毛较粗壮，纤毛长 10-15 μm。额棘毛和口棘毛分布于额区，口棘毛位于口区中部，3 根额棘毛十分粗壮，4 根额腹棘毛稍细弱且成对排布；3 根口后腹棘毛位于胞口后方，2 根横前腹棘毛位于横棘毛前方；5 根横棘毛，纤毛长 20-25 μm，紧密排布为 "J" 形，靠近虫体后端；左、右缘棘毛列分别由 17-21 根和 19-25 根棘毛构成，末端明显分离。

　　背触毛长 3-5 μm，排列为纵贯虫体的 4 列，1 列短的背缘触毛列分布于虫体右前方，仅由 2-4 对毛基体组成。通常 3 根尾棘毛分布于虫体末端。

　　标本采集地　山东青岛封闭养殖池塘，温度 30℃，盐度 10‰-15‰。

　　标本采集日期　1999.09.27。

　　标本保藏单位　中国海洋大学，海洋生物多样性与进化研究所（编号：SWB1999092701）。

　　生境　咸水。

40. 腹柱虫属　*Gastrostyla* Engelmann, 1862

Gastrostyla Engelmann, 1862, *Wiss. Zool.*, 11: 383.
Type species: *Gastrostyla steinii* Engelmann, 1862.

　　虫体柔软；口围带连续，呈问号形；波动膜为尖毛虫属模式；额-腹-横棘毛多于 18 根，部分额腹棘毛和口后腹棘毛排列成 1 列倾斜的腹棘毛；左、右缘棘毛各 1 列；尾棘毛 3 根；背触毛 5 或 6 列，尖毛虫属模式。

　　该属全世界记载 8 种，中国记录 1 种。

（97）斯坦腹柱虫　*Gastrostyla steinii* Engelmann, 1862（图 106）

Gastrostyla steinii Engelmann, 1862, *Z. wiss. Zool.*, 11: 383.
Gastrostyla philippinensis Shibuya, 1931, *Proc. Imp. Acad. Japan.*, 7: 125.
Histrio lemani Dragesco, 1966, *Protistologica*, 2: 89.
Gastrostyla steinii Luo, Li, Wang, Bourland, Lin & Hu, 2017b, *Eur. J. Protistol.*, 60: 121.

　　形态　活体大小 105-170 μm × 40-70 μm，长、宽比约 5∶2。虫体半坚硬，不可伸缩，体形椭圆形，虫体前、后两端均钝圆，有时后端比前端略宽，虫体左、右两侧平直或略凸起。虫体背腹扁平，厚、幅比约 1∶2。无皮层颗粒。单一伸缩泡伸张状态直径约 15 μm，位于体中部或稍靠前，近虫体左缘。细胞质无色，体内含有大量形状不规则的颗粒、晶体，大小 1-5 μm，致使虫体在低倍放大下观察呈灰暗不透明状。4 枚球形大核于体中线或稍左侧呈线性排列，直径约 20 μm；小核 2-5 枚，紧靠大核，直径约 5 μm。

　　休眠包囊球形，直径约 50 μm，包囊表面有明显棘突。

　　较慢或稍快速于底质上爬行，偶尔游泳。

　　口区约占体长的 37%，口围带由 31-38 片小膜组成，其中仅有 4 或 5 片小膜延伸到虫体腹面右缘。口围带小膜纤毛长 20-25 μm。波动膜呈尖毛虫属模式，口内膜和口侧膜几乎等长，口内膜略后于口侧膜，二者在口内膜的前端相交。

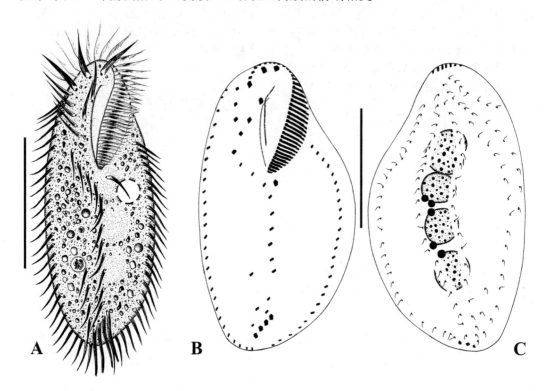

图 106　斯坦腹柱虫 *Gastrostyla steinii*
A. 典型个体腹面观；B，C. 纤毛图式腹面观（B）及背面观（C）
比例尺：50 μm

　　横棘毛纤毛长约 30 μm，其他棘毛长 20-25 μm。额棘毛恒定 3 根，位于额区顶端；单根口棘毛，单根拟口棘毛，单根口后腹棘毛。额腹棘毛列由 3 部分组成：前端为 3 或 4 根额腹棘毛排成 1 列；中间部分为 1 根比较粗壮的腹棘毛；后端为 10-12 根棘毛排成 1 列。横前腹棘毛 3-5 根，通常 4 根。横棘毛通常 4 根，少数 5 根，呈斜线排布，纤毛均伸出体外。左、右缘棘毛各 1 列，末端几乎汇合，分别含有 20-28 根和 26-32 根棘毛。

　　背触毛恒为 6 列：第 1-3 列背触毛列纵贯全身；第 4 列背触毛前端稍微后于前 3 列背触毛列，且第 3、4 列背触毛间通常有 2 对毛基体；第 5、6 列背触毛后端明显缩短，分别仅含有约 12 对和 6 对毛基体。纤毛长约 3 μm。尾棘毛恒为 3 根，分布于第 1、2 和 4 列背触毛的末端，紧密排布，位于 2 列缘棘毛中间，纤毛不明显长于缘棘毛纤毛。

　　标本采集地　广东深圳红树林，水温 21.3℃，盐度 5‰-15‰。

　　标本采集日期　2015. 11. 22。

　　标本保藏单位　中国海洋大学，海洋生物多样性与进化研究所（编号：LXT2015112203）。

生境　咸水。

41. 半腹柱虫属 *Hemigastrostyla* Song & Wilbert, 1997

Hemigastrostyla Song & Wilbert, 1997a, *Arch. Protistenk.*, 148: 421.
Type species： *Hemigastrostyla stenocephala* (Borror, 1963) Song & Wilbert, 1997.

　　虫体柔软，前端或多或少细化（头部化）；口围带连续，呈问号形，远端明显向后延伸；波动膜为棘尾虫属模式；额-腹-横棘毛多于 18 根，部分额腹棘毛和口后腹棘毛形成明显的 1 列；左、右缘棘毛各 1 列，2 根"额外"棘毛位于右缘棘毛列的右后方；尾棘毛 3 根；背触毛 4-6 列，常常 5 列，半腹柱虫属模式。
　　该属全世界记载 4 种，中国记录 2 种。

种检索表

1. 口区约占体长的 50%，仅最后面的 1 根口后腹棘毛位于口区以下，黄色皮层颗粒不存在 ···拟缩颈半腹柱虫 *H. paraenigmatica*
   口区约占体长的 35%，所有的口后腹棘毛位于口区以下，黄色皮层颗粒存在 ···········
   ···细长半腹柱虫 *H. elongata*

（98）细长半腹柱虫 *Hemigastrostyla elongata* Shao, Song, Al-Rasheid & Berger, 2011
（图 107）

Hemigastrostyla elongata Shao, Song, Al-Rasheid & Berger, 2011b, *Acta Protozool.*, 50: 269.

　　形态　活体大小 95-160 μm × 22-35 μm，通常约 135 μm × 25 μm，长、宽比近 5∶1。虫体柔软但无明显收缩性，由于制片方法会引起强烈扩张，在蛋白银染色中平均长、宽比仅为 1.8∶1。虫体呈细长椭圆形，两端阔圆，前端额区轻微变窄，头部化；左边缘较直，右边缘轻微或明显凸起。虫体中部前端通常最宽，腹面扁平，腹、侧比约 2∶1，背面中部凸起。细胞表面具 2 种类型的皮层颗粒：①直径约 0.5 μm 的无色颗粒，呈玫瑰花状排布，主要围绕缘棘毛和背触毛，但也散布于腹面左右边缘处；②直径约 1 μm 的亮黄色球形颗粒，沿缘棘毛列稀疏排布。未观察到伸缩泡，或缺失。细胞质透明无色，常含有许多直径 2-3 μm 的油球，使细胞在低倍放大下观察不透明，呈暗色。2 枚椭圆形大核排列于口后，通常位于细胞中线处或略微偏左，长、宽比约 2∶1，包含一些小或中等大小的核仁。每枚大核通常附着 1 枚小核。
　　时而静止，时而于沙粒或碎片处适度快速滑行，表现出明显的灵活性。

活体下口区占体长的 25%-30%，染色后约占 35%，含有 20-46 片（平均 33 片）小膜。小膜最宽处基底约长 7 μm，纤毛长约 15 μm。口围带远端向后延伸至虫体右侧。活体下口区较窄，蛋白银染色后口区膨胀而较宽。口唇轻微弯曲，仅覆盖口围带近端右侧。波动膜大致为棘尾虫属模式，即口侧膜和口内膜笔直或稍微弯曲，平行排列或轻微交叉，几乎等长。

多数棘毛长约 8 μm，额棘毛和横棘毛纤毛长约 15 μm。3 根额棘毛呈倾斜的 1 列排布，最右边的额棘毛靠近口围带远端，与额腹棘毛粗细相当。单一口棘毛位于口侧膜右前端。拟口棘毛靠近最右侧额棘毛且大小相同。其余 3 根额腹棘毛排成 1 列，起始于最右侧额棘毛的右侧。口后腹棘毛排成 1 列，最前 1 根棘毛位于口区底端水平位置处，最后 1 根棘毛位于体长约 53%处。横前腹棘毛靠近横棘毛。横棘毛通常大致排成"J"形，最下面的横棘毛平均位于体长 91%处，即横棘毛轻微前置，纤毛超出虫体后端的部分占纤毛总长度的 1/4-1/3。右缘棘毛列起始于虫体 30%处，即口区底端稍微靠前，平均终止于虫体 82%处。左缘棘毛列始于口围带近端左侧，终止于细胞末端稍靠前处，几乎与尾棘毛连成线。"额外"棘毛比较小且几乎与右缘棘毛列排成 1 列，但是明显有间隔。

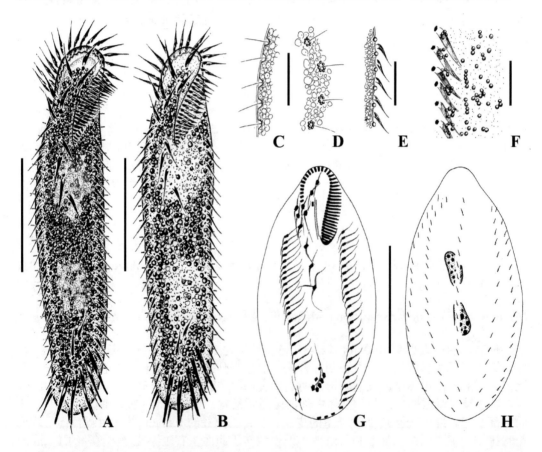

图 107　细长半腹柱虫 *Hemigastrostyla elongata*
A，B. 典型个体腹面观；C. 皮层颗粒；D-F. 皮层颗粒；G，H. 纤毛图式腹面观（G）及背面观（H）
比例尺：A，B. 40 μm；C-F. 10 μm；G，H. 50 μm

恒定 5 列背触毛，几乎纵贯虫体，前端均稍短，活体下纤毛长约 5 μm。单根背触毛从较小皮层颗粒形成的杯状凹陷中发出。3 根尾棘毛位于虫体后端边缘，细胞中线偏左，纤毛长 8-10 μm，因此活体下其与缘棘毛很难区分。

标本采集地　山东青岛沿海沉积物，温度 5℃，盐度 30‰。

标本采集日期　2005. 12. 06。

标本保藏单位　中国海洋大学，海洋生物多样性与进化研究所（编号：SC2005120601）。

生境　海水。

（99）拟缩颈半腹柱虫 *Hemigastrostyla paraenigmatica* **(Dragesco & Dragesco-Kernéis, 1986) Shao, Song, Al-Rasheid & Berger, 2011** (图 108)

Oxytricha enigmatica Dragesco & Dragesco-Kernéis, 1986, *Faune tropicale*, 26: 463.

Hemigastrostyla enigmatica Song & Wilbert, 1997a, *Arch. Protistenk.*, 148: 421.

Hemigastrostyla paraenigmatica Shao, Song, Al-Rasheid & Berger, 2011b, *Acta Protozool.*, 50: 275.

形态　活体大小为 120-180 μm × 30-50 μm。虫体基本呈长椭圆形，前、后端钝圆，并在前端多少呈头状；背腹扁平，厚、幅比约 3∶1。腹面观时，中后部可见有 2 列斜向的沟槽，为缘棘毛之所在；背面凸起，中间部分比前端和后端厚。左、右边缘不平整。皮层颗粒细弱（小于 1 μm），常围绕背触毛组成"玫瑰花"形图案。没有观察到伸缩泡。细胞质透明至无色，常包含一些椭圆形类似液泡的空泡，大小约 2 μm；体内含大量直径 5-8 μm 的油球，食物泡不容易辨认，可能主要以鞭毛虫和硅藻为食。2 枚椭球形大核位于细胞中部偏左，内含大量球形核仁；小核 2-6 枚，分布在大核附近。

在底质上时而静止，时而运动，具有轻微的趋触性，游泳时沿虫体中轴螺旋前进。

口区狭窄，口围带由 34-50 片小膜组成，其远端止于腹面右前方口区 1/2 处，口侧膜和口内膜稍微弯曲，二者几乎平行。

3 根额棘毛明显粗壮，最右边 1 根位于口围带远端下方，其余 2 根几乎位于虫体顶端；单一口棘毛位于口区中部靠近波动膜的位置；4 根额腹棘毛紧挨最右侧的额棘毛分布。3 根口后腹棘毛围绕口围带近端分布，2 根横前腹棘毛靠近横棘毛分布；5 根横棘毛较粗壮，纤毛长约 20 μm。除此之外，2 根"额外"棘毛位于右缘棘毛列末端，横棘毛右侧。左、右缘棘毛各 1 列，分别包含 17-21 根和 13-19 根棘毛；右缘棘毛列较短，几乎终止于最右侧的横棘毛，左缘棘毛起始于口围带近端呈"J"形排布。

6 列背触毛，第 2、3、5 列贯穿虫体，第 1 列前、后均缩短，第 4 列从虫体中部起始，第 6 列仅分布于虫体前 1/3。纤毛长约 3 μm，背触毛活体观明显，位于杯形的表膜凹陷内。尾棘毛 3 根。

标本采集地　山东青岛封闭养殖池塘，温度 25℃，盐度 30‰。

标本采集日期　1995. 10. 06。

标本保藏单位　中国海洋大学，海洋生物多样性与进化研究所（编号：SWB1995100601）。

生境　海水。

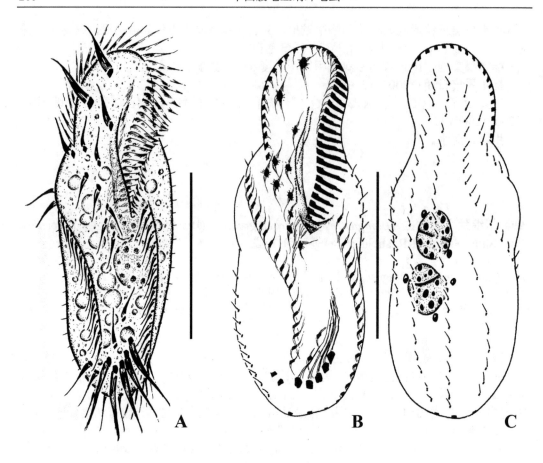

图 108　拟缩颈半腹柱虫 *Hemigastrostyla paraenigmatica*
A. 典型个体腹面观；B，C. 纤毛图式腹面观（B）及背面观（C）
比例尺：50 μm

42. 异急纤虫属 *Heterotachysoma* Shao, Ding, Al-Rasheid, Al-Farraj, Warren & Song, 2013

Heterotachysoma Shao, Ding, Al-Rasheid, Al-Farraj, Warren & Song, 2013a, *Eur. J. Protistol.*, 49: 94.

Type species：*Heterotachysoma ovatum* (Song & Wilbert, 1997) Shao, Ding, Al-Rasheid, Al-Farraj, Warren & Song, 2013.

　　虫体柔软；口围带连续，呈非典型的问号形；波动膜为尖毛虫属或棘尾虫属模式；典型的 18 根额-腹-横棘毛，口后腹棘毛位于口围带近端右侧或下方；左、右缘棘毛各 1 列；尾棘毛缺失；背触毛 3 列，殖口虫属模式。
　　该属全世界记载 3 种，中国记录 3 种。

种检索表

（100）爵拉异急纤虫 *Heterotachysoma dragescoi* (Song & Wilbert, 1997) Shao, Ding, Al-Rasheid, Al-Farraj, Warren & Song, 2013 (图 109)

Tachysoma dragescoi Song & Wilbert, 1997b, *Eur. J. Protistol.*, 33: 58.
Heterotachysoma dragescoi Shao, Ding, Al-Rasheid, Al-Farraj, Warren & Song, 2013a, *Eur. J. Protistol.*, 49: 94.

　　形态　活体大小 40-50 μm × 20-25 μm。虫体呈卵圆形至椭圆形。背腹略扁平，厚、幅比约 1∶2。皮层颗粒直径约 1 μm，每 2-4 个颗粒组为 1 短列。未观察到伸缩泡。细胞质无色，通常可看到几个或多个食物泡，内含细菌和鞭毛虫。2 枚椭球形大核，沿细胞中线偏左排布，内含一些大的核仁；2 枚小核，分别靠近前、后 2 枚大核。

　　运动较缓慢，在底质上爬行。

　　口区较窄，口围带占体长的 1/3-2/5。口围带略微向右弯曲，由 12-15 片小膜组成；口侧膜和口内膜直而短，棘尾虫型。

　　额腹横棘毛 17 根，其中 3 根较粗壮的额棘毛，纤毛长 8-10 μm；4 根额腹棘毛聚集在一起，呈四边形；口棘毛位于波动膜右上方；3 根口后腹棘毛位于胞口底端右侧，2 根横前腹棘毛距离横棘毛相对较远。4 根比较粗壮的横棘毛位于虫体亚尾端，可作为趋触性结构，使虫体附着在基质上，纤毛长 15-20 μm。左、右缘棘毛各 1 列，末端明显分离，分别由 7-9 根和 5-8 根缘棘毛组成；左缘棘毛列起始于胞口，终止于虫体亚尾端；右缘棘毛列起始于约虫体中部，终止于最后方 1 根横棘毛右侧。

　　背触毛 3 列，纵贯虫体全长，毛基体对排列稀疏，每列约含 7 对毛基体。纤毛长约 3 μm。

　　标本采集地　山东青岛封闭养殖池塘，水温 5-13℃，盐度 32‰。

　　标本采集日期　1995. 10. 13。

　　标本保藏单位　中国海洋大学，海洋生物多样性与进化研究所（编号：SWB1995101301）。

　　生境　海水。

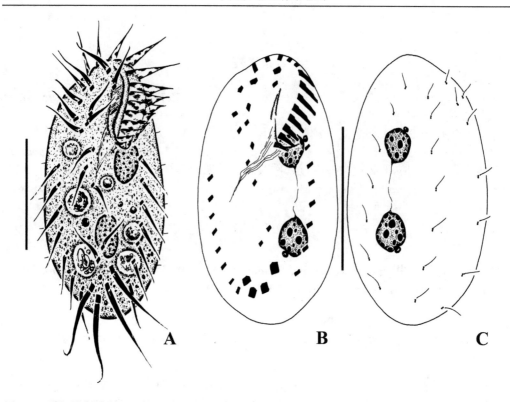

图 109　爵拉异急纤虫 *Heterotachysoma dragescoi*
A. 典型个体腹面观；B，C. 纤毛图式腹面观（B）及背面观（C）
比例尺：20 μm

（101）多核异急纤虫 *Heterotachysoma multinucleatum* (Gong & Choi, 2007) Shao, Ding, Al-Rasheid, Al-Farraj, Warren & Song, 2013 (图 110)

Tachysoma multinucleata Gong & Choi, 2007, *J. Mar. Biol. Ass. U.K.*, 87: 1081.
Heterotachysoma multinucleatum Shao, Ding, Al-Rasheid, Al-Farraj, Warren & Song, 2013a,
　　Eur. J. Protistol., 49: 95.

　　形态　活体大小 65-75 μm × 25 μm。虫体柔软但不具收缩性，长椭圆形，前端窄，后端钝圆，背腹显著扁平，幅、厚比 4∶1；腹面平坦，背面中部凸起；虫体右缘稍凸，左缘平直。皮层颗粒圆形，无色，直径 0.5 μm，通常围绕纤毛成簇排列。未见伸缩泡。细胞质透明，无色，含有大量直径 3-4 μm 的油球。约 30 枚球形或椭球形大核，散乱分布于除前端以外的虫体各部位。
　　运动缓慢或中速，通常在底质上爬行。当悬浮于水中时，常常不断地绕圈游动。
　　口围带占体长的 45%，由 23-30 片小膜组成，口围带纤毛长约 8 μm。口围带中部平直，没有与左边缘相接，近端弯向虫体中线，远端向下延伸至口区长度的 1/2 处。口侧膜和口内膜直且平行。

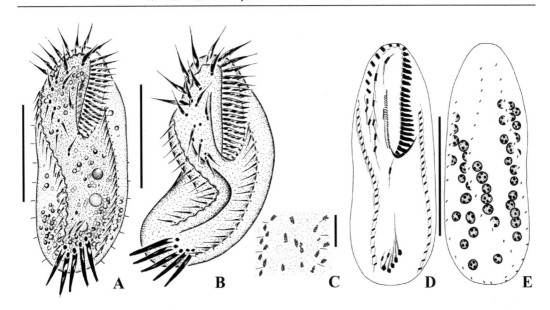

图 110 多核异急纤虫 *Heterotachysoma multinucleatum*
A. 典型个体活体腹面观；B. 弯曲个体腹面观；C. 皮层颗粒；D，E. 纤毛图式腹面观（D）及背面观（E）
比例尺：A，B. 35 μm；C，D，E. 40 μm

　　3 根稍粗壮的额棘毛，纤毛长约 10 μm，其中 2 根近细胞顶端，第 3 根靠近口围带远端下方。口棘毛毛基体狭长，位于口侧膜的前 1/3 处。额腹棘毛呈矩形排列，位于最右侧额棘毛下方靠近胞口中部。3 根口后腹棘毛，其中 2 根位于口围带近端右侧，另 1 根位于口区下方。5 根横棘毛呈"J"形排布，纤毛长约 12 μm，位于细胞亚尾端。2 根横前腹棘毛较细弱，位于横棘毛上方。左、右缘棘毛各 1 列，分别由 17-24 根和 16-23 根棘毛构成，右缘棘毛列从右上角向左下角稍微弯曲，在虫体末端不交汇。

　　背触毛恒为 3 列，第 1 列前端稍短，第 2、3 列纵贯虫体，纤毛长约 3 μm。

　　标本采集地　山东青岛近岸水体，水温 13℃，盐度 31‰。

　　标本采集日期　2006.11.28。

　　标本保藏单位　中国海洋大学，海洋生物多样性与进化研究所（编号：SC2006112801）。

　　生境　海水。

（102）卵圆异急纤虫 *Heterotachysoma ovatum* (Song & Wilbert, 1997) Shao, Ding, Al-Rasheid, Al-Farraj, Warren & Song, 2013 （图 111）

Tachysoma ovata Song & Wilbert, 1997b, *Eur. J. Protistol.*, 33: 55.
Heterotachysoma ovatum Shao, Ding, Al-Rasheid, Al-Farraj, Warren & Song, 2013a, *Eur. J. Protistol.*, 49: 94.

形态 活体 35-50 μm × 20-30 μm。虫体呈卵圆形，两端渐窄，皮膜柔软，略具收缩性，从腹面看虫体明显扭曲，主要因螺旋排列的缘棘毛所致；背腹扁平，厚、幅比为 1∶2，腹面略凹。皮层颗粒椭圆形，无色，长 1.2-1.5 μm，无规则稀疏排布，或单个排布或成对排布。未见伸缩泡。细胞质无色，含有大量密集排布的折光颗粒和食物泡，颗粒直径为 2-3 μm，食物泡中可见硅藻和鞭毛虫。2 枚卵圆形大核，间距较小，通常位于虫体中线左侧，直径 7-8 μm；单一小核位于 2 枚大核之间。

运动较缓慢，在底质上爬行。

口区狭窄，占体长的 2/5-1/2。口围带由 14-17 片小膜组成，远端显著弯曲，最宽的小膜基部约 5 μm。口侧膜及口内膜较短，略弯曲。

恒定 18 根额腹横棘毛，3 根比较粗壮的额棘毛，纤毛长 8-10 μm，单一口棘毛位于口内膜前端右侧，4 根额腹棘毛与腹棘毛混合排布，3 根口后腹棘毛与 2 根横前腹棘毛连续排布，腹棘毛终止于横棘毛前端；5 根横棘毛呈"J"形排布，纤毛长约 12 μm。左、右缘棘毛各 1 列，分别含有 14 或 15 根和 13-17 根棘毛；右缘棘毛列起始于细胞背面前端，终止横棘毛右侧，左缘棘毛列约 1/2 位于细胞腹面，其余 1/2 延伸至背面后端。缘棘毛列明显扭曲，末端不重合。

3 列背触毛纵贯虫体，每列仅 4-6 对毛基体，纤毛长 4-5 μm。

标本采集地 山东青岛近岸水体，水温 5-13℃，盐度 32‰。

标本采集日期 1995.12.05。

标本保藏单位 中国海洋大学，海洋生物多样性与进化研究所（编号：SWB1995120502）。

生境 海水。

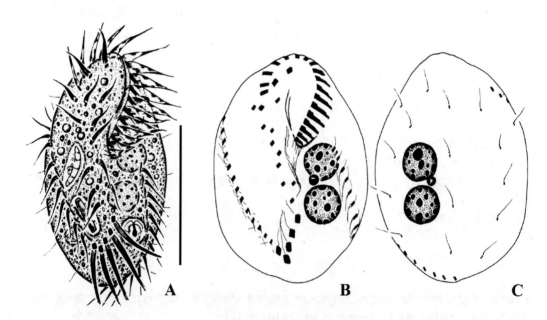

图 111 卵圆异急纤虫 *Heterotachysoma ovatum*
A. 典型个体活体腹面观；B，C. 纤毛图式腹面观（B）及背面观（C）
比例尺：20 μm

43. 克莱因柱形虫属 *Kleinstyla* Foissner, Agatha & Berger, 2002

Kleinstyla Foissner, Agatha & Berger, 2002, *Denisia*, 5: 735.
Type species: *Kleinstyla dorsicirrata* (Foissner, 1982) Foissner, Agatha & Berger, 2002.

　　虫体柔软，口围带连续，呈问号形；波动膜为尖毛虫属模式；腹棘毛列（小双虫列）存在；具横棘毛和横前棘毛；左、右缘棘毛各 1 列；背触毛 5 列，尖毛虫属模式（第 3 列背触毛发生时断裂，具背缘触毛列）；尾棘毛多根。

　　该属全世界记载 2 种，中国记录 1 种。

（103）背触毛克莱因柱形虫 *Kleinstyla dorsicirrata* (Foissner, 1982) Foissner, Agatha & Berger, 2002 (图 112)

Gastrostyla dorsicirrata Foissner, 1982, *Arch. Protistenkd.*, 126: 69.
Kleinstyla dorsicirrata Foissner, Agatha & Berger, 2002, *Denisia*, 5: 735.

　　形态　活体大小 125-145 μm × 55-65 μm，长、宽比约 3：1，蛋白银染色后为 2.5：1。虫体柔软无收缩性，通常呈纤细椭圆形至长椭圆形，前端略窄，后端钝圆。皮层颗粒球状，直径约 1 μm，在腹面和背面稀疏散布。伸缩泡直径约 20 μm，位于虫体左侧体前 1/3 处，收缩间隙约 10 s。低倍放大下观察虫体无色；通常细胞质淡黄色，体内含有许多油球、结晶体以及食物泡、绿藻（直径 8-16 μm）。2 枚椭球形大核靠近虫体左侧，大小约 20 μm × 10 μm。小核球形，2 枚，通常附着于 2 枚大核边缘。

　　运动方式为通常缓慢地爬行于底质表面，也可绕体中轴旋转，游动前行。

　　口区约占体长的 1/3，口围带由 31-37 片（平均 34 片）小膜组成，纤毛长约 20 μm。口围带从体前端延伸弯曲至体右端。口侧膜贴近口内膜，空间上在前端相交。

　　额腹横棘毛多于 18 根，3 根粗大的额棘毛，纤毛长约 17 μm；单一口棘毛位于口侧膜和口内膜前端；1 根拟口棘毛位于最右端额棘毛下方波动膜右侧；1 根口后腹棘毛位于口区下方，靠近口围带末端；1 列腹棘毛由约 14 根棘毛组成；2 根横前棘毛位于横棘毛上方；5 根横棘毛呈"J"形排列，纤毛长约 20 μm，位于虫体亚尾端。左、右缘棘毛各 1 列，分别包含 23-33 根和 23-31 根棘毛，纤毛长约 15 μm。

　　背触毛 5 列；第 1、2 列几乎纵贯虫体，每列分别由 18-26 根和 17-25 对毛基体组成，第 3 列触毛在体后端 1/3 处断裂形成第 4 列背触毛，分别由 11-22 根和 7-11 对毛基体组成；第 5 列（背缘触毛列）由 5-17 对毛基体组成，从体前端延伸至体中部。6-12 根尾棘毛位于第 1、2、4 列背触毛末端，较纤细，纤毛长约 25 μm。

　　标本采集地　甘肃玛曲哇啦卡湿地土壤，温度 25℃，盐度 0‰。

　　标本采集日期　2011.07.15。

　　标本保藏单位　西北师范大学，生命科学学院（编号：WGH-2011071501/A-G）。

　　生境　土壤。

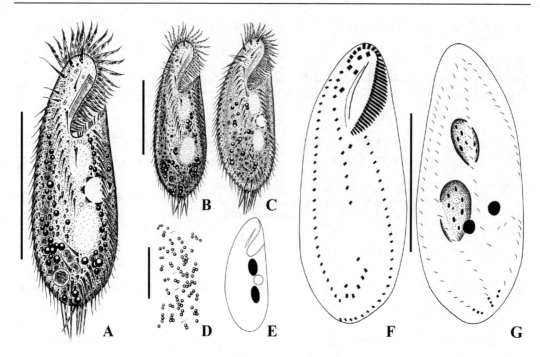

图 112　背触毛克莱因柱形虫 *Kleinstyla dorsicirrata*
A. 典型个体腹面观；B, C. 少数个体腹面观；D. 皮层颗粒腹面观；E. 示大核和伸缩泡位置；F, G. 纤毛图式腹面观（F）及背面观（G）
比例尺：70 μm

44. 假膜虫属 *Notohymena* Blatterer & Foissner, 1988

Notohymena Blatterer & Foissner, 1988, *Stapfia*, 17: 70.
Type species: *Notohymena rubescens* Blatterer & Foissner, 1988.

　　虫体柔软；口围带连续，呈问号形；波动膜为假膜虫属模式；典型的 18 根额-腹-横棘毛，额腹棘毛呈 "V" 形排布；左、右缘棘毛各 1 列；尾棘毛 3 根或 3 列；背触毛 6 列，尖毛虫属模式。

　　该属全世界记载 7 种，中国记录 1 种。

（104）偏澳大利亚假膜虫 *Notohymena apoaustralis* Lv, Chen, Chen, Shao, Miao &Warren, 2013 (图 113)

Notohymena apoaustralis Lv, Chen, Chen, Shao, Miao & Warren, 2013, *J. Eukaryot.*

Microbiol., 60: 456.

形态　活体大小为 90-170 μm × 30-60 μm，长、宽比 3∶1 至 4∶1，蛋白银染色后平均长、宽比为 2.2∶1。虫体柔软无收缩性，长椭圆形，前端微圆，后端略呈锥形；细胞右缘几乎平直，左侧稍微或明显凸起，虫体中部前方最宽；腹、侧比约 2.5∶1，腹面平坦，背面在中部凸起。皮层颗粒黄绿色，球形，直径约 1 μm；在腹面，皮层颗粒或在缘棘毛附近以小短列紧密排布，呈带状围绕棘毛列，或形成不规则的短列；在背面，皮层颗粒围绕背触毛呈玫瑰花状排布。单一伸缩泡位于虫体左缘前端约 1/3 处，直径约 15 μm，收缩间隔约 25 s。细胞质无色至浅灰色，通常含有直径约 3 μm 的油球；在低倍放大观察时，由于存在大量油球使细胞呈暗色。2 枚球形至椭球形大核，染色后大小约 17 μm × 12 μm，位于细胞中线左侧的前、后 1/3 处，含有小至中等大小的核仁；通常 1 枚小核位于前端大核的右后方。

运动相对缓慢，在皿底或碎屑上爬行。

蛋白银染色后口围带平均占体长的 36%，由 34-42（平均 39）片小膜组成。最宽小膜的基底宽约 6 μm，纤毛长达 15 μm。口围带远端延伸至细胞右侧下方。口唇轻微弯曲，仅覆盖口围带近端右部。2 片波动膜在彼此中部交叉，口内膜比口侧膜长，口侧膜向左强烈弯曲且远端呈钩状。

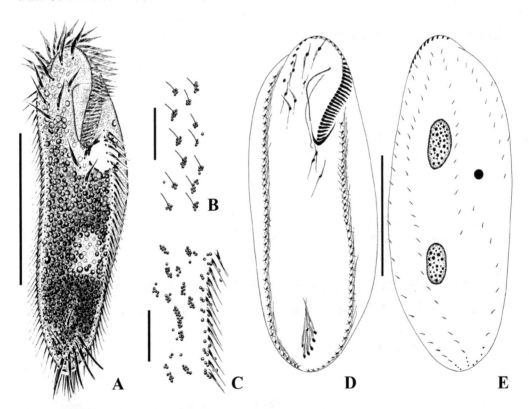

图 113　偏澳大利亚假膜虫 *Notohymena apoaustralis*
A. 典型个体腹面观；B，C. 皮层颗粒；D，E. 纤毛图式腹面观（D）及背面观（E）
比例尺：A，D，E. 60 μm；B，C. 20 μm

恒定的 18 根额-腹-横棘毛。3 根额棘毛排列成斜的棘毛列，纤毛长约 15 μm，最右侧额棘毛几乎与额腹棘毛等粗，位于口围带远端下方。单一口棘毛靠近口侧膜弯曲处。额腹棘毛排列成"V"形，位于右侧额棘毛下方。拟口棘毛（Ⅲ/2）位于棘毛Ⅳ/3 与棘毛Ⅵ/3 中间，相对更靠近额腹棘毛而非波动膜，3 根口后腹棘毛位于口区后方，纤毛长约 12 μm。5 根横棘毛在细胞后端大致排成"J"形，仅轻微前置，因此超出细胞后端边缘约其 1/2 的长度，纤毛长约 20 μm。2 根粗壮的横前腹棘毛靠近横棘毛。左、右缘棘毛各 1 列，棘毛紧密排列，分别包含 32-43 根和 35-41 根缘棘毛；右缘棘毛列起始于口围带远端末端，终止于近最右 1 根横棘毛处，左缘棘毛列起始于胞口处，2 列缘棘毛后方几乎汇合。

背触毛 6 列，最左侧 2 列（第 1、2 列）纵贯虫体，每列包含约 23 对毛基体；第 3 列和第 5 列背触毛起始于细胞前端，分别终止于虫体 3/5 处和 2/5 处；第 4 列背触毛起始于细胞中部并延伸至后端；最右侧背触毛（背触毛列 6）较短，仅包含 4 或 5 对毛基体。背触毛活体下长约 5 μm。8-10 根尾棘毛位于虫体后端边缘且排成 3 列，分别位于第 1、2、4 列背触毛的后端；活体下尾棘毛长约 12 μm，且与缘棘毛和背触毛几乎无法区分。

标本采集地　山东青岛淡水池塘，水温 22℃。

标本采集日期　2004. 08. 18。

标本保藏单位　中国海洋大学，海洋生物多样性与进化研究所（正模，编号：SC2004081802）；伦敦自然历史博物馆（副模，编号：NHMUK2013.2.26.1）。

生境　淡水。

45. 尖毛虫属 *Oxytricha* Bory de St. Vincent in Lamouroux, Bory de St. Vincent & Deslongchamps, 1824

Oxytricha Bory de St. Vincent in Lamouroux, Bory de St. Vincent & Deslongchamps, 1824,
　　Encyclopédie méthodiaue, 593.
Type species: *Oxytricha granulifera* Foissner & Adam, 1983.

虫体柔软；口围带连续，呈问号形；波动膜为尖毛虫属模式；典型的 18 根额-腹-横棘毛，额腹棘毛"V"形排布；左、右缘棘毛各 1 列；尾棘毛 3 根；背触毛 5 或 6 列，尖毛虫属模式。

该属全世界记载 46 种，中国记录 2 种。

种检索表

1. 波动膜相交，大核分离，非盐土生境 ……………… 颗粒尖毛虫 *O. granulifera*
   波动膜平行，大核毗邻，盐土生境 ……………… 拟颗粒尖毛虫 *O. paragranulifera*

（105）颗粒尖毛虫 *Oxytricha granulifera* Foissner & Adam, 1983（图 114）

Oxytricha granulifera Foissner & Adam, 1983, *Zool. Scr.*, 12: 1.
Oxytricha granulifera Shao, Lv, Pan, Al-Rasheid & Yi, 2014c, *Int. J. Syst. Evol. Microbiol.*, 64: 3020.

形态　活体大小为 90-130 μm × 30-50 μm，长、宽比约 3∶1，染色制片后为 1.8∶1。虫体柔软无收缩性，通常呈纤细卵圆形至长椭圆形，前端略窄，后端钝圆；腹部扁平，背面中部略隆起，厚、幅比约 1∶3，右缘略凸，左缘在体中部明显凸起。皮层颗粒无色球状，直径约 1 μm，在背面和腹面呈短列纵行密集排布。伸缩泡位于虫体左侧中部，收缩间隙约 10 s。细胞质无色至灰色，体内含有大量油球和结晶体以及许多脂质球（直径约 5 μm）和食物泡（直径 5-10 μm）。2 枚椭球形大核靠近虫体左侧，分别位于虫体前、后 1/3 处，蛋白银染色后大小约 12 μm × 7 μm；小核球形，2 枚，附着于 2 枚大核边缘。
　　虫体通常静止，时而在基质上快速爬行。
　　蛋白银染色个体的口区约占体长的 39%，口围带由 28-38 片小膜组成；从前端延伸弯曲至虫体右端。口侧膜贴近口内膜，空间上在口棘毛处相交。

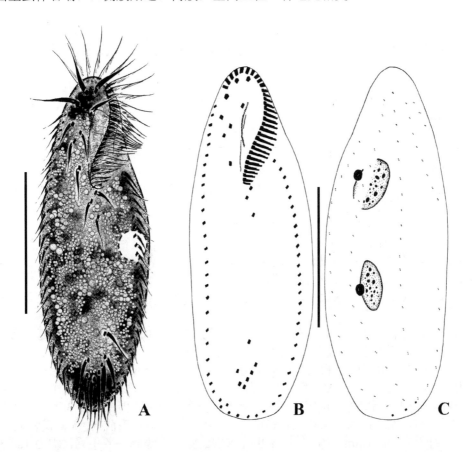

图 114　颗粒尖毛虫 *Oxytricha granulifera*
A. 典型个体活体腹面观；B，C. 纤毛图式腹面观（B）及背面观（C）
比例尺：50 μm

　　3 根额棘毛明显，分布于额区顶端，纤毛长约 15 μm；单一口棘毛位于口侧膜前端；额腹棘毛 4 根，呈非对称的"V"形排布，分布于口区右侧；额腹棘毛 III/2 在水平位置上略高于棘毛 VI/3，相较口侧膜的距离，其更靠近另外 3 根额腹棘毛；3 根口后腹棘毛位于口区下方，靠近口围带末端，口后腹棘毛 IV/2 位于棘毛 V/4 前端。5 根横棘毛呈"J"形排列，纤毛约 20 μm；2 根横前腹棘毛。左、右缘棘毛各 1 列，分别包含 23-31 根和 26-32 根棘毛，纤毛长约 10 μm，几乎在末端交汇。

　　6 列背触毛；第 1、2 列贯穿虫体，每列约由 20 对毛基体组成，第 3 列和第 5 列背触毛分别从前端延伸至虫体体长的 4/5 处和 2/5 处，第 4 列背触毛从体 1/2 处延伸至末端；第 6 列背触毛由 2 或 3 对毛基体组成；纤毛长约 3 μm。3 根尾棘毛较纤细，位于第 1、2、4 列背触毛末端。

　　标本采集地　陕西西安含盐土壤，温度 28℃，盐度 3‰。
　　标本采集日期　2012.04.30。
　　标本保藏单位　陕西师范大学，生命科学学院（编号：CLY2012043001）。
　　生境　含盐土壤。

（106）拟颗粒尖毛虫 *Oxytricha paragranulifera* Shao, Lv, Pan, Al-Rasheid & Yi, 2014 （图 115）

Oxytricha paragranulifera Shao, Lv, Pan, Al-Rasheid & Yi, 2014c, *Int. J. Syst. Evol. Microbiol.*, 64: 3018.

　　形态　活体大小为 80-110 μm × 35-50 μm。虫体皮膜较薄，柔软易弯曲。虫体呈长椭圆形，前端略窄，后端钝圆；背腹扁平，幅、厚比约 3：1，背面中部略隆起；右边缘稍微凸起，左边缘明显凸起。皮层颗粒发达，无色球状，直径约 1 μm，沿着缘棘毛和背触毛排布。伸缩泡位于虫体的左侧中部，直径约 15 μm，收缩间隙大约 1 min。细胞质无色，显微镜明视野下呈暗灰色，仅口区较为清透；大量结晶体分布于虫体两侧，左侧偏多，形状不规则；大量的食物颗粒集中于虫体中后方，直径 2-5 μm；大量油球遍布整个虫体，直径 2-4 μm。2 枚邻近的椭球形大核位于虫体中线偏左，大小约 21 μm × 11 μm，活体下呈清亮区域；小核球形，1 或 2 枚，附着于 2 枚大核边缘。

　　虫体通常在基质上（水底和水面）快速爬行，或水中绕体长轴旋转前进，游动速度较快。

　　口区约占体长的 37%，口围带由 25-29（平均 26）片小膜组成，从前端延伸弯曲至虫体右端；口侧膜贴近口内膜，二者在空间上近乎平行。

　　额-腹-横棘毛 18 根，3 根粗大的额棘毛，纤毛长约 15 μm；单一口棘毛位于口内膜右上方；额腹棘毛 4 根，"V"形排布，散布于口区右侧；额腹棘毛 III/2 在水平位置上略高于棘毛 VI/3，相比与口侧膜的距离，其更靠近另外 3 根额腹棘毛；3 根口后腹棘毛位于口区下方，靠近口围带末端；横前腹棘毛 2 根，紧靠横棘毛前方；5 根横棘毛"J"形排布，纤毛长约 20 μm，约 2/5 露出虫体末端。左、右缘棘毛各 1 列，均由 18-25 根棘毛组成，且在末端相互交汇，纤毛长约 10 μm。

　　6 列背触毛，第 1、2 列贯穿虫体，第 3 列和第 5 列背触毛分别从前端延伸至虫体体长的 4/5 处和 2/5 处，第 4 列背触毛从体 1/2 处延伸至末端；第 6 列背触毛由 2 或 3 对毛基体组成；纤毛长约 3 μm。3 根尾棘毛较纤细，位于第 1、2、4 列背触毛末端。

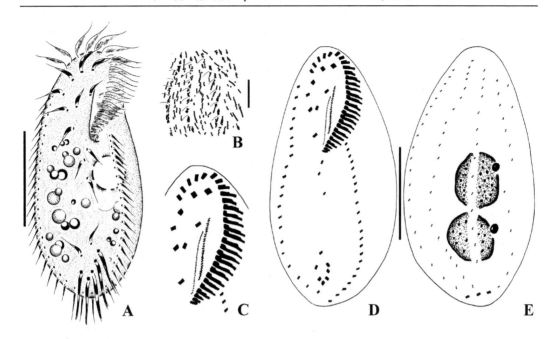

图 115　拟颗粒尖毛虫 *Oxytricha paragranulifera*
A. 典型个体腹面观；B. 皮层颗粒；C. 虫体前端纤毛图式；D, E. 纤毛图式腹面观（D）及背面观（E）
比例尺：A，D，E. 35 μm；B，C. 15 μm

　　标本采集地　广东湛江红树林土壤，温度 24℃，盐度 25.5‰。
　　标本采集日期　2010. 11. 25。
　　标本保藏单位　中国海洋大学，海洋生物多样性与进化研究所（编号：
PY2010112501）。
　　生境　含盐土壤。

46. 侧毛虫属 *Pleurotricha* Stein, 1859

Pleurotricha Stein, 1859, *Lotos*, 9: 4.
Type species: *Pleurotricha lanceolala* (Ehrenberg, 1835) Stein, 1859.

　　虫体坚硬；口围带连续，呈问号形；波动膜为尖毛虫属模式；额-腹-横棘毛多于 18 根；右缘棘毛 2 或多列，左缘棘毛 1 或多列；尾棘毛 3 根；背触毛 6 列，尖毛虫属模式。
　　该属全世界记载 3 种，中国记录 1 种。

（107）轲氏侧毛虫 *Pleurotricha curdsi* (Shi, Warren & Song, 2002) Gupta, Kamra, Arora & Sapra, 2003（图 116）

Allotricha curdsi Shi, Warren & Song, 2002, *Acta Protozool.*, 41: 398.
Pleurotricha curdsi Gupta, Kamra, Arora & Sapra, 2003, *Eur. J. Protistol.*, 39: 277.
Pleurotricha curdsi Lu, Shao, Yu, Warren & Huang, 2015, *Int. J. Syst. Evol. Microbiol.*, 65: 3219.

　　形态　活体大小为 170-295 μm × 65-110 μm。虫体坚硬，前端钝圆，后端略削细，右缘比左缘明显向外凸起。虫体背部凸起，腹部略凹陷或扁平。皮层颗粒缺失。单一伸缩泡位于虫体左侧并靠近胞口，直径约 20 μm。细胞质无色，内常有许多发亮的球形颗粒、油球和不规则晶体，导致虫体在低倍放大下观察呈灰色。食物泡若干，常包含小鞭毛虫和杆状菌。具 2 枚椭球形大核，大小 20-35 μm × 12-30 μm，沿身体中线排列；分别位于体前、后 1/3 处，中间连有 1 条不明显的纤丝（最长可达 25 μm），2 枚大核间距约 20 μm；2 枚小核，直径约 5 μm，分别靠近前、后 2 枚大核。
　　虫体缓慢爬行于基质表面，游泳状态时沿虫体中轴旋转游动。
　　口围带问号状，含 41-58 片小膜，约占体长的 1/2。波动膜为尖毛虫属模式。
　　额-腹-横棘毛 20 根：3 根粗壮的额棘毛，5（偶有 6）根额腹棘毛，1 根口棘毛，4（偶有 5）根口后腹棘毛，2（偶有 3）根横前腹棘毛，5 根粗壮的横棘毛（明显分为 2 组，前边 3 根、后边 2 根）。左缘棘毛恒为 1 列，具 21-28 根棘毛。通常 2 列右缘棘毛，最外列具有 26-35 根棘毛，内列具 18-26 根棘毛。部分个体在最内侧具 1 列右缘棘毛（在 25 个研究个体中，13 个个体具有 3 列右缘棘毛，其中 3 个个体具 2 根，4 个个体具 4 根，6 个个体分别具 1 根、5 根、6 根、7 根、8 根和 12 根棘毛）。

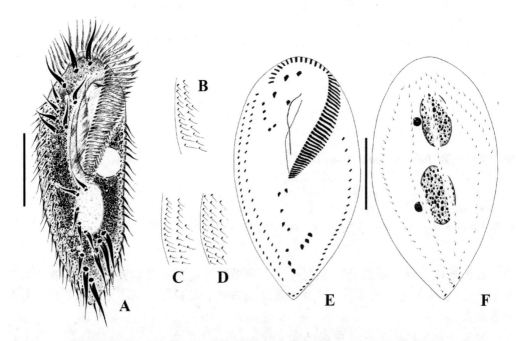

图 116　轲氏侧毛虫 *Pleurotricha curdsi*
A. 典型个体活体腹面观；B-D. 右缘棘毛列；E, F. 纤毛图式腹面观（E）及背面观（F）
比例尺：60 μm

背面结构呈尖毛虫属模式，即 4 列贯穿虫体的背触毛和 2 列背缘触毛。尾棘毛 3 根，分别位于第 1、2 和 4 列背触毛的末端。

标本采集地　重庆长江支流，温度约 28℃。

标本采集日期　2014.09.04。

标本保藏单位　中国海洋大学，海洋生物多样性与进化研究所（编号：LXT2014090408）；伦敦自然历史博物馆（编号：NHMUK2015.4.13.1）。

生境　淡水。

47. 多毛虫属 *Polystichothrix* Luo, Gao, Yi, Pan, Al-Farraj & Warren, 2017

Polystichothrix Luo, Gao, Yi, Pan, Al-Farraj & Warren, 2017a, *Zool. J. Linn. Soc.*, 179: 477.
Type species: *Polystichothrix monilata* Luo, Gao, Yi, Pan, Al-Farraj & Warren, 2017.

虫体柔软；口围带连续，呈问号形；波动膜为尖毛虫属模式；额-腹-横棘毛多于 18 根，部分额腹棘毛呈多个短列排布；左、右缘棘毛各 1 列；尾棘毛缺失；背触毛多于 3 列。

该属全世界记载 1 种，中国记录 1 种。

（108）念珠多毛虫 *Polystichothrix monilata* Luo, Gao, Yi, Pan, Al-Farraj & Warren, 2017
（图 117）

Polystichothrix monilata Luo, Gao, Yi, Pan, Al-Farraj & Warren, 2017a, *Zool. J. Linn. Soc.*, 179: 477.

形态　活体大小 125-155 μm × 25-35 μm，长、宽比约 5：1。虫体柔软可弯折但无伸缩性；虫体细长椭圆形，前、后两端均钝圆，虫体前端略向左侧弯曲，最前端有 1 透明且明显的领部；背腹扁平，厚、幅比约 1：2；虫体腹面扁平，背面均匀凸起。皮层颗粒球形，柠檬黄色，直径约 1 μm，使得虫体在低倍放大下观察略呈柠檬黄褐色，数个皮层颗粒围绕背触毛排列，背触毛列之间或棘毛列之间若干皮层颗粒排成短列，短列再排成长列，同 1 纵列棘毛相邻棘毛间有 1 个皮层颗粒。未观察到伸缩泡。细胞质无色，体内有许多颗粒，直径 1-5 μm；食物泡内有许多硅藻，有时含有个体较小的纤毛虫。大核 7 或 8 枚，长椭球形，念珠状排列，于虫体中线左侧分布；2 枚椭球形小核，通常附着于大核分布。

运动较缓慢，通常于底质表面爬行，偶尔在水中游泳。

口区约占体长的 28%。口围带由 27-41 片小膜组成，口围带远端延伸到虫体口区较靠下方的位置，口围带前端小膜着生的纤毛长约 15 μm。波动膜呈尖毛虫属模式，口内

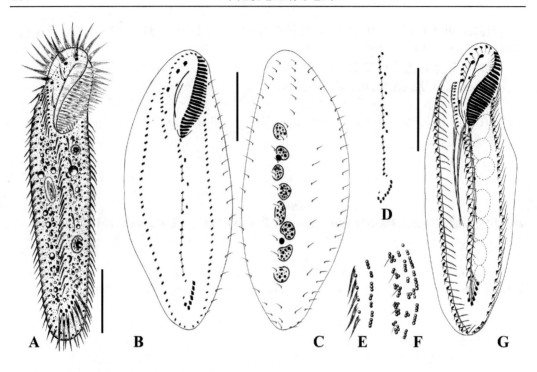

图 117　念珠多毛虫 *Polystichothrix monilata*
A. 典型个体活体腹面观；B，C. 纤毛图式腹面观（B）及背面观（C）；D. 部分腹棘毛模式；E，F. 皮层颗粒在虫体腹面（E）及背面（F）的分布模式；G. 纤毛图式腹面观
比例尺：30 μm

膜与口侧膜基本等长，略弯曲，空间上相交，口内膜由单列毛基体组成，口侧膜由 2 或多列毛基体组成，口侧膜位置明显前于口内膜。

　　恒定 3 根较粗壮的额棘毛，活体下纤毛长约 15 μm，最右侧额棘毛位于口围带远端的下方；单根口棘毛位于口内膜右侧；2 列额区棘毛前后排列，前列含棘毛 5-8 根，后列含棘毛 4-6 根；额腹棘毛 1 根，位于后列额区棘毛前端的左侧。4 或 5 列短的腹棘毛列，每列包含 3-8 根棘毛，4 或 5 根口后腹棘毛于腹棘毛列的左侧分散排布，最前端的 1 根口后腹棘毛紧靠口区下方；横棘毛 6-8 根，"J"形排列，纤毛长 15-20 μm，伸出虫体边缘，2 根横前腹棘毛紧靠横棘毛；左、右缘棘毛各 1 列，分别包含 32-41 根和 32-34 根棘毛，延伸到虫体末端几乎相连，除了额棘毛和横棘毛外其他腹面棘毛纤毛长 10-12 μm。

　　5 列背触毛，第 4 列背触毛前端起始于相当于口围带近端的背面相对位置，且此列背触毛排列稀疏（仅 8-10 对毛基体）。其余 4 列几乎与体长等长，且此列背触毛排列较紧密：第 1 列前端稍微靠后，含 18-24 对毛基体；第 2、3 列背触毛纵贯整个虫体，分别含 20-26 对和 21-28 对毛基体；第 5 列背触毛列起始位置稍后于第 2、3 列背触毛，但其背触毛排列明显较密，含 23-35 对毛基体，纤毛长约 4 μm。

　　标本采集地　广东湛江红树林水坑，温度 23℃，盐度 15‰。
　　标本采集日期　2013. 12. 07。
　　标本保藏单位　中国海洋大学，海洋生物多样性与进化研究所（正模，编号：LXT2013120701；副模，编号：LXT2013120702）；伦敦自然历史博物馆（副模，编号：NHMUK2015.7.10.1）。
　　生境　咸水。

48. 桥柱虫属　*Ponturostyla* Jankowski, 1989

Ponturostyla Jankowski, 1989, *J. Vest. Zool.*, 2: 86.
Type species: *Ponturostyla enigmatica* (Dragesco & Dragesco-Kernéis, 1986) Jankowski, 1989.

　　虫体柔软；口围带连续，呈问号形；波动膜为尖毛虫属模式；18 根额-腹-横棘毛，额腹棘毛"V"形排布；左、右缘棘毛多列；尾棘毛缺失；背触毛多于 6 列，非典型的尖毛虫属模式。

　　该属全世界记载 1 种，中国记录 1 种。

（109）缩颈桥柱虫　*Ponturostyla enigmatica* (Dragesco & Dragesco-Kernéis, 1986) Jankowski, 1989 （图 118）

Paraurostyla enigmatica Dragesco & Dragesco-Kernéis, 1986, *Faune Trop.*, 26: 437.
Ponturostyla enigmatica Jankowski, 1989, *J. Vest. Zool.*, 2: 86.
Paraurostyla enigmatica Song, 2001, *Eur. J. Protistol.*, 37: 182.

　　形态　活体大小 130-280 μm × 50-90 μm，长、宽比 2.5：1 至 3：1。虫体非常柔软，遇到外界刺激会略收缩；虫体通常呈椭圆形，两端宽圆，左、右缘平直，但有时呈纺锤形或宽卵形。背腹扁平，幅、厚比约 3：1。表膜下颗粒明显无色或呈浅绿色，直径约 0.8 μm，在腹面为棘毛列间成列排布，背面则无规则密集分布。伸缩泡位于虫体中部偏左。细胞质暗灰色，内含大量直径为 2-4 μm 的油滴状颗粒和直径 2-3 μm 的晶体，导致细胞在低倍放大下观察不透明，呈暗色。大核通常 4 枚，分布在虫体中线左侧，球形，活体下呈清亮区域，大小约 18 μm × 14 μm；小核 3-6 枚，直径约 3 μm，靠近大核分布。

　　运动方式为连续在基质或培养皿底部爬行，受扰动时反应较迅速，略微收缩。

　　口区显著，约占体长的 2/5。口围带由 42-61 片小膜组成。小膜纤毛长约 25 μm。口围带近端被口唇覆盖，远端向右弯曲沿着右边缘形成明显的沟槽。口侧膜和口内膜较长，显著弯曲，相交。

　　3 根粗大的额棘毛，单一口棘毛位于口区前端 1/3 处，4 根额腹棘毛明显比额棘毛和口棘毛细弱；该物种额区棘毛全部位于额区的前 1/2 范围内，这与其他尖毛科物种不同。腹棘毛分为 2 组，前面 1 组 3 根，即口后腹毛，接近口区底部；后面 1 组 2 根，即横前腹棘毛，紧挨横棘毛排布。5 根较粗壮的横棘毛；额棘毛和横棘毛纤毛长约 30 μm，其余纤毛长约 20 μm。左、右缘棘毛各 6-8 列，在末端汇合，每列包含 20-30 根棘毛，最内侧的缘棘毛下端经常缩短，以至于很难与额腹棘毛区分。

　　具有 4 列完整的和 2-4 列短的背触毛，另有 2 或 3 列背缘触毛，纤毛长约 3 μm。

　　标本采集地　山东青岛近岸水体，温度 22℃，盐度 32‰-36‰。

　　标本采集日期　2000.04.27。

　　标本保藏单位　中国海洋大学，海洋生物多样性与进化研究所（编号：SWB2000042701）。

　　生境　海水。

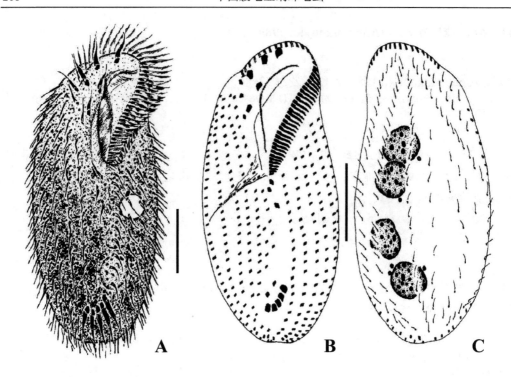

图 118　缩颈桥柱虫 *Ponturostyla enigmatica*
A. 典型个体活体腹面观；B，C. 纤毛图式腹面观（B）及背面观（C）
比例尺：40 μm

49. 原腹柱虫属 *Protogastrostyla* Gong, Kim, Kim, Min, Roberts, Warren & Choi, 2007

Protogastrostyla Gong, Kim, Kim, Min, Roberts, Warren & Choi, 2007, *J. Eukaryot. Microbiol.*, 54: 477.

Type species: *Protogastrostyla pulchra* (Perejaslawzewa, 1886) Gong, Kim, Kim, Min, Roberts, Warren & Choi, 2007.

　　虫体柔软；口围带连续，呈问号形；波动膜为尖毛虫属模式；额-腹-横棘毛多于 18 根，部分额腹棘毛成列排布；左、右缘棘毛各 1 列，独立发生；尾棘毛存在；背触毛多于 4 列。

　　该属全世界记载 2 种，中国记录 2 种。

种检索表

1. 背触毛 6 或 7 列 ⋯⋯⋯⋯⋯⋯⋯⋯⋯⋯⋯⋯⋯⋯⋯⋯⋯⋯⋯⋯⋯ 斯氏原腹柱虫 *P. sterkii*
　背触毛 9-11 列 ⋯⋯⋯⋯⋯⋯⋯⋯⋯⋯⋯⋯⋯⋯⋯⋯⋯⋯⋯⋯⋯ 美丽原腹柱虫 *P. pulchra*

（110）美丽原腹柱虫 *Protogastrostyla pulchra* (Perejaslawzewa, 1886) Gong, Kim, Kim, Min, Roberts, Warren & Choi, 2007 (图 119)

Stilonichia pulchra Perejaslawzewa, 1886, *Zap. Novoross. Obshch. Estest.*, 10: 99.

Gastrostyla (*Stylonychia*) *pulchra* Kahl, 1932, *Tierwelt. Dtl.*, 25: 596.

Protogastrostyla pulchra Gong, Kim, Kim, Min, Roberts, Warren & Choi, 2007, *J. Eukaryot. Microbiol.*, 54: 469.

形态 活体大小 150-200 μm × 50-60 μm，长、宽比为 2.5：1 至 4：1。呈长椭圆形，两端阔圆，前端多少呈"头"状；左、右缘略隆起，与其他许多腹毛类相似，在不同营养环境和生理阶段下具有不同的体形。腹、侧比约 2：1。皮层颗粒微小，直径小于 1 μm，常 2-4 个为 1 组，呈纵列排布；射出体长约 2.5 μm，仅在蛋白银染色后可见。未观察到伸缩泡。细胞质无色至浅灰色。食物泡较大，主要含鞭毛虫和细菌。恒定的 2 枚椭球形大核位于虫体中部靠近左边缘处，含些许球形核仁；2-6 枚小核，靠近大核排布。

运动速度适中，游泳时沿虫体中轴旋转游动。

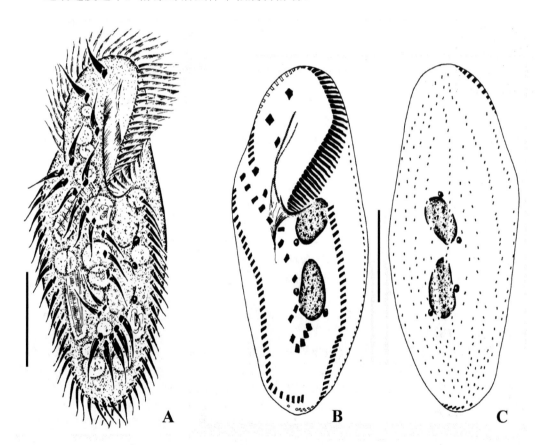

图 119 美丽原腹柱虫 *Protogastrostyla pulchra*
A. 典型个体腹面观；B，C. 纤毛图式腹面观（B）及背面观（C）
比例尺：A. 50 μm；B，C. 30 μm

口区约占虫体长的 1/3，口围带由 44-65 片小膜组成，口围带顶端延伸至背面，当远端延伸至腹面时位于细胞右侧。

棘毛通常粗壮，长 15-25 μm。16 根额腹棘毛，4 根额棘毛，单一口棘毛位于波动膜右侧，11 根腹棘毛，其中约 5 根棘毛在额区以斜线排列，其余棘毛在腹部不规则线形排列；5 根横棘毛，"J" 形排布，纤毛长约 20 μm，在背腹观察时，横棘毛位置较靠前而纤毛不能从尾端突出。左、右缘棘毛各 1 列，分别含有 28-40 根和 29-39 根棘毛，右缘棘毛列终止于细胞后端，而左缘棘毛列常延伸至背面边缘。

背触毛 9-11 列，其中几列明显缩短，纤毛长约 3 μm。3 根粗壮的尾棘毛在活体下不易识别。

标本采集地　山东青岛近岸水体，温度 22℃，盐度 28‰。

标本采集日期　1995. 05. 20。

标本保藏单位　中国海洋大学，海洋生物多样性与进化研究所（编号：HXZ1995052001）。

生境　海水。

（111）斯氏原腹柱虫 *Protogastrostyla sterkii* (Wallengren, 1900) Chen, Shao, Liu, Huang & Al-Rasheid, 2013 (图 120)

Gastrostyla sterkii Wallengen, 1900, *Acta. Univ. Lund.*, 36: 31.

Protogastrostyla sterkii Chen, Shao, Liu, Huang & Al-Rasheid, 2013f, *Int. J. Syst. Evol. Microbiol.*, 63: 1204.

形态　活体大小 200-300 μm × 60-130 μm，长、宽比约 3：1。表膜较硬，体形呈长椭圆形，左侧边缘轻微凸起，右侧边缘相对较直，前端稍微变细，后端普遍阔圆；腹、侧比约 2：1。低倍放大下观察虫体呈灰色或无色。皮层颗粒为无色球形，直径为 1.2-1.5 μm，无规则稀疏地散布于虫体背面。细胞质无色至浅灰色，含许多直径为 5-8 μm 的灰色小球。1 个大的液泡（可能是食物泡）常位于细胞后端。2 枚椭球形大核，大小约 45 μm × 25 μm，位于细胞中间或中部偏左侧，包含许多球形核仁。

虫体在碎屑上快速爬行。

口区约占虫体长的 30%。口围带由 30-46 片小膜组成，小膜上纤毛长 25-30 μm。波动膜为尖毛虫属模式。

多数棘毛长约 20 μm。16 根额腹棘毛，包括 3 根额棘毛沿口围带顶端和远端分布，最右侧额棘毛位于口围带远端下方；单一口棘毛位于口侧膜前端右侧，在中间与最右侧额棘毛的水平位置之间；12 根腹棘毛，其中 9 根大致排成 1 列，1 根棘毛偏离且附着于腹棘毛列第 3 根棘毛，2 根横前腹棘毛位于横棘毛上方。5 根横棘毛在体长 70% 处，纤毛长 25 μm。左、右缘棘毛各 1 列，分别含 32-40 根和 30-34 根棘毛，左缘棘毛列 "J" 形，右缘棘毛列终止于虫体后端且与左缘棘毛列交汇。

6 或 7 列背触毛，多数贯穿体长，仅第 6 和第 7 列明显缩短。尾棘毛是否存在不能确定，因其难与左缘棘毛区分。

标本采集地　广东深圳红树林，水温约 22℃，盐度 16‰。

标本采集日期　2008. 03. 23。

标本保藏单位　中国海洋大学，海洋生物多样性与进化研究所（编号：

CXR2008032305）；伦敦自然历史博物馆（编号：NHMUK2011.11.14.5）。

生境　咸水。

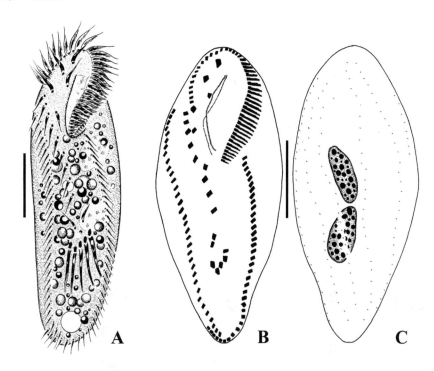

图 120　斯氏原腹柱虫 *Protogastrostyla sterkii*
A. 典型个体腹面观；B，C. 纤毛图式腹面观（B）及背面观（C）
比例尺：50 μm

50. 伪腹柱虫属 *Pseudogastrostyla* Fan, Zhao, Hu, Miao, Warren & Song, 2015

Pseudogastrostyla Fan, Zhao, Hu, Miao, Warren & Song, 2015, *Eur. J. Protistol.*, 51: 375.
Type species: *Pseudogastrostyla flava* Fan, Zhao, Hu, Miao, Warren & Song, 2015.

虫体柔软；口围带连续，呈问号形；波动膜为尖毛虫属模式；额-腹-横棘毛多于 18 根，额腹棘毛形成不明显的列；左、右缘棘毛各 1 列；尾棘毛 1 根；背触毛 4 列，瘦体虫属模式。

该属全世界记载 1 种，中国记录 1 种。

（112）黄色伪腹柱虫 *Pseudogastrostyla flava* Fan, Zhao, Hu, Miao, Warren & Song, 2015
（图 121）

Pseudogastrostyla flava Fan, Zhao, Hu, Miao, Warren & Song, 2015, *Eur. J. Protistol.*, 51: 376.

形态　活体大小 100-150 μm × 30-40 μm。柔软但无明显伸缩性，有时稍微扭曲；低倍放大下观察虫体呈褐色；长椭圆形，左、右两侧稍微凸起，前、后两端钝圆；背腹扁平，厚、幅比 1：3。皮膜较薄，具棕黄色球状皮层颗粒，直径约 0.8 μm，沿棘毛和背触毛排布，或 15-30 个聚成 1 组，或者在其余处成列密集排布。伸缩泡位于体左侧中部，直径约 10 μm，收缩时间间隔约 10 s。细胞质无色，内含有很多脂质颗粒（直径 1-3 μm）和食物泡（直径 5-10 μm），食物泡内多为藻类、细菌或晶体。具 2 枚椭球形大核，通常位于虫体左侧中部，大小约 13 μm × 8 μm；2 枚球形小核分别位于大核附近，直径约 2 μm。

运动方式为较快的爬行于基质表面，运动时身体常发生扭曲或弯折。

口区约占体长的 30%，口围带由 23-29 片小膜组成，远端向体右侧后端延伸；口侧膜和口内膜稍微弯曲，为典型的尖毛虫属模式。

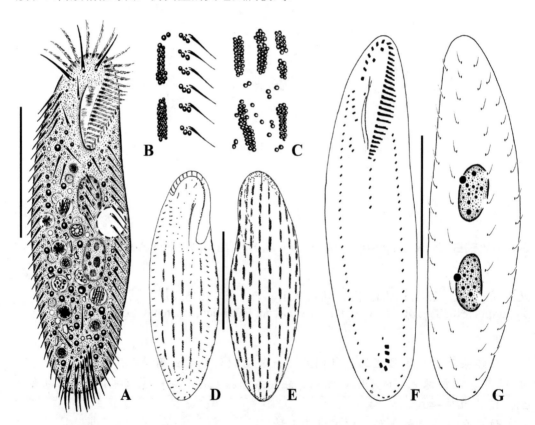

图 121　黄色伪腹柱虫 *Pseudogastrostyla flava*
A. 典型个体腹面观；B-E. 腹面观（B，D）和背面观（C，E），示背腹面皮层颗粒排布模式；F，G. 纤毛图式腹面观（F）及背面观（G）
比例尺：50 μm

额-腹-横棘毛多于 18 根。3 根粗大的额棘毛，最右侧额棘毛位于口围带远端下方；

单根口棘毛位于口侧膜前端约 5 μm 处。额腹棘毛由棘毛 III/2 和前、后 2 列额腹棘毛构成：前端棘毛列由 4 或 5 根棘毛组成，从与右缘棘毛列前端平齐处延伸至约口侧膜中部；III/2 位于前端额腹棘毛列后部，靠近口侧膜处；后端额腹棘毛列由 2-4 根棘毛组成，位于与波动膜后部齐平处。口后腹棘毛由棘毛 IV/2 和 1 列腹棘毛构成：棘毛 IV/2 位于口围带末端，腹棘毛列由 5-7 根棘毛组成。2 根横前腹棘毛，分别位于最左侧和最右侧横棘毛上方；5 根横棘毛位于亚尾端，呈 "J" 形排布。左、右缘棘毛各 1 列，分别含 20-35 根和 24-33 根棘毛，末端相接，左缘棘毛呈 "J" 形。

背触毛 4 列，第 1-3 列背触毛贯穿虫体，第 4 列背触毛不延伸至前、后两端，纤毛长约 3 μm。单根尾棘毛位于第 3 列背触毛末端。

标本采集地　广东惠州红树林，水温 21.3℃，盐度 10‰。

标本采集日期　2013.04.08。

标本保藏单位　中国海洋大学，海洋生物多样性与进化研究所（编号：FYB2013040806）；伦敦自然历史博物馆（编号：NHMUK2014.12.3.1）。

生境　咸水。

51. 硬膜虫属　*Rigidohymena* Berger, 2011

Rigidohymena Berger, 2011, *Monogr. Biol.*, 90: 547.
Type species: *Rigidohymena tetracirrata* (Gellert, 1942) Berger, 2011.

虫体坚硬；口围带连续，呈问号形；波动膜为管膜虫属模式；典型的 18 根额-腹-横棘毛；左、右缘棘毛各 1 列；尾棘毛 3 根；背触毛 6 列，尖毛虫属模式。

该属全世界记载 4 种，中国记录 2 种。

种检索表

1. 虫体小于 150 μm ·· 急游硬膜虫 *R. inquiata*
   虫体 150-250 μm ·· 犬牙硬膜虫 *R. candens*

（113）犬牙硬膜虫　*Rigidohymena candens* (Kahl, 1932) Berger, 2011 （图 122）

Steinia candens Kahl, 1932, *Tierwelt Dtl.*, 25: 613.
Cyrtohymena candens Foissner, 1989, *Sber. öst. Akad. Wiss.*, 196: 217.
Rigidohymena candens Berger, 2011, *Monogr. Biol.*, 90: 548.
Rigidohymena candens Chen, Yan, Hu, Zhu, Ma & Warren, 2013e, *Int. J. Syst. Microbiol.*, 63: 1913.

形态　活体大小 130-200 μm × 60-100 μm。虫体坚硬，无伸缩性；宽椭圆形，前、后两端钝圆，左、右边缘近乎平行。背腹扁平，幅、厚比 2∶1 至 3∶1。皮层颗粒未见。伸缩泡直径约 15 μm，位于虫体中部左缘，具有收集管。虫体无色至灰色；细胞质无色，食物泡内多为硅藻和细菌，也含有闪光的结晶体和直径 1-3 μm 的黄绿色颗粒。2 枚椭球形大核；小核 2-6 枚，位于大核附近。

通常在基质表面快速爬行，或是自由游动，绕体纵轴旋转前行。

口区显著，占体长的 40%-50%，口围带由 36-46 片小膜组成，小膜纤毛长 15-20 μm。波动膜以典型的管膜虫属模式排布：口侧膜前端弯成半圆形。

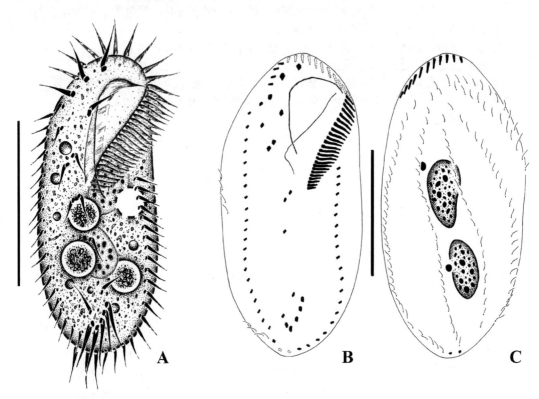

图 122　犬牙硬膜虫 *Rigidohymena candens*
A. 典型个体腹面观；B，C. 纤毛图式腹面观（B）及背面观（C）
比例尺：60 μm

额-腹-横棘毛 18 根。3 根粗壮的额棘毛，纤毛长 20-25 μm；单一口棘毛位于口侧膜右侧。4 根额腹棘毛，"V" 形排布，纤毛长 15-20 μm。3 根口后腹棘毛和 2 根横前腹棘毛。5 根相对粗壮的横棘毛呈 "J" 形排布，纤毛长约 25 μm，略伸出虫体尾端。左、右缘棘毛各 1 列，分别含 17-24 根和 17-22 根棘毛；二者延伸至虫体后端但并不相连，纤毛长约 18 μm。

背触毛 6 列，具有 4 列完整的背触毛和 2 列较短的背缘触毛，活体下纤毛长约 3 μm。3 根尾棘毛，分别位于第 1、2、4 列背触毛末端；纤毛长 20-30 μm。

标本采集地　山东青岛土壤，温度 23℃，盐度 0‰。

标本采集日期　2010.12.09。

标本保藏单位　中国海洋大学，海洋生物多样性与进化研究所（编号：

CXM2010120901）。

　　生境　土壤。

（114）**急游硬膜虫** *Rigidohymena inquieta* (Stokes, 1887) Berger, 2011（图 123）

Histrio inquietus Stokes, 1887, *Ann. Mag. Nat. Hist., serie* 5, 20: 112.
Steinia inquieta Berger & Foissner, 1987, *Zool. Jb. Syst.*, 114: 207.
Cyrtohymena inquieta Foissner, 1989, *Sber. öst. Akad. Wiss.*, 196: 218.
Rigidohymena inquieta Berger, 2011, *Monogr. Biol.*, 90: 548.
Rigidohymena inquieta Yang, Liu, Xu, Xu, Fan, Al-Rarraj, Ni & Gu, 2015, *Zootaxa*, 4000: 454.

　　形态　活体大小 113-130 μm × 30-50 μm，长、宽比约 2.5：1。皮膜坚硬，虫体椭圆形。无皮层颗粒。单一伸缩泡位于虫体中部靠近左边缘，直径约 13 μm，间隔时间约 14 s。细胞质包含大量不同大小的结晶体，通常包含一些小的脂肪滴，低倍放大下观察虫体浅灰色。2 枚大核，大小约 45 μm × 25 μm，排布于虫体中线左边，距离较近，2-4 枚小核散乱排布在大核周围。球形包囊，直径约 50 μm，包囊状态下伸缩泡正常收缩。

　　在底质上和碎片上缓慢爬行，游泳状态时沿着虫体中轴旋转前进。

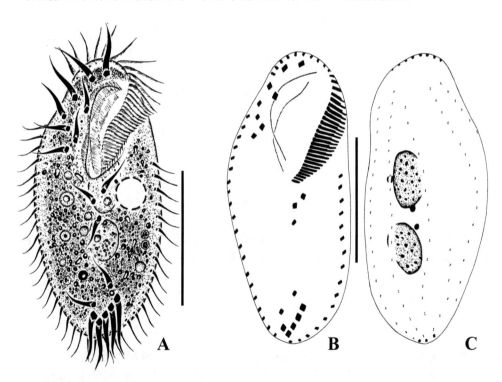

图 123　急游硬膜虫 *Rigidohymena inquieta*
A. 典型个体腹面观；B，C. 纤毛图式腹面观（B）及背面观（C）
比例尺：50 μm

　　口区显著，约占体长的 40%，口围带顶端延伸到虫体背面，由 36-46 片小膜组成。

波动膜以典型的管膜虫属模式排布：口侧膜前端弯成半圆形。

额-腹-横棘毛 18 根。3 根额棘毛，纤毛长约 18 μm，单一口棘毛位于口侧膜弯曲处；4 根额腹棘毛；3 根口后腹棘毛位于口区下方，2 根横前腹棘毛靠近横棘毛，纤毛长约 12 μm；5 或 6 根横棘毛，纤毛长约 20 μm，2/3 的部分突出虫体之外；左、右缘棘毛各 1 列，分别包含 17-24 根和 18-26 根棘毛，右缘棘毛开始于第 2 根额腹棘毛的水平位置，2 列缘棘毛均终止于虫体后端，从视觉上相连接。

6 列背触毛，第 1-3 列纵贯全身，第 4 列分布于虫体后半部，第 5 列从前端延伸到体长 5/6 处，第 6 列分布于前 1/3；3 根尾棘毛位于第 1、2 和 4 列背触毛末端，纤毛长约 17 μm。

标本采集地　浙江宁波临时积水，温度 30℃。

标本采集日期　2013.08.20。

标本保藏单位　华东师范大学，生命科学学院（编号：TWJ–20140427）。

生境　淡水。

52. 赭尖虫属　*Rubrioxytricha* Berger, 1999

Rubrioxytricha Berger, 1999, *Monogr. Biol.*, 78: 479.
Type species： *Rubrioxytricha haematoplasma* (Blatterer & Foissner, 1990) Berger, 1999.

虫体柔软，细胞质通常呈明显的橙黄色、红色或棕色，偶尔较浅；口围带连续，呈问号形；波动膜为尖毛虫属模式；典型的 18 根额-腹-横棘毛，额腹棘毛"V"形排布；左、右缘棘毛各 1 列；尾棘毛 1 或 2 根；背触毛 4 或 5 列，瘦体虫属模式。

该属全世界记载 5 种，中国记录 2 种。

种检索表

1. 黄绿色皮层颗粒，背触毛 6 列，3 根尾棘毛，淡水生境 ····· **秦岭赭尖虫 *R. tsinlingensis***
   橙红色皮层颗粒，背触毛 4 列，1 根尾棘毛，盐水生境 ·····················
   ································· **血红赭尖虫 *R. haematoplasma***

（115）血红赭尖虫　*Rubrioxytricha haematoplasma* Berger, 1999 (图 124)

Oxytricha haematoplasma Blatterer & Foissner, 1990, *Arch. Protistenk.*, 138: 102.
Rubrioxytricha haematoplasma Berger, 1999, *Monogr. Biol.*, 78: 480.
Rubrioxytricha haematoplasma Chen, Chen, Li, Warren & Lin, 2015b, *Int. J. Syst. Evol. Microbiol.*, 65: 310.

形态　活体大小 90-180 μm × 30-70 μm，长、宽比 3∶1 至 4∶1。虫体柔软，浅红色至灰黑色；长椭圆形，略呈 S 形，前、后两端钝圆，后端宽于前端；左、右边缘稍凸；背腹扁平，厚、幅比约 2∶3。具 2 种皮层颗粒：较小者橙红色球形，直径约 0.8 μm，全身遍布，排成纵列或散布；较大者无色球形，直径约 4 μm，紧密排列于皮层下方。单一伸缩泡直径约 10 μm，位于虫体左缘体长 2/5 处。细胞质浅红色，内质丰富，虫体内遍布大量形状不规则内含物，直径 3-5 μm；食物泡直径约 5 μm，内多为硅藻和细菌。2 枚椭球形大核，活体下匀质、清亮；蛋白银染色后大小 26-50 μm × 20-30 μm；非发生个体中有时可观察到改组带。小核 1 或 2 枚，位于大核附近，近球形，蛋白银染色后直径 4-10 μm。

通常在基底爬行，也可漫游，悬游时虫体绕纵轴旋转前行。

口区较清透，约占体长的 1/3；虫体前端有口围带延伸出的透明小膜。口围带由 33-45 片小膜组成，活体下小膜纤毛长约 15 μm。波动膜为尖毛虫属模式：口侧膜与口内膜近等长，二者弯曲程度较大，在中部交叉；活体下较明显。

额-腹-横棘毛 18 根。额区具有 3 根粗壮的额棘毛，纤毛长 15-20 μm，单一口棘毛位于波动膜交叉处上方，额腹棘毛 4 根 "V" 形排布，分布于口区右侧。3 根口后腹棘毛和 2 根横前腹棘毛，额腹区的棘毛均比较细弱。5 根相对粗壮的横棘毛呈 "J" 形排布，纤毛长 20-25 μm，伸出虫体边缘少许。左、右缘棘毛各 1 列，分别包含 27-41 根和 31-41 根棘毛，纤毛长约 15 μm，二者延伸至虫体后端近乎相连。

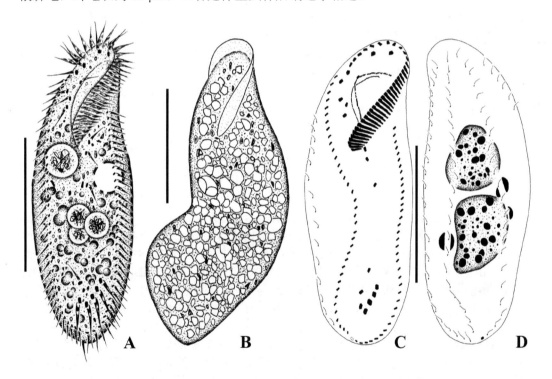

图 124　血红赭尖虫 *Rubrioxytricha haematoplasma*
A. 典型个体腹面观；B. 蜷缩的个体腹面观，示柔软的虫体和口围带前端透明的小膜；C，D. 纤毛图式腹面观（C）及背面观（D）
比例尺：60 μm

背触毛 4 列，3 列纵贯虫体全长，1 列背缘触毛略短；纤毛长约 5 μm，活体下有时可见于虫体边缘。1 根尾棘毛，位于第 3 列背触毛末端；纤毛长约 10 μm。

标本采集地 广东广州封闭养殖池塘，温度 10℃，盐度 34‰。

标本采集日期 2008.12.27。

标本保藏单位 中国海洋大学，海洋生物多样性与进化研究所（编号：CXM2008122701）。

生境 海水。

（116）秦岭赭尖虫 *Rubrioxytricha tsinlingensis* **Chen, Zhao, Shao, Miao & Clamp, 2017**
（图 125）

Rubrioxytricha tsinlingensis Chen, Zhao, Shao, Miao & Clamp, 2017, *Syst. Biodivers.*, 15: 134.

形态 活体 100-180 μm × 35-60 μm，长、宽比约 3∶1。虫体柔软，无收缩性；通常呈纤细椭圆形至长椭圆形，前端略窄，后端钝圆；左缘和右缘略凸起。虫体腹部扁平，背面中部略隆起，厚、幅比约 1∶3。皮层颗粒黄绿色球状，直径约 0.5 μm，在腹面稀疏散布，背面呈不规则的小短列密集排布。伸缩泡直径约 20 μm，位于虫体左边缘 1/3 处，收缩间隙 8-10 s。低倍放大下观察虫体呈黄褐色；通常细胞质黄棕色，体内含有许多油球、结晶体和食物泡，食物泡含一些球形（直径 2-4 μm）和长椭球形（大小约 40 μm × 5 μm）的硅藻。2 枚椭球形大核靠近虫体左侧，位于前、后 1/3 处，大小约 20 μm × 14 μm；小核球形，2 枚，通常附着于 2 枚大核边缘。

运动方式为快速爬行于底质上或水表面，游泳状态时可绕体中轴旋转。

活体下口区占体长的 30%-35%，蛋白银染色制片后为 30%，口围带由 36-44 片小膜组成；小膜最宽处为 10 μm，纤毛长约 15 μm。口围带远端从体前端延伸弯曲至体右端。波动膜为尖毛虫属模式，口侧膜贴近口内膜，空间上在口棘毛处相交。

额-腹-横棘毛 18 根，3 根粗大的额棘毛，纤毛长约 15 μm；单一口棘毛位于口侧膜和口内膜相交处；额腹棘毛 4 根 "V" 形排布，分布于口区右侧；额腹棘毛 III/2 在水平位置上位于棘毛 IV/3 前方；棘毛 III/2 和棘毛 IV/3 之间的距离与棘毛 III/2 和波动膜之间的距离相等；3 根口后腹棘毛位于口区下方，靠近口围带近端，与 2 根横棘毛明显分离；5 根横棘毛呈 "J" 形排列，纤毛长约 25 μm。左、右缘棘毛各 1 列，分别包含 28-40 根和 32-38 根棘毛，纤毛长约 10 μm，2 列缘棘毛在末端近乎相交。

背触毛 6 列，第 1、2、3 和 5 列几乎纵贯虫体，每列分别由 22-25 对、23-26 对、22-25 对和 24-29 对毛基体组成，第 4 列由 13-17 对毛基体组成，从体长的 1/5 处延伸至尾端；第 6 列（背缘触毛列）由 5-9 对毛基体组成；纤毛长约 4 μm。3 根尾棘毛较纤细，位于第 1、2、4 列背触毛末端，纤毛长约 12 μm，活体下不易与缘棘毛区分。

标本采集地 陕西西安淡水养殖池塘，水温 7℃。

标本采集日期 2013.04.20。

标本保藏单位 中国海洋大学，海洋生物多样性与进化研究所（正模，编号：CLY2013042003）；伦敦自然历史博物馆（副模，编号：NHMUK2015.8.28.1）。

生境 淡水。

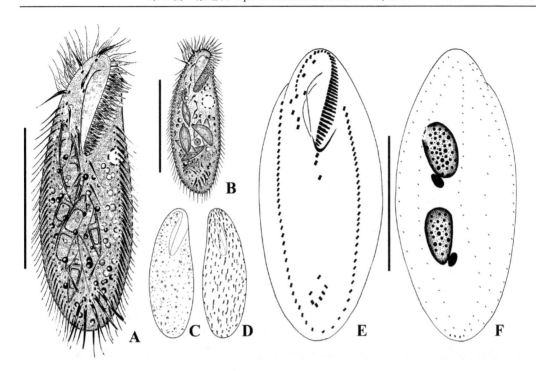

图 125　秦岭赭尖虫 *Rubrioxytricha tsinlingensis*
A. 典型个体腹面观；B. 少数个体腹面观；C, D. 腹面观（C）和背面观（D），示皮层颗粒排布模式；
E，F. 纤毛图式腹面观（E）和背面观（F）
比例尺：85 μm

53. 棘毛虫属 *Sterkiella* Foissner, Blatterer, Berger & Kohmann, 1991

Sterkiella Foissner, Blatterer, Berger & Kohmann, 1991, *Landesamtes. Fur. Wasserwirtschaft.*,
　　1/91: 311.
Type species： *Sterkiella cavicola* (Kahl, 1935) Foissner, Blatterer, Berger & Kohmann, 1991.

　　虫体略僵硬；口围带连续，呈问号形；波动膜为尖毛虫属模式；典型的 18 根额-
腹-横棘毛；左、右缘棘毛各 1 列；尾棘毛 3 根；背触毛 6 列，尖毛虫属模式。
　　该属全世界记载 9 种，中国记录 5 种。

种检索表

1. 大核 4 枚 ·· **2**
　 大核 2 枚 ·· **3**
2. 腹面棘毛多于 18 根 ··· 多毛棘毛虫 ***S. multicirrata***

　　腹面棘毛 18 根 ································ 穴居棘毛虫 *S. cavicola*

3. 棘毛 V/3 靠近棘毛 V/4 ································ 中华棘毛虫 *S. sinica*

　　棘毛 V/3 与棘毛 V/4 和棘毛 V/2 的距离相等 ································4

4. 虫体梭形、泪珠状，横棘毛 5 根 ··············· 亚热带棘毛虫 *S. subtropica*

　　卵形或椭球形，横棘毛 3-5 根 ··············· 变藓棘毛虫 *S. histriomuscorum*

（117）穴居棘毛虫 *Sterkiella cavicola* (Kahl, 1935) Foissner, Blatterer, Berger & Kohmann, 1991 (图 126)

Oxytricha cavicola Kahl, 1935, *Tierwelt Dtl.*, 30: 841.

Histriculus cavicola Berger & Foissner, 1987, *Zool. Jb. Syst.*, 114: 213.

Sterkiella cavicola Foissner, Blatterer, Berger & Kohmann, 1991, *Landesamtes für Wasserwirtschaft*, Heft 1/91: 312.

　　形态　活体大小 125-180 μm × 55-85 μm，长、宽比约 2∶1。虫体皮膜坚硬，不弯曲，呈椭圆形，背腹扁平，厚、幅比约 1∶2。无皮层颗粒。伸缩泡位于虫体左侧约 40% 处。细胞质无色，内含大量油球、食物颗粒或晶体，故虫体在低倍放大下观察呈暗色。大核 4 或 5 枚，通常 4 枚，位于虫体中部左侧；小核通常 4 枚。

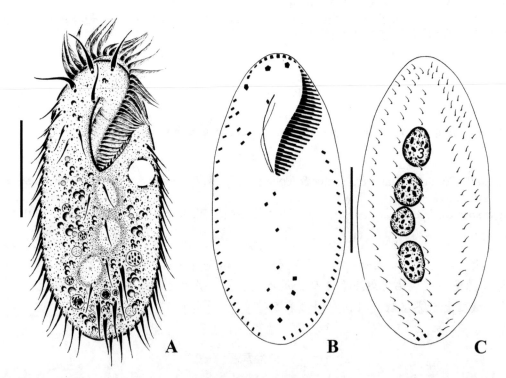

图 126　穴居棘毛虫 *Sterkiella cavicola*
A. 典型个体腹面观；B，C. 纤毛图式腹面观（B）及背面观（C）
比例尺：50 μm

通常在基质上附底质爬行，或向前方迅速游动。

口区约占体长的 40%，口围带连续，无断裂，呈问号形，由 37-44 片小膜组成。波动膜为尖毛虫属模式。

额-腹-横棘毛 18 根：3 根比较粗壮的额棘毛，纤毛长约 20 μm；单一口棘毛，纤毛长约 17 μm，位于口侧膜前端右后方；4 根额腹棘毛，呈 "V" 形排布，棘毛 III/2 的水平位置位于棘毛 VI/3 和棘毛 IV/3 之间；口后腹棘毛 3 根，位于口区右下侧，棘毛 IV/2 前于棘毛 V/4，棘毛 V/3 与棘毛 V/4 的间距略短于其与 V/2 的距离；横前腹棘毛 2 根，5 根粗壮的横棘毛呈 "J" 形排列于虫体末端，纤毛长约 25 μm。左、右缘棘毛各 1 列，分别含 18-27 根和 21-27 根棘毛，棘毛列末端分离。

背触毛 6 列，第 1、2 列背触毛纵贯虫体，第 3 列背触毛两端均略短，第 4 列背触毛始于虫体体长的 1/6 处，止于虫体末端，第 5、6 列背触毛为背缘触毛，均起始于虫体前端，第 5 列背触毛止于体长 1/2 处，第 6 列背触毛止于体长的 1/3 处。纤毛长约 4 μm。尾棘毛 3 根，纤毛长约 15 μm，分别位于 1、2、4 列背触毛的末端。

标本采集地　陕西西安土壤，温度 5℃，盐度 0‰。

标本采集日期　2015.06.23。

标本保藏单位　河北大学，生命科学学院（编号：LYB2015112301）。

生境　土壤。

（118）变藓棘毛虫 Sterkiella histriomuscorum (Foissner, Blatterer, Berger & Kohmann, 1991) Foissner, Blatterer, Berger & Kohmann, 1991 (图 127)

Oxytricha histriomuscorum Foissner, Blatterer, Berger & Kohmann, 1991, *Landesamtes für Wasserwirtschaft*, Heft 1/91: 312.

Sterkiella histriomuscorum Foissner, Blatterer, Berger & Kohmann, 1991, *Landesamtes für Wasserwirtschaft*, Heft 1/91: 312.

Sterkiella histriomuscorum Jiang, Ma & Shao, 2013d, *Acta Hydrobiol. Sin.*, 37: 228.

形态　活体大小 100-160 μm × 40-75 μm。表膜较坚实，无明显的弯曲性。沙滩采集的虫体呈胖卵圆形，室内培养 2 天后，虫体呈长椭圆形，前、后两端略尖，体色为较清透的浅灰色。无皮层颗粒。伸缩泡位于虫体左侧赤道线附近，直径 10-20 μm，出现约 2 s 后迅速消失，约 8 s 后又迅速出现。细胞质较透明，体内充满食物颗粒，内质浑厚呈暗灰色，不透明；在体两侧及尾部分布有大量油球（直径 2-5 μm）及折光颗粒。2 枚近球形大核，活体下 2 个清透区明显可见，位于虫体中部，蛋白银染色后大小约 19 μm × 12 μm；小核球形，2 枚，分别附于 2 枚大核左侧中部。

运动方式为附底质快速爬行，偶尔旋游于水中，并绕虫体中轴不断翻转。

口围带由 29-38 片小膜组成，小膜纤毛长 15-18 μm，前端向背面弯曲，随之绕向腹面右缘；口侧膜明显弯曲，与口内膜相交叉，呈尖毛虫属模式。

3 根较粗壮的额棘毛位于额区顶端，单一口棘毛位于口侧膜右侧前 1/3 弯曲处；额腹棘毛 4 根，呈 "V" 形排布；口后腹棘毛 3 根，位于口区近端后方；横前腹棘毛 2 根，散布于横棘毛上方；横棘毛 3-5 根（多为 4 根），呈 "J" 形排列于虫体腹面亚尾端，纤毛长约 20 μm。左、右缘棘毛各 1 列，分别由 17-23 根和 20-24 根棘毛组成，二者末端明显相分离，纤毛长约 15 μm。

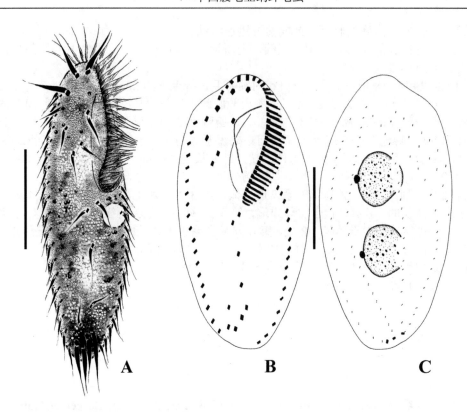

图 127 变藓棘毛虫 *Sterkiella histriomuscorum*
A. 活体腹面观；B，C. 纤毛图式腹面观（B）及背面观（C）
比例尺：40 μm

背触毛恒定 6 列，几乎贯穿虫体全长，仅右侧 2 列明显后端缩短，分别延伸至虫体 1/3 处和 1/2 处，纤毛长约 3 μm。尾棘毛 3 根，位于背触毛列 1、2、4 列的末端。

标本采集地 山东青岛潮间带，水温 16℃，盐度 5‰。

标本采集日期 2008.05.07。

标本保藏单位 中国海洋大学，海洋生物多样性与进化研究所（编号：JJM2008050701）。

生境 咸水。

（119）多毛棘毛虫 *Sterkiella multicirrata* Li, Li, Luo, Miao & Shao, 2018（图 128）

Sterkiella multicirrata Li, Li, Luo, Miao & Shao, 2018a, *J. Eukaryot. Microbiol.*, 65: 628.

形态 活体大小 100-200 μm × 45-65 μm。皮膜坚硬，虫体不弯曲。细胞呈椭圆形，两端钝圆，右缘稍凸，左缘强烈凸出；虫体腹面平坦，背面中部凸出，厚、幅比约 1∶2。不具皮层颗粒。伸缩泡直径约 15 μm，位于虫体中部偏上，靠近左缘，未见收集管。细胞质无色，常含有小的球状结构和食物泡，因此低倍放大下观察呈暗色。4 枚大核，分布于虫体中线偏左，第 1 枚及第 4 枚大核稍大；2-5 枚小核，直径 3-4 μm，位于大核附近。包囊球形，直径约 40 μm。包囊壁无色，厚约 2 μm，具不规则脊。

通常在基质上附底质爬行或在土壤颗粒缝隙中快速穿行，游泳时沿虫体主轴转动，偶见漂浮于水面之上。

口区占体长的 25%-42%，口围带由 31-39 片小膜组成，纤毛长 15-20 μm。波动膜呈尖毛虫属式。

额-腹-横棘毛多于 18 根。3 根较为粗壮的额棘毛，纤毛长 15-20 μm。额腹棘毛恒为 5 根，呈钩形排列，位于口区右侧，棘毛 III/2 的水平位置位于棘毛 VI/3 的下方。口后腹棘毛通常 4 根，少数个体 5 根或 3 根（20 个蛋白银染色标本中，具 5 根的 5 个，具 3 根的 1 个）。2 根横前腹棘毛，4 根横棘毛呈斜线排列。左、右缘棘毛各 1 列，末端分离，分别由 22-30 根和 23-29 根棘毛组成，纤毛长约 15 μm。

背触毛 6 列，纤毛长 3 μm。第 1、2 列背触毛纵贯虫体，各自含约 28 对和 24 对毛基体。第 3 列背触毛列前端和后端略缩短，第 4 列背触毛始于虫体体长的 1/5 处，终于虫体末端。第 5、6 列为背缘触毛列，均始于虫体近前端，分别占体长的 1/3 和 1/4。3 根尾棘毛，分别位于第 1、2、4 背触毛列的末端。尾棘毛纤毛长 15-20 μm。

标本采集地　贵州铜仁土壤，温度 5℃，盐度 0‰。

标本采集日期　2014. 07. 19。

标本保藏单位　河北大学，生命科学学院（正模，编号：LFC2014080103A）；中国海洋大学，海洋生物多样性与进化研究所（副模，编号：LFC2014080103）。

生境　土壤。

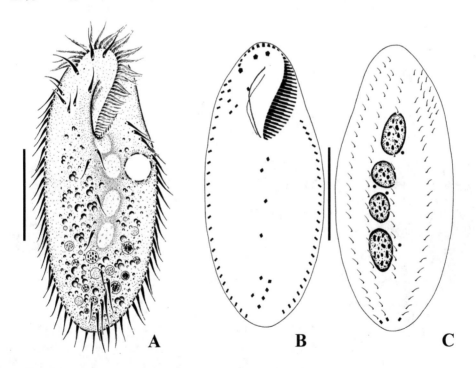

图 128　多毛棘毛虫 *Sterkiella multicirrata*
A. 活体腹面观；B、C. 纤毛图式腹面观（B）及背面观（C）
比例尺：50 μm

（120）中华棘毛虫 *Sterkiella sinica* Chen, Zhao, Shao, Miao & Clamp, 2017 (图 129)

Sterkiella sinica Chen, Zhao, Shao, Miao & Clamp, 2017a, *Syst. Biodivers.*, 15: 133.

形态 活体大小通常 85-110 μm × 35-45 μm。皮膜坚硬；通常呈长椭圆形至椭圆形，前端略窄，后端钝圆。皮层颗粒缺失。伸缩泡直径 15-20 μm，位于虫体中部左边缘，收缩间隙 4 s。虫体无色清透至灰色；细胞质无色，虫体内遍布大量形状不规则、闪光的结晶体和颗粒，长度 1-4 μm；食物泡内多为硅藻和细菌。2 枚椭球形大核，大小约 40 μm × 20 μm，位于虫体中部中线附近，核仁清晰可见；小核 2-5 枚。

运动方式为较快连续地爬行于底质或培养皿底部。

活体下口区约占体长的 40%，口围带由 25-30 片小膜组成；小膜最宽处为 10 μm，纤毛长约 15 μm。口围带远端从体前端延伸弯曲至体右端。口内膜与口侧膜二者在空间上几乎平行，并向虫体左侧弯曲，口侧膜略长于口内膜。

额-腹-横棘毛 18 根，3 根较粗壮的额棘毛，纤毛长约 18 μm，额外 1 根额棘毛（11 个蛋白银染色个体中有 5 个有此结构）位于中间和最右 1 根额棘毛之间。单一口棘毛空间上位于口侧膜前端；额腹棘毛 4 根，呈"V"形模式分布于口区右侧；额腹棘毛 III/2 在水平位置上位于棘毛 IV/3 前端；棘毛 III/2 和棘毛 IV/3 之间的距离小于 III/2 和口侧膜之间的距离。3 根口后腹棘毛位于口区下方，棘毛 IV/2 位于棘毛 V/4 前端；棘毛 V/3 与棘毛 V/4 的距离小于其与棘毛 V/2 的距离。5 根横棘毛，纤毛长约 20 μm，呈"J"形排列。2 根横前腹棘毛位于横棘毛上方，横前棘毛 VI/2 靠近横棘毛 VI/1；相比与口后腹棘毛 V/3 的距离，横前腹棘毛 V/2 更靠近棘毛 VI/2。左、右缘棘毛各 1 列，分别包含 19-23 根和 18-22 根缘棘毛，在末端分离，纤毛长约 15 μm。

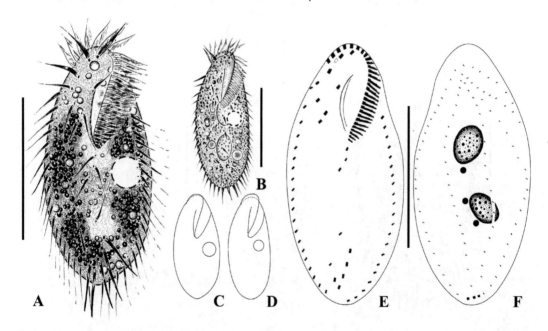

图 129　中华棘毛虫 *Sterkiella sinica*
A. 典型个体腹面观；B. 少数个体腹面观；C, D. 腹面观，示不同个体体形；E, F. 纤毛图式腹面观（E）及背面观（F）
比例尺：65 μm

背触毛 6 列，活体长约 3 μm；第 1、2 列纵贯虫体，每列分别由 22-25 对和 20-24 对毛基体组成，第 3 列背触毛起始于虫体体长 1/6 处，延伸至体后端，由 14-19 对毛基体组成；第 4 列背触毛起始于虫体体长 1/5 处，延伸至体尾端，由 13-19 对毛基体组成；第 5、6 列背触毛（背缘触毛列）起始于虫体前端，分别终止于虫体体长后 1/3 处和 1/4 处，每列分别由 9-15 对和 5-10 对毛基体组成。3 根尾棘毛，位于第 1、2、4 列背触毛末端，纤毛长约 15 μm。

标本采集地　甘肃甘南草原土壤，温度 14℃，盐度 0‰。

标本采集日期　2011. 07. 15。

标本保藏单位　中国海洋大学，海洋生物多样性与进化研究所（正模，编号：CLY2011071501）；伦敦自然历史博物馆（副模，编号：NHMUK2015.8.28.2）。

生境　土壤。

（121）亚热带棘毛虫 *Sterkiella subtropica* Chen, Gao, Al-Farraj, Al-Rasheid, Xu & Song, 2015（图 130）

Sterkiella subtropica Chen, Gao, Al-Farraj, Al-Rasheid, Xu & Song, 2015c, *Int. J. Syst. Evol. Microbiol.*, 65, 2293.

形态　活体大小 100-200 μm × 35-70 μm，长、宽比约 3∶1。虫体较硬实、不弯折；偶见内含物极多的个体，稍显柔软，体中部可稍有弯折。虫体梭形至似水滴状，前、后两端钝圆，后端明显宽于前端（比例约 3∶2）；少数内含物（大量食物泡）极其丰富的个体，长、宽比可达 2∶1，且前端仅略窄于后端；左边缘明显凸起。背腹扁平，厚、幅比 1∶3 至 2∶3。皮层颗粒和射出体均未见。伸缩泡直径可达 20 μm，位于虫体左缘体长前 2/5 处。虫体无色清透至灰色；细胞质无色，内质丰富，虫体内遍布大量形状不规则、闪光的结晶体；食物泡内多为硅藻和细菌，直径 10-20 μm。2 枚椭球形大核，活体下匀质、清亮，蛋白银染色后大小 25-45 μm × 12-30 μm；小核 1-4 枚，位于大核附近，近球形，蛋白银染色后直径 4-8 μm。

多在基底爬行或在基质中穿梭；也可浮于水面；偶有悬游，悬游时虫体绕纵轴旋转前行。

口区显著、清透，占体长的 33%-40%；虫体前端有口围带延伸出的透明小膜。口围带由 25-39 片小膜组成，活体下小膜纤毛长 15-20 μm。波动膜以典型的尖毛虫属模式排布：口侧膜与口内膜近等长，二者略弯曲并在前 1/5-1/4 处交叉。

额-腹-横棘毛 18 根，额区具有 3 根粗壮的额棘毛，活体下纤毛长 15-20 μm。单一口棘毛位于波动膜交叉处。4 根额腹棘毛，"V" 形排布。3 根口后腹棘毛和 2 根横前腹棘毛，额腹区的棘毛均比较细弱。5 根相对粗壮的横棘毛呈 "J" 形排布，活体下纤毛长约 20 μm，可达虫体尾端边缘，略伸出。左、右缘棘毛各 1 列，分别含有 18-26 根和 19-27 根缘棘毛，二者延伸至虫体后端但并不相连，活体下纤毛长约 15 μm。

背触毛 6 列，包含 4 列背触毛和 2 列背缘触毛，活体下纤毛长约 3 μm；第 1、2、3 列背触毛近乎纵贯虫体，第 4 列前端稍微缩短。3 根尾棘毛，位于第 1、2、4 列背触毛末端；活体下纤毛长 15-20 μm。

标本采集地　香港红树林淤泥，温度 23℃，盐度 29‰。

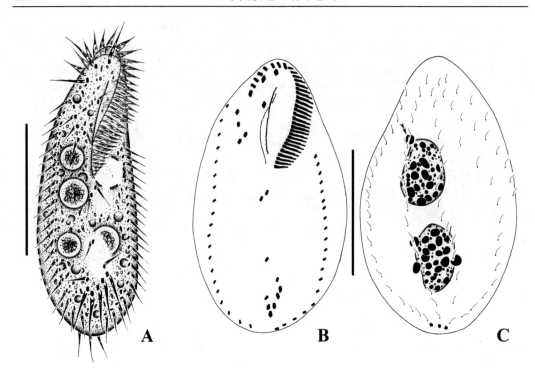

图 130   亚热带棘毛虫 *Sterkiella subtropica*
A. 活体腹面观；B，C. 纤毛图式腹面观（B）及背面观（C）
比例尺：60 μm

标本采集日期   2009. 12. 03。
标本保藏单位   伦敦自然历史博物馆（正模，编号：NHMUK2013.3.25.1）；中国海洋大学，海洋生物多样性与进化研究所（副模，编号：CXM2009120302）。
生境   海水。

54. 棘尾虫属 *Stylonychia* Ehrenberg, 1830

Stylonychia Ehrenberg, 1830, *Abh. preuss. Akad. Wiss., Phys.-math. Kl.*, 45.
Type species: *Stylonychia mytilus* (Müller, 1773) Ehrenberg, 1830.

虫体极其坚硬，前端比后端宽；口围带连续，呈问号形；波动膜为棘尾虫属模式；典型的 18 根额-腹-横棘毛，横棘毛分为 2 组；左、右缘棘毛各 1 列；尾棘毛 3 根，且常明显延长；背触毛 6 列，尖毛虫属模式。
该属全世界记载 11 种，中国记录 1 种。

（122）多节核棘尾虫 *Stylonychia nodulinucleata* Shi & Li, 1993 （图 131）

Stylonychia nodulinucleata Shi & Li, 1993, *Zool. Res.*, 14: 11.
Stylonychia nodulinucleata Luo, Li, Wang, Bourland, Lin & Hu, 2017b, *Eur. J. Protistol.*, 60: 121.

形态　活体大小 180-240 μm × 80-110 μm，长、宽比约 2∶1。虫体坚硬，体形略呈倒卵圆形，虫体前端宽圆，后端钝圆但明显窄于前端，虫体最宽处位于口区中部，虫体左缘中部略凹，体右缘或多或少凸起；虫体背腹扁平，厚、幅比约 1∶2，腹面基本扁平，背面隆起，虫体前、后两端均较薄且略透明。无皮层颗粒。伸缩泡伸张状态直径 20-25 μm，近虫体左缘，靠近口区下方。细胞质无色，体内含有大量形状不规则的颗粒，直径 2-5 μm，同时具有含小的鞭毛虫和硅藻的食物泡，大小 5-20 μm，使得虫体中部呈灰暗不透明状。蛋白银染色标本中，大核 4-11 枚，通常 8 枚，呈问号形排列的念珠状，相邻大核之间有细线连接，每枚结节通常呈宽椭球形，有些呈腊肠形；球形至椭球形小核 1-6 枚。

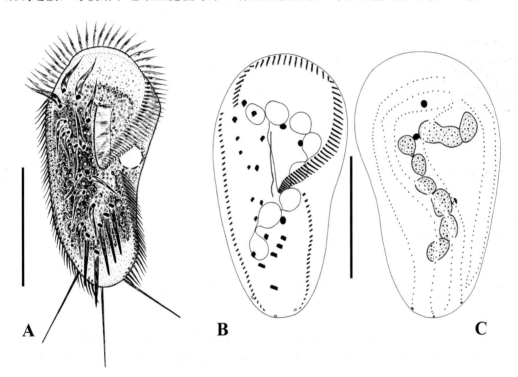

图 131　多节核棘尾虫 *Stylonychia nodulinucleata*
A. 典型个体腹面观；B，C. 纤毛图式腹面观（B）和背面观（C）
比例尺：100 μm

　　运动较快，在底质上爬行或绕体长轴旋转游泳，有时在底质上静止不动。
　　蛋白银染色标本中，口区宽阔明显，占体长的 47%-58%（平均 53%），含 53-63 片口围带小膜，远端延伸至虫体腹面。口围带小膜活体长 25-35 μm。口内膜和口侧膜基本竖直，二者几乎等长且仅占口区长度的 1/2，在一些标本中因为压片而相互交叉，口内膜由单列毛基体组成，比口侧膜（2 列毛基体组成）位置稍前。

　　额-腹-横棘毛 18 根：额棘毛 3 根，排列成三角形，单一口棘毛，棘毛活体长 35-40 μm；额腹棘毛、口后腹棘毛及横前腹棘毛纤毛稍短，30-35 μm；4 根额腹棘毛，其中 3 根（棘毛 IV/3、棘毛 VI/3、棘毛 VI/4）几乎排成 1 条直线，另外 1 根棘毛（III/2）比棘毛 IV/3 位置稍微靠后；口后腹棘毛 3 根排列为三角形模式，最前端 1 根棘毛与口围带近端在同一水平位置或稍微前置；横前腹棘毛 2 根，前端的 1 根与最左侧横棘毛处于同一水平位置。以上所有棘毛均分布于体中线右侧；横棘毛通常 5 根，分为 2 组：左侧 3 根和右侧 2 根，纤毛长且粗壮，活体棘毛长 45-50 μm，由于横棘毛较前置，所以只有最右侧的 2 根棘毛纤毛会伸出体外。左、右缘棘毛各 1 列，后端明显分开，分别含有 22-30 根和 27-45 根棘毛，纤毛长 20-25 μm。

　　背触毛恒为 6 列：第 1-3 列背触毛列几乎与体长等长（越靠外的延伸越靠前），且背触毛列前端明显向虫体右侧弯折；第 4 列背触毛前端稍微向虫体右侧弯折且前端明显短于前 3 列背触毛列；第 5、6 列背触毛前端向虫体左侧弯曲且略微缩短，后端终止于其他 4 列背触毛前方。所有背触毛活体长约 4 μm。尾棘毛恒为 3 根，分别位于第 1、2、4 列背触毛列的末端，彼此之间相距较远，左侧尾棘毛紧靠左缘棘毛列末端下方，中间尾棘毛基本位于虫体末端中线位置稍偏右，右侧尾棘毛位于亚尾端。活体状态极长，60-65 μm，通常情况下较僵直，有时柔软可弯曲。

　　标本采集地　广东湛江封闭淡水湖，水温 20℃。

　　标本采集日期　2013.11.05。

　　标本保藏单位　中国海洋大学，海洋生物多样性与进化研究所（编号：LXT2013110504）。

　　生境　淡水。

55. 急纤虫属　*Tachysoma* Stokes, 1887

Tachysoma Stokes, 1887, *Ann. Mag. Nat. Hist.*, 20: 112.
Type species: *Tachysoma pellionella* (Müller, 1773) Stokes, 1887.

　　虫体柔软；口围带连续，呈问号形；波动膜为尖毛虫属模式；典型的 18 根额-腹-横棘毛，额腹棘毛"V"形排布或排成 1 列；左、右缘棘毛各 1 列；尾棘毛不存在；背触毛 4-6 列。

　　该属全世界记载 7 种，中国记录 1 种。

（123）膜状急纤虫　*Tachysoma pellionellum* (Müller, 1773) Borror, 1972 (图 132)

Trichoda pellionellum Müller, 1773, *Vermium Terrestrium et Fluviatium*, 80.
Oxytricha pellionella Ehrenberg, 1831, *Abh. preuss. Akad. Wiss., Phys.-math. Kl.*, 118.
Tachysoma agile Stokes, 1887, *Ann. Mag. nat. Hist.*, 20: 109.

Tachysoma pellionella Borror, 1972, *J. Protozool.*, 19: 15.

Tachysoma pellionellum Foissner, 1988, *Hydrobiologia*, 166: 44.

Tachysoma pellionellum Chen, Zhao, El-Serehy, Huang & Clamp, 2018a, *Acta Protozool.*, 56: 222.

形态　活体大小通常 70-90 μm × 25-40 μm，长、宽比约 3：1，蛋白银染色制片中为 2.2：1。虫体柔软无收缩性；通常呈卵圆形至长卵圆形，前端略窄，后端钝圆；腹部扁平，背面中部略隆起，厚、幅比约 1：2.5，左缘略凸，右缘在体中部明显凸起。皮层颗粒缺失。伸缩泡位于虫体左侧中部，直径约 10 μm。细胞质无色至灰色，体内含有些许油球、结晶体及食物泡。通常虫体两端含有特别明显的、闪亮的直径约 10 μm 的环形结构，环厚约 1 μm。2 枚椭球形大核靠近虫体左侧，分别位于虫体前、后 1/3 处，大小约 24 μm × 12 μm。小核球形，1 或 2 枚，附着于 2 枚大核边缘。

运动较缓慢，通常爬行于底质表面，也可绕体中轴旋转，游动前行。

口区占体长的 30%-35%，口围带由 20-22 片小膜组成；小膜最宽处为 8-11 μm，纤毛长约 12 μm。口围带从体前端延伸弯曲至体右端。口侧膜贴近口内膜，空间上在口棘毛处相交。

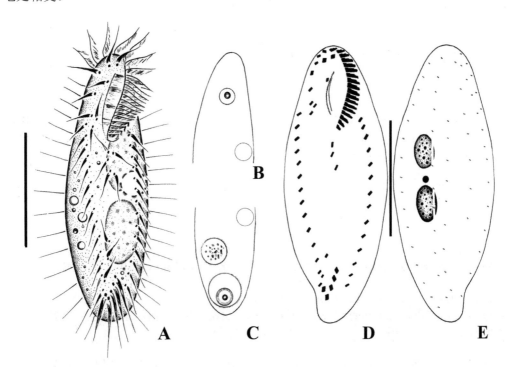

图 132　膜状急纤虫 *Tachysoma pellionellum*
A. 典型个体腹面观；B, C. 腹面观，示环形结构与食物泡；D, E. 纤毛图式腹面观（D）及背面观（E）
比例尺：40 μm

额-腹-横棘毛 18 根，3 根粗大的额棘毛位于额区顶端，纤毛长约 15 μm；单一口棘毛位于口侧膜和口内膜前端；额腹棘毛 4 根，呈"V"形排布，分布于口区右侧；额腹棘毛 III/2 在水平位置上位于棘毛 IV/3 和棘毛 VI/3 之间；3 根口后腹棘毛位于口区下方，靠近口围带末端，与 2 根横棘毛明显分离；5 根横棘毛，纤毛长 15-20 μm，呈"J"形排列，最右侧横棘毛靠近最右 1 根右缘棘毛；左、右缘棘毛各 1 列，每列包含 13-15 根棘毛，彼此在末端分离，纤毛长约 10 μm。

背触毛 6 列；第 1、2、5 列几乎纵贯虫体，每列分别由 14-19 对、10-15 对和 11-14 对毛基体组成，第 3 列由 8-14 对毛基体组成，从体前 1/4 处延伸至尾端；第 4 列由 6-8 对毛基体组成，从体前端延伸至体 5/8 处；第 6 列（背缘触毛列）由 5-9 对毛基体组成，集中分布于虫体前 1/4。

标本采集地 山东青岛潮间带，温度 10℃，盐度 18‰。

标本采集日期 2015. 06. 10。

标本保藏单位 中国海洋大学，海洋生物多样性与进化研究所（编号：CLY2015061004）。

生境 潮间带沙隙。

56. 异源棘尾虫属 *Tetmemena* Eigner, 1999

Tetmemena Eigner, 1999, *Eur. J. Protistol.*, 35: 47.
Type species: *Tetmemena pustulata* (Müller, 1786) Eigner, 1999.

虫体略坚硬；口围带连续，呈问号形；波动膜为棘尾虫属模式；典型的 18 根额-腹-横棘毛，横棘毛"J"形排布；左、右缘棘毛各 1 列；尾棘毛 3 根，纤毛明显延长；背触毛 6 列，尖毛虫属模式。

该属全世界记载 2 种，中国记录 1 种。

（124）鬃异源棘尾虫 *Tetmemena pustulata* (Müller, 1786) Eigner, 1999 (图 133)

Kerona pustulata Müller, 1786, *Animalcula Infusoria*, 216.
Stylonychia pustulata Ehrenberg, 1835, *Abh. preuss. Akad. Wiss., Phys.-math. Kl.*, 171.
Tetmemena pustulata Eigner, 1999, *Eur. J. Protistol.*, 35: 47.

形态 活体大小 75-115 μm × 40-60 μm。皮膜坚硬；虫体椭圆形或倒卵圆形，后端略窄。皮层颗粒不存在。伸缩泡位于细胞口围带近端靠近左边缘处，收缩间隔约 3 min。细胞质无色至浅灰色，含有大量发亮的晶体，以及大量直径 5-8 μm 的油球，食物泡包含一些小的纤毛虫和细菌，大小 4-10 μm。2 枚椭球形大核位于细胞中线偏左，长度 12-25 μm；2 枚小核靠近大核分布。

在底质上缓慢爬行，经常静止不动。

口区占体长的 40%-50%，口围带由 32-50 片小膜构成，口侧膜和口内膜空间上平行。

3 根粗大的额棘毛，纤毛长 10-12 μm；单一口棘毛位于波动膜前端；额腹棘毛 4 根，"V"形排列，棘毛 III/2 在水平位置上位于棘毛 IV/3 之上，棘毛 III/2 与波动膜之间的距离和其与其余 3 根额腹棘毛之间的距离相等；3 根口后腹棘毛靠近横前腹棘毛排布；5 根横棘毛钩形排列；2 根横前腹棘毛，棘毛 VI/2 靠近最右侧的横棘毛，相比与棘毛 VI/2 的距离，棘毛 V/2 更接近棘毛 V/3，棘毛 V/3 与棘毛 V/4 的距离和棘毛 V/3 与棘毛 V/2 的距离相等。左、右缘棘毛各 1 列，分别包含 18-28 根和 15-29 根棘毛，纤毛长约 8 μm，末端分离。

背触毛 6 列，第 1、2、3、4 列几乎纵贯虫体，分别包含 25-33 对、18-25 对、20-24 对、18-24 对毛基体，第 5、6 列起始于虫体前端，分别终止于虫体 1/2 和 1/3，分别包含 7-12 对和 5-8 对毛基体，3 根尾棘毛位于第 1、2、4 列背触毛末端，纤毛长 16-18 μm。

标本采集地　广东广州珠江口，水温 24℃，盐度 1‰。

标本采集日期　2009.04.14。

标本保藏单位　中国海洋大学，海洋生物多样性与进化研究所（编号：JJM20090414-01，02）。

生境　咸水。

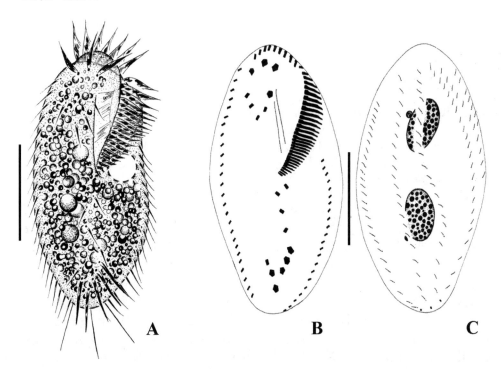

图 133　鬃异源棘尾虫 *Tetmemena pustulata*
A. 典型个体腹面观；B，C. 纤毛图式腹面观（B）及背面观（C）
比例尺：30 μm

57. 片尾虫属 *Urosoma* Kowalewski, 1882

Urosoma Kowalewski, 1882, *Pam. Fizyogr.*, 2: 405.

Type species: *Urosoma caudata* (Ehrenberg, 1833) Berger, 1999.

　　虫体柔软，通常具有尾部；口围带连续，口围带及波动膜为殖口虫属模式；额-腹-横棘毛少于或等于 18 根，额腹棘毛排成 1 列；左、右缘棘毛各 1 列；尾棘毛 3 根；背触毛 4 列，瘦体虫属模式。

　　该属全世界记载 10 种，中国记录 3 种。

种检索表

1. 有皮层颗粒 ··· **2**
　　无皮层颗粒 ······································ 边缘片尾虫 *U. emarginata*
2. 口侧膜位于口内膜前方，且明显比口内膜短 ········ 盐片尾虫 *U. salmastra*
　　口侧膜比口内膜略短，几乎平行 ················ 卡氏片尾虫 *U. karini*

（125）边缘片尾虫 *Urosoma emarginata* (Stokes, 1885) Berger, 1999 (图 134)

Opisthotricha emarginata Stokes, 1885, *Ann. Mag. nat. Hist.*, 15: 445.
Urosoma emarginata Berger, 1999, *Monogr. Biol.*, 78: 409.
Urosoma emarginata Ning, Ma & Lv, 2018, *Chin. J. Zool.*, 53: 422.

　　形态　活体大小 120-165 μm × 20-30 μm。皮膜较薄，极易弯曲。虫体细长，前端浑圆，末端带有 1 钝圆的小尾并略向右侧凸出，呈钩状。无皮层颗粒。单一伸缩泡位于虫体左缘赤道线处，最大直径约 11 μm，收缩周期约 15 s。显微镜下虫体呈浅灰色，尾部体色较暗。2 枚椭球形大核，分布于虫体中线前、后 1/3 处。

　　虫体在底质上较为缓慢地呈直线运动。在水中绕身体纵轴旋转游动。

　　口区约占体长的 28%，口围带由 26-32 片小膜构成。波动膜为殖口虫属模式。

　　额-腹-横棘毛 17 或 18 根，额棘毛 3 根，呈倾斜假棘毛列排布。额腹棘毛 4 根，成列排布。单一口棘毛位于波动膜右上方。3 根口后棘毛位于口围带下方大体呈直线排列。4 或 5 根横棘毛，接近虫体末端。左、右缘棘毛各 1 列，分别含 26-33 根和 31-36 根棘毛，左缘棘毛列的起始明显低于右缘棘毛列，2 列棘毛于尾端交汇。

　　背触毛 4 列，第 1-3 列贯穿虫体全长，第 4 列起始低于前 3 列，终止于尾端。3 根尾棘毛分别位于第 1、2、3 列背触毛末端，纤毛在活体下不易与缘棘毛纤毛区分。

　　标本采集地　甘肃兰州土壤，温度 10℃，盐度 4‰。

　　标本采集日期　2015.03.23。

　　标本保藏单位　西北师范大学，生命科学学院（编号：MJY2015032301）。

　　生境　含盐土壤。

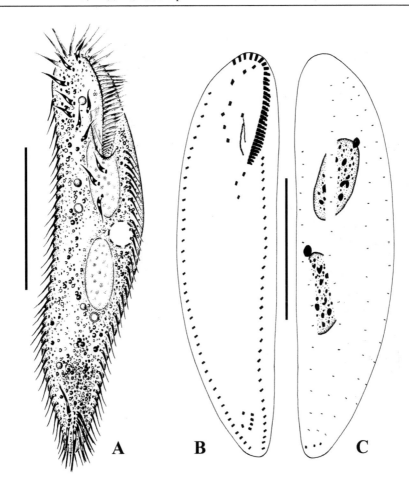

图 134　边缘片尾虫 *Urosoma emarginata*
A. 典型个体腹面观；B，C. 纤毛图式腹面观（B）及背面观（C）
比例尺：50 μm

（126）卡氏片尾虫 *Urosoma karini* Foissner, 1987（图 135）

Urosoma karini Foissner, 1987a, *Jber. Haus Nat. Salzburg.*, 10: 62.
Urosoma karini Shao, Chen, Pan, Warren & Miao, 2014a, *Eur. J. Protistol.*, 50: 600.

　　形态　活体大小为 150-250 μm × 45-50 μm。虫体柔软无收缩性，呈细长椭圆形，右缘凸起，左缘或多或少平直；前、后两端钝圆。皮层颗粒为无色球形，直径小于 1 μm，呈短列，或不规则状纵向排列，可与长度为 4-5 μm 的线粒体明显区别。伸缩泡完全伸展时直径 15-20 μm，位于虫体中部靠近左缘，收缩间隙 5-8 s。体内含有大量脂质球（直径 2-4 μm）和食物泡（直径 2-5 μm），体后端含有大量结晶体致使虫体在低倍放大下观察呈暗灰色；2 枚（偶尔 3 或 4 枚）椭球状的大核。
　　虫体持续游动，慢速爬行于底质或水表面。

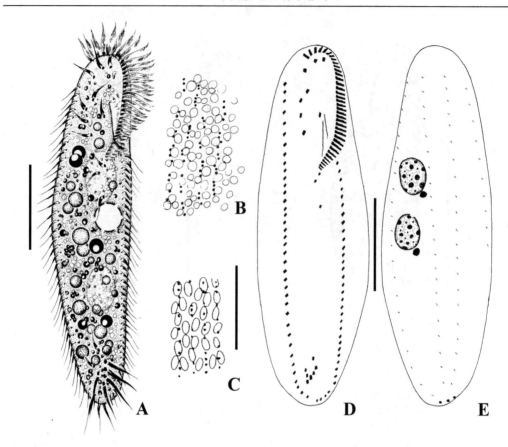

图 135 卡氏片尾虫 *Urosoma karini*
A. 活体腹面观；B，C. 皮层颗粒；D，E. 纤毛图式腹面观（D）和背面观（E）
比例尺：A，D，E. 50 μm；B. 35 μm

　　口区约占体长的 30%，口围带由 30-42 片小膜组成，从前端略延伸弯曲至体右端。口围带近端处略向体右侧弯曲。波动膜为典型的殖口虫模式，即口侧膜较口内膜略短，位于口内膜前端，二者近乎平行。

　　18 根额-腹-横棘毛。3 根分化增粗的额棘毛，纤毛长约 15 μm，呈略微倾斜的棘毛列排布。单一口棘毛位于口侧膜右侧，口内膜前方。拟口棘毛 III/2 位于最右侧额棘毛下方，在额腹棘毛 VI/4 水平位置上方。其余 3 根额腹棘毛呈短列状排列。3 根口后腹棘毛位于口区下方，靠近口围带末端，明显与横前腹棘毛区分，口后腹棘毛 IV/2 位于棘毛 V/4 前端。横前腹棘毛 2 根，横前腹棘毛 VI/2 位于最右端横棘毛上方。横棘毛 5 根，呈"J"形排列，纤毛长约 20 μm。左、右缘棘毛各 1 列，分别含 21-44 根和 25-48 根棘毛，延伸至虫体尾部分离，纤毛长约 12 μm。

　　背触毛 4 列，最左边的 3 列贯穿身体，每列约 20 对毛基体；第 4 列背触毛起始于虫体前端，终止于虫体中部，纤毛长约 3 μm。尾棘毛 3 根，纤毛长约 20 μm，分别位于第 1、2、3 列背触毛末端。

　　标本采集地　甘肃甘南草原土壤，温度 7℃，盐度 0‰。

　　标本采集日期　2011. 10. 24。

　　标本保藏单位　中国海洋大学，海洋生物多样性与进化研究所（编号：CLY2011102401）。

生境　土壤。

（127）盐片尾虫　*Urosoma salmastra* **Berger, 1999** (图 136)

Oxytricha salmastra Dragesco and Dragesco-Kernéis, 1986, *Faune Tropicale*, 26: 467.
Urosoma salmastra Berger, 1999, *Monogr. Biol.*, 78: 424.
Urosoma salmastra Shao, Chen, Pan, Warren & Miao, 2014a, *Eur. J. Protistol.*, 50: 598.

　　形态　活体大小 110-155 μm × 30-50 μm，长、宽比约 3：1。皮膜较薄，虫体柔软，极易弯曲。虫体呈细长椭圆形，前、后两端钝圆。皮层颗粒球形，无色，直径小于 1 μm，3-5 个颗粒排成短列，后各短列排成长列纵向分布。单一伸缩泡位于虫体中部靠近左边缘，直径 10-15 μm。细胞质透明，在虫体两侧及尾部含有大量油球，中后部含有大量食物颗粒，两端含有大量折光颗粒，致使虫体两端在低倍放大下观察呈现明显暗色。2 枚椭球状的大核位于虫体左侧，间距较小，大小约 25 μm × 11 μm。

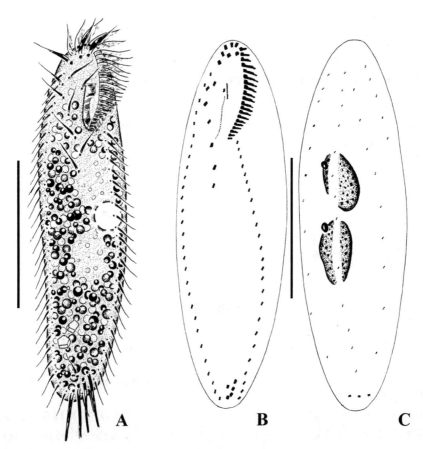

图 136　盐片尾虫 *Urosoma salmastra*
A. 活体腹面观；B，C. 纤毛图式腹面观（B）和背面观（C）
比例尺：50 μm

虫体既可在底质上慢速爬行，也可在水中绕体纵轴旋转前进。

口区约占体长的 25%，口围带由 19-25（平均 23）片小膜组成；波动膜为典型的殖口虫属模式，口侧膜很短，平直，口内膜较长，一直延伸至口区深处。

通常 16 根额-腹-横棘毛：恒有 3 根分化增粗的额棘毛位于口区顶端，纤毛长约 15 μm，单一口棘毛位于口侧膜右侧、口内膜前方；4 根分化不明显的额腹棘毛，纤毛长约 12 μm；口后腹棘毛 3 根，靠近口区几乎呈直线分布，并与额腹棘毛成列排列；3 或 4 根横棘毛位于虫体亚尾端，呈 "J" 形排列，纤毛长约 15 μm；1 或 2 根（多为 1 根）横前腹棘毛，位于横棘毛前部。左、右缘棘毛各 1 列，分别含有 21-31 根和 19-39 根棘毛，延伸至虫体尾部，彼此在末端分离，纤毛长约 10 μm。

背触毛 4 列，最右 1 列延伸至虫体前 1/3 处即停止，其余 3 列均结束于虫体亚末端。尾棘毛 3 根，分别位于第 1、2、3 列背触毛末端，纤毛长约 13 μm。

标本采集地　广东红树林潮间带，温度 24℃，盐度 25.5‰。

标本采集日期　2010. 11. 25。

标本保藏单位　中国海洋大学，海洋生物多样性与进化研究所（编号：PY2010112502）。

生境　咸水。

58. 拟片尾虫属 *Urosomoida* Hemberger in Foissner, 1982

Urosomoida Hemberger in Foissner, 1982, *Arch. Protistenk.*, 126: 115.
Type species: *Urosomoida agilis* (Engelmann, 1862) Hemberger in Foissner, 1982.

虫体柔软；口围带连续，呈问号形；波动膜为尖毛虫属模式；额-腹-横棘毛少于 18 根，即口后腹棘毛、横前腹棘毛和横棘毛数目通常缩减，额腹棘毛 "V" 形排布；左、右缘棘毛各 1 列；尾棘毛 3 根；背触毛 4 列，瘦体虫属模式。

该属全世界记载 13 种，中国记录 4 种。

种检索表

1. 大核 4 枚 ·· 背褶拟片尾虫 *U. dorsiincisura*
   大核 2 枚 ··· **2**
2. 存在皮层颗粒 ··· 拟敏捷拟片尾虫 *U. paragiliformis*
   不存在皮层颗粒 ··· **3**
3. 横前腹棘毛位于虫体中部 ····································· 亚热带拟片尾虫 *U. subtropica*
   横前腹棘毛位于虫体末端 ································· 敏捷拟片尾虫 *U. agiliformis*

（128）敏捷拟片尾虫 *Urosomoida agiliformis* **Foissner, 1982**（图 137）

Urosomoida agiliformis Foissner, 1982, *Arch. Protistenk.*, 126: 117.

　　形态　活体大小 75-90 μm × 20-30 μm，长、宽比约 3∶1。虫体柔软，无伸缩性，呈长椭圆形，两端略窄。不具皮层颗粒。伸缩泡位于细胞中部左缘。细胞质无色，内含大量油球及食物泡。2 枚大核，位于细胞中轴左侧，大小约 15 μm × 8 μm；小核不易见。

　　通常在水中绕体中轴快速旋转游动。

　　口区约占体长的 1/4，口围带呈问号形，由 14-19 片小膜组成。波动膜为尖毛虫属模式，口侧膜和口内膜几乎等长，略弯曲，相交于彼此的中部。

　　额-腹-横棘毛 14-16 根，3 根粗壮的额棘毛，纤毛长约 13 μm。单一口棘毛位于口侧膜前端右侧。额腹棘毛 4 根，呈 "V" 形排列，棘毛 III/2 的纵向位置位于棘毛 IV/3 和棘毛 VI/3 之间。口后腹棘毛 3 根，位于口区右下侧。横前腹棘毛和横棘毛共 3-5 根。左、右缘棘毛各 1 列，分别由 20-26 根和 26-31 根棘毛构成。左缘棘毛列起始于口围带左下侧，右缘棘毛列始于棘毛 VI/3 右侧，2 条缘棘毛列均终止于虫体末端，末端视觉上连接但不相交。

　　背触毛 4 列。第 1、2 列始于虫体前端略后处，第 3 列背触毛贯穿虫体长轴，第 4 列为背缘触毛，始于体前端，止于体长 1/3 处。纤毛长约 4 μm。2 根尾棘毛，位于第 1 列和第 2 列背触毛的末端。

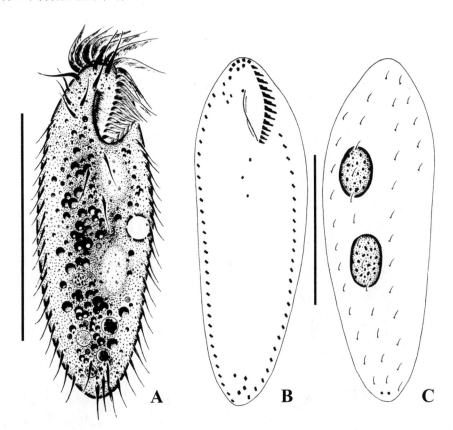

图 137　敏捷拟片尾虫 *Urosomoida agiliformis*
A. 典型个体活体腹面观；B, C. 纤毛图式腹面观（B）及背面观（C）
比例尺：50 μm

标本采集地　陕西榆林土壤，温度 8℃，盐度 0‰。
标本采集日期　2016.04.30。
标本保藏单位　河北大学，生命科学学院（编号：LYB2016043001）。
生境　土壤。

（129）背褶拟片尾虫 *Urosomoida dorsiincisura* Foissner, 1982 (图 138)

Urosomoida dorsiincisura Foissner, 1982, *Arch. Protistenk.*, 126: 119.
Urosomoida dorsiincisura Ning, Ma & Lv, 2018, *Chin. J. Zool.*, 53: 416.

　　形态　活体大小 100-130 μm × 40-50 μm。虫体柔软，近似长椭圆形，后端浑圆，前端较后端微窄。暗黄色皮层颗粒散布排列，直径约 0.5 μm。单一伸缩泡位于虫体左边缘中部，直径约 10 μm，收缩周期约 12 s。明视野状态下虫体呈浅灰色。多数具有 4 枚大核，椭球形且大体成对分布；1-2 枚小核，在大核周边分布。
　　虫体在底质上大体呈直线运动，伴有趋触现象，同时转变运动方向；偶见水中旋游。
　　口区约占体长的 32%，口围带长约 37 μm，纤毛可达 11 μm，由 25-30 片（平均 28 片）小膜构成。波动膜为尖毛虫属模式，口侧膜和口内膜长度分别约 22 μm 和 24 μm。

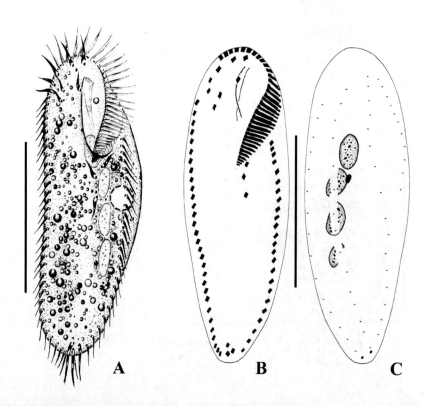

图 138　背褶拟片尾虫 *Urosomoida dorsiincisura*
A. 典型个体活体腹面观；B, C. 纤毛图式腹面观（B）及背面观（C）
比例尺：50 μm

额腹横棘毛 14 或 15 根，3 根略增粗的额棘毛，纤毛长约 12 μm，位于虫体额区顶部；单一口棘毛位于口内膜右侧中部略偏上处，纤毛长约 10 μm；4 根额腹棘毛呈 "V" 状排布，棘毛 III/2 在水平位置上位于棘毛 VI/3 和棘毛 IV/3 之间；3 根口后棘毛位于口区下方；横棘毛和横前腹棘毛总计约 3 根，位于虫体末端呈三角形排列，纤毛长约 12 μm。左、右缘棘毛各 1 列，分别含 23-28 根和 26-31 根缘棘毛，左缘棘毛结束于虫体亚末端，右缘棘毛结束于虫体尾部，纤毛长约 10 μm。

背触毛 4 列，其中第 1-3 列纵贯虫体，而第 4 列仅延伸到虫体中部。2 根尾棘毛位于第 1 和 2 列背触毛的末端，纤毛长约 12 μm。

标本采集地　甘肃兰州含盐土壤，温度 10℃，盐度 4‰。

标本采集日期　2015.03.23。

标本保藏单位　西北师范大学，生命科学学院（编号：MJY2015032302）。

生境　含盐土壤。

（130）拟敏捷拟片尾虫 *Urosomoida paragiliformis* **Wang, Lyu, Warren, Wang & Shao, 2016**（图 139）

Urosomoida paragiliformis Wang, Lyu, Warren, Wang & Shao, 2016, *Eur. J. Protistol.*, 56: 82.

形态　活体大小为 130-150 μm × 25-30 μm。皮膜柔软但不具伸缩性，虫体长椭圆形，右边缘稍微平直，左边缘或多或少凸起；背腹扁平，厚、幅比约 1：2。皮层颗粒暗色，呈小短列排布，每列包含 1-3 个球形颗粒，直径约 0.5 μm。单一伸缩泡位于虫体中部靠近左边缘，间歇时间 30 s。细胞质透明无色，体内含有大量的脂质球，直径 2.5-4 μm，体后端含有大量晶体致使在低倍放大下观察虫体呈暗灰色，大小约 6 μm × 2 μm。少量食物泡包含细菌。2 枚椭球形大核位于虫体中线偏左，蛋白银染色后约 16 μm × 7 μm；2-4 枚球形小核，直径约 3 μm。

虫体在基质上缓慢爬行，游泳时沿身体中轴旋转前进。

口区占体长的 25%-36%，口围带问号形，蛋白银染色后长 28-40 μm，由 25-39 片（平均 33 片）小膜组成，纤毛长约 15 μm。波动膜为尖毛虫属模式，即口内膜和口侧膜几乎等长，在前端 1/3 处相交。

额腹横棘毛 13 或 14 根，通常 14 根。3 根粗大的额棘毛位于虫体顶端，纤毛长约 15 μm；单一口棘毛位于两片波动膜交叉的前端，纤毛长约 10 μm；4 根额腹棘毛 "V" 形排布，3 根口后腹棘毛聚集在口区下方；常常 2 根，偶尔 3 根横棘毛位于虫体末端，纤毛长约 20 μm，横前腹棘毛 1 根；左、右缘棘毛各 1 列，分别含有 23-33 根和 23-35 根缘棘毛，末端不相交，纤毛长约 15 μm。

背触毛 4 列，最左边的 3 列贯穿虫体，第 4 列背触毛起始于虫体前端，终止于虫体体长的 2/3 处，3 根尾棘毛位于第 1、2、3 列背触毛末端，纤毛长约 15 μm。

标本采集地　陕西渭南含盐碱土壤，温度 10℃，盐度 4‰。

标本采集日期　2015.06.27。

标本保藏单位　陕西师范大学，生命科学学院（正模，编号：WJY2015062701）；伦敦自然历史博物馆（副模，编号：NHMUK2016.7.20.1）。

生境　含盐土壤。

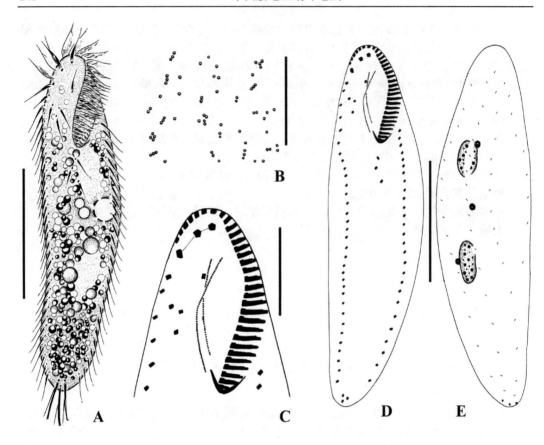

图 139　拟敏捷拟片尾虫 *Urosomoida paragiliformis*
A. 典型个体腹面观；B. 皮层颗粒；C. 纤毛图式头部观；D，E. 纤毛图式腹面观（D）及背面观（E）
比例尺：50 μm

（131）亚热带拟片尾虫 *Urosomoida subtropica* Fan, Zhao, Hu, Miao, Warren & Song, 2015（图 140）

Urosomoida subtropica Fan, Zhao, Hu, Miao, Warren & Song, 2015, *Eur. J. Protistol.*, 51: 378.

　　形态　活体大小 100-150 μm × 35-65 μm。虫体柔软但无明显收缩性，呈长椭圆形，前、后两端钝圆，左、右两侧基本平行；偶有个体呈纺锤状，即两侧边缘呈弧形；背腹扁平，厚、幅比约 1∶2。未观察到皮层颗粒和伸缩泡。细胞质无色，其内充满不规则的大小 3-10 μm 的砂粒状内含物和许多直径 5-10 μm 的食物泡，使得虫体呈不透明状，低倍放大下观察呈灰黑色。2 枚椭球形大核，活体大小约 15 μm × 10 μm，位于口区后，虫体中部偏左侧；恒具 1 枚球形小核，直径约 3.5 μm，位于大核之间。

　　运动方式为较快地爬行于基质表面，或水中游泳时绕体中轴旋转前行。

　　口区较窄，活体下约占体长的 1/4，口围带由 20-33 片小膜组成，远端向体右侧略延伸；波动膜为典型的尖毛虫属模式。

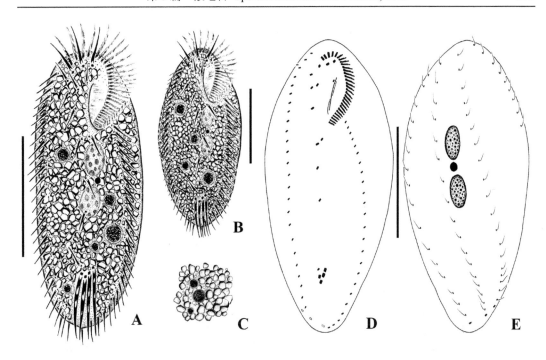

图 140　亚热带拟片尾虫 *Urosomoida subtropica*
A. 典型个体腹面观；B. 另一个个体腹面观，示不同体形；C. 部分细胞质，示许多块状颗粒和食物泡；
D，E. 纤毛图式腹面观（D）及背面观（E）
比例尺：50 μm

通常具 17 根（极少数为 16 根）额腹横棘毛。除横棘毛外，腹面体棘毛均较纤细。
3 根额棘毛，呈略微倾斜的棘毛列排布，最右侧额棘毛位于口围带远端下方；单一口棘
毛位于口侧膜前端右侧；额腹棘毛 4 根，棘毛 III/2 位于棘毛 VI/4 之后，靠近棘毛 VI/3；
剩下的 3 根额腹棘毛基本呈直线排布；3 根口后腹棘毛位于虫体 30%-45% 处，棘毛 IV/2
位于棘毛 V/4 之前；2 根横前腹棘毛，棘毛 V/2 位于体中部，远离横棘毛，而棘毛 VI/2
位于最左侧横棘毛处；4 根（极少数为 3 根）横棘毛，呈钩状排布。左、右缘棘毛各 1
列，分别含有 19-26 根和 20-27 根棘毛，末端分离；左缘棘毛列延伸至虫体末端；右缘
棘毛列延伸至虫体 90% 处，从视觉上几乎相交。

背触毛 4 列，纤毛长约 3 μm；第 1-3 列背触毛贯穿虫体；第 4 列背触毛，即背缘触
毛列，延伸至体长 30% 处。通常具 3 根尾棘毛（20 个统计个体中，3 个个体为 1 或 2 根），
位于体后端右缘，与右缘棘毛难以区分。

标本采集地　广东惠州临时积水，水温约 22℃。
标本采集日期　2012. 04. 26。
标本保藏单位　中国海洋大学，海洋生物多样性与进化研究所（正模，编号：
FYB2012042605）；伦敦自然历史博物馆（副模，编号：NHMUK2014.12.3.2）。
生境　淡水。

第 15 章 圆纤科 Strongylidiidae Fauré-Fremiet, 1961

Strongylidiidae Fauré-Fremiet, 1961, *Académie des Sciences*, 252: 3516.

虫体略呈梭形绕体长轴旋转，虫体后端较细。3 根额棘毛，1 根口棘毛，左腹棘毛列前端左侧通常有 1 根额腹棘毛（棘毛 III/2），口后腹棘毛存在或缺失，横前腹棘毛和横棘毛均缺失。左腹棘毛 1 列，由前（源自额-腹-横棘毛原基 VI 的前部）、中（源自额-腹-横棘毛原基 IV 最前端的几根棘毛）、后（源自额-腹-横棘毛原基 V 的后部）3 部分拼接而成；右腹棘毛 1 列，由额-腹-横棘毛原基 VI 后部形成。左、右缘棘毛各 1 列。尾棘毛存在。背触毛断裂存在或缺失，背缘触毛缺失（图 99C）。

该科全世界记载 3 属，中国记录 2 属。在海水、淡水及土壤中均有分布。

一、圆纤虫属、伪瘦尾虫属和半小双虫属的科级归属及系统划分

自 Sterki（1878）以厚圆纤虫为模式种建立圆纤虫属以来，该属的科级划分经历了一段复杂的过程。Gelei（1929）以旋纤虫属 *Spirofilum* Gelei, 1929（腹毛虫属 *Hypotrichidium* Ilowaisky, 1921 的晚出异名）为模式属建立了旋纤科，科内物种的主要特征为棘毛列明显螺旋或斜向弯曲。Kahl（1932）将所有非游仆类的腹毛类（包括圆纤虫属）都归入到尖毛科，并且认为圆纤虫属与瘦尾虫属 *Uroleptus* Ehrenberg, 1831 关系较近。但是，瘦尾虫属的中腹棘毛列排列模式与尾柱类相同，也就是棘毛对以 "zig-zag" 模式排列（Berger, 2006），与圆纤虫属腹棘毛列的排列模式（不成对排布）完全不同。因此，圆纤虫属与瘦尾虫属之间不可能有较近的亲缘关系，这也得到了系统学分析的支持（Chen *et al.*, 2013a, 2015a；Luo *et al.*, 2018）。Corliss（1961）也将圆纤虫属划分到了尖毛科中，同时认为旋纤科可能是有效的科级名称。同年，

Fauré-Fremiet（1961）建立了 2 个亚目：排毛亚目 Stichotrichina 和散毛亚目 Sporadotrichina（ Lynn 2008 系统中的排毛目 Stichotrichida 和散毛目 Sporadotrichida ）。Fauré-Fremiet（1961）以圆纤虫属为模式属，在排毛亚目 Stichotrichina 内建立了圆纤科 Strongylidae（ Jankowski 1979 将其订正为 Strongylidiidae ）。随后，Borror（1972）承认了旋纤科，并把圆纤科作为前者的晚出异名。Lynn 和 Small（2002）、Jankowski（2007）和 Lynn（2008）接受了 Borror（1972）的观点。Stiller（1975）只承认圆纤科。Corliss（1977, 1979）将旋纤科和圆纤科（包含圆纤虫属）作为 2 个独立存在的科。Jankowski（1979）将某些属提升到科级，并建立了一些超科。其中 1 超科就是圆纤虫超科 Strongylidioidea，包括圆纤科和其他 4 个单型科（ Atractidae、Hypotrichidiidae、Microspirettidae、Spirofilopsidae），但是在随后的文章中，他摒弃了此系统安排（ Jankowski, 2007 ）。

伪瘦尾虫属自建立至今的 40 年中，被研究者划分到了不同的科中。最初，Hemberger（1985）将其划分到了小双科，Jankowski（2007）承认了这一划分。随后，Tuffrau（1987）将伪瘦尾虫属转移到了卡尔科，而 Lynn（2008）则认为该属在卡尔科中的分类位置为未定属。卡尔虫所共有的特征是细胞发生过程有老的棘毛列保留（Berger, 2011），然而，这一特征在伪瘦尾虫属内并不存在。因此，将伪瘦尾虫属划分到卡尔科是不正确的。并且，在 Luo 等（2018）的系统发育分析中，伪瘦尾虫属的序列也未与卡尔虫属（卡尔科的模式属）聚在一起，这也为拒绝将伪瘦尾虫属划到卡尔科提供了依据。Eigner（1997）根据伪瘦尾虫属所具有的 "neokinetal 3" 特征，也就是前、后仔虫的额-腹-横棘毛原基 V 和 VI 来自 "V" 形原基，将其划分到了散毛类纤毛虫尖毛科中。Berger（1999）将伪瘦尾虫属的模式种尾伪瘦尾虫划分到尖毛科，但是与 Oxytrichidae sensu Eigner（1997）不同的是，此划分主要是因为尾伪瘦尾虫具有背触毛断裂。随后，Berger（2008）将伪瘦尾虫属内的其他具有不同背触毛模式的 4 种转移到了双列虫属 *Bistichella* Berger, 2008。最近的研究中，Chen 等（2015a）将伪瘦尾虫属转移到了旋纤科。

尽管圆纤虫属和伪瘦尾虫属最终均被移入旋纤科，然而在 Luo 等（2018）的系统中，旋纤科各种散布在整个系统树中：模式属的唯一序列拟圆锥腹毛虫与尖毛类的大类群聚在一起；针尾排毛虫与"核心尾柱类"形成姐妹支；而圆纤虫属则与半小双虫属及伪瘦尾虫属聚在一起，然后与 3 个尖毛类成为姐妹支，这也证实了旋纤科非单元发生。旋纤科的模式属腹毛虫属与圆纤虫属和伪瘦尾虫属在形态学及细胞发生学方面有诸多差异：①前者虫体呈梨形，体末端向左螺旋旋转；后者虫体或多或少呈梭形，棘毛列略旋转；②前者口区扩大且深邃，占体长的 1/2 以上，通常约 2/3；后者口区狭窄，通常延伸至体长的 1/3 以内；③棘毛排布及发生模式，前者各棘毛列均来自单独的 1 条原基，后者左腹棘毛列由 3 条原基拼接形成（Paiva & Silva-Neto, 2007; Chen *et al.*, 2013a, 2015a）。所有的这些区别连同系统学分析一致拒绝将圆纤虫属和伪瘦尾虫属划分到旋纤科。

　　另一个未收录入本书的半小双虫属的科级划分同样问题重重。Foissner（1988）在小双科内建立了半小双虫属。随后的大多数学者都接受了这一系统划分结果（Eigner & Foissner, 1994; Petz & Foissner, 1996; Lynn & Small, 2002; Berger, 2008; Lynn, 2008）。依照 Eigner（1997, 1999）划分系统，半小双虫属同伪瘦尾虫属一样，由于具有"neokinetal 3"原基形成模式，也应该划分到尖毛科。Berger（2008）不确定该属的确切系统位置。一方面，半小双虫左腹棘毛列的形成方式很容易联系到小双虫的小双虫棘毛列。另一方面，陆生半小双虫的模式种群因具有 4 列背触毛，很可能与尾伪瘦尾虫一样存在背触毛断裂。Eigner 和 Foissner（1994）研究了陆生半小双虫的另一种群的细胞发生，该种群仅含 3 列背触毛，无背缘触毛或背触毛断裂。因此，Berger（2008）暂时将半小双虫属归入了小双科。

　　尽管半小双虫属在多个系统中均被划分到了小双科，但是，小双科的模式属小双虫属（*Amphisiella* Gourret & Roeser, 1888）与半小双虫属之间有着显著的不同：①小双虫额-腹-横棘毛原基 IV 的前半部分作为单独的棘毛列存在，没有参与小双虫棘毛列的形成，半小双虫额-腹-横棘毛原基 IV 的前部分迁移并形成了左腹棘毛列的中间部分（典型的尖毛虫模式）；②小双虫没有口后腹棘毛，半小双虫有口后腹棘毛。

这些差异与 Luo 等（2018）的系统分析结果一致：半小双虫与圆纤虫及伪瘦尾虫聚为一支，而与小双虫相距甚远，这也对将半小双虫属划分到小双科提出了质疑。

二、圆纤科的激活

尽管圆纤虫属、半小双虫属和伪瘦尾虫属被划分到了不同的科甚至是不同的目中，但是这 3 属有很多的相似之处：①虫体或多或少绕体长轴扭曲，体末端渐细或呈尾状；②3根分化明显的额棘毛，1 根口棘毛和 1 根棘毛 III/2；③口后腹棘毛通常存在；④横前腹棘毛、横棘毛缺失；⑤左腹棘毛列由 3 部分拼接而成；⑥或短或长的右腹棘毛列均由额-腹-横棘毛原基 VI 形成；⑦左、右缘棘毛各 1 列；⑧尾棘毛存在；⑨背缘触毛缺失（Berger, 1999, 2011; Paiva & Silva-Neto, 2007; Chen *et al.*, 2013a, 2015a）。左腹棘毛列如此特征鲜明的形成方式连同其他共有的形态学特征不可能是趋同进化的结果。并且，在系统树中，3 属以完全置信值聚为一支（ML/BI，100/1.00）（Luo *et al.*, 2018）。综合考虑形态学、细胞发生学及分子系统学分析，3 属有共同的祖先。

1961 年，Fauré-Fremiet 建立了圆纤科，简要定义如下：虫体绕体长轴扭曲，腹棘毛 2 列，缘棘毛 2 列，横棘毛缺失。在最新的系统中（Tuffrau & Fleury, 1994; Lynn & Small, 2002; Jankowski, 2007; Lynn, 2008），圆纤科被视为是旋纤科的晚出异名。综合考虑各方面信息，Luo 等（2018）建议为圆纤虫属、半小双虫属和伪瘦尾虫属重启圆纤科，并给出新的定义。

三、圆纤科的系统地位

圆纤科左腹棘毛列独特的拼接形成方式很容易让人联想到排毛类的小双虫棘毛列（Berger, 2008）。另外，圆纤虫属和半小双虫属的多数种也同排毛类纤毛虫一样仅有 3 长列背触毛（无背触毛断裂或背缘触毛）（Berger, 2008, 2011）。圆纤科看似与排毛类有较近的亲缘关系。因此，在多数系统中，圆纤虫属、半小双虫属和伪瘦尾虫属都被归入到了排毛目中（Hemberger, 1985, Tuffrau, 1987; Lynn & Small, 2002; Jankowski, 2007; Berger, 2008; Lynn, 2008）。但是，Berger（1999）提出，伪瘦尾虫因存在背触毛断裂，表明其与尖毛类关系更密切，这也得到了分子信息的支持（Luo *et al.*, 2018）。

　　基于目前的研究，圆纤虫属、半小双虫属和伪瘦尾虫属所共有的左腹棘毛列高度特化的拼接形成方式不可能是趋同进化的产物。考虑到分子信息，这 3 属之间的关系更加明确，它们很可能有一个共同的祖先（背触毛断裂存在）。并且由于这 3 属与排毛类存在以下 2 方面的区别，它们之间的关系需要重新审查：①排毛类的额-腹-横棘毛原基 IV 的前端形成单独的额腹棘毛列，而未参与小双虫棘毛列的形成，圆纤虫属、半小双虫属和伪瘦尾虫属额-腹-横棘毛原基 IV 的前端参与形成左腹棘毛列（尖毛类的形成方式）；也就是说，排毛类的拼接棘毛列来自 2 个原基条带，而圆纤虫属、半小双虫属和伪瘦尾虫属的拼接棘毛列则来自 3 个原基条带；②排毛类无口后腹棘毛，但是圆纤虫属、半小双虫属和伪瘦尾虫属有（Berger, 1999, 2008; Paiva & Silva-Neto, 2007; Chen *et al.*, 2013a, 2015a）。因此，圆纤虫属、半小双虫属和伪瘦尾虫属的拼接棘毛列与排毛类的一些类群的拼接棘毛列是趋同进化的关系，尽管圆纤虫属和半小双虫属的多数种与排毛类纤毛虫一样仅有 3 列背触毛，Luo 等（2018）的研究推断，圆纤虫属、半小双虫属和伪瘦尾虫属不存在背触毛断裂是次级缺失，伪瘦尾虫属很可能是圆纤虫属和半小双虫属的祖先形式。

　　在分子系统树中（Luo *et al.*, 2018），圆纤科与 3 个背缘触毛类纤毛虫以较高的置信值（ML/BI, 86/1.00）形成姐妹群，然后聚在了其他背缘触毛类大支中，这都表明圆纤科与背缘触毛类纤毛虫有较近的亲缘关系。但是由于系统树中多数节点的置信值较低，目前还不能得出进一步的结论，因此在本书中，我们将其安排在散毛目下。

属检索表

1. 背触毛断裂 ·· 伪瘦尾虫属 *Pseudouroleptus*
   背触毛不断裂 ·· 圆纤虫属 *Strongylidium*

59. 伪瘦尾虫属 *Pseudouroleptus* Hemberger, 1985

Pseudouroleptus Hemberger, 1985, *Arch. Protistenkd.*, 130: 398.
Type species: *Pseudouroleptus candatus* Hemberger, 1985.

虫体柔软；口围带连续，呈问号形，波动膜呈尖毛虫属模式。3 根额棘毛，1 根口棘毛，左腹棘毛列前端左侧有 1 根棘毛（棘毛 III/2），口后腹棘毛存在或缺失，横棘毛均缺失。2 列较长的腹棘毛列，左腹棘毛列由 3 条原基拼接而成；右腹棘毛列独立发生。左、右缘棘毛各 1 列；尾棘毛存在，背触毛 4 列。

该属全世界记载 1 种，中国记录 1 种。

（132）尾伪瘦尾虫 *Pseudouroleptus candatus* Hemberger, 1985 (图 141)

Pseudouroleptus candatus Hemberger, 1985, *Arch. Protistenkd.*, 130: 398.
Pseudouroleptus candatus Chen, Zhao, Ma, Warren, Shao & Huang, 2015a, *Eur. J. Protistol.*, 51: 4.

形态 活体大小 230-320 μm × 45-65 μm，活体长、宽比为 5∶1，蛋白银染色个体长、宽比为 2.5∶1。体柔软有收缩性；虫体纺锤形，前端稍钝圆，尾部瘦削；右缘略微隆起呈 "S" 形向尾部延伸，左缘平直。皮层颗粒（或为线粒体）无色，直径约 1.5 μm，密集散布于虫体整个表面。伸缩泡近细胞左缘，舒张状态直径约 20 μm，位于体前端 1/3 处。细胞质无色至浅灰色，体内常含有许多直径 3-5 μm 的脂质球和 5-10 μm 的食物泡以及藻类，致使低倍放大下观察体色为暗色。2 枚长椭球形大核，长、宽比为 2∶1，核仁清晰可见，前方大核位于细胞前 1/3 体中轴处，后方大核位于后 1/3 体中轴靠左，活体下明显可见；小核 2-7 枚。

运动较缓慢，通常爬行于底质表面，爬行时身体发生折叠或弯曲；游泳时绕体中轴顺时针旋转，游动前行。

活体下口区占体长的 20%-25%，从前端延伸弯曲至体右端。口围带平均由 59 片小膜组成，基部最宽处约 15 μm。口侧膜和口内膜基本等长，明显弯曲，空间上在后部 1/3 处相交。

3 根明确分化的额棘毛位于额区顶端，1 根拟口棘毛位于最右 1 根额棘毛下端，纤毛长约 15 μm。单一口棘毛，位于口侧膜前端右侧。在统计的 20 个蛋白银染色制片标本中仅 5 个体在口区下方有 1 根口后腹棘毛。2 列较长呈 "S" 形的腹棘毛列，平行起始于最右 1 根额棘毛处并终止于尾部，左腹棘毛 60-77 根，右腹棘毛 51-65 根。左、右缘棘毛列均延伸至虫体末端，分别含 56-72 根和 57-76 根棘毛，活体下纤毛长 10-15 μm。

背触毛恒为 4 列，纤毛长约 5 μm，尾棘毛 3-6 根，密集分布于尾部边缘。

标本采集地 西藏拉萨拉鲁湿地，温度 10℃。

标本采集日期 2011. 05. 01。

标本保藏单位 中国海洋大学，海洋生物多样性与进化研究所（编号：CLY2011050103）；伦敦自然历史博物馆（编号：NHMUK2013.12.15.1）。

生境 淡水和土壤。

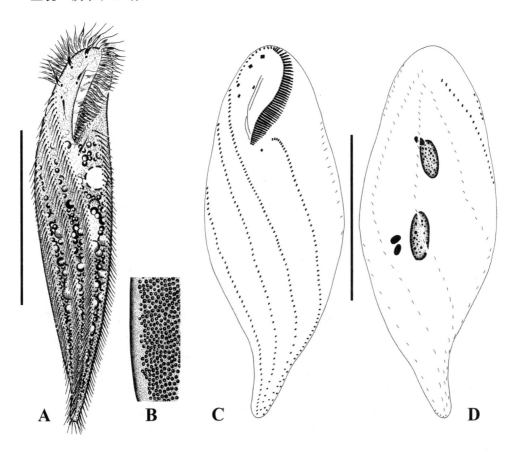

图 141 尾伪瘦尾虫 *Pseudouroleptus candatus*
A. 典型个体腹面观；B. 皮层颗粒分布背面观；C，D. 纤毛图式腹面观（C）及背面观（D）
比例尺：150 μm

60. 圆纤虫属 *Strongylidium* Sterki, 1878

Strongylidium Sterki, 1878, *Z. wiss. Zool.*, 31: 38.
Type species: *Strongylidium crassum* Sterki, 1878.

　　虫体柔软；口围带连续，呈问号形，波动膜呈尖毛虫属模式；3 根额棘毛，1 根口棘毛，1 根口后腹棘毛（某些物种缺失），左腹棘毛列前端左侧有 1 根棘毛（棘毛 III/2），横棘毛缺失；2 列较长的腹棘毛列，左腹棘毛列由 3 条原基拼接而成；右腹棘毛列来自单原基条带；左、右缘棘毛各 1 列；尾棘毛存在，背触毛 3 列，殖口虫属模式。

该属全世界记载 17 种，中国记录 3 种。

种检索表

1. 2 枚大核 ·· 东方圆纤虫 *S. orientale*
   多枚大核 ·· 2
2. 口围带不分段，尾部不明显，咸水生境 ···················· 广东圆纤虫 *S. guangdongense*
   口围带分段，尾部明显，淡水生境 ························· 武汉圆纤虫 *S. wuhanense*

（133）广东圆纤虫 *Strongylidium guangdongense* Luo, Yan, Shao, Al-Farraj, Bourland & Song, 2018 (图 142)

Strongylidium guangdongense Luo, Yan, Shao, Al-Farraj, Bourland & Song, 2018, *Zool. J. Linn. Soc.*, 184, 239.

形态 活体大小 100-150 μm × 40-50 μm，长、宽比为 5∶2 至 3∶1。虫体柔软，具轻微伸缩性；虫体略呈纺锤形，前端钝圆，后端瘦削形成不明显的尾部；背腹扁平，厚、幅比约 2∶3。皮层颗粒无色、球形，直径 1-1.5 μm，沿棘毛列、背触毛列成列分布，棘毛列之间及背触毛列之间不规则散布，嗜染，在蛋白银染色制片中可以看到有些颗粒释放的毛发状结构。伸缩泡紧靠口区下方，近细胞左缘，伸张状态直径约 12 μm。细胞质无色，体中部常含有许多食物泡（内含大量硅藻），使得虫体在低倍放大下观察略呈褐色。大核 4-12 枚，平均 8 枚，球形至椭球形，于虫体中线左侧分布。小核 1-7 枚，靠近或紧贴大核；在饥饿处理的个体中，通常有 1 或 2 枚较大的小核（直径 3-8 μm，平均 4 μm）；未饥饿处理的虫体中小核数目较多（4-7 枚），较小（直径 2-3 μm）。

运动较缓慢，通常于底质表面爬行，爬行时虫体可发生扭曲。

口区约占体长的 27%，较窄，口区右缘约位于虫体中线处。口围带由 25-34 片小膜组成，活体状态纤毛长 15-18 μm。口侧膜和口内膜基本呈尖毛虫属模式，二者基本等长，略弯曲，空间上相交，口侧膜起始略前于口内膜。

3 根明确分化的额棘毛，最右侧额棘毛位于口围带远端的下方。恒定 1 根口棘毛，1 根口后腹棘毛；额腹棘毛通常 1 根，有时 2 根，极少情况下不存在（观察的 23 个标本中有 3 个个体具 2 根额腹棘毛，1 个个体无额腹棘毛）。2 列长而稍微旋转的腹棘毛列：左腹棘毛列平行起始于最右侧额棘毛处并终止于体长的 80% 处，包含棘毛 29-39 根。左腹棘毛列由前、中、后 3 部分构成，通常 3 部分棘毛排成 1 列，偶尔中部的棘毛会在另外两部分左侧。右腹棘毛列含棘毛 24-38 根，延伸至亚尾端。左、右缘棘毛各 1 列，均延伸至虫体末端，分别由 21-36 根和 25-48 根棘毛组成，右缘棘毛列的最前端几根棘毛通常会延伸至虫体背面。额棘毛纤毛长 12-15 μm，其他棘毛纤毛长 8-10 μm。

背触毛 3 列，几乎贯穿虫体，纤毛长约 3 μm；每列背触毛末端有 1 根尾棘毛，尾棘毛纤毛长 10-12 μm。

标本采集地 广东深圳临时积水，水温 22℃，盐度 7‰。

标本采集日期 2015. 12. 01。

标本保藏单位 中国海洋大学，海洋生物多样性与进化研究所（正模，编号：

LXT2015120101；副模，编号：LXT2015120102）。

生境　咸水。

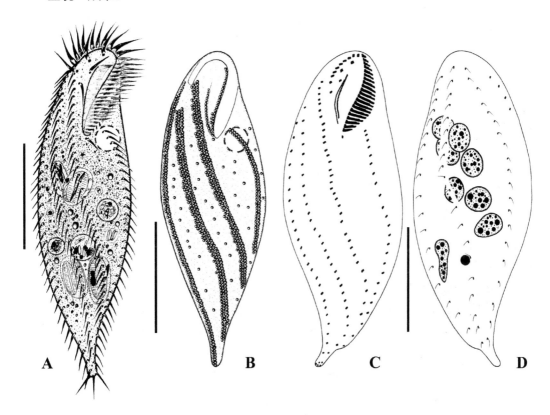

图 142　广东圆纤虫 *Strongylidium guangdongense*
A. 典型个体腹面观；B. 皮层颗粒分布腹面观；C，D. 纤毛图式腹面观（C）及背面观（D）
比例尺：50 μm

（134）东方圆纤虫 *Strongylidium orientale* Chen, Miao, Ma, Shao & Al-Rasheid, 2013
（图 143）

Strongylidium orientale Chen, Miao, Ma, Shao & Al-Rasheid, 2013c, *Int. J. Syst. Evol. Microbiol.*, 63: 1156.

形态　活体大小 80-120 μm × 35-50 μm。虫体柔软，可伸缩；纺锤形，前端钝圆、后端瘦削；背腹扁平，厚、幅比约 1：3。皮层颗粒 2 种，均为球形且无色，大的直径 1.5-2 μm，小的直径约 0.2 μm；二者均散布于皮膜表层，使虫体呈灰色。伸缩泡位于虫体中部左缘，伸张状态直径 15-20 μm，收缩间隔 1-2 min。细胞质无色，常含有直径约 3 μm 的脂质球；食物泡内多含硅藻和细菌。2 枚椭球形大核，蛋白银染色后大小为 12-30 μm × 7-20 μm。小核 1-3 枚，近球形，蛋白银染色后直径 3-6 μm。

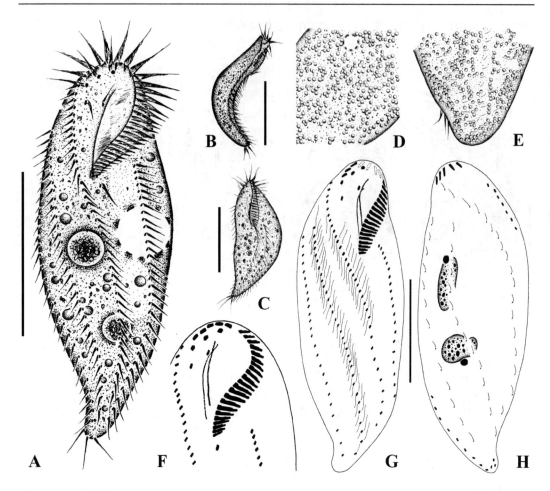

图 143　东方圆纤虫 *Strongylidium orientale*
A，C. 腹面观，示不同体形；B. 侧面观；D，E. 皮层颗粒；F-H. 纤毛图式腹面观（F，G）和背面观（H）
比例尺：50 μm

　　运动速度相对缓慢，通常在基底表面缓慢爬行；或是自由游动，绕体纵轴旋转前进。
　　口区约占体长的 30%，口围带明显 2 段化，前段 5 或 6 片小膜，后段 18-22 片小膜，活体下小膜长约 15 μm。口侧膜比口内膜稍长，二者纵向排布略向内弯曲。
　　3 根明确分化的额棘毛，1 根额腹棘毛。单一口棘毛位于波动膜前端约 1/4 处。平均具有 1 根口后腹棘毛，位于口围带后方。具 2 列较长且倾斜为 "S" 形的腹棘毛列，左腹棘毛列起始于靠近最右侧额棘毛的位置，由 33-45 根棘毛组成；右腹棘毛列起始于与波动膜末端近乎平行的位置，由 23-42 根棘毛组成。左、右缘棘毛各 1 列，分别含有 26-36 根和 28-42 根缘棘毛，末端分离，活体下纤毛长 10-15 μm。蛋白银染色显示部分腹棘毛周围会有与之相连的纤维。
　　3 列背触毛几乎纵贯全身，背触毛活体下长 2-4 μm，每列背触毛末端有 1 根尾棘毛，纤毛长 15-20 μm。
　　标本采集地　香港红树林河流入海口，水温 20℃，盐度 15.7‰。
　　标本采集日期　2009.12.03。

标本保藏单位　中国海洋大学，海洋生物多样性与进化研究所（编号：CXM2009120301）。

生境　咸水。

（135）武汉圆纤虫 *Strongylidium wuhanense* Luo, Yan, Shao, Al-Farraj, Bourland & Song, 2018（图 144）

Strongylidium wuhanense Luo, Yan, Shao, Al-Farraj, Bourland & Song, 2018, *Zool. J. Linn. Soc.*, 184: 246.

形态　活体大小 135-200 μm × 40-60 μm，长、宽比 3-4∶1。虫体柔软，尾部有明显伸缩性，伸展状态可达体长的 20%-25%，收缩时则不明显；虫体略呈纺锤形，前端钝圆，后端形成明显的尾部；背腹扁平，厚、幅比约 2∶3。皮层颗粒 1 种，无色球形，直径 1-1.5 μm，在虫体背面不规则散布。伸缩泡 1 枚，靠近细胞左缘口区下方，舒张状态直径约 12 μm。细胞质无色，体中部常含有大量反光颗粒（1-3 μm）和许多食物泡（内含大量藻类），使得虫体在低倍放大下观察呈现暗色。核器靠虫体中线或稍左分布，大核 15-19 枚，平均 16 枚，呈球形或略椭球形，尺寸较小（大的平均 7 μm × 9 μm，小的平均 5 μm × 6 μm）；小核恒为 2 枚，球形至略椭球形，直径 4-6 μm，比大核稍小。

通常于底质表面、杂质间缓慢爬行。

蛋白银染色个体的口区约占体长的 25%。口区较窄，其右缘约位于虫体中线处。口围带被一不明显的缺口分为 2 段，前段小膜 5-9 片，后段小膜 15-23 片。波动膜基本呈尖毛虫属模式，二者基本等长，略弯曲，约在彼此中部相交，口侧膜（双动基列）起始略前于口内膜（单动基列）。

恒定 3 根明确分化的额棘毛，单一口棘毛位于波动膜右侧，1 根口后腹棘毛，额腹棘毛通常 1 根（观察的 14 个标本中仅 1 个标本无额腹棘毛）。2 列长而稍微旋转、延伸至虫体亚尾端的腹棘毛列：左腹棘毛列平行起始于最右侧额棘毛处，包含 30-49 根棘毛；右腹棘毛列有 34-48 根棘毛，起始于口区后 1/3 处。左、右缘棘毛各 1 列，均延伸至虫体末端，分别含 31-48 根和 34-45 根棘毛。额棘毛纤毛长 12-15 μm，其他棘毛纤毛长 8-10 μm。

背触毛 3 列，贯穿虫体，每列背触毛内毛基体紧密排列，背触毛活体长约 3 μm。3 根细弱的尾棘毛位于尾部末端，活体下不明显且不易与缘棘毛区分，尾棘毛活体长 12-15 μm。

标本采集地　湖北武汉淡水池塘，水温 21℃。

标本采集日期　2016.04.08。

标本保藏单位　中国海洋大学，海洋生物多样性与进化研究所（编号：LXT2016040803）。

生境　淡水。

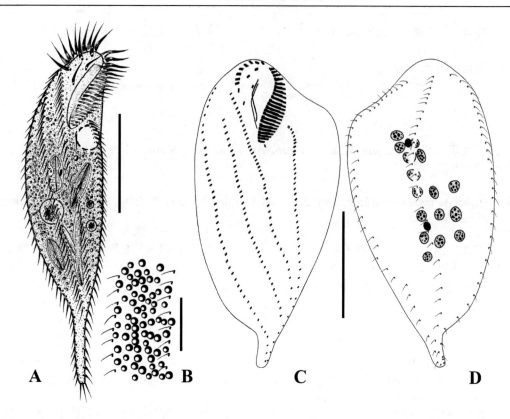

图 144　武汉圆纤虫 *Strongylidium wuhanense*
A. 典型个体腹面观；B. 皮层颗粒分布背面观；C，D. 纤毛图式腹面观（C）及背面观（D）
比例尺：A，C，D. 50 μm；B. 10 μm

第 16 章　尖颈科 Trachelostylidae Small & Lynn, 1985

Trachelostylidae Small & Lynn, 1985, In: Lee, Hutner & Bovee. An illustrated guide to the Protozoa. *Society of Protozoologists*, Lawrence, Kansas, 460.

多为具 18 根额-腹-横棘毛的腹毛类。头部化明显，即身体前端细削呈头状而与身体明显区分。口区沿头部前端和左缘分布，波动膜短而直。3 根口后腹棘毛前置于口围带右侧。左、右缘棘毛各 1 列。尾棘毛存在。背触毛以尖颈虫属模式发生。背缘棘毛缺失。海洋或盐湖生境（图 99D）。

该科全世界记载 2 属，中国记录 2 属。

Borror（1972）以条形尖颈虫（*Trachelostyla pediculiformis*；同物异名 *Stichochaeta pediculiformis* Cohn, 1866）为模式种建立了尖颈虫属，随后又有 5 种相继被报道（*Trachelostyla caudata* Kahl, 1932; *Trachelostyla rostrata* Lepsi, 1962; *Stichotricha simplex* Kahl, 1932; *Trachelostyla spiralis* Dragesco & Dragesco-Kernéis, 1986; *Trachelostyla tani* Hu & Song, 2002）。基于纺锤状的体形和扭曲的虫体，Gong 等（2006）将后三者从尖颈虫属移出，移入新建立的旋颈虫属。

相较其他具 18 根额-腹-横棘毛的类群，该科具有明显的 2 个区别点。

（1）口围带和波动膜为殖口虫属模式：殖口虫属和尖颈虫属的口器非常相似，它们的口围带均大体沿着虫体左缘排布，且都具有短而直的波动膜。

（2）口后腹棘毛前置于口围带近端右侧：对 18 根额-腹-横棘毛的腹毛类，口后腹棘毛（棘毛 IV/2、V/3 和 V/4）通常分布在口区之后。而在殖口虫属、半腹柱虫属和尖颈虫属中，这一组棘毛出现了前置，即它们分布在口围带近端的右侧。对此至少能给出两种合理解释：①这些类群的口后腹棘毛在细胞分裂过程中向后迁移的程度不及 18 根额-腹-横棘毛腹毛类中的大多数类群；②这些类群的口后腹棘毛大体处在正常位置，但由于它们较长的口区（占体长的 40%-50%），这组棘毛没有处在口区后方，而是位于口围带近端的右侧。

系统地位

Small 和 Lynn（1985）以尖颈虫属为模式属建立了尖颈科，除了模式属外，砂隙虫属（*Psammomitra*）、片尾虫属（*Urosoma*）和拟片属虫属（*Urosomoida*）也包含在内，依据为这 4 属均具有与一般尖毛虫相区别的明显的头部。同时他们将尖颈科和尖毛科一同划分在散毛亚目下。而 Corliss（1979）、Borror（1972）和 Berger（1999）等一些经典系统认为尖颈虫属隶属于尖毛科。Berger 和 Foissner（1997）及 Berger（1999）同时将殖口虫属归入尖毛科，主要依据在于该属具有 18 根额-腹-横棘毛这一特征。Lynn 和 Small（2002）的系统中将上述 5 属纳入到尖颈科中。

随后的工作提供了详细的形态学和发生学描述，以及基于贝叶斯和最大距离方法分析的系统关系（Gong *et al.*, 2006; Shao *et al.*, 2007c）。总体来说，条形尖颈虫的形态和发生遵循了尖毛科的模式，即 18 根额-腹-横棘毛、5 原基发生式以及原基条带以 1：3：3：3：4：4 的方式分化。然而，在一些发生学细节特征上又明显区别于一些典型的尖毛虫，如 *Oxytricha*、*Urosomoida*、*Tachysoma*、*Coniculostomum* 或 *Stylonychia*，区别有以下几点：①尖颈科种类前仔虫的老口围带完全被更新，此现象常见于一些低等的排毛类（尖毛科种类亲体口围带保留）；②尖颈科种类前仔虫口原基、波动膜原基和额-腹-横棘毛原基来自同一毛基体群（尖毛科种类波动膜原基和棘毛原基来自不同原基）；③尖颈科种类老的波动膜不参与前仔虫口原基构建（尖毛科种类中，新的波动膜总是来自老结构的重组）；④尖颈科种类背面纤毛器的产生和发育方式十分独特，即背触毛为"1 组发生式"（尖毛科种类为"2 组发生式"）以及尾棘毛 2 根来自最左、1 根来自最右背触毛列（尖毛科种类尾棘毛来自最右 3 列背触毛原基）。值得一提的是，在所有的尖毛科种类中，恒定 3 列背触毛参与原基构建，而尖颈科种类中仅有 2 列老结构参与。背触毛原基的断裂方式更加特别，一般在尖毛科种类中最多断裂 1 次并且出现在第 3 原基列中，而在尖颈科种类为断裂

3 次并且发生在第 1 背触毛原基条带中。

因此，Shao 等（2007c）认为尖颈科可能与尖毛科互为姐妹群，支持尖颈科的建立，但建议将殖口虫属移出尖颈科，同时认为 Small 和 Lynn（1985）建立尖颈科时归入的另外 3 属（*Psammomitra*、*Urosoma* 和 *Urosomoida*）的系统位置待定，因为三者不具有与模式属相同的发生模式。Gong 等（2006）和 Shao 等（2007c）基于尖颈科与殖口科在分子系统树中聚在一起且具有相同的口围带的形状和位置，而认为二者具有较近的亲缘关系，但 Schmidt 等（2007）不赞同此观点，此观点得到了细胞发生学信息的支持，因为二者之间具有截然不同的背触毛发生模式。

Berger（2008, 2011）认为尖颈科中仅包括尖颈虫属和旋颈虫属，殖口虫属不应划入尖毛科而代表了一独立的科级阶元，因为殖口虫属虫体前端并不呈头状，且其不在海洋中分布。但殖口科可能与尖颈科互为姐妹群。但在 Lynn（2008）的系统中，除尖颈虫属和旋颈虫属外，还将殖口虫属等 5 属级阶元置入尖颈科，并认为殖口科为尖颈科的同物异名。

总而言之，尽管殖口虫属与尖颈虫属有诸多相似之处，且 Small 和 Lynn（1985）及 Lynn（2002, 2008）都将殖口虫属归入尖颈科，但殖口虫属和尖颈虫属的背触毛发生模式十分不同，作者相对更支持 Berger（2008, 2011）的划分，但因此类物种数量太少，且分子信息严重缺乏，亟待更多的证据来解决此问题。基于其与尖毛科较近的亲缘关系，在本书中，我们暂时将其安排在散毛目。

属检索表

1. 虫体纺锤形且明显旋转·······················旋颈虫属 *Spirotrachelostyla*
   虫体不旋转，体前端明显细削·······················尖颈虫属 *Trachelostyla*

61. 旋颈虫属 *Spirotrachelostyla* Gong, Song, Li, Shao & Chen, 2006

Spirotrachelostyla Gong, Song, Li, Shao & Chen, 2006, *Eur. J. Protistol.*, 42: 72.

Type species: *Spirotrachelostyla spiralis* (Dragesco & Dragesco-Kernéis, 1986) Gong, Song, Li, Shao & Chen, 2006.

　　虫体纺锤形且绕体长轴呈不同程度旋转。约 13 根棘毛散布在额区，横前腹棘毛存在或缺失，横棘毛多为 5 根，左、右缘棘毛各 1 列，尾棘毛存在。普遍生活于自身所产生的管状胶质壳内，以壳室附着于基质或动物宿主体表。

　　该属全世界记载 3 种，中国记录 1 种。

（136）谭氏旋颈虫 *Spirotrachelostyla tani* (Hu & Song, 2002) Gong, Song, Li, Shao & Chen, 2006 (图 145)

Trachelostyla tani Hu & Song, 2002, *Hydrobiologia*, 481: 174.
Spirotrachelostyla tani Gong, Song, Li, Shao & Chen, 2006, *Eur. J. Protistol.*, 42: 72.

　　形态　活体大小 135-210 μm × 25-35 μm。虫体非常柔软，强烈扭转，但不具收缩性；虫体呈长纺锤形，两端略尖削，最宽处在体中部；背腹不扁平，横截面观呈椭圆形。未观察到皮层颗粒。细胞质浅灰色，不透明，低倍放大下观察虫体呈不透明暗灰色。体内含大量颗粒（小于 2 μm）和形状不规则的晶体及食物泡（多含有细菌、硅藻及其他藻类）。大核恒定 2 枚，卵形至椭球形，蛋白银染色制片中大小约 20 μm × 8 μm。2-5 枚小核紧靠大核分布，活体状态不明显。

　　运动较快，于底质表面爬行或绕体长轴旋转游动前进，时而漂浮在水体中或水面。

　　口区前方明显尖削，呈颈状，占比约体长的 1/2；口围带由 65-94 片小膜组成，其中最前端的 4 根小膜特化为 "棘毛" 状，与其他小膜相分离，纤毛长约 15 μm。

　　13 根额腹棘毛均分布于额区，其中有 3 或 4 根棘毛较粗壮，纤毛长约 10 μm。腹区无棘毛。5 根横棘毛相对粗壮，呈 "J" 形排布，纤毛长约 16 μm。左、右缘棘毛各 1 列，分别含有 42-65 根和 60-87 根缘棘毛，均绕体旋转，右缘棘毛列前端延伸至虫体顶端。

　　背触毛 2 列，几乎与体长等长，活体状态明显，长约 8 μm。尾棘毛恒为 2 根，活体不易区分。

　　标本采集地　山东青岛栉孔扇贝的外套腔，水温 3.0-5.7℃，盐度 34‰-36‰。

　　标本采集日期　2000. 02. 22。

　　标本保藏单位　中国海洋大学，海洋生物多样性与进化研究所（正模，编号：HD2000022201；副模 HD2000022202）。

　　生境　海水自由生或寄生。

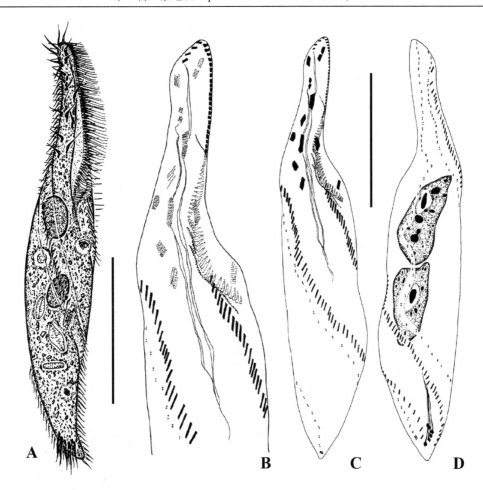

图 145　谭氏旋颈虫 *Spirotrachelostyla tani*
A. 典型个体腹面观；B. 虫体上半部分纤毛图式腹面观；C，D. 纤毛图式腹面观（C）及背面观（D）
比例尺：50 μm

62. 尖颈虫属　*Trachelostyla* Borror, 1972

Trachelostyla Borror, 1972, *J. Protozool.*, 19: 15.
Type species: *Trachelostyla pediculiformis* (Cohn, 1866) Borror, 1972.

　　虫体背腹扁平，虫体细长但不绕体长轴旋转，体前端通常明显细削。额区及口区明显长而窄，呈颈状细缩。棘毛以 11：2：5：3 模式分布，即 11 根棘毛恒定分布于额区，2 根横前腹棘毛在 5 根横棘毛前方，3 根尾棘毛。左、右缘棘毛各 1 列。底栖类群。

　　该属全世界记载 3 种，中国记录 1 种。

（137）条形尖颈虫　*Trachelostyla pediculiformis* (Cohn, 1866) Borror, 1972（图 146）

Stichochaeta pediculiformis Cohn, 1866, *Z. wiss. Zool.*, 16: 299.
Gonostomum pediculiforme Maupas, 1883, *Arch. Zool. Exp. gén.*, (Sér 2)1: 550.
Trachelostyla pediculiformis Borror, 1972, *J. Protozool.*, 19: 15.
Trachelostyla pediculiformis Gong, Song, Li, Shao & Chen, 2006, *Eur. J. Protistol.*, 42: 66.

形态　活体大小为 80-150 μm × 20-30 μm。虫体柔软但无伸缩性；虫体细长，分为前端细削的颈状部分（约占体长的 1/5）和后端长椭圆形的躯干部。虫体左、右缘平直，体后端钝圆。背腹扁平，厚、幅比约为 1 : 2，虫体腹面扁平，背面中部略隆起。皮膜极薄，未观察到皮层颗粒。细胞质无色，体内含大量颗粒（2-3 μm）。大核 9-17 枚，卵圆形至椭球形，于躯干部分呈环状分布，蛋白银染色后大小约 5 μm × 4 μm；小核 2 枚，分别位于大核排成的环形结构前、后两端，直径约 3 μm。

运动迅速，有时会在底质间抽搐运动。

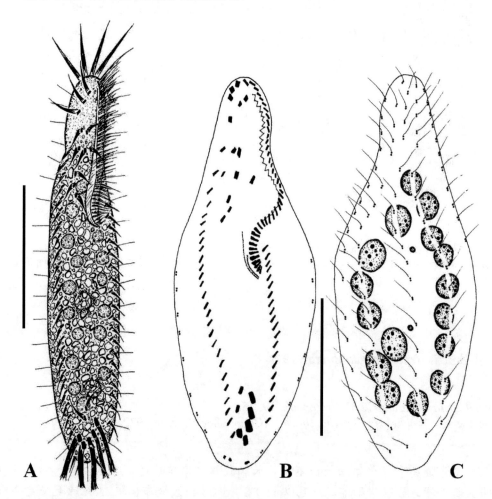

图 146　条形尖颈虫 *Trachelostyla pediculiformis*
A. 活体腹面观；B，C. 纤毛图式腹面观（B）及背面观（C）
比例尺：40 μm

　　口区约占体长的 40%，约由 40 片小膜组成，其中顶端的 3-5 片小膜明显粗壮，呈棘毛状辐射分布，纤毛长 15-20 μm，其他小膜则明显较短，沿口区左缘紧密排布，小膜基部最宽处约 3 μm。波动膜不明显，几乎平行排列，略弯曲，口侧膜约 13 μm，口内膜约 6 μm。

　　18 根额-腹-横棘毛，其中恒有 11 根棘毛位于额区：8 根额腹棘毛（相当于其他典型尖毛类纤毛虫的 3 根额棘毛、4 根额腹棘毛和 1 根口棘毛）及 3 根口后腹棘毛。5 根横棘毛明显粗壮，呈"J"形排列；2 根横前腹棘毛位于其前方。左、右缘棘毛各 1 列，分别含有 16-24 根和 21-31 根缘棘毛，右缘棘毛列起始于虫体前端 1/5 处，终止于最右侧横棘毛处，左缘棘毛列终止位置稍前于右缘棘毛列。横棘毛纤毛较长，12-15 μm。其他棘毛纤毛长 5-7 μm。

　　背触毛恒为 6 列，纤毛长而直，长约 7 μm。3 根尾棘毛，其中右侧 2 根通常相距较近，分布于体中线右侧。

　　标本采集地　天津渤海湾砂质沉积物，水温 18℃，盐度 30‰。

　　标本采集日期　2003.08.20。

　　标本保藏单位　伦敦自然历史博物馆（新模，编号：NHMUK2005:3:24:15）。

　　生境　海水。

第 6 篇　尾柱目 Urostylida Jankowski, 1979

陈旭淼（Xumiao CHEN）　芦晓腾（Xiaoteng LU）

Urostylida Jankowski, 1979, *Tr. Zool. Inst.*, 86: 80.

尾柱类是腹毛亚纲下较为高等和复杂的类群。形态特征上具有高度的多样性，这不仅体现在活体下虫体的体形、柔软程度、色素颗粒、皮膜结构等，也体现在不同分区棘毛的有和无、多与寡等排布模式，即纤毛图式上。细胞发生过程中，尾柱类纤毛虫也表现出多种多样的发育模式，具有不同的近祖-衍化特征。形态特征和细胞发生模式复杂多样，导致尾柱类纤毛虫各个科属之间的系统关系一直处于混乱和未知的状态。

根据 Lynn（2008）对纤毛虫分类系统的修订，尾柱目纤毛虫具有共同的形态特征：额区棘毛或多或少较为粗壮，额腹棘毛由锯齿状排布的棘毛对组成，其前或后可具有一系列的拟口棘毛或腹棘毛。本书遵从这一定义。

本书所涉及的各属在 Lynn（2008）分类系统中的科级归属如下表所示。

Urostylida Jankowski, 1979 尾柱目
  Epiclintidae Wicklow & Borror, 1990 额斜科
    Epiclintes Stein, 1863 额斜虫属
  Pseudokeronopsidae Borror & Wicklow, 1983 伪角毛科
    Pseudokeronopsis Borror & Wicklow, 1983 伪角毛虫属
    Thigmokeronopsis Wicklow, 1981 趋角虫属
  Pseudourostylidae Jankowski, 1979 伪尾柱科
    Hemicycliostyla Stokes, 1886 半杯柱虫属
    Pseudourostyla Borror, 1972 伪尾柱虫属
    Trichototaxis Stokes, 1891 列毛虫属
  Urostylidae Bütschli, 1889 尾柱科

Anteholosticha Berger, 2003　异列虫属
Australothrix Blatterer & Foissner, 1988　澳洲毛虫属
Bakuella Agamaliev & Alekperov, 1976　巴库虫属
Caudiholosticha Berger, 2003　尾列虫属
Diaxonella Jankowski, 1979　双轴虫属
Holosticha Wrześniowski, 1877　全列虫属
Metaurostylopsis Song, Petz & Warren, 2001　后尾柱虫属
Parabirojimia Hu, Song & Warren, 2002　拟双棘虫属
Psammomitra Borror, 1972　砂隙虫属
Tunicothrix Xu, Lei & Choi, 2006　泡毛虫属
Uroleptus Ehrenberg, 1831　瘦尾虫属

　　Berger（2006）针对尾柱类纤毛虫给出更为详尽的回顾和修订，认为该类群有若干重要的衍征：成对的中腹棘毛锯齿状排布，多于 5 根横棘毛，个体发育时额-腹-横棘毛原基形成多于 6 根条带状原基等。对于额斜科，Berger（2006）与 Lynn（2008）的观点并无差异；对于伪角毛科和伪尾柱科分别下辖的属级阶元，二者观点也近似，差异在于 Berger（2006）认为该 2 科是尾柱科下亚类群，而 Lynn（2008）认为二者是与尾柱科平行的科级阶元。与此同时，Berger（2006）还对 Lynn（2008）中尾柱科下的若干属进行更细致的划分：①认可巴库科的建立并对其进行清理，将具有 3 根或多或少较粗壮额棘毛、中腹棘毛复合体包含至少 1 列中腹棘毛的尾柱类均划入该科，包括澳洲毛虫属、巴库虫属、后尾柱虫属、拟双棘虫属等；②支持全列科的建立并对其进行整理，下辖异列虫属、尾列虫属、双轴虫属、全列虫属和砂隙虫属。具沟虫属在 Lynn（2008）中并不属于尾柱目，在 Berger（2006）分类系统中作为不明类群被划入尾柱超科。Berger（2006）并未对瘦尾虫属做出修订；在 Lynn（2008）分类系统中，瘦尾虫属属于尾柱目。

　　本书所涉及的各属在 Berger（2006）分类系统中的科级归属如下表所示。

Urostyloidea Bütschli, 1889　尾柱超科
　Bakuellidae Jankowski, 1979　巴库科
　　Australothrix Blatterer & Foissner, 1988　澳洲毛虫属
　　Bakuella Agamaliev & Alekperov, 1976　巴库虫属
　　Metaurostylopsis Song, Petz & Warren, 2001　后尾柱虫属

　　　　　　Parabirojimia Hu, Song & Warren, 2002　拟双棘虫属
　　　　Epiclintidae Wicklow & Borror, 1990　额斜科
　　　　　　Epiclintes Stein, 1863　额斜虫属
　　　Holostichidae Fauré-Fremiet, 1961　全列科
　　　　　　Anteholosticha Berger, 2003　异列虫属
　　　　　　Caudiholosticha Berger, 2003　尾列虫属
　　　　　　Diaxonella Jankowski, 1979　双轴虫属
　　　　　　Holosticha Wrześniowski, 1877　全列虫属
　　　　　　Psammomitra Borror, 1972　砂隙虫属
　　　Urostylidae Bütschli, 1889　尾柱科
Retroextendia Berger, 2006
Acaudalia Berger, 2006
　　　Pseudokeronopsidae Borror & Wicklow, 1983　伪角毛科
　　　　　　Pseudokeronopsis Borror & Wicklow, 1983　伪角毛虫属
　　　　　　Thigmokeronopsis Wicklow, 1981　趋角虫属
　　　Pseudourostylidae Jankowski, 1979　伪尾柱科
　　　　　　Hemicycliostyla Stokes, 1886　半杯柱虫属
　　　　　　Pseudourostyla Borror, 1972　伪尾柱虫属
　　　　　　Trichototaxis Stokes, 1891　列毛虫属
　　Taxa of unknown position within the Urostyloidea　尾柱超科下不明类群
　　　　　　Uncinata Bullington, 1940　具沟虫属

　　　　尾柱类群作为腹毛类的一大类，广泛存在于海水、半咸水、淡水和土壤生境，该类群形态特征和个体发育模式的多样性与复杂性，吸引着诸多学者的关注。近十几年来，不断有新阶元的报道：①Jiang 等（2013b）建立的偏巴库虫属被放入巴库科；②Liu 等（2009）建立博格虫属和博格科；③偏尾柱虫属（Song *et al*., 2011）和曲列虫属（Huang *et al*., 2014）建立后放入全列科；④伪角毛科增加了 5 个新属，即反角毛虫属（Fan *et al*., 2014c）、偏列虫属（Fan *et al*., 2014a）、偏角毛虫属（Shao *et al*., 2007a）、异角毛虫属（Pan *et al*., 2013）和假列虫属（Li *et al*., 2009b）；⑤新尾柱虫属（Chen *et al*., 2013f）建立后归入尾柱科；⑥单冠虫属（Chen *et al*., 2011b）建立后，由于其较为独特的单冠状额棘毛，并不适宜被放入尾柱目下的任何一科，因此成为尾柱目下的科级未定阶元（图 147，图 148）。

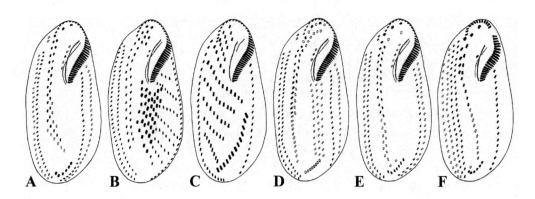

图 147　尾柱目 6 科的纤毛图式
A. 巴库科；B. 博格科；C. 额斜科；D. 半杯柱科；E. 全列科；F. 拟双棘科

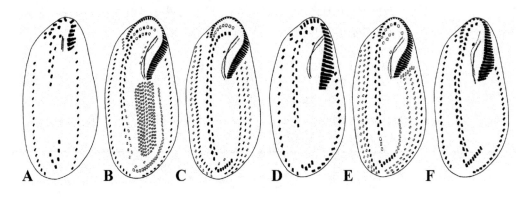

图 148　尾柱目 5 科和 1 科级未定属的纤毛图式
A. 砂隙科；B. 伪角毛科；C. 伪尾柱科；D. 瘦尾科；E. 尾柱科；F. 单冠虫属

　　与此同时，针对尾柱目也不断有新的系统修订：①基于多基因分子系统分析，Lyu 等（2018b）建立半杯柱科，将澳洲毛虫属和半杯柱虫属纳入该科；②拟双棘虫属和泡毛虫属在基于核糖体小亚基基因分析中形成独立的分支，且远离尾柱科的其他类群，Dai 和 Xu（2011）为二者建立拟双棘科，并将口围带呈"T"形、分段化作为该科区别于巴库科的显著特征；③基于核糖体小亚基基因和 α 微管蛋白基因构建系统发育树，Yi 等（2009b）重新评估砂隙虫属的系统地位，结果表明，砂隙虫属与全列科具较近的亲缘关系，应归入尾柱目，但鉴于分子证据和形态特征，砂隙虫属很明显地代表着刻画清晰的科级阶元，故建立砂隙科；④Foissner 和 Stoeck（2008）为瘦尾虫属建立瘦尾科，将其归入非尖毛虫类的背缘触毛类群（Berger, 2006, 2008），但因瘦尾科的腹面纤毛器是典型的锯齿状排布，来自多条额-腹-横棘毛原基，而非来自散毛目特有的稳定的"5-原基"，因此本书将其安排在尾柱目下；⑤Luo 等（2015）对具沟虫属重新修订，并将其归入 Lynn（2008）所修订的尾柱科下，笔者遵从以上安排。

综合上述学者的研究，作者对本书所涉各属的科级归属的建议如下表所示。

Urostylida Jankowski, 1979　尾柱目
  Bakuellidae Jankowski, 1979　巴库科
    Apobakuella Jiang *et al.*, 2013　偏巴库虫属
    Bakuella Agamaliev & Alekperov, 1976　巴库虫属
    Metaurostylopsis Song, Petz & Warren, 2001　后尾柱虫属
  Bergeriellidae Liu *et al.*, 2010　博格科
    Bergeriella Liu *et al.*, 2010　博格虫属
  Epiclintidae Wicklow & Borror, 1990　额斜科
    Epiclintes Stein, 1863　额斜虫属
  Hemicycliostylidae Lyu *et al.*, 2018　半杯柱科
    Australothrix Blatterer & Foissner, 1988　澳洲毛虫属
    Hemicycliostyla Stokes, 1886　半杯柱虫属
  Holostichidae Fauré-Fremiet, 1961　全列科
    Anteholosticha Berger, 2003　异列虫属
    Apourostylopsis Song *et al.*, 2011　偏尾柱虫属
    Arcuseries Huang *et al.*, 2014　曲列虫属
    Caudiholosticha Berger, 2003　尾列虫属
    Diaxonella Jankowski, 1979　双轴虫属
    Holosticha Wrześniowski, 1877　全列虫属
  Parabirojimidae Dai & Xu, 2011　拟双棘科
    Parabirojimia Hu, Song & Warren, 2002　拟双棘虫属
    Tunicothrix Xu, Lei & Choi, 2006　泡毛虫属
  Psammomitridae Yi *et al.*, 2009　砂隙科
    Psammomitra Borror, 1972　砂隙虫属
  Pseudokeronopsidae Borror & Wicklow, 1983　伪角毛科
    Antiokeronopsis Fan *et al.*, 2014　反角毛虫属
    Apoholosticha Fan *et al.*, 2014　偏列虫属
    Apokeronopsis Shao *et al.*, 2007　偏角毛虫属
    Heterokeronopsis Pan *et al.*, 2013　异角毛虫属
    Nothoholosticha Li *et al.*, 2009　假列虫属
    Pseudokeronopsis Borror & Wicklow, 1983　伪角毛虫属
    Thigmokeronopsis Wicklow, 1981　趋角虫属
  Pseudourostylidae Jankowski, 1979　伪尾柱科
    Pseudourostyla Borror, 1972　伪尾柱虫属
    Trichototaxis Stokes, 1891　列毛虫属
  Uroleptidae Foissner & Stoeck, 2008　瘦尾科
    Uroleptus Ehrenberg, 1831　瘦尾虫属

Urostylidae Bütschli, 1889 尾柱科

Neourostylopsis Chen *et al.*, 2013 新尾柱虫属

Uncinata Bullington, 1940 具沟虫属

Incertae sedis in the Order Urostylida 尾柱目下未定阶元

Monocoronella Chen *et al.*, 2011 单冠虫属

该目全世界记载 11 科，中国记录 11 科。

科检索表

第 17 章　巴库科 Bakuellidae Jankowski, 1979

Bakuellidae Jankowski, 1979, *Trudy zool. Inst.*, 86: 65.

　　3 根额棘毛，中腹棘毛复合体由中腹棘毛对和中腹棘毛列共同构成。该科物种在淡水、海水和土壤生境均有分布。

　　以巴库虫属为模式属，Jankowski（1979）建立巴库科；但仅得到较少几份工作的认可。Wicklow（1981）把全列虫属和巴库虫属归入全列亚科，此后的多数研究者遵循这一安排，把巴库虫属放入尾柱科或者全列科。

　　把具有 1 列额前棘毛和若干中腹棘毛列作为区别性的特征，Alekperov（1989）将巴库虫属、后巴库虫属和角毛虫属归入巴库科；随后，Alekperov（1992）又将拟巴库虫属、伪巴库虫属、后巴库虫属归入。鉴于角毛虫属和后巴库虫属的额棘毛呈双冠状排布，Berger（2006）将它们归入尾柱科。与此同时，Berger（2006）对巴库科进行了系统的清理，将具有 3 根额棘毛（或多或少较粗壮）、中腹棘毛复合体由中腹棘毛对和中腹棘毛列组成的尾柱类均划入该科，包括澳洲毛虫属、巴库虫属、双棘虫属、类全列虫属、后尾柱虫属、拟双棘虫属和拟腹柱虫属。

　　Li 等（2011）建立新巴库虫属，并将其归入巴库科；Dai 和 Xu（2011）结合形态和分子信息，将拟双棘虫属从巴库科中移除并建立拟双棘科。Jiang 等（2013b）建立偏巴库虫属，并将其归入巴库科。基于多基因的分子系统发育分析，Lyu 等（2018b）建立半杯柱科，将澳洲毛虫属从巴库科中移出、转入半杯柱科。

　　该科全世界记载 7 属，中国记录 3 属。

属检索表

1. 无额前棘毛 ·· 偏巴库虫属 *Apobakuella*

具额前棘毛···2
2. 左、右各 1 列缘棘毛···巴库虫属 *Bakuella*
   左、右均具多列缘棘毛·······························后尾柱虫属 *Metaurostylopsis*

63. 偏巴库虫属 *Apobakuella* Jiang, Huang, Li, Shao, Al-Rasheid, Al-Farraj & Chen, 2013

Apobakuella Jiang, Huang, Li, Shao, Al-Rasheid, Al-Farraj & Chen, 2013b, *Eur. J. Protistol.*, 49: 80.
Type species: *Apobakuella fusca* Jiang, Huang, Li, Shao, Al-Rasheid, Al-Farraj & Chen, 2013.

口围带连续，无额前棘毛，额棘毛明显分化，具 1 根口棘毛和若干拟口棘毛列或片段，具中腹棘毛对和中腹棘毛列，具横棘毛，1 列左缘棘毛和多列右缘棘毛，3 列背触毛，无尾棘毛。

该属全世界记载 1 种，中国记录 1 种。

（138）棕色偏巴库虫 *Apobakuella fusca* Jiang, Huang, Li, Shao, Al-Rasheid, Al-Farraj & Chen, 2013 (图 149)

Apobakuella fusca Jiang, Huang, Li, Shao, Al-Rasheid, Al-Farraj & Chen, 2013b, *Eur. J. Protistol.*, 49: 80.

形态 活体大小 150-210 μm × 50-65 μm，宽、厚比约 2.5∶1。虫体活体下为棕黄色，长椭圆形，两端钝圆，左缘较右缘更为凸出。虫体灵活、柔韧易弯曲，不可伸缩。皮膜轻薄，具 2 种皮层颗粒：较大的直径约 1 μm，苔藓绿色或橄榄色，沿着棘毛列成组或者成列分布；较小的直径约 0.2 μm，苍白或灰色，围绕棘毛密集排布，也松散分布于成列的大颗粒之间。细胞质无色，通常含有数目众多的小球（直径 2-5 μm）和大的食物泡（内容物为鞭毛虫、楯纤类纤毛虫和细菌）。伸缩泡直径约 20 μm，通常位于口围带后方，伸缩间歇为 5-10 min。大核数目众多，多于 200 枚，卵形至椭球形，散布，活体下难以辨别；小核未观察到。

运动方式为在基质上相对快速地爬行。

口区显著，占据体长约 1/3，由 37-52 片小膜组成，纤毛活体下长达 18 μm；无额前棘毛。口侧膜和口内膜近乎等长，在后部相交。3-9 根口棘毛在口侧膜旁排成纵列，口棘毛右侧为 5-9 根排成 2 或 3 列的拟口棘毛。

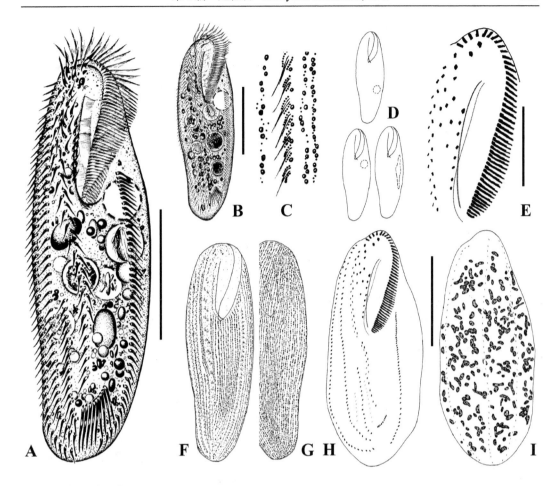

图 149　棕色偏巴库虫 *Apobakuella fusca*
A. 典型个体活体腹面观；B. 不同的虫体个体活体腹面观；C. 示 2 种皮层颗粒的排布；D. 示同一个
体伸缩泡的变化；E. 虫体前部腹面纤毛图式，示口区结构；F，G. 皮层颗粒的腹面观（F）和背面观
（G）；H，I. 纤毛图式的腹面观（H）和背面观（I）
比例尺：A，B. 60 μm；E. 40 μm；H. 80 μm

　　大部分体棘毛相对细弱，活体下纤毛长约 15 μm。稳定具有 3 根额棘毛。中腹棘毛
复合体包括两部分：一部分为 14-27 对锯齿状排布的中腹棘毛，延伸至体长近半或向后
的位置；另一部分为 1-4 列或长或短的中腹棘毛，每列由 3-23 根棘毛组成，通常右侧的
中腹棘毛列较左侧的含有更多的棘毛，尽管少数个体（25 个体中的 3 个）右侧的中腹棘
毛列相对较短。横棘毛列靠近最内侧的中腹棘毛列，微微弯曲，由 7-13 根紧密排布、
略健壮的棘毛组成。稳定具有 1 列左缘棘毛和 2 列右缘棘毛。左缘棘毛列由 45-60 根棘
毛组成，起始于口围带后部的左边，末端与右腹棘毛列末端明显分隔开。外侧的右缘棘
毛列起源于虫体侧面靠近背部，由 37-65 根棘毛组成，延伸到腹面向左后方弯曲；内侧
的右缘棘毛列由 47-70 根棘毛组成，起始于最右侧的额棘毛附近；2 列右缘棘毛均在虫
体后方延伸至中轴位置。

　　3 列背触毛，纵贯虫体背部；每列由 38-47 对毛基体组成，数目大致相同；活体下
背触毛长 4-5 μm。无尾棘毛。

标本采集地 广东深圳福田红树林，温度 21℃，盐度 14‰。

标本采集日期 2009.04.01。

标本保藏单位 中国海洋大学，海洋生物多样性与进化研究所（正模，编号：JJM2009040101）；伦敦自然历史博物馆（副模，编号：NHMUK2011:10:27:2）。

生境 咸水。

64. 巴库虫属 *Bakuella* Agamaliev & Alekperov, 1976

Bakuella Agamaliev & Alekperov, 1976, *Zool. Zh.*, 55: 128.
Type species: *Bakuella marina* Agamaliev & Alekperov, 1976.

口围带连续，不少于 3 根额棘毛、明显较粗壮，中腹棘毛复合体由中腹棘毛对和 1 列中腹棘毛共同组成，1 或多根口棘毛，2 或多根额前棘毛，具有横棘毛，左、右各 1 列缘棘毛，无尾棘毛。

该属全世界记载 11 种，中国记录 3 种。

种检索表

1. 具有多根口棘毛，土壤生···土壤巴库虫 *B. edaphoni*
   具有 1 根口棘毛，咸水生···2
2. 平均 11 对中腹棘毛，3-6 列中腹棘毛··阿氏巴库虫 *B. agamalievi*
   平均 16 对中腹棘毛，1 或 2 列中腹棘毛···亚热带巴库虫 *B. subtropica*

（139）阿氏巴库虫 *Bakuella agamalievi* Borror & Wicklow, 1983 (图 150)

Holosticha manca Agamaliev, 1972, *Acta Protozool.*, 10: 21.
Bakuella agamalievi Borror & Wicklow, 1983, *Acta Protozool.*, 22: 114.
Bakuella agamalievi Song, Wilbert & Warren, 2002, *Acta Protozool.*, 41: 146.

形态 活体大小 100-150 μm × 30-50 μm，长、宽比约为 3∶1；虫体形状稳定，两端钝圆，左、右边缘近乎平行，中部微微凸起。皮膜坚实，皮层颗粒无色或浅绿色，直径约 0.8 μm，在腹面和背面成组或者松散地排成短列。细胞质无色至灰色，通常含有数目众多的闪亮小球（直径 2-5 μm），使细胞完全不透明；也含有若干大的食物泡，内含鞭毛虫、小的纤毛虫和细菌。1 枚伸缩泡，位于虫体左缘体长的 1/3-2/5 处，伸缩间隔时间较长，可达 5 min。约 50 枚椭球形大核，长 3-5 μm；小核仅在蛋白银染色后可见。

运动相当迅速，附于基底爬行，有时前后快速抽搐。

口区占据体长的 1/3-2/5，由 26-37 片口围带小膜组成，小膜基部长 7-8 μm，纤毛长 15-20 μm；多数个体具 6 根额前棘毛，相对细弱，位于右缘棘毛列的前端。波动膜相对较长，轻微弯曲、相交。1 根口棘毛位于波动膜前 1/3 处。

额区具有 3 根稍微增大和 1 根稍小的棘毛Ⅲ/2。中腹棘毛复合体由 9-13 对密集排布的中腹棘毛和 3-6 列中腹棘毛（每列 3-5 根棘毛）共同组成，一直延伸至虫体体长后 1/3 的位置。通常 5 根横棘毛，纤细，位于尾端，纤毛长约 15 μm，活体下微微伸出虫体边缘。左、右各 1 列缘棘毛，尾端分开；30-38 根左缘棘毛，40-47 根右缘棘毛。

3 列背触毛，纵贯整个虫体背部；活体下背触毛长 2-3 μm。无尾棘毛。

标本采集地　山东青岛近岸养殖水体，温度 18℃，盐度 10‰-15‰。

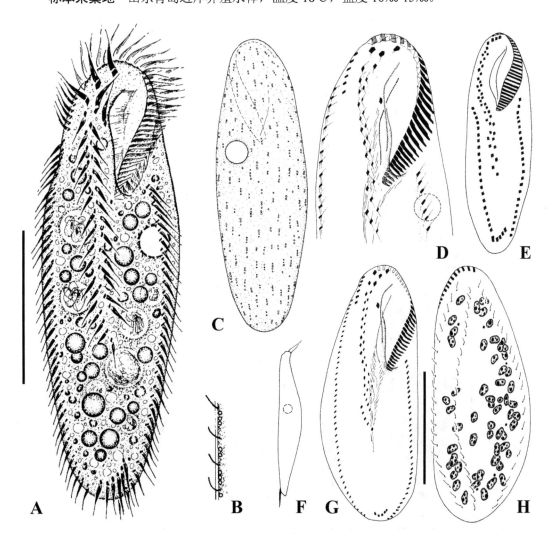

图 150　阿氏巴库虫 Bakuella agamalievi
A. 典型个体活体腹面观；B. 皮膜局部观，示皮层颗粒；C. 活体背面观，示皮层颗粒的分布；D. 虫体前部的纤毛图式，示口器和部分腹面纤毛；E. 纤毛图式腹面观（依据 Agamaliev, 1972 重绘）；F. 活体侧面观；G, H. 纤毛图式腹面观（G）及背面观（H）
比例尺：50 μm

标本采集日期 1997. 05. 06。

标本保藏单位 伦敦自然历史博物馆（新模，编号：NHMUK2001:1z:z8:01）；中国海洋大学，海洋生物多样性与进化研究所（副模，编号：SWB1997050601）。

生境 咸水。

（140）土壤巴库虫 *Bakuella edaphoni* Song, Wilbert & Berger, 1992 (图 151)

Bakuella edaphoni Song, Wilbert & Berger, 1992, *Bull. Br. Mus. Nat. Hist. (Zool.)*, 58: 134.

形态 活体大小 190-300 μm × 50-85 μm；虫体长椭圆形，后端明显瘦削，宽、厚比约 2：1。虫体柔软易弯曲；无皮层颗粒。细胞质无色，通常含有密集排布的无色小球（直径可达 5 μm），蛋白银染色后易见。摄食细菌、硅藻、鞭毛虫和小的纤毛虫。1 枚伸缩泡，位于胞口附近。大核椭球形，多于 100 枚，分散于细胞质中；小核 2-7 枚。

运动非常迅速。

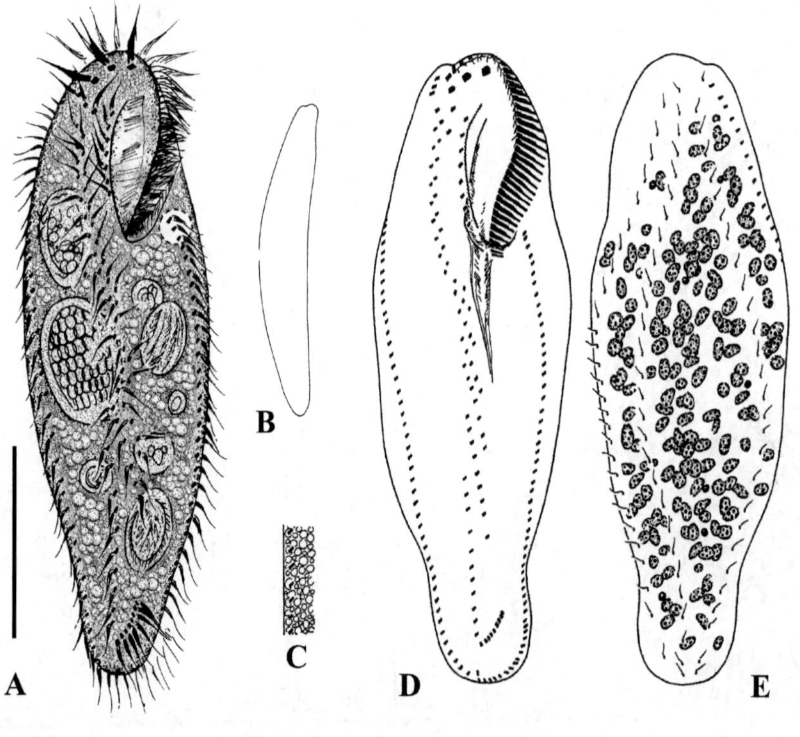

图 151　土壤巴库虫 *Bakuella edaphoni*
A. 典型个体活体腹面观；B. 虫体侧面观；C. 皮膜局部观，示密集排布的小球，直径可达 5 μm；D，E. 纤毛图式腹面观（D）和背面观（E）
比例尺：50 μm

口区阔大，平均占据体长的 29%，平均由 39 片口围带小膜组成，小膜相对单薄；咽部纤维明显。2-5 根额前棘毛，位于口围带远端右侧，位于右缘棘毛列的前端。口侧膜和口内膜长且弯曲，相交。5-9 根口棘毛位于波动膜旁边，起始于口侧膜前端略靠后的位置。

3 根额棘毛，粗大，几乎横向排列，右侧 1 根额棘毛之后具有 1-7 根（通常为 2 或 3 根）额前棘毛。中腹棘毛复合体由 5-14 对中腹棘毛和 5-10 列中腹棘毛共同组成；前部的中腹棘毛列每列具有 3-5 根棘毛，后部的中腹棘毛列每列具有 7-14 根棘毛。6-11 根横棘毛，棘毛较小、亚尾端分布，活体下微微伸出虫体后缘。左、右各 1 列缘棘毛，延伸至虫体中轴位置，彼此没有交叠；38-40 根左缘棘毛，40-45 根右缘棘毛。

3 列背触毛，纵贯整个虫体背部；活体下背触毛长约 3 μm。

标本采集地 山东青岛土壤，温度 5℃，盐度 0‰。

标本采集日期 1990. 11. 19。

标本保藏单位 中国海洋大学，海洋生物多样性与进化研究所（正模，编号：SWB1990111901；副模，编号：SWB1990111902）；伦敦自然历史博物馆（副模，编号：NHMUK1990:11:19:1）。

生境 土壤。

（141）亚热带巴库虫 *Bakuella subtropica* Chen, Hu, Lin, Al-Rasheid, Ma & Miao, 2013 （图 152）

Bakuella subtropica Chen, Hu, Lin, Al-Rasheid, Ma & Miao, 2013b, *Eur. J. Protistol.*, 49: 612.

形态 活体大小 100-150 μm × 35-45 μm，宽、厚比约为 3∶2。虫体长椭圆形，两端钝圆，后部略窄。虫体高度柔韧易弯曲，但不可伸缩。皮膜柔软且薄，具有球形的皮层颗粒（直径 1-2 μm），黄棕色至黄绿色，使细胞呈灰色或淡淡的黄绿色；皮层颗粒排成不规则的纵列，在虫体的腹面和背面散布或者沿着棘毛列、背触毛列和虫体边缘分布。虫体腹面并不平坦，沿着中腹棘毛复合体具有纵沟。细胞质无色，通常含有许多小球（直径 3-5 μm）和大的食物泡（直径 10-15 μm）；食物泡含有硅藻、细菌和楯纤类纤毛虫。1 枚伸缩泡，直径 10-15 μm，位于虫体中部的左侧边缘。约 100 枚大核，卵形至长椭球型，蛋白银染色后大小为 4-15 μm × 3-6 μm，散布在细胞质中，活体下难以观察到；小核未见。

运动方式为在基质上快速爬行，有时绕体纵轴方向缓缓游动。

口围带占据体长的 1/4-1/3，由 25-44 片小膜组成，纤毛活体下长 12-15 μm。4-12 根额前棘毛，位于口围带远端附近。波动膜宽约 10 μm，口侧膜长度约是口内膜长度的 2/3，1 根口棘毛靠近口侧膜。

稳定具有 3 根相对结实的额棘毛和 1 根相对细弱的棘毛Ⅲ/2，活体下纤毛长 15-20 μm。大多数体纤毛相对细弱，长 8-12 μm。中腹棘毛复合体由棘毛对和棘毛列共同组成，延伸至虫体体长的 80%处；9-23 对中腹棘毛呈锯齿状排布，1 或 2 列中腹棘毛，每列由 3-5 根棘毛组成。3-6 根横棘毛，位于虫体近末端，通常具有 1 根横前棘毛。左右各 1 列缘棘毛；30-54 根左缘棘毛，28-64 根右缘棘毛。

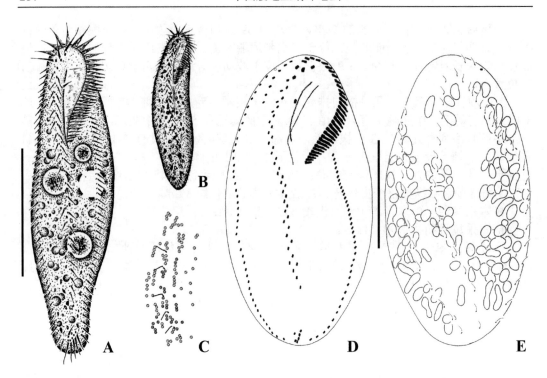

图 152 亚热带巴库虫 *Bakuella subtropica*
A. 典型个体活体腹面观；B. 不同体形个体；C. 虫体背面观，示皮层颗粒和背触毛；D，E. 纤毛图式的腹面观（D）和背面观（E）
比例尺：60 μm

3 列几乎纵贯整个虫体背部的背触毛，活体下背触毛长约 5 μm；最左 1 列背触毛前端略短。右缘棘毛列延伸至虫体背部，其前端具有 2 对毛基体。

标本采集地 广东广州河口区，温度 27℃，盐度 4.3‰。

标本采集日期 2008. 11. 09。

标本保藏单位 伦敦自然历史博物馆（正模，编号：NHMUK2013.3.1.1）；中国海洋大学，海洋生物多样性与进化研究所（副模，编号：CXM2008110907）。

生境 咸水。

65. 后尾柱虫属 *Metaurostylopsis* Song, Petz & Warren, 2001

Metaurostylopsis Song, Petz & Warren, 2001, *Eur. J. Protistol.*, 37: 64.
Type species: *Metaurostylopsis marina* Song, Petz & Warren, 2001.

口围带连续，3 根额棘毛明显分化，中腹棘毛复合体由中腹棘毛对和 1 列中腹棘毛共同组成，具有口棘毛、额前棘毛列、横棘毛，左、右均具多列缘棘毛；个体发育时，多列缘棘毛分别来自各列老结构的反分化；无尾棘毛。

该属全世界记载 7 种，中国记录 5 种。

种检索表

（142）陈氏后尾柱虫 *Metaurostylopsis cheni* Chen, Huang & Song, 2011 (图 153)

Metaurostylopsis cheni Chen, Huang & Song, 2011c, *Zool. Scr.*, 40: 100.

形态 活体大小 90-140 μm × 40-60 μm，宽、厚比约 3∶1；虫体椭圆形，柔软但不可伸缩。皮膜单薄，虫体腹面和背面均具有 2 种皮层颗粒：较大的皮层颗粒绿色至黄绿色，大小约 2 μm × 1.5 μm × 1 μm，扁平的卵圆形，中间具纵沟，沿着中腹棘毛复合体、缘棘毛列和背触毛列排布；小的皮层颗粒无色至灰色，直径约 0.2 μm，松散地随意分布。细胞质无色，通常含有许多脂质的小球滴（直径 2-4 μm），食物泡通常含有鞭毛虫、小的纤毛虫和细菌。伸缩泡直径 10-20 μm，位于虫体左缘赤道处，伸缩间隔为 5-10 min。约 40 枚大核，卵形至长椭球形，长 3-9 μm，分散于细胞质内，活体下难以观察到；小核未见。

运动方式为在基质上爬行，速度相对较快。

口区显著，约占体长的 1/3，由 21-26 片小膜组成，纤毛活体下长约 12 μm；稳定具有 4 根额前棘毛，位于口围带远端附近。口侧膜和口内膜长且微微弯曲，二者近乎平行；蛋白银染色后咽纤维显著，长约 30 μm。单一口棘毛位于口侧膜长度前 1/3 处。

多数棘毛（除横棘毛）相对细弱，纤毛长约 7 μm。3 根额棘毛明显分化，后接中腹棘毛复合体：由 5-9 对锯齿状排布的中腹棘毛和 1 列中腹棘毛（含 4 或 5 根棘毛）组成，延伸至体长的 2/3 处。5-8 根横棘毛，位于虫体尾部，相对粗壮，纤毛活体下长约 10 μm 且通常伸出虫体后缘。3 或 4 列左缘棘毛和稳定 3 列右缘棘毛，最左侧的左缘棘毛列后端和最右侧的右缘棘毛列前端均延伸至虫体背部。

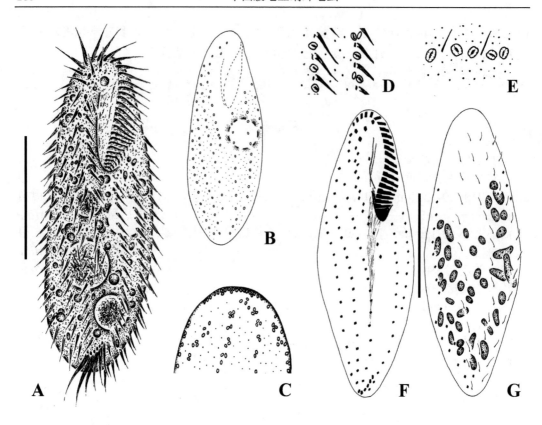

图 153　陈氏后尾柱虫 *Metaurostylopsis cheni*
A. 典型个体活体腹面观；B. 活体腹面观，示皮层颗粒的分布；C. 虫体前端背面观，示皮层颗粒的分布；D, E. 虫体局部腹面观（D）及背面观（E），示皮层颗粒的分布；F, G. 纤毛图式腹面观（F）及背面观（G）
比例尺：40 μm

　　3 列背触毛，纵贯整个虫体背部；活体下背触毛长 3-5 μm。虫体右侧背部，最右 1列右缘棘毛前端具有 2 或 3 对毛基体。
　　标本采集地　山东青岛潮间带沙滩，温度 18℃，盐度 30‰。
　　标本采集日期　2008.06.09。
　　标本保藏单位　中国海洋大学，海洋生物多样性与进化研究所（正模，编号：CXM2008060901）；伦敦自然历史博物馆（副模，编号：NHMUK2010:2:3:1）。
　　生境　海水，潮间带沙滩。

（143）海洋后尾柱虫 *Metaurostylopsis marina* Song, Petz & Warren, 2001 (图 154)

Urostyla marina Kahl, 1932, *Tierwelt Dtl.*, 25: 567.
Metaurostylopsis marina Song, Petz & Warren, 2001, *Eur. J. Protistol.*, 37: 65.

　　形态　活体大小 80-120 μm × 50-80 μm，长、宽比为 2：1 至 5：2，宽、厚比为 2：1

至 3∶1；虫体体形多变，宽卵圆形至长椭球形，左、右边缘均凸出，前端钝圆、尾端略
变细；柔软，略微可伸缩。皮膜单薄；皮层颗粒纺锤状，长 1.5-2 μm，无色至淡绿色，
密集排布成列，沿着背触毛列和虫体前端边缘分布。细胞质无色至灰色（低倍放大下观
察），通常含有数目众多的反光小球（4-8 μm）和小晶体。伸缩泡巨大，位于虫体左缘
近中部。约 50 枚大核，卵形至长椭球形，长 5-8 μm，散布虫体中，活体下难以观察到；
5-10 枚小核，球形至卵形，长约 2 μm。

　　运动方式为在基质上速度相对较快地爬行。

　　口区约占体长的 40%，由 27-30 片小膜组成，银染后小膜基部长 8-10 μm；纤毛活
体下长约 15 μm。3-6 根额前棘毛排成短列，位于口围带右侧末端和最内侧右缘棘毛列
之间。口侧膜和口内膜长且微微弯曲，二者近乎平行；银染后咽纤维显著，约长 30 μm。
单一口棘毛弱小，位于口侧膜中部。

　　所有棘毛均相对细弱，大多数纤毛长 10-12 μm，额棘毛和横棘毛的纤毛长约 15 μm。
3 根额棘毛明显分化，后接中腹棘毛复合体：由 7-11 对锯齿状排布的中腹棘毛和 1 列中
腹棘毛（含 4-7 根棘毛）组成。5-9 根横棘毛，位于缘棘毛列之间的间隙中，略微伸出
虫体后缘。3-5 列左、右缘棘毛，或多或少由虫体右前方向左后方倾斜排布，末端显著
分开。

　　3 列背触毛，纵贯整个虫体背部；活体下背触毛长 3-4 μm。虫体右侧背部，最右 1
列右缘棘毛前端具有 3-5 对毛基体。

　　标本采集地　山东青岛近岸养殖水体，温度 4-5℃，盐度 32‰。

　　标本采集日期　1995. 12. 23。

　　标本保藏单位　伦敦自然历史博物馆（编号：NHMUK 2000:8:1:1）。

　　生境　海水。

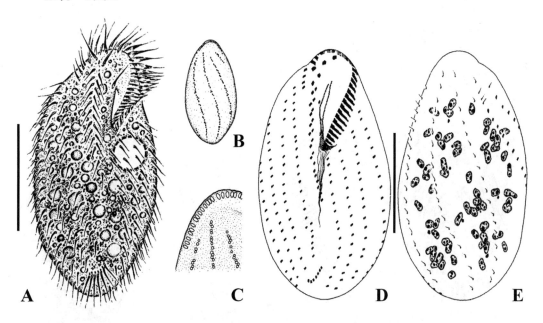

图 154　海洋后尾柱虫 *Metaurostylopsis marina*
A. 典型个体活体腹面观；B. 背面观，示皮层颗粒；C. 虫体前端背面观，示皮层颗粒的分布；D, E. 纤
毛图式腹面观（D）和背面观（E）
比例尺：40 μm

（144）拟斯特后尾柱虫 *Metaurostylopsis parastruederkypkeae* **Lu, Wang, Huang, Shi & Chen, 2016**（图 155）

Metaurostylopsis parastruederkypkeae Lu, Wang, Huang, Shi & Chen, 2016, *J. Ocean Univ. China*, 15: 2.

　　形态　活体大小 165-200 μm × 45-60 μm，长、宽比为 3：1 至 4：1，宽、厚比约为 2：1；虫体柔软，略具伸缩性，长椭球形，两端钝圆，左、右边缘微微凸出，虫体前端因口围带而呈锯齿状。皮膜单薄且柔软；具有 2 种皮层颗粒：大的皮层颗粒亮黄绿色，麦粒状、扁椭球状、中间具纵沟，大小约 1.5 μm × 1 μm × 0.8 μm，沿着背触毛列和缘棘毛列排布，在腹面棘毛和口围带小膜的基部均有 1 或 2 个大皮层颗粒；小的皮层颗粒红色、球形（直径 0.3-0.5 μm），在腹面排布成括号的形状围绕缘棘毛，在背面组成不规则分布的纵列，使细胞呈现红色。细胞质无色至灰色，通常含有许多油脂球滴，食物泡内含大量细菌和有机质。伸缩泡明显，直径约 10 μm，位于虫体左缘、体长前 2/5 处。约

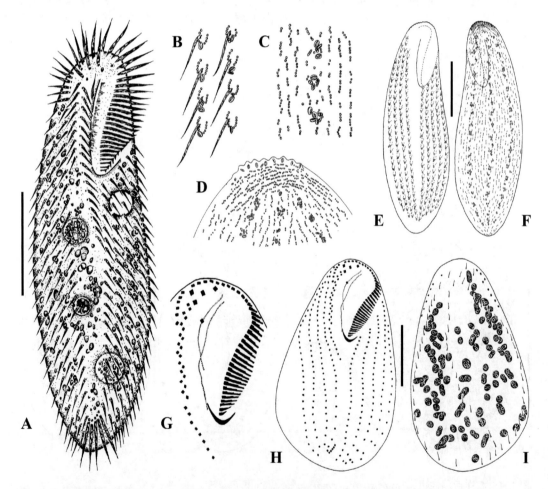

图 155　拟斯特后尾柱虫 *Metaurostylopsis parastruederkypkeae*
A. 典型个体活体腹面观；B-F. 皮层颗粒的腹面（B，E）和背面（C、D、F）观；G. 虫体前部纤毛图式的腹面观；H, I. 纤毛图式的腹面观（H）和背面观（I）
比例尺：50 μm

75（59-92）枚大核，球形至椭球形，散布于细胞中，蛋白银染色后长 8-10 μm，活体下难以观察到；10-20 枚球形小核，直径 2-3 μm，分布在大核之间。

运动方式为在基质上爬行，时常突然地前后急动。

口区占体长的 1/4-1/3，由 26-41 片小膜组成。5-7 根额前棘毛成列，位于中腹棘毛对和最内侧右缘棘毛列之间。口侧膜较口内膜短（在部分个体中二者近等长）；在后 1/3 处明显弯曲并与口内膜后端视觉上相交。单一口棘毛位于口侧膜中部水平位置。

大部分棘毛相对细弱，纤毛长约 15 μm；额棘毛的纤毛长约 20 μm，横棘毛的纤毛长约 25 μm。3 根明确分化的额棘毛；中腹棘毛复合体由 7-13 对锯齿状排布的中腹棘毛和 1 列中腹棘毛（含 7-13 根棘毛）组成，延伸至虫体中部。3-6 根横棘毛，细弱不明显，"J"形排布，位于缘棘毛列之间。5-7 列左缘棘毛，3-5 列右缘棘毛。

3 列背触毛，纵贯整个虫体背部；活体下背触毛长 3-4 μm。虫体右侧背部，最右 1 列右缘棘毛前端具有 2 对毛基体。

标本采集地　浙江宁波潮间带，温度 15℃，盐度 24‰。

标本采集日期　2013.12.04。

标本保藏单位　中国海洋大学，海洋生物多样性与进化研究所（正模，编号：LBR2013120401；副模，编号：LBR20131204-02，03）。

生境　咸水。

（145）盐后尾柱虫 *Metaurostylopsis salina* Lei, Choi, Xu & Petz, 2005（图 156）

Metaurostylopsis salina Lei, Choi, Xu & Petz, 2005, *J. Eukaryot. Microbiol.*, 52: 1.

Metaurostylopsis salina Shao, Miao, Song, Warren, Al-Rasheid, Al-Quraishy & Al-Farraj, 2008b, *Acta Protozool.*, 47: 103.

形态　活体大小 70-120 μm × 20-30 μm，宽、厚比约 2∶1；虫体柔软，略具伸缩性，长椭圆形，前后钝圆；腹面平坦，通常沿缘棘毛列具有若干明显的凹槽。皮膜单薄，皮层颗粒无色、椭球形且显著，大小 1.5-2 μm × 1 μm，在腹面松散地沿着缘棘毛列分布，在背面围绕背触毛成组排布。细胞质无色至灰色，有时含有若干亮绿色的脂质球滴。伸缩泡位于虫体左缘、体长前 2/5 处。17-36 枚大核，卵形至长椭球形（蛋白银染色后长 8 μm），散布于细胞中，活体下难以观察到。

运动方式为在基质上相对快速地爬行。

口区占据体长的 1/3，由 21-25 片小膜组成；蛋白银染色后小膜基部长可达 10 μm。4 或 5 根额前棘毛成列，位于口围带远端和从内向外数第 2 列右缘棘毛列之间。口侧膜和口内膜均长且直，二者几乎平行。单一口棘毛相对弱小，位于口侧膜中部。

大部分棘毛相对细弱，纤毛长 10-15 μm，横棘毛的纤毛约长 18 μm。3 根额棘毛明显分化，随后是中腹棘毛复合体；中腹棘毛复合体由 6 或 7 对锯齿状排布的中腹棘毛和 1 列中腹棘毛（含 5-8 根棘毛）组成。3-5 根横棘毛，细弱不明显，略伸出虫体后缘。2-4 列左缘棘毛，3 列右缘棘毛；缘棘毛列沿虫体右前向左后方向分布。

3 列背触毛，纵贯整个虫体背部；活体下背触毛长 3-4 μm。虫体右侧背部，最右 1 列右缘棘毛前端具有 2 对毛基体。

标本采集地　山东青岛封闭养殖池，温度 20℃，盐度 30‰。

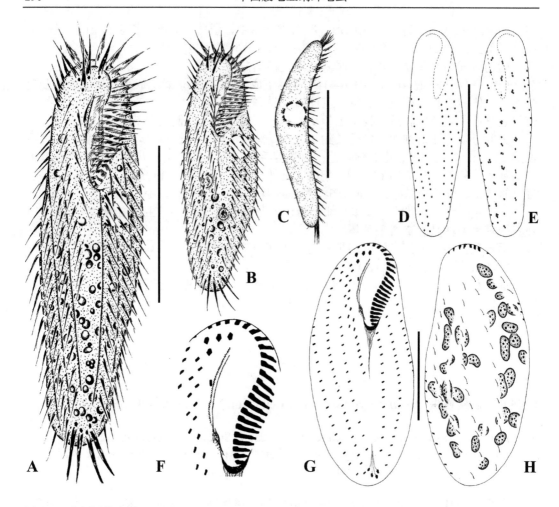

图 156　盐后尾柱虫 *Metaurostylopsis salina*
A，B. 典型个体活体腹面观；C. 活体侧面观；D，E. 活体下皮层颗粒的腹面观（D）和背面观（E）；
F. 虫体口区的纤毛图式；G，H. 纤毛图式的腹面观（G）和背面观（H）
比例尺：A，C，D. 50 μm；G. 30 μm

标本采集日期　2005. 08. 22。

标本保藏单位　中国海洋大学，海洋生物多样性与进化研究所（编号：
SC2005082201）。

生境　海水。

（146）斯特后尾柱虫 *Metaurostylopsis struederkypkeae* **Shao, Song, Al-Rasheid, Yi, Chen, Al-Farraj & Al-Quraishy, 2008** (图 157)

Metaurostylopsis struederkypkeae Shao, Song, Al-Rasheid, Yi, Chen, Al-Farraj & Al-Quraishy, 2008c, *J. Eukaryot. Microbiol.*, 55: 289.

　　形态 活体大小 90-120 μm × 20-30 μm，长、宽比 3∶1 至 4∶1，宽、厚比约为 2∶1；虫体细长、柔软，略具伸缩性，前、后两端较宽，钝圆。皮膜单薄；虫体腹面和背面均具有 2 种皮层颗粒：较大的皮层颗粒扁平、卵形或圆形，长约 1.5 μm，黄绿色或草绿色，松散地沿着棘毛列和背触毛列排布；较小的皮层颗粒直径约 0.5 μm，暗红色或酒红色，较密集地排成短列，在虫体前端排布更为密集。由于较小的皮层颗粒大量存在，虫体在低倍放大下观察呈现暗红色或玫瑰红色。细胞质无色至灰色，通常含有小的晶体和许多小油滴（直径 1-3 μm）；食物泡经常含有小的纤毛虫和细菌。伸缩泡直径约 10 μm，位于虫体左缘、体前 2/5 处，伸缩间隔约 3 min。50-71 枚大核，卵形至长椭球形，散布于细胞中。

　　运动方式为在基质上相对快速地不停爬行。

　　口区约占据体长的 30%，由 20-25 片小膜组成，纤毛长约 15 μm；具 4-6 根额前棘毛。口侧膜和口内膜几乎等长，互相平行。单一口棘毛位于波动膜中部。

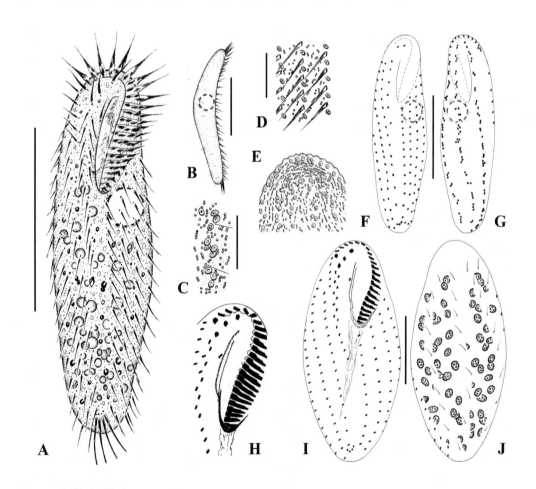

图 157　斯特后尾柱虫 *Metaurostylopsis struederkypkeae*
A. 典型个体活体腹面观；B. 侧面观；C-G. 活体下皮层颗粒的腹面观（D, F）和背面观（C, E, G）；
H. 口区纤毛图式局部；I, J. 纤毛图式的腹面观（I）和背面观（J）
比例尺：A, B, F, G. 50 μm；C, D. 10 μm；I, J. 20 μm

　　大部分体棘毛相对细弱，纤毛长约 12 μm，额棘毛和横棘毛的纤毛长约 15 μm。3 根额棘毛明显粗壮；中腹棘毛复合体由 4-7 对锯齿状排布的中腹棘毛和 1 列中腹棘毛（含 4-8 根棘毛）组成。2-5 根不明显的横棘毛，位于缘棘毛列中间的间隔处。4 或 5 列左缘棘毛，3 列右缘棘毛。

　　3 列背触毛，纵贯整个虫体背部；活体下背触毛长 3-4 μm。虫体右侧背部，最右 1 列右缘棘毛前端具有 2 对毛基体。

　　标本采集地　山东青岛近岸水体，温度 18℃，盐度 31‰。

　　标本采集日期　2005.05.08。

　　标本保藏单位　中国海洋大学，原生动物学研究室（正模，编号：SC2005050801）；伦敦自然历史博物馆（副模，编号：NHMUK2007:8:30:1）。

　　生境　海水。

第 18 章　博格科 Bergeriellidae Liu, Shao, Gong, Li, Lin & Song, 2010

Bergeriellidae Liu, Shao, Gong, Li, Lin & Song, 2010, *Zool. J. Linn. Soc.*, 158: 699.

尾柱目类群，具有特殊的腹面棘毛区，由粗壮的口后腹棘毛群和纤弱的左腹棘毛列组成，个体发育时它们来源于中腹棘毛原基条带的左侧部分；左、右各 1 列缘棘毛；具有非迁移棘毛列。目前仅在海水生境发现。

虫体左缘棘毛列和中腹棘毛复合体之间形成显著的腹面棘毛区（包括口后腹棘毛和左腹棘毛），这一点显著区别于大部分尾柱类纤毛虫。趋角虫属虽然在相近的位置也具有大片的棘毛（趋触毛），但二者具有显著的差别：①趋角虫的趋触毛具有帮助细胞贴附于基质的功能，而博格虫的腹棘毛不具有此功能；②趋角虫的趋触毛几乎大小相同且均匀地排成纵列，而博格虫的腹棘毛具有明显的分化（口后腹棘毛粗壮，排成纵列；左腹棘毛细弱，由右前向左后排成倾斜的列）。在个体发育过程的后期，博格虫虫体后部的若干列额腹棘毛原基的左端会分化出腹棘毛，倾斜地排布于中腹棘毛对的左侧，这个过程与巴库科和尾柱科的若干属十分相似。然而，博格虫的这部分结构会进一步特化并向虫体左面迁移，最终形成口后腹棘毛和左腹棘毛。除此之外，博格虫的最后 1 列额-腹-横棘毛原基形成 1 列棘毛，这 1 列棘毛并不发生位置的迁移，而是留在原处最终形成博格虫独特的"非迁移棘毛列"。在其他尾柱类纤毛虫中，最后 1 条原基条带通常只贡献少于 5 根额棘毛，并多会向虫体前端迁移，最终成为额前棘毛。

综上，博格虫在形态上和个体发育过程中呈现的显著特点，将其与尾柱目内的其他科属的纤毛虫明确分隔，故为其建立独立的科级阶元。

该科全世界记载 1 属，中国记录 1 属。

66. 博格虫属 *Bergeriella* Liu, Shao, Gong, Li, Lin & Song, 2010

Bergeriella Liu, Shao, Gong, Li, Lin & Song, 2010, *Zool. J. Linn. Soc.*, 158: 699.
Type species: *Bergeriella ovata* Liu, Shao, Gong, Li, Lin & Song, 2010.

　　尾柱类群，具 3 列额棘毛，中腹棘毛复合体不仅包括中腹棘毛对，还包括若干粗壮的口后腹棘毛和细弱的左腹棘毛列，口棘毛存在，具有 1 列"非迁移棘毛列"，无横棘毛和尾棘毛，左、右各 1 列缘棘毛呈螺旋排列至虫体背部。

　　该属全世界记载 1 种，中国记录 1 种。

（147）卵圆博格虫 *Bergeriella ovata* Liu, Shao, Gong, Li, Lin & Song, 2010 (图 158)

Bergeriella ovata Liu, Shao, Gong, Li, Lin & Song, 2010, *Zool. J. Linn. Soc.*, 158: 700.

　　形态　活体大小 80-120 μm × 40-60 μm，长、宽比 2∶1 至 3∶1；背腹扁平，背部拱起，宽、厚比约 4∶3；虫体不可弯曲或伸缩；外形稳定，椭圆形至长卵圆形，前端钝圆，尾端渐细；额区相对狭窄，虫体后 2/5 区域最宽。黄棕色的皮层颗粒椭球状，活体状态下大小约 1.5 μm × 1 μm，4-6 个成组，在缘棘毛和非迁移棘毛附近形成倾斜的短列，也分散或密集地沿着棘毛列和背触毛列成列分布。细胞质内通常含有大量直径 3-5 μm 的油滴，使得细胞呈现不透明的状态。在新采集的个体里，食物泡直径 4-8 μm，包裹着硅藻。伸缩泡未见。大核众多，不规则排布；呈球形至卵形，直径约 5 μm，中间具有大的球形结构。小核 3-6 枚，散布于细胞质。

　　运动方式为缓慢地围绕身体纵轴游泳前行；有时附于基质爬行，但从不具有趋触性。

　　口区显著，约占体长的 1/2，由 20-35 片小膜组成，口围带中部的小膜基部最长可达 12 μm；活体下口围带纤毛长约 15 μm。波动膜活体下纤毛长约 8 μm；口侧膜比口内膜更加弯曲，二者前、后两端交叠，中部明显分开，呈新月状；二者均由 1 列毛基体组成。通常有 2 根口棘毛靠近口侧膜的前部。

　　虫体前部，6-13 根额棘毛形成 3 列冠状结构；2 列中腹棘毛由 11-18 对棘毛组成（左列 11-18 根棘毛，右列 11-20 根棘毛），起始于额棘毛，终结于虫体腹区中部。5-8 列口后腹棘毛，呈纵列排布于中腹棘毛列的左侧，其棘毛基部显著粗大，每列的棘毛数目由右至左递增。在口后腹棘毛与虫体左缘之间，纤细的棘毛组成 5-8 列左腹棘毛，由左前部向右后部呈现线性排布。每列左腹棘毛列具有 2-9 根棘毛，较长的棘毛列后端可延伸到虫体背部。左、右各 1 列缘棘毛，17-38 根左缘棘毛，19-38 根右缘棘毛；二者均由右前向左后部螺旋排布，左缘棘毛的前部和右缘棘毛的后部位于虫体腹面，其他的部分位于虫体背面。非迁移棘毛列位于中腹棘毛列和右缘棘毛列之间，由 16-32 根棘毛组成。活体状态下，大部分棘毛纤细，长约 15 μm；口后的腹棘毛粗壮且短，纤毛长约 7 μm。棘毛基部之间的纤维结构较嗜染，腹棘毛列和缘棘毛列之间的纤维格外发达，高倍放大下观察活体状态也可见。

　　3 列背触毛，背触毛活体下长约 5 μm，或多或少倾斜排布；由左至右，分别由 6 个、9 个、18 个组双动基体组成，触毛列逐步增长，每列双动基系的排布逐渐变密。

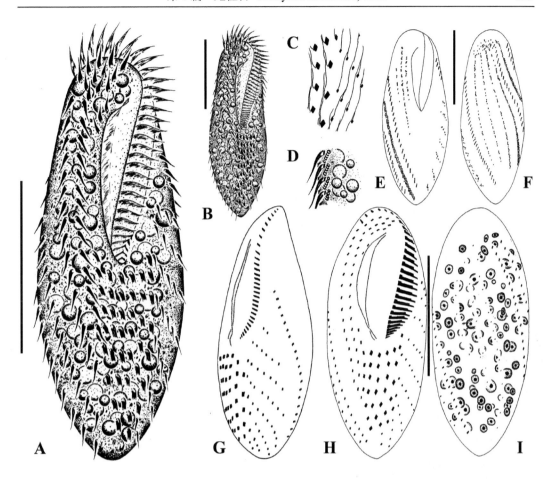

图 158　卵圆博格虫 *Bergeriella ovata*
A. 典型个体活体腹面观；B. 不同体形个体活体腹面观；C. 腹面纤毛图式局部，示口后腹棘毛和倾斜排布的左腹棘毛之间的纤维；D. 示缘棘毛附近分布的皮层颗粒；E，F. 腹面（E）和背面（F）的皮层颗粒；G-I. 纤毛图式左侧观（G）、腹面观（H）及背面观（I）
比例尺：40 μm

　　标本采集地　广东惠州近岸水体，温度 23℃，盐度 33‰。
　　标本采集日期　2007. 11. 08。
　　标本保藏单位　华南师范大学，生命科学学院（正模，编号：LWW2007110801；副模，编号：LWW07110802）。
　　生境　海水。

第19章　额斜科 Epiclintidae Wicklow & Borror, 1990

Epiclintidae Wicklow & Borror, 1990, *Eur. J. Protistol.*, 26: 192.

尾柱目类群，具有若干额腹棘毛列，额区的纤毛图式由若干棘毛列组成，中腹棘毛复合体仅由中腹棘毛列组成。海洋、土壤和淡水均有分布。

Wicklow 和 Borror（1990）依据额斜虫的形态和发生特征，认为它是与卡尔虫近似的排毛类纤毛虫较为特殊的一支后裔，但它特殊的皮膜结构、个体发育模式和虫体的伸缩程度，又使得二人为之在排毛类之下建立额斜科。Tuffrau 和 Fleury（1994）将额斜科归入尖毛目下的排毛亚目。Lynn 和 Small（2002）又将其归入排毛目。至此，额斜科尚为单型科，即只包含模式属额斜虫属。Eigner（2001）忽略了额斜科的存在，将额斜虫属归入尾柱类。

Berger（2006）认为，将额斜科归入尾柱类可依据以下原因：①个体发育过程中，形成许多倾斜的条带状额-腹-横棘毛原基；②具有许多枚大核；③简单的背触毛模式（仅由纵贯虫体的背触毛组成）。同时，Berger（2006）也认同 Wicklow 和 Borror（1990）的观点——无柱虫属 *Eschaneustyla* Stakes, 1886 与额斜虫属很可能有较近的亲缘关系，因为二者的纤毛图式有相似性：额区的棘毛为多列额棘毛，中腹棘毛复合体仅由中腹棘毛列组成；然而并没有足够可靠的证据可以将二者合并。

该科全世界记载 2 属，中国记录 1 属。

67. 额斜虫属 *Epiclintes* Stein, 1863

Epiclintes Stein, 1863, *Amtliche Berichte Deutscher Naturforscher und Ærzte in Karlsbad*, 37: 162.

Type species: *Epiclintes auricularis* (Claparède & Lachmann, 1858) Stein, 1864.

虫体明显 3 段化（头、躯干、尾），具伸缩性，额棘毛和横棘毛高度特化，具多列倾斜排布的额腹棘毛列，3 列背触毛，具多枚大核。

该属全世界记载 3 种，中国记录 1 种。

（148）耳状额斜虫 *Epiclintes auricularis* (Claparède & Lachmann, 1858) Stein, 1864（图 159）

Oxytricha auricularis Claparède & Lachmann, 1858, *Mém. Inst. natn. Génev.*, 5: 148.
Epiclintes auricularis Stein, 1864, *Sber. K.böhm. Ges. Wiss.*, 1864: 44.
Epiclintes auricularis Hu, Fan, Lin, Gong & Song, 2009, *Eur. J. Protistol.*, 45: 282.

形态 活体大小 250-350 μm × 20-35 μm，长、宽比约 9∶1；背腹扁平，虫体中部背面拱起；具有高度伸缩性，舒张时可达收缩时体长的 3-4 倍。虫体细长，3 段化（头、躯干、尾），通常躯干宽于头、宽度是尾的 2 倍，躯干和尾近乎等长、是头长的 2 倍。皮膜柔软且有弹性，允许虫体体形多变；无皮层颗粒。细胞质无色，头、尾相对透明，细胞中部由于具有数目众多的颗粒（长 2-3 μm）而不透明。食物泡未见。基本未观察到伸缩泡；仅在极少数个体中发现 1 枚直径约 6 μm 的伸缩泡，位于虫体左缘胞口的位置。24-70 枚大核，通常椭球形，主要分布在躯干，活体下难以观察到；小核未见。

运动方式为缓慢地附于基质爬行，头部左右摇摆。

口围带由 23-33 片小膜组成，活体下纤毛长约 15 μm。波动膜较短，口侧膜起始于较口内膜更靠前的位置，二者基本平行，口侧膜明显短于口内膜。咽部纤维蛋白银染色后可见。无口棘毛。

2 或 3 根额棘毛排成短列；8 或 9 列额腹棘毛倾斜排列。10-18 根高度发达的横棘毛，排成 1 列，向前延伸至虫体中部；后部的一些横棘毛伸出虫体边缘。左、右各 1 列缘棘毛，22-31 根左缘棘毛，35-54 根右缘棘毛，纤毛长约 14 μm；相较于左缘棘毛，右缘棘毛的排布更为紧密；左缘棘毛列明显起始于口围带近端的左前方，右缘棘毛列起始于口围带远端附近，二者均结束于横棘毛后方相近的位置。

3 列背触毛，背触毛明显着生于乳状凸起处，活体下长 2-3 μm，易于辨识。左、右两侧的背触毛列在虫体前端相接，中间的背触毛列相对较短。无尾棘毛。

标本采集地 山东青岛封闭养殖池塘，温度 17℃，盐度 32‰。

标本采集日期 2005. 04. 20，2007. 11. 16。

标本保藏单位 中国海洋大学，海洋生物多样性与进化研究所（正模，编号：LXF2007111601；副模，编号：LXF2007111602）。

生境 海水。

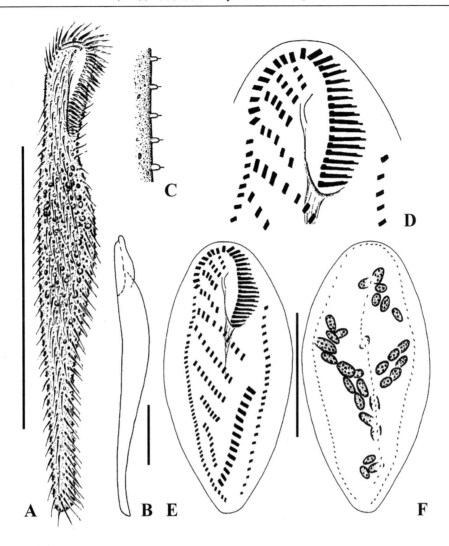

图 159　耳状额斜虫 *Epiclintes auricularis*
A. 典型个体活体腹面观；B. 活体左侧面观；C. 虫体背部皮膜局部，示乳状凸起之上的背触毛；D. 示口区局部纤毛图式；E，F. 纤毛图式腹面观（E）和背面观（F）
比例尺：50 μm

第 20 章　半杯柱科 Hemicycliostylidae Lyu, Wang, Huang, Warren & Shao, 2018

Hemicycliostylidae Lyu, Wang, Huang, Warren & Shao, 2018b, *Zool. Scr.*, 47: 245

尾柱目类群，细胞发生过程中多列缘棘毛分别来自独立的原基，具有多于 3 列背触毛。海水、淡水和土壤生境均有分布。

基于多基因分子系统分析，Lyu 等（2018b）建立半杯柱科。根据核糖体大、小亚基序列构建的分子系统树显示：澳洲毛虫属和半杯柱虫属以很高的置信值聚为一支并且远离尾柱类的其他种类。尽管澳洲毛虫属和半杯柱虫属具有许多相异的形态学特征（如分别为 3 根和多根双冠状排布的额棘毛、1 和多列左缘棘毛、具和不具中腹棘毛列、缺失和具有额前棘毛及横棘毛、具有和缺失尾棘毛等），但分子系统发育分析表明二者代表一科级的分支。除此之外，2 属具有区别于其他尾柱类纤毛虫的特征：在个体发育过程中多列缘棘毛来自独立的原基，并且具有多于 3 列背触毛（Jung *et al.*, 2012; Paiva *et al.*, 2012; Lu *et al.*, 2014; Li *et al.*, 2017）；口器的发生特征也值得一提：老的口围带除后部在原位更新外，大部分被前仔虫直接继承，这在尾柱类中较为独特，很可能是刻画该类群的重要衍征。

该科全世界记载 2 属，中国记录 2 属。

属检索表

1. 3 根额棘毛，1 列左缘棘毛，中腹棘毛复合体由中腹棘毛对和中腹棘毛列共同组成，缺失额前棘毛和横棘毛，具有尾棘毛 ························· 澳洲毛虫属 *Australothrix*

多根额棘毛双冠状排布，多列左缘棘毛，中腹棘毛复合体仅由中腹棘毛对组成，具有额前棘毛和横棘毛，缺失尾棘毛 ························· 半杯柱虫属 *Hemicycliostyla*

68. 澳洲毛虫属 *Australothrix* Blatterer & Foissner, 1988

Australothrix Blatterer & Foissner, 1988, *Stapfia*, 17: 38.
Type species: *Australothrix australis* Blatterer & Foissner, 1988.

口围带连续，3 根额棘毛显著增大，具有口棘毛，无额前棘毛；中腹棘毛复合体由中腹棘毛对和中腹棘毛列组成；无横棘毛；1 列左缘棘毛，多于 1 列右缘棘毛；多于 3 列背触毛，具有尾棘毛。

该属全世界记载 9 种，中国记录 1 种。

（149）西安澳洲毛虫 *Australothrix xianiensis* Lyu, Li, Qi, Yu & Shao, 2018 (图 160)

Australothrix xianiensis Lyu, Li, Qi, Yu & Shao, 2018a, *Eur. J. Protistol.*, 64: 75.

形态 活体大小 190-280 μm × 40-60 μm，长、宽比为 4∶1 至 6∶1；腹面扁平，背部拱起，宽、厚比约 2∶1；虫体柔软、不可伸缩；呈鱼形，前端略窄、钝圆，后端略呈锥形。皮层颗粒围绕棘毛和背触毛排成纵列，无色、棒状，大小 2 μm × 1 μm。细胞质无色至灰色，通常含有许多直径约 5 μm 的油滴，使得细胞在低倍放大下观察呈现暗色。伸缩泡直径约 12 μm，位于虫体左缘体长中部略靠前，具有 2 根收集管，伸缩间隔约 12 s。62-125 枚大核散布于细胞质中，球形至椭球形（约 6 μm × 5 μm）；3-14 枚球形小核，散布于细胞质中。

运动方式无特别，附于基质相对快速地爬行。

口区约占体长的 20%，由 27-45 片小膜组成。口侧膜和口内膜均弯曲，二者相交。1 根细小的口棘毛位于口侧膜中点附近。

大多数体棘毛的纤毛长约 10 μm，相对细弱。稳定具有 3 根额棘毛，粗大，排成倾斜的短列，活体下额棘毛纤毛长约 12 μm。1 根拟口棘毛位于最右侧的额棘毛后方。中腹棘毛复合体由 2-4 对中腹棘毛和 4 或 5 列中腹棘毛组成：中腹棘毛对形成的短列结束于口围带末端之前，每对棘毛大小相当，较中腹棘毛列和缘棘毛列中的棘毛略粗大；中腹棘毛列起始于口腔，由左至右逐渐增长；最右中腹棘毛列紧接在中腹棘毛对之后。1 列左缘棘毛，2 列右缘棘毛；左缘棘毛列明显起始于口腔之前，延伸至虫体尾部；右缘棘毛列起始于口围带远端附近，延伸至虫体尾部。

4 或 5 列背触毛，几乎纵贯虫体全长，背触毛活体下长约 5 μm。具有 4 或 5 根尾棘毛，位于虫体尾端，活体观察时难以与缘棘毛区分开。

标本采集地 陕西西安湿地土壤，温度 5℃，盐度 0‰。

标本采集日期 2014. 11. 16。

标本保藏单位 陕西师范大学，生命科学学院（正模，编号：LZ2014111601；副模，编号：LZ2014111602）；伦敦自然历史博物馆（副模，编号：NHMUK2017.8.1.1）。

生境 土壤。

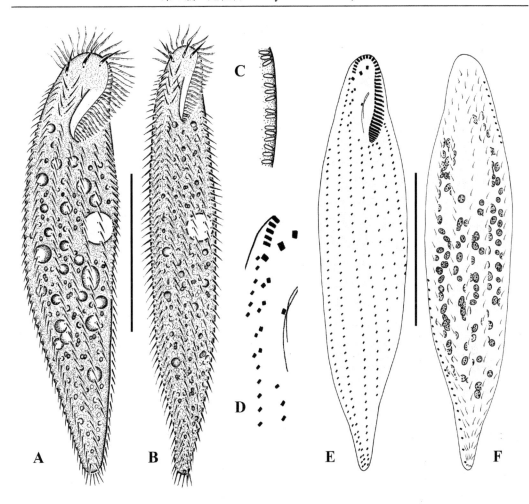

图 160　西安澳洲毛虫 *Australothrix xianiensis*
A. 典型个体活体腹面观；B. 较苗条的个体活体腹面观；C. 皮层颗粒侧面观；D. 口区纤毛图式腹面观；E，F. 纤毛图式腹面观（E）和背面观（F）
比例尺：100 μm

69. 半杯柱虫属 *Hemicycliostyla* Stokes, 1886

Hemicycliostyla Stokes, 1886, *Proc. Am. phil. Soc.*, 23: 22.
Type species: *Hemicycliostyla sphagni* Stokes, 1886.

口围带连续，多根额棘毛双冠状排布，多列缘棘毛，无横棘毛。
该属全世界记载 5 种，中国记录 1 种。

（150）弗氏半杯柱虫 *Hemicycliostyla franzi* **(Foissner, 1987) Paiva, Borges, Silva-Neto & Harada, 2012** （图 161）

Pseudourostyla franzi Foissner, 1987b, *Zool. Beitr.*, 31: 194.

Hemicycliostyla franzi Paiva, Borges, Silva-Neto & Harada, 2012, *Int. J. Syst. Evol. Microbiol.*, 62: 237.

Hemicycliostyla franzi Li, Lyu, Warren, Zhou, Li & Chen, 2018b, *J. Eukaryot. Microbiol.*, 65: 138.

　　形态　　活体大小约 260 μm × 80 μm；虫体柔韧，易弯曲；外轮廓为长椭圆形，前、后两端略窄。皮层颗粒无色，直径约 0.6 μm，无序散布。部分个体虫体后部充满捕获的食物，疑似有壳变形虫。伸缩泡 1 枚，位于口区后端左侧。大核 166-195 枚，椭球形，蛋白银染色后约 10 μm × 5 μm；小核数目不确定，8 个个体仅在 1 个个体中发现 3 枚。

　　运动方式为附于基质中速爬行和围绕身体纵轴游泳前行。

　　蛋白银染色后，口区约占体长的 27 %，由 55-66 片小膜组成；2 或 3 根额前棘毛位于口围带远端附近；咽部纤维明显，向后延伸。口侧膜和口内膜均略微弯曲，彼此交叠。通常 2 或 3 根口棘毛，1 根拟口棘毛。

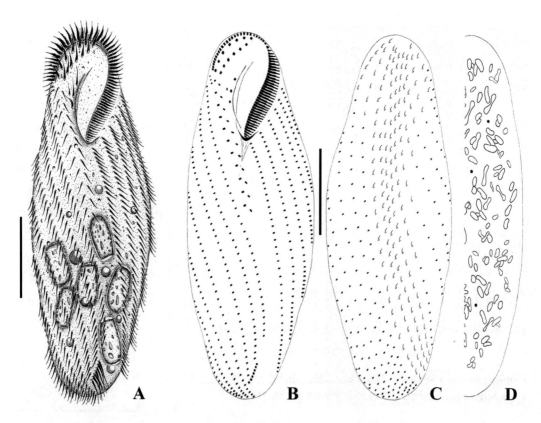

图 161　弗氏半杯柱虫 *Hemicycliostyla franzi*
A. 典型个体活体腹面观；B-D. 纤毛图式腹面观（B）和背面观（C，D）
比例尺：60 μm

虫体前部，11-15 根额棘毛呈双冠状排布；约 12 对中腹棘毛锯齿状排列，延伸至虫体中部。7 或 8 列左缘棘毛，6 或 7 列右缘棘毛；缘棘毛占据虫体大部分，虫体外侧的缘棘毛前端延伸至虫体背部，与背触毛相接。具有 5-8 根横棘毛。

3 或 4 列背触毛贯穿整个细胞。

标本采集地　贵州铜仁土壤，温度 18℃，盐度 0‰。

标本采集日期　2014. 07. 19。

标本保藏单位　河北大学，生命科学学院（编号：LFC2014071901）。

生境　土壤。

第 21 章　全列科 Holostichidae Fauré-Fremiet, 1961

Holostichidae Fauré-Fremiet, 1961, *C. r. hebd. Séanc. Acad. Sci., Paris*, 252: 3517.

尾柱目类群，3 根明确分化的额棘毛，中腹棘毛复合体仅由中腹棘毛对组成。淡水、海水和土壤均有分布。

全列科是以全列虫属为模式属建立的（Fauré-Fremiet, 1961），随后几经变革（Borror, 1972; Jankowski, 1979; Wicklow, 1981; Borror & Wicklow, 1983; Berger, 2001），在不同系统中的内涵有较大出入。

全列虫属曾包含百余种，所有具有 3 根显著额棘毛，中腹棘毛复合体仅由中腹棘毛对组成，具横棘毛，左、右各 1 列缘棘毛的物种，无论是否具有尾棘毛，抑或具有其他衍征的种类都在其中。Berger（2003）对其进行系统整理，重新厘定全列虫属（左缘棘毛前端明显弯曲、口围带分段化、口棘毛明显位于口侧膜前端），同时建立异列虫属和尾列虫属且放入全列科内。

Berger（2006）对全列科进行整理，将科下的若干属又进行归类：①全列虫属、伪小双虫属和砂隙虫属，它们的横棘毛通常显著，数目粗略地等同于额-腹-横棘毛原基的数目；其中全列虫属和伪小双虫属具有相对更多的原基数目，砂隙虫属只有 8 列原基。②尾列虫属、异列虫属和双轴虫属，横棘毛不显著，其数目明显少于额-腹-横棘毛原基的数目和中腹棘毛对的数目，即仅仅最右侧的原基产生横棘毛；其中双轴虫属是全列科中唯一具有多于 2 列缘棘毛的类群。③*Periholosticha* 和 *Afrothrix* 的中腹棘毛复合体非常短，且口围带具有明显的缺刻。

Song 等（1997）对拉氏伪小双虫进行了详细的细胞发生学追踪研究，因其特殊的缘棘毛发育方式及额前棘毛的缺失，而以伪小双虫属为模式属建立了伪小双科；Yi 等（2008）认为伪小双科应纳入盘头目。从形态上看，由于伪小双虫属在细胞发生过程中腹棘毛列分散排布，非"之"字形结构，特别是在发生过程中没有由最右侧 1 列额-腹-横棘毛原基形成的迁移棘毛产生，因此被认为与典型的尾柱类不同。因此，本书遵循将伪小双虫属置于盘头目下伪小双科的安排。

基于核糖体小亚基基因和α微管蛋白基因构建系统发育树，Yi 等（2009b）重新评估砂隙虫属的系统地位，将其从全列科中移出，建立砂隙科；本书遵循此安排。Huang 等（2014）根据核糖体大小亚基和转录间隔区序列展开多基因系统发育分析，将原先位于异列虫属中的 3 种（横棘毛呈大致的"U"形排布）移出，建立曲列虫属，并放入全列科。

偏尾柱虫属是将中华后尾柱虫从后尾柱虫属中移出建立的属，Song 等（2011）将其纳入 Berger（2006）修订的尾柱科；但偏尾柱虫属为明显的 3 根额棘毛，不符合 Berger（2006）对尾柱科的定义（多根额棘毛双冠状排布）。因此，本书将偏尾柱虫属纳入全列科中。

该科全世界记载 8 属，中国记录 6 属。

属检索表

70. 异列虫属 *Anteholosticha* Berger, 2003

Anteholosticha Berger, 2003, *Eur. J. Protistol.*, 39: 377.
Type species: *Anteholosticha monilata* (Kahl, 1928) Berger, 2003.

口围带近端若干小膜的宽度无明显差别；3 根额棘毛粗壮，中腹棘毛复合体仅由中腹棘毛对组成，1 或多根口棘毛位于口侧膜右侧；具有额前棘毛，横棘毛的数目通常明显少于中腹棘毛对的数目；左、右各 1 列缘棘毛，左缘棘毛列相对平直，起始于口围带左边；无尾棘毛。

该属全世界记载 38 种，中国记录 6 种。

种检索表

1. 稳定具有 3 列背触毛 ·· 2
   具有多于 3 列背触毛 ··· 4
2. 活体体长 200-400 μm ··· 前毛异列虫 *A. antecirrata*
   活体体长 80-120 μm ·· 3
3. 腹面无纵沟，通常 3 根额前棘毛，5 根横棘毛 ························· 柔弱异列虫 *A. manca*
   腹面具 2 纵沟，2 根额前棘毛，3 根横棘毛 ····················· 拟柔弱异列虫 *A. paramanca*
4. 4-9 枚大核，12-17 对中腹棘毛 ······························· 海珠异列虫 *A. marimonilata*
   多于 20 枚大核，多于 20 对中腹棘毛 ··· 5
5. 口围带非分段化，5-8 根横棘毛 ·································· 美丽异列虫 *A. pulchra*
   口围带远端 4 片小膜明显分离，4 或 5 根横棘毛 ··········· 朗当异列虫 *A. randani*

（151）前毛异列虫 *Anteholosticha antecirrata* Berger, 2006 (图 162)

Anteholosticha antecirrata Berger, 2006, *Monogr. Biol.*, 85: 370.
Anteholosticha antecirrata Fan, Lu, Huang, Hu & Warren, 2016, *Eur. J. Protistol.*, 53: 101.

形态　活体大小 200-400 μm × 40-80 μm；虫体易弯曲但不可伸缩，长椭圆形，两端宽、钝圆，左、右边缘平直；背腹扁平，宽、厚比约 3：1。虫体呈黄绿色，来源于皮层颗粒和内含物。皮膜薄且柔软，皮层颗粒黄绿色，直径约 1 μm，围绕棘毛和背触毛成列排布。细胞质无色，通常含有数目众多的小球（直径 1-3 μm）；也含有若干大的食物泡，内含鞭毛虫、楯纤类纤毛虫和细菌。1 枚伸缩泡，直径约 20 μm，位于虫体左缘体长的 45%处，伸缩间隔约 5 s。大核数目众多（超过 200 枚），直径约 5 μm，卵形至长椭球形，散布于细胞质中；小核未见。

运动方式为在基质上快速爬行。

口围带约占据体长的 35%，由 32-45 片小膜组成；口围带远端终结于最右侧的额棘毛附近，微微向后弯曲。2 根额前棘毛，位于口围带远端附近。口侧膜和口内膜几乎等长，在中部相交。4-7 根口棘毛排成纵列，位于口侧膜旁边。

除 3 根额棘毛稍微增大之外，大部分棘毛相对细弱；1 根拟口棘毛位于右侧的额棘毛之后。中腹棘毛复合体由 19-30 对锯齿状排布的中腹棘毛组成，延伸至 2 根横前棘毛前方。8-14 根横棘毛，其基部较小且紧密排布，形成近乎直的长列。左、右各 1 列缘棘毛，二者在虫体尾部向内延伸至虫体中央，微微分开，无明显交叠；34-54 根左缘棘毛，起始于口围带近端左侧；42-58 根右缘棘毛，起始于虫体背面。

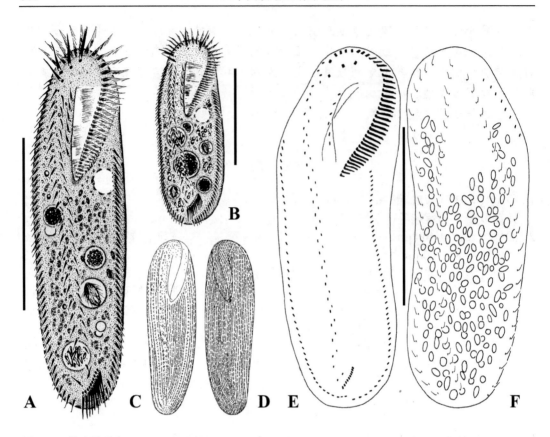

图 162 前毛异列虫 *Anteholosticha antecirrata*
A. 典型个体活体腹面观；B. 较丰满个体活体腹面观；C，D. 皮层颗粒的腹面观（C）和背面观（D）；
E，F. 纤毛图式腹面观（E）和背面观（F）
比例尺：100 μm

3 列背触毛，纵贯整个虫体背部。

标本采集地 广东惠州红树林淡水，温度 21.3℃。

标本采集日期 2013.04.08。

标本保藏单位 中国海洋大学，海洋生物多样性与进化研究所（编号：FYB2013040803）；伦敦自然历史博物馆（编号：NUMUK2015.11.25.2）。

生境 淡水。

（152）柔弱异列虫 *Anteholosticha manca* (Kahl, 1932) Berger, 2003 (图 163)

Holosticha manca Kahl, 1932, *Tierwelt Dtl.*, 25: 579.
Holosticha manca Song & Wilbert, 1997a, *Arch. Protistenkd.*, 148: 418.
Anteholosticha manca Berger, 2003, *Eur. J. Protistol.*, 39: 377.

形态 活体体长 80-120 μm，长、宽比为 3∶1 至 4∶1；虫体长椭圆形或梭形，两端变窄、略圆，左、右边缘几乎平行，右边略凸出，宽、厚比约 2∶1。虫体柔软易弯曲；皮膜薄，皮层颗粒直径约 1 μm，通常若干个聚集成列。细胞质无色至灰色，含有数目众多的闪光小球（直径 2-5 μm）。伸缩泡较小，位于虫体左缘、体长约 1/3 处，具有 2 根明显的收集管，伸缩间隔可达 5 min。50-70 枚椭球形大核，长 3-5 μm。小核扁豆状至球形，银染后可见。

可缓慢至快速地在基质上爬行，有时前后顿挫。

口区中等宽度，占据体长约 1/3，远端微微弯向右边缘；17-35 片口围带小膜，纤毛长 15-20 μm，小膜基部长 7-8 μm。2-4 根额前棘毛，相对细弱，纤毛长 10-15 μm，位于口围带右端和右缘棘毛前端之间。口侧膜和口内膜几乎平行，以某种方式重叠。单一口棘毛位于波动膜前端。

3 根略粗大的额棘毛和 1 根较小的棘毛Ⅲ/2 排布于口区前部，纤毛长 20-25 μm。中腹棘毛复合体由 9-16 对中腹棘毛组成，延伸至虫体体长后约 1/3 处。几乎总是 5（4-6）根横棘毛，位于虫体尾端，纤毛相对短（长 12-15 μm），活体下不明显地伸出虫体后缘。左、右各 1 列缘棘毛，彼此没有交叠；22-29 根左缘棘毛，6-34 根右缘棘毛。

3 列背触毛，纵贯整个虫体背部；活体下触毛长 2-3 μm。无尾棘毛。

标本采集地　山东青岛近岸养殖水体，温度 5-28℃，盐度 28‰-32‰。

标本采集日期　1994. 02. 21。

标本保藏单位　中国海洋大学，海洋生物多样性与进化研究所（新模，编号：HXZ1994022101）。

生境　海水。

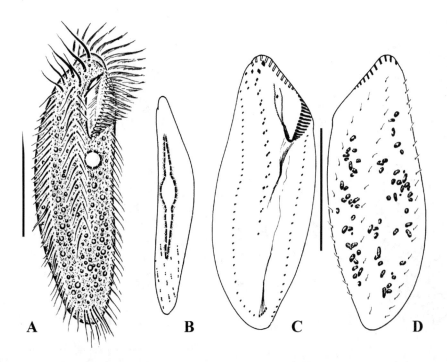

图 163　柔弱异列虫 Anteholosticha manca
A. 典型个体活体腹面观；B. 虫体侧面观；C，D. 纤毛图式腹面观（C）和背面观（D）
比例尺：50 μm

（153）海珠异列虫 Anteholosticha marimonilata Xu, Huang, Hu, Al-Rasheid, Song &

Warren, 2011 (图 164)

Anteholosticha marimonilata Xu, Huang, Hu, Al-Rasheid, Song & Warren, 2011, *Int. J. Syst. Evol. Microbiol.*, 61: 2001.

形态　活体大小 80-160 μm × 30-50 μm，长、宽比约 3.5∶1；长椭圆形，两端窄、钝圆，宽、厚比约 2∶1。皮膜薄，柔软易弯曲；具有 2 种无色的皮层颗粒：大的直径约 1 μm，大多沿着棘毛列或在背触毛的间隔聚集成组排列；小的直径约 0.3 μm，松散地分布在皮膜较深处。细胞质在低倍放大下观察呈现灰色或暗灰色，在高倍放大下观察无色，虫体前部和后部通常含若干无色的反光小球（直径 1-3 μm）。伸缩泡直径约 10 μm，位于虫体左缘体中部；伴随着伸缩泡，通常存在颗粒带（可能由线粒体构成，每个长约 2 μm），由口区一直延伸至虫体后部。4-9 枚球形至椭球形大核，念珠状排列，位于虫体中部偏左的位置，每枚大核长 8-12 μm；1-3 枚小核，卵形，贴近大核。

运动方式为绕体纵轴缓慢地旋转游动，或者在基质上爬行，偶尔停下改变方向。

蛋白银染色后，口围带占据体长可达 35%，远端在虫体右缘微微向后弯折，33-43 片口围带小膜。2 根额前棘毛位于口围带远端附近。口侧膜和口内膜几乎等长，在中点上方相交。1 根口棘毛位于波动膜附近。

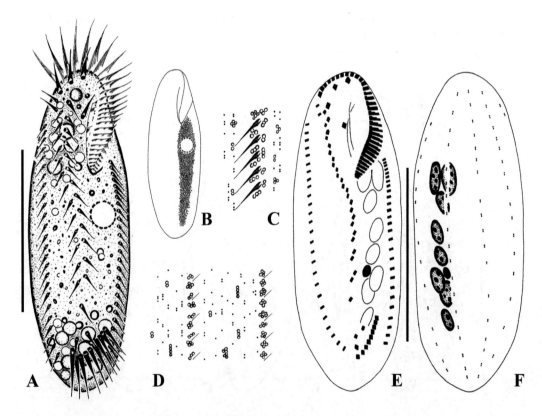

图 164　海珠异列虫 *Anteholosticha marimonilata*
A. 典型个体活体腹面观；B. 虫体腹面观，示伸缩泡周围的颗粒带；C，D. 活体腹面观（C）和背面观（D），示皮层颗粒；E，F. 纤毛图式腹面观（E）和背面观（F）
比例尺：50 μm

3 根略粗大的额棘毛和 1 根较小的棘毛Ⅲ/2 排布于口区前部。中腹棘毛复合体由

12-17 对中腹棘毛组成，锯齿状排布，延伸至虫体体长后约 1/5 处。10-13 根横棘毛"J"形排布，棘毛粗壮，纤毛长约 18 μm。通常具有 2 根横前棘毛。左、右各 1 列缘棘毛，彼此没有交叠，纤毛长约 10 μm；23-36 根左缘棘毛，26-35 根右缘棘毛。

4 或 5 列背触毛，纵贯整个虫体背部；活体下触毛长约 3 μm。右缘棘毛列前端具有 2 对毛基体。

标本采集地　山东青岛近岸水体，温度 14℃，盐度 18‰。

标本采集日期　2008.11.18。

标本保藏单位　中国海洋大学，海洋生物多样性与进化研究所（正模，编号：XY2008111801）；伦敦自然历史博物馆（副模，编号：NHMUK2010:6:21:1）。

生境　咸水。

（154）拟柔弱异列虫 *Anteholosticha paramanca* **Fan, Pan, Huang, Lin, Hu & Warren, 2014** (图 165)

Anteholosticha paramanca Fan, Pan, Huang, Lin, Hu & Warren, 2014, *J. Eukaryot. Microbiol.*, 61: 451.

形态　活体大小 80-110 μm × 25-40 μm，虫体形状稳定，长椭圆形，两端钝圆，左侧边缘微凸，右侧边缘相对平直，宽、厚比约 2∶1；腹面沿着缘棘毛列明显具有 2 纵沟。皮膜略柔软易弯曲，但不具伸缩性。虫体无色至浅灰色，具有球形的黄色皮层颗粒，直径约 0.5 μm，在腹面和背面成列排布。细胞质无色，通常含有数目众多的小球（直径约 3 μm）；食物泡（直径约 5 μm）使虫体在低倍放大下观察呈现灰色。伸缩泡直径约 10 μm，位于虫体左缘约 2/5 处。约 60（48-71）枚球形至椭球形大核，均匀分布于细胞质中；小核未见。

运动方式为在基质上相对快速地爬行，或者绕体纵轴旋转游动。

口区占据体长约 1/3，口围带由 21-29 片小膜组成，顶端的小膜活体下纤毛长约 12 μm，远端微微弯向右侧。2 根额前棘毛，位于第 1 对中腹棘毛对和右缘棘毛列前端之间。口侧膜和口内膜几乎等长，平行或相交。具有单一口棘毛。

3 根略微粗大的额棘毛和 1 根较小的棘毛Ⅲ/2 排布于口区前部，纤毛长约 10 μm。中腹棘毛复合体由 9-15 对中腹棘毛组成，锯齿状排布、向后延伸至虫体中部。3 根横棘毛明显分化，纤毛长约 13 μm，向后伸出虫体边缘。左、右各 1 列缘棘毛，延伸至虫体后端，彼此明显分开；20-31 根左缘棘毛，23-37 根右缘棘毛。

3 列背触毛，纵贯整个虫体背部；活体下触毛长约 3 μm。

标本采集地　广东深圳红树林海水，温度 26℃，盐度 26‰。

标本采集日期　2011.04.13。

标本保藏单位　中国海洋大学，海洋生物多样性与进化研究所（正模，编号：PY2011041301；副模，编号：PY2011041302）；伦敦自然历史博物馆（副模，编号：NHMUK2013.11.22.1）。

生境　咸水。

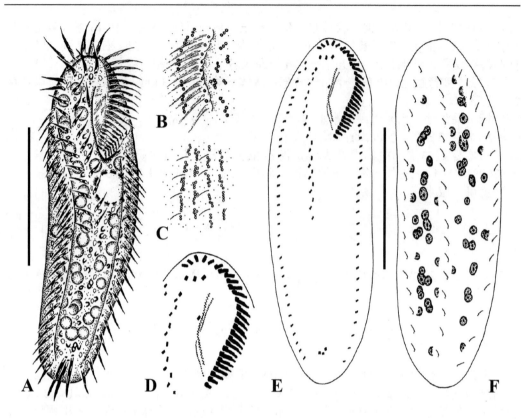

图 165　拟柔弱异列虫 *Anteholosticha paramanca*
A. 典型个体活体腹面观；B, C. 虫体腹面观（B）和背面观（C），示皮层颗粒的分布；D. 口区纤毛
图式腹面观；E, F. 纤毛图式腹面观（E）和背面观（F）
比例尺：50 μm

（155）美丽异列虫 *Anteholosticha pulchra* (Kahl, 1932) Berger, 2003 (图 166)

Holosticha pulchra Kahl, 1932, *Tierwelt Dtl.*, 25: 573.
Anteholosticha pulchra Berger, 2003, *Eur. J. Protistol.*, 39: 377.
Anteholosticha pulchra Li, Song & Hu, 2007b, *Acta Protozool.*, 46: 113.

形态　活体大小 120-360 μm × 25-55 μm，虫体细长条带状，两端钝圆，宽、厚比约
2：1，不具伸缩性。皮膜轻薄，皮层颗粒球状（直径约 0.8 μm），高倍放大下观察呈深
红色或棕红色，沿着棘毛列和背触毛列聚集成组或者松散分布，使细胞呈现砖红色。皮
层颗粒下方含有数目众多的线粒体，长约 2 μm，密集排布。虫体腹面细胞质内含有若
干无色的反光小球（直径 3-8 μm），使得食物泡难以被观察到。伸缩泡直径约 15 μm，
位于虫体左缘体长后 1/5-1/4 处，伸缩间隔约 2 min，通常具有 2 根收集管。31-47 枚卵
形至椭球形大核（直径约 6 μm）；1-4 枚卵形小核，直径 2-3 μm。

　　运动速度相对缓慢，在基质上不间断爬行，虫体弯折、扭曲。

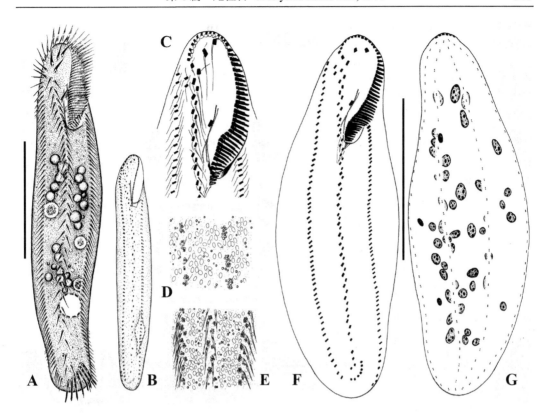

图 166　美丽异列虫 *Anteholosticha pulchra*
A. 典型个体活体腹面观；B. 活体腹面观，示伸缩泡和收集管；C. 口区纤毛图式腹面观；D，E. 虫体腹面观（E）和背面观（D），示皮层颗粒的分布；F，G. 纤毛图式腹面观（F）和背面观（G）
比例尺：100 μm

　　口区狭窄，占据体长的 1/5-1/4；口围带由 38-57 片小膜组成，小膜基部约 8 μm 长；口围带在虫体右缘微微向后弯曲。2 根额前棘毛，靠近口围带远端。口侧膜和口内膜几乎等长，相交不明显。单一口棘毛位于波动膜前 1/3 处。

　　3 根额棘毛略粗大，排布于口区前部。中腹棘毛复合体由 21-38 对中腹棘毛组成，锯齿状排布，从额棘毛向后延伸至亚尾端、横棘毛附近。5-8 根横棘毛，纤毛长约 15 μm。左、右各 1 列缘棘毛：40-70 根左缘棘毛，49-75 根右缘棘毛。

　　4 列背触毛，纵贯整个虫体背部，触毛长约 3 μm。

　　标本采集地　山东烟台近岸养殖水体，温度 10℃，盐度 25‰。

　　标本采集日期　2006. 03. 15，2006. 04. 25。

　　标本保藏单位　中国海洋大学，海洋生物多样性与进化研究所（编号：LLQ2006031501）。

　　生境　咸水。

（156）朗当异列虫 *Anteholosticha randani* (Grolière, 1975) Berger, 2003 (图 167)

Holosticha randani Grolière, 1975, *Protistologica*, 11: 486.
Anteholosticha randani Berger, 2003, *Eur. J. Protistol.*, 39: 377.
Anteholosticha randani Fan, Lu, Huang, Hu & Warren, 2016, *Eur. J. Protistol.*, 53: 98.

形态 活体大小 150-250 μm × 35-50 μm，长、宽比约 5∶1；虫体细长椭圆形，宽、厚比约 3∶2；腹面平坦，背部轻微拱起。虫体柔软易弯曲，但不具伸缩性。皮膜轻薄、柔软，无皮层颗粒。细胞质无色，通常含有许多椭球形颗粒（长约 2 μm）；食物泡含有硅藻和细菌。伸缩泡直径约 8 μm，位于虫体左缘近中部，伸缩间隔为 5-10 min。24-35 枚卵形至椭球形大核（直径约 6 μm），无规则分布于细胞质中；小核未见。

通常细胞长时间保持静止；运动时多为在基质上缓慢爬行，或者绕体纵轴旋转游动。

蛋白银染色后的个体，口围带约占据体长的 30%，口围带明显分段化，分别由 4 片和 17-23 片小膜组成，远端的 4 片小膜位于虫体顶端。2 根额前棘毛，靠近右缘棘毛列前端。口侧膜和口内膜短，纵向排布，之间有小间隔，口侧膜在前，长度为口内膜的 1/2。单一口棘毛位于口侧膜前端右侧。

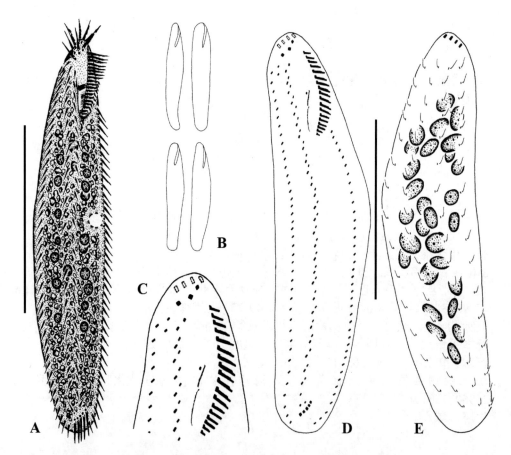

图 167 朗当异列虫 *Anteholosticha randani*
A. 典型个体活体腹面观；B. 虫体腹面观，示不同体形；C. 口区纤毛图式腹面观；D, E. 纤毛图式腹面观（D）和背面观（E）
比例尺：100 μm

3 根略粗大的额棘毛和 1 根较小的棘毛Ⅲ/2 排布于口区前部。中腹棘毛复合体由 22-31 对中腹棘毛组成，锯齿状排布，由额棘毛后方延伸至横前棘毛前方。2 根横前棘毛靠近横棘毛。4 或 5 根横棘毛呈 1 斜列，棘毛相对粗壮，显著伸出虫体后缘。左、右各 1 列缘棘毛，35-46 根左缘棘毛，39-48 根右缘棘毛。

4 列背触毛，纵贯整个虫体背部；活体下触毛长约 3 μm。无尾棘毛。

标本采集地　广东湛江火山湖，温度 20.7℃。

标本采集日期　2013. 04. 12。

标本保藏单位　中国海洋大学，海洋生物多样性与进化研究所（编号：FYB2013041201）；伦敦自然历史博物馆（编号：NHMUK2015.11.25.1）。

生境　淡水。

71. 偏尾柱虫属 *Apourostylopsis* Song, Wilbert, Li & Zhang, 2011

Apourostylopsis Song, Wilbert, Li & Zhang, 2011, *J. Eukaryot. Microbiol.*, 58: 19.
Type species: *Apourostylopsis sinica* (Shao, Miao, Song, Warren, Al-Rasheid, Al-Quraishy & Al-Farraj, 2008) Song, Wilbert, Li & Zhang, 2011.

海洋尾柱类纤毛虫，3 根明确分化的额棘毛，额前棘毛分化明显，具口棘毛，中腹棘毛复合体为锯齿状排布的中腹棘毛对，几乎延伸至虫体后端；具横前棘毛，横棘毛明显分化；左、右均多缘棘毛列，个体发育时来自独立的原基；无尾棘毛。

该属全世界记载 1 种，中国记录 1 种。

（157）中华偏尾柱虫 *Apourostylopsis sinica* (Shao, Miao, Song, Warren, Al-Rasheid, Al-Quraishy & Al-Farraj, 2008) Song, Wilbert, Li & Zhang, 2011 (图 168)

Metaurostylopsis sinica Shao, Miao, Song, Warren, Al-Rasheid, Al-Quraishy & Al-Farraj, 2008b, *Acta Protozool.*, 47: 96.
Apourostylopsis sinica Song, Wilbert, Li & Zhang, 2011, *J. Eukaryot. Microbiol.*, 58: 19.

形态　活体大小 100-120 μm × 30 μm，长、宽比为 3：1 至 4：1，宽、厚比约 2：1。虫体大多细长椭圆形，左、右边缘均略凸起。虫体灵活，柔韧易弯曲，不可伸缩。腹面和背面均具有 2 种皮层颗粒：较大的亮黄色至黄棕色，侧面观为椭圆形至纺锤形，正面观为红细胞状，大小约 3 μm × 2 μm × 1.5 μm，沿着左、右缘棘毛列和 3 列背触毛列共排成 5 列；较小的无色，球形，直径约 0.5 μm，密集排布成短列，不规则分布。低倍放大下观察，虫体由于皮层颗粒和脂质液滴的存在而呈现棕黄色。细胞质灰色，通常含有许多小的脂质液滴（直径 1-3 μm），食物泡含有鞭毛虫、小的纤毛虫和细菌。伸缩泡直径约 15 μm，位于虫体左缘体长前 2/5 处，伸缩间隔约 3 min。大核 62-82 枚，卵形至椭球形，长 2.5-8 μm，活体下难以辨别；小核未观察到。

运动方式为在基质上相对快速地爬行。

　　口区占据体长约 35%，口围带由 25-29 片小膜组成，纤毛在活体下长约 15 μm，口围带远端微微向右弯折。2 根额前棘毛位于口围带远端后方。口侧膜和口内膜等长且微微弯曲，二者近乎平行。咽部纤维银染后显著，长约 30 μm。单一口棘毛细小，位于口侧膜的中部右侧。

　　大部分体棘毛相对细弱，活体下纤毛长 12-16 μm，额棘毛和横棘毛纤毛长约 15 μm。稳定具有 3 根额棘毛，明显分化，其后为由 11-15 锯齿状排布的棘毛对组成的、几乎延伸至横棘毛处的中腹棘毛复合体。具有 2 根横前棘毛；5-8 根横棘毛，细弱、不明显伸出或略微伸出虫体后缘，"J" 形排布于左、右缘棘毛列之间的间隔。稳定具有 3 列左缘

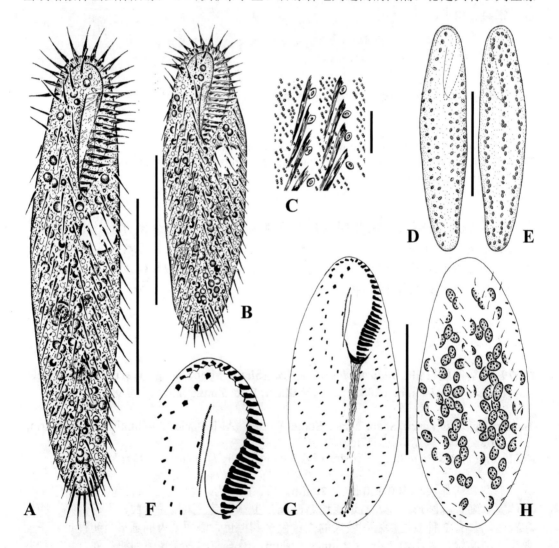

图 168　中华偏尾柱虫 *Apourostylopsis sinica*
A. 典型个体活体腹面观；B. 不同的虫体个体活体腹面观；C. 示 2 种皮层颗粒的排布；D, E. 皮层颗粒的腹面观（D）和背面观（E）；F. 口区纤毛图式腹面观；G, H. 纤毛图式的腹面观（G）和背面观（H）
比例尺：A, B, D, E, G, H. 50 μm；C. 10 μm

棘毛和 2 列右缘棘毛，由虫体右前方向左后方倾斜排布，最左 1 列左缘棘毛的后端和最右 1 列右缘棘毛的前端延伸至虫体背部。

3 列背触毛，纵贯虫体背部，活体下触毛长 3-4 μm；最右 1 列缘棘毛前端通常具有 2 对毛基体。

标本采集地 山东青岛近岸养殖水体，温度 20℃，盐度 30‰。

标本采集日期 2005. 04. 11。

标本保藏单位 伦敦自然历史博物馆（正模，编号：NHMUK2007:12:13:1）；中国海洋大学，海洋生物多样性与进化研究所（副模，编号：SC2005041101）。

生境 海水。

72. 曲列虫属 *Arcuseries* Huang, Chen, Song & Berger, 2014

Arcuseries Huang, Chen, Song & Berger, 2014, *Mol. Phylogenet. Evol.*, 70: 345.

Type species: *Arcuseries petzi* (Shao, Gao, Hu, Al-Rasheid & Warren, 2011) Huang, Chen, Song & Berger, 2014.

海洋生，口侧膜和口内膜几乎平直且相互平行；具有 3 根额棘毛，粗壮；中腹棘毛复合体仅由中腹棘毛对组成；具口棘毛、额前棘毛和横前棘毛；横棘毛呈大致的“U”形排布；左、右各 1 列缘棘毛；3 列背触毛纵贯虫体，无尾棘毛；具有多枚大核。

该属全世界记载 3 种，中国记录 3 种。

种检索表

1. 具有 3 种皮层颗粒，不少于 10 对中腹棘毛……………………………… **派茨曲列虫 *A. petzi***
   具有 1 种皮层颗粒，少于 10 对中腹棘毛 ………………………………………………………… **2**
2. 不多于 20 片口围带小膜………………………………………………… **楯片曲列虫 *A. scutellum***
   多于 20 片口围带小膜……………………………………………………… **沃伦曲列虫 *A. warreni***

（158）派茨曲列虫 *Arcuseries petzi* (Shao, Gao, Hu, Al-Rasheid & Warren, 2011) Huang, Chen, Song & Berger, 2014 (图 169)

Anteholosticha petzi Shao, Gao, Hu, Al-Rasheid & Warren, 2011a, *J. Eukaryot. Microbiol.*, 58: 256.

Arcuseries petzi Huang, Chen, Song & Berger, 2014, *Mol. Phylogenet. Evol.*, 70: 345.

　　形态　活体大小 85-105 μm × 30-50 μm，长、宽比为 3∶1 至 3.5∶1；虫体高度柔软易弯曲，轮廓多变，通常为拉长的卵形至椭圆形，宽、厚比约 2∶1；虫体前部窄、后部宽，两端钝圆。虫体呈红棕色至砖红色；皮膜厚实且柔软，因此虫体体形多变；具有 3 种皮层颗粒：①大的无色，线粒体形状，大小 3 μm × 1.5 μm，在细胞表面密集排布；②中等大小的颜色深，圆形颗粒状，直径约 1 μm，在虫体腹面的缘棘毛和横棘毛附近密集排布成短列，因此沿着棘毛列形成带状结构，在虫体背面围绕背触毛形成玫瑰花团的结构；③小的无色，球形颗粒状，直径约 0.5 μm，分散、稀疏地排列，但在虫体前部密集排布。银染后会观察到长 2-3 μm 的短刺从皮膜的内部或者皮层颗粒射出。细胞质无色至灰色，通常含有许多脂质液滴（直径 2-3 μm）。由于皮层颗粒和脂质液滴的存在，低倍放大下观察，细胞呈现红棕色至砖红色。大核球形至长椭球形，约 80 枚，散布于细胞中；小核未见。

　　运动方式为在基质上缓慢爬行，虫体高度扭曲时会发生翻转。

　　口腔狭窄、似狭缝，占据体长的 30%-35%，由 20-30 片小膜组成，小膜活体下纤毛长约 12 μm，口围带远端微微弯向虫体右侧。2 根额前棘毛，位于口围带远端附近。口侧膜和口内膜长且直，几乎互相平行。单一口棘毛位于波动膜前 1/4 处。

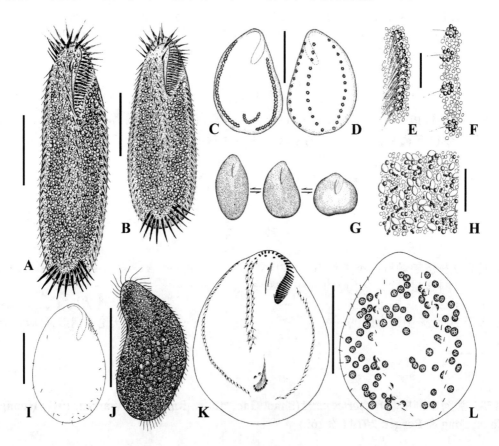

图 169　派茨曲列虫 *Arcuseries petzi*
A. 典型个体活体腹面观；B, G. 不同体形个体活体腹面观；C-F, H. 皮层颗粒的腹面观（C, E）和背面观（D, F, H）；I. 蛋白银染色后个体，示短刺；J. 腹面观，示细胞质内大量脂质油滴；K, L. 纤毛图式腹面观（K）和背面观（L）
比例尺：A, B. 30 μm；C, D, I-K. 50 μm；E, F, H. 10 μm

　　所有的棘毛均相对细弱，大多数纤毛长约 8 μm，额棘毛、横棘毛纤毛长约 15 μm。3 根额棘毛，随后是 1 根拟口棘毛和由 10-16 对锯齿状排布的棘毛组成的中腹棘毛复合体，延伸至虫体体长约 60%处。具 2 根横前棘毛。8-11 根横棘毛，纤细、不明显伸出虫体后缘，在缘棘毛列之间排成"J"形。左、右各 1 列缘棘毛，18-32 根左缘棘毛，起始于胞口附近；24-42 根右缘棘毛，起始于虫体远端。

　　3 列背触毛，纵贯整个虫体背部；触毛长约 3 μm。

　　标本采集地　山东青岛近岸养殖水体，温度 20℃，盐度 31‰。

　　标本采集日期　2004.08.24。

　　标本保藏单位　中国海洋大学，海洋生物多样性与进化研究所（正模，编号：SC2004082401）；伦敦自然历史博物馆（副模，编号：NHMUK2010:6:2:1）。

　　生境　海水。

（159）楯片曲列虫 *Arcuseries scutellum* (Cohn, 1866) Huang, Chen, Song & Berger, 2014 （图 170）

Oxytricha scutellum Cohn, 1866, *Z. wiss. Zool.*, 16: 287.

Holosticha scutellum Entz, 1884, *Mitt. zool. Stn Neapel*, 5: 365.

Anteholosticha scutellum Berger, 2003, *Eur. J. Protistol.*, 39: 377.

Anteholosticha scutellum Chen, Gao, Song, Al-Rasheid, Warren, Gong & Lin, 2010, *Int. J. Syst. Evol. Microbiol.*, 60: 239.

Arcuseries scutellum Huang, Chen, Song & Berger, 2014, *Mol. Phylogenet. Evol.*, 70: 345.

　　形态　活体大小 50-75 μm × 20-30 μm，外轮廓通常椭圆形，长、宽比为 2：1 至 2.5：1，宽、厚比约 3：1；虫体高度柔软易弯曲，遇刺激可略微伸缩。皮层颗粒（也可能是射出体）无色，球形，直径约 1 μm，在虫体背部无规则排布；银染后会观察到长 2-3 μm 的短刺从皮层颗粒射出。细胞质无色至浅灰色，含有一些小颗粒（直径小于 2 μm）和数目众多的食物泡（直径约 5 μm）。约 60（42-90）枚椭球形大核，活体下难以观察；部分个体中可观察到 2 枚小核。

　　运动方式为在基质上较快地不停爬行。

　　口区占据体长的 25%-35%；口围带由 17 或 18 片小膜组成，小膜纤毛长约 8 μm。2 根额前棘毛，位于口围带远端和右缘棘毛列前端之间。口侧膜和口内膜平直或略弯曲，二者几乎平行。1 根口棘毛位于波动膜前端附近。

　　3 根额棘毛粗大；中腹棘毛复合体由 6 或 7 对锯齿状排布的中腹棘毛组成，延伸至虫体近赤道部。通常有 2 根横前棘毛，位于中腹棘毛复合体和横棘毛之间。8 根横棘毛粗壮，"U"形排布。左、右各 1 列缘棘毛，纤毛长约 15 μm；11-17 根左缘棘毛，10-18 根右缘棘毛。

　　3 列背触毛，纵贯整个虫体背部，触毛稀松排布，活体下长约 3 μm。

　　标本采集地　广东惠州近岸水体，温度 25℃，盐度 28.5‰。

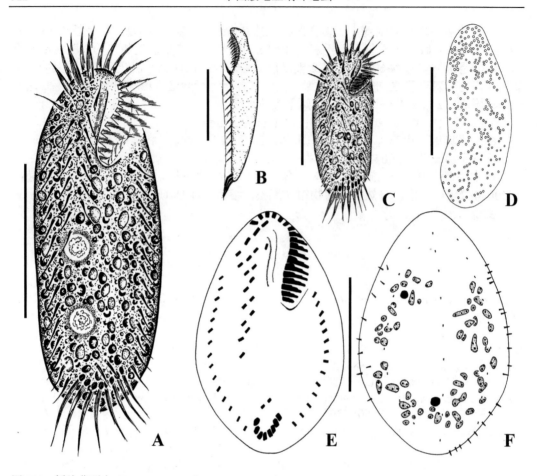

图 170 楯片曲列虫 *Arcuseries scutellum*
A. 典型个体活体腹面观；B. 活体侧面观；C. 不同体形个体活体腹面观；D. 活体背面观，示皮层颗
粒；E，F. 纤毛图式腹面观（E）和背面观（F）
比例尺：25 μm

标本采集日期 2008.06.01。
标本保藏单位 中国海洋大学，海洋生物多样性与进化研究所（编号：
CXR2008060102）；伦敦自然历史博物馆（编号：NHMUK2008:5:13:2）。
生境 海水。

（160）沃伦曲列虫 *Arcuseries warreni* (Song & Wilbert, 1997) Huang, Chen, Song & Berger, 2014 (图 171)

Holosticha warreni Song & Wilbert, 1997b, *Eur. J. Protistol*., 33: 54.
Anteholosticha warreni Berger, 2003, *Eur. J. Protistol*., 39: 377.
Arcuseries warreni Huang, Chen, Song & Berger, 2014, *Mol. Phylogenet. Evol*., 70: 345.

形态　活体大小 80-120 μm × 40-55 μm，宽、厚比约 2∶1；虫体较易碎，尾端明显变窄，左缘"S"形，右缘凸出（中部平直）。皮层颗粒大（直径约 2 μm），椭球形、扁平、中央内凹（形状近似红细胞），在背部松散地排成 3 列；该结构可能是射出体，银染后通常会射出长 8-10 μm 的发状结构。细胞质无色至浅灰色，有时透明，含有数目众多的小球（直径小于 2 μm）。食物泡含有硅藻和其他的微藻。伸缩泡未见。约 50 枚椭球形大核，活体下长 3-5 μm，总是围绕细胞的中心区域排布成环状结构。

运动方式为较慢地爬行于底质上。

口区中等宽度，约占据体长的 1/3；口围带由 26-31 片小膜组成，小膜活体下纤毛长约 15 μm。2 根额前棘毛，位于口围带右端和中腹棘毛复合体之间。口侧膜和口内膜几乎平行，平直或略微相交。1 根口棘毛位于波动膜前端。

3 根额棘毛稍微增大；中腹棘毛复合体由 7-9 对锯齿状排布的中腹棘毛组成。2 或 3 根独立的棘毛位于中腹棘毛复合体和横棘毛之间。10-12 根横棘毛，"U"形排布。左、右各 1 列缘棘毛，二者在虫体尾部明显分开；22-27 根左缘棘毛，21-26 根右缘棘毛。

3 列背触毛，纵贯整个虫体背部；触毛稀疏排布，活体下触毛长约 3 μm。

标本采集地　山东青岛离岸水体，温度 5-13℃，盐度 32‰。

标本采集日期　1995. 11. 12。

标本保藏单位　中国海洋大学，海洋生物多样性与进化研究所（正模，编号：SWB1995111201；副模，编号：SWB1995111202）。

生境　海水。

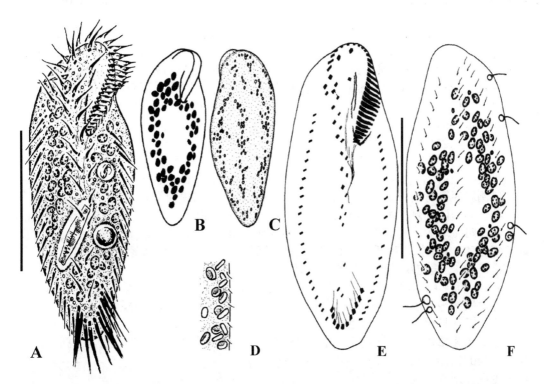

图 171　沃伦曲列虫 *Arcuseries warreni*
A. 典型个体活体腹面观；B. 示大核的分布；C. 皮层颗粒的背面观；D. 虫体侧边缘，示皮层颗粒；E, F. 纤毛图式腹面观（E）和背面观（F）
比例尺：40 μm

73. 尾列虫属 *Caudiholosticha* Berger, 2003

Caudiholosticha Berger, 2003, *Eur. J. Protistol.*, 39: 377.
Type species: *Caudiholosticha stueberi* (Foissner, 1987) Berger, 2003.

尾柱类纤毛虫，具有连续的口围带，最后的口围带小膜不宽于前面的结构；3根额棘毛粗大，单一或多根口棘毛位于口侧膜右侧；具有额前棘毛；中腹棘毛复合体为锯齿状排布的中腹棘毛对；横棘毛的数目明显少于中腹棘毛对的数目；左、右各 1 列缘棘毛；具有尾棘毛；大核位于虫体中线靠左或者散布。

该属全世界记载 14 种，中国记录 1 种。

（161）海洋尾列虫 *Caudiholosticha marina* Li, Chen & Xu, 2016（图 172）

Caudiholosticha marina Li, Chen & Xu, 2016a, *J. Eukaryot. Microbiol.*, 63: 460-470.

形态　活体大小 210-310 μm × 40-55 μm，长、宽比约 5.8：1；虫体呈细长至非常细长的长椭球形，两端钝圆；皮膜厚实、柔软，不可伸缩。虫体背面具有 2 种皮层颗粒：大的直径约 1 μm，密集排布；小的直径约 0.2 μm，松散地排成短列。细胞质无色，由于含有直径 8-15 μm 的食物泡和数目众多的直径约 3 μm 的脂质液滴，虫体中部通常呈深灰色至黑色。伸缩泡未见。大核 10-20 枚，沿着虫体中线分布，长 5-13 μm；2-17 枚小核，卵形至椭球形，直径约 2 μm。

运动方式为在基质上缓慢地不间断爬行。

口区占据体长约 20%，口腔平且窄；口围带连续，由 35-50 片小膜组成，前 1/3 部分的小膜纤毛活体下长约 11 μm，其他部分长约 3 μm。1 或 2 根额前棘毛位于口围带远端。口侧膜轻微弯曲，口内膜未见。单一口棘毛位于口侧膜前端附近。

额区和腹区的棘毛大多数纤毛长约 10 μm，横棘毛纤毛长约 13 μm。稳定具有 3 根额棘毛，略微增大，其后为由 23-37 对锯齿状排布的棘毛组成、延伸至横棘毛处的中腹棘毛复合体；1 根拟口棘毛位于最右的额棘毛后方。具有 5-8 根横棘毛。左、右各 1 列缘棘毛，59-87 根左缘棘毛，54-83 根右缘棘毛。

5-8 列背触毛，纵贯体长，活体下触毛长约 6 μm。稳定具有 2 根较为明显的尾棘毛。

标本采集地　山东青岛近岸水体，温度 18-20℃，盐度 27‰-30‰。

标本采集日期　2014. 04. 28。

标本保藏单位　中国科学院，海洋研究所（正模，编号：LJ14042809-1；副模，编号：LJ14042809-2,3）。

生境　咸水。

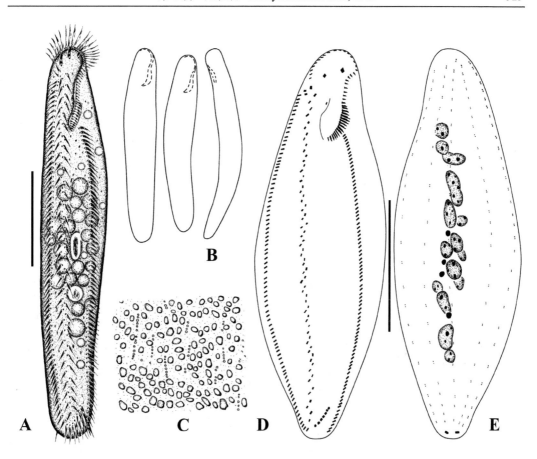

图 172　海洋尾列虫 *Caudiholosticha marina*
A. 典型个体活体腹面观；B. 不同体形的虫体；C. 示背面的皮层颗粒；D，E. 纤毛图式的腹面观（D）和背面观（E）
比例尺：60 μm

74. 双轴虫属 *Diaxonella* Jankowski, 1979

Diaxonella Jankowski, 1979, *Trudy zool. Inst., Leningr.*, 86: 83.
Type species: *Diaxonella trimarginata* Jankowski, 1979.

　　口围带连续，3 根明确分化的额棘毛，具有口棘毛，多于 1 根拟口棘毛；通常 2 根额前棘毛，中腹棘毛复合体为锯齿状排布的中腹棘毛对（无中腹棘毛列），具横棘毛；不少于 2 列左缘棘毛（个体发育时来自共同的原基），1 列右缘棘毛；无尾棘毛。
　　该属全世界记载 2 种，中国记录 1 种。

（162）三缘双轴虫 *Diaxonella trimarginata* Jankowski, 1979 (图 173)

Diaxonella trimarginata Jankowski, 1979, *Trudy zool. Inst., Leningr.*, 86: 83.
Diaxonella trimarginata Shao, Song, Li, Warren & Hu, 2007b, *Acta Protozool.*, 46: 26.

　　形态　活体大小 95-185 μm × 30-50 μm，宽、厚比约 3：2。虫体长椭圆形，两端钝圆；灵活，柔韧易弯曲。腹面和背面均具有 2 种皮层颗粒，仅在高倍放大下观察可辨识：大的草绿色，直径约 0.8 μm，在腹面沿着棘毛列排布，在背面成组、松散地分布；小的酒红色至深酒红色，直径约 0.2 μm，全身松散分布，围绕棘毛和在口区尤其密集。食物泡含有楯纤类纤毛虫和细菌。伸缩泡直径约 20 μm，位于口围带后部，伸缩频繁（间隔约 25 s）。大核 80-140 枚，卵形至椭球形，大小约 14 μm × 4 μm，散布在细胞质里；7-10 枚小核，卵形，长约 5 μm。
　　运动方式为在基质上相对缓慢地爬行，偶尔停下来改变运动方向。

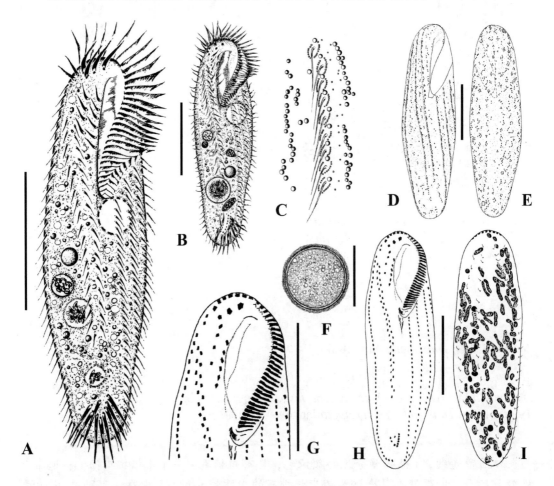

图 173　三缘双轴虫 *Diaxonella trimarginata*
A. 典型个体活体腹面观；B. 不同的虫体个体活体腹面观；C. 示 2 种皮层颗粒的排布；D, E. 皮层颗粒的腹面观（D）和背面观（E）；F. 示胞囊；G. 口区纤毛图式腹面观；H, I. 纤毛图式的腹面观（H）和背面观（I）
比例尺：70 μm

　　口区占据体长约 1/3，口围带由 31-42 片小膜组成，小膜基部长 10-14 μm。通常 2 或 3 根额前棘毛位于口围带远端附近。口侧膜和口内膜几乎等长，后部相交。5-8 根口棘毛排成纵列，靠近口侧膜；3-5 根拟口棘毛组成的短列平行于波动膜。

　　大部分体棘毛相对细弱，活体下纤毛长 8-15 μm。稳定具有 3 根额棘毛，明显粗壮且互相分离。中腹棘毛复合体由 16-29 对锯齿状排布的棘毛组成，延伸至虫体体长约 3/4 处。7-10 根横棘毛 "J" 形排布，纤毛长约 20 μm。具有 4 列左缘棘毛和 1 列右缘棘毛，左缘棘毛列由内而外分别由 24-39 根、17-32 根、10-27 根和 1-16 根棘毛组成，27-51 根右缘棘毛。

　　通常具有 3 列背触毛，纵贯虫体背部，活体下触毛长 3-4 μm。

　　标本采集地　山东青岛淡水池塘，温度 22℃。

　　标本采集日期　2004. 08. 18。

　　标本保藏单位　中国海洋大学，海洋生物多样性与进化研究所（编号：SC2004081801）；伦敦自然历史博物馆（编号：NHMUK2006:4:20:1，2006:4:20:2）。

　　生境　淡水。

75. 全列虫属 *Holosticha* Wrześniowski, 1877

Holosticha Wrześniowski, 1877, *Z. wiss. Zool.*, 29: 278.
Type species: *Holosticha gibba* (Müller, 1786) Wrześniowski, 1877.

　　虫体前端和尾端通常明显较窄；口围带分段化，后段的小膜明显较宽；波动膜短且互相平行；具有 3 根粗壮的额棘毛；口棘毛显著位于波动膜前端；中腹棘毛复合体仅由中腹棘毛对组成；具 2 根额前棘毛；横棘毛的数目等于或略少于中腹棘毛对数；左、右各 1 列缘棘毛，左缘棘毛列前端明显向右弯曲、棘毛排布紧密；无尾棘毛；大核位于虫体右侧或者中部或散布。额-腹-横棘毛原基来自右侧的中腹棘毛，前仔虫口围带基本保留，前仔虫左缘棘毛独立发生。

　　该属全世界记载 6 种，中国记录 2 种。

种检索表

1. 大核 2 枚 ·· 紧缩全列虫 *H. diademata*
　 大核 14-21 枚 ·· 异佛氏全列虫 *H. heterofoissneri*

（163）紧缩全列虫 *Holosticha diademata* (Rees, 1884) Kahl, 1932 （图 174）

Amphisia diademata Rees, 1844, *Tijdschr. ned. dierk. Vereen, Supplement Deel*, I: 650.

Holosticha diademata Kahl, 1932, *Tierwelt Dtl.*, 25: 582.
Holosticha diademata Hu & Song, 1999, *J. Ocean U. China*, 29: 469.

形态 活体大小 80-90 μm × 28-50 μm，虫体活体腹面观呈梭形或长椭圆形，背腹扁平。皮膜较薄，柔软可屈，表膜下颗粒呈中央凹陷的圆饼状，直径 1-2 μm，散布。细胞质透明，含有许多油滴状内储颗粒（直径 4-6 μm）。伸缩泡未见。大核 2 枚，椭球形，活体下 15 μm × 10 μm，位于体中部偏右；小核未见。

运动方式为在基质上爬行。

口区狭窄，约占据体长的 1/3；口围带由相互分离的两部分组成：前部分有 8-13 片纤毛长约 10 μm 的小膜；腹面有 15-18 片小膜，小膜基部长 2-6 μm，由前至后渐长。2 根额前棘毛，在口围带右侧和右缘棘毛列前端之间。口侧膜和口内膜均较短，二者平行排布。单一口棘毛位于波动膜前部，与其相距较远。

3 根额棘毛粗大；中腹棘毛复合体由锯齿状排布的中腹棘毛对组成（共 13-17 根棘毛），一直延伸到虫体后半部，每根纤毛长约 10 μm。6-10 根横棘毛发达，纤毛约长 20 μm，"J" 形排布，其中只有后端几根从虫体后缘伸出。在后端横棘毛附近另具有 2 根细小的腹棘毛。左、右各 1 列缘棘毛，在虫体后端互相分离，纤毛长约 10 μm；8-12 根左缘棘毛，其中 3 根棘毛在前部紧密排列；10-14 根右缘棘毛。

4 列背触毛，触毛长约 3 μm。

标本采集地 山东青岛封闭养殖池，温度 26℃，盐度 27‰。

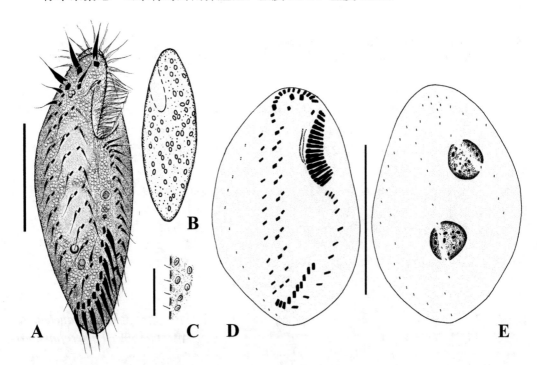

图 174 紧缩全列虫 *Holosticha diademata*
A. 典型个体活体腹面观；B. 活体背面观；C. 示表膜下颗粒和背触毛；D，E. 纤毛图式腹面观（D）和背面观（E）
比例尺：A，D. 40 μm；C. 15 μm

标本采集日期　1995. 11. 18。

标本保藏单位　中国海洋大学，海洋生物多样性与进化研究所（编号：HXZ1995111801）。

生境　海水。

（164）异佛氏全列虫 *Holosticha heterofoissneri* **Hu & Song, 2001**（图 175）

Holosticha heterofoissneri Hu & Song, 2001c, *Hydrobiologia*, 448: 172.
Holosticha heterofoissneri Song, Wilbert & Warren, 2002, *Acta Protozool.*, 41: 159.

形态　活体大小 110-150 μm × 30-60 μm，长、宽比为 3∶1 至 4∶1，宽、厚比约 2∶1；通常呈梭形，两端相对狭窄，前端通常轻微向左弯曲。虫体苗条，柔软易弯曲，遇刺激可略微伸缩；收缩时，虫体左缘较右缘更为凸出。皮膜轻薄，皮层颗粒无色至淡绿色，椭球形，长约 0.8 μm，在虫体背部松散排布，从不聚集成组；当细胞破裂，皮层颗粒会呈现出射出体的样子，变为梨形，末端具有长 1-2 μm 的线状结构。线粒体长约 1.5 μm，聚集成组，在虫体背面组成若干列，高倍放大下观察到在皮膜内十分显著。细胞质无色至浅灰色，总是含有数目众多的内含物颗粒（直径 3-5 μm）。食物泡巨大，经常含有硅藻和鞭毛虫。伸缩泡位于虫体体长后 1/3-2/5 处。14-21 枚大核，卵形，大小约 9 μm × 7 μm，不明显的索状细带将大核连接，形成一个长长的 "U" 形结构；小核 3-5 枚，卵形，直径约 3 μm，靠近大核分布。

运动方式为在基质上不停地爬行，遇到刺激会收缩，短时间保持静止。

口区狭窄，占据体长的 1/3；口围带分段化，41-49 片小膜，远端到达虫体右缘且向后延伸；前部的口围带小膜显著且长（纤毛长约 20 μm）；小膜基部长 8-15 μm，远端的小膜基部明显短于近端的小膜基部。2 根额前棘毛，相对细弱，靠近口围带远端。口侧膜长，与口内膜平行。1 根口棘毛，中等大小，位置明显靠前。

额棘毛和横棘毛粗壮，纤毛长 15-20 μm，其他的棘毛纤毛长 12-15 μm。3 根额棘毛粗大；中腹棘毛复合体起始于额棘毛后方，延伸至靠后的横棘毛处，由 12-15 对锯齿状排布的中腹棘毛组成。12-17 根横棘毛高度发达，排成长列，向前延伸几乎达到虫体体长 1/2 的位置。左、右各 1 列缘棘毛，后部明显分开；19-25 根左缘棘毛，前端明显弯向虫体中央；27-33 根右缘棘毛。

5 列背触毛，纵贯整个虫体背部，触毛长 3-5 μm。

标本采集地　山东青岛近岸养殖水体，温度 5-13℃，盐度 31‰-32‰。

标本采集日期　1995. 03. 31，1997. 10. 28。

标本保藏单位　中国海洋大学，海洋生物多样性与进化研究所（编号：HXZ1995033101；HXZ1997102801）。

生境　海水。

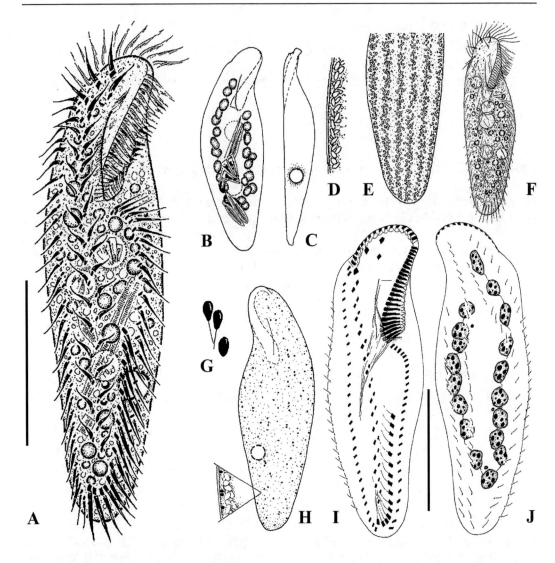

图175   异佛氏全列虫 *Holosticha heterofoissneri*
A. 典型个体活体腹面观；B. 示大核和食物泡的分布；C. 侧面观示伸缩泡；D，E. 背面观示线粒体的分布；F. 厚实个体活体腹面观；G. 示射出体（皮层颗粒）；H. 虫体背面观，示皮层颗粒的分布；I，J. 纤毛图式腹面观（I）和背面观（J）
比例尺：50 μm

第 22 章　拟双棘科 **Parabirojimidae Dai & Xu, 2011**

Parabirojimidae Dai & Xu, 2011, *Int. J. Syst. Evol. Microbiol.*, 61: 1495.

　　海洋尾柱类，口围带大致呈"T"形，分段化，3 根额棘毛粗大，中腹棘毛复合体由中腹棘毛对和中腹棘毛列共同组成，中腹棘毛对仅存在于口区。

　　拟双棘虫属建立时被放入尾柱科内（Hu *et al.*, 2002），形态特征上，它与双棘虫属最为相似，由于缺失额前棘毛和尾棘毛而区别明显；除此之外，双棘虫属具有较少的横棘毛，它们单一地来自额-腹-横棘毛原基（Berger & Foissner, 1989），而拟双棘虫属横棘毛较多且部分横棘毛来自右缘棘毛原基。Berger（2006）将拟双棘虫属归入巴库科。

　　泡毛虫属建立时，由于具有典型的额棘毛和中腹棘毛复合体，个体发育时产生多于 5 列额-腹-横棘毛原基等特征，也被放入尾柱科（Xu *et al.*, 2006）。但是，从形态特征上，拟双棘虫属和泡毛虫属形成 1 独立的分支，以口围带分段化、中腹棘毛对局限在口区、具有 1 列左缘棘毛和至少 2 列右缘棘毛为特点；而中腹棘毛对仅存在于口区这一特点，使它们区别于典型的尾柱类纤毛虫（中腹棘毛对延伸至口后区域）。

　　Lynn（2008）接受了将拟双棘虫属和泡毛虫属归入尾柱科的安排，然而由于尾柱科包含的种类众多，其单元发生性受到了分子系统发生分析的质疑，因此这一安排不能让人信服。

　　几乎同时，基于形态、分子信息及独特的发生模式，Yi 等（2008）为拟双棘虫建立了拟双棘科。在所有的拓扑结构中，拟双棘虫和泡毛虫均形成 1 个清晰的单元发生支，获得了最高的支持率，位于其他腹毛类的基部而远离尾柱科。这一结果很好地对应了这 2 属形态和细胞发生学的高度相似性。

　　在该工作结果发表不久，Dai 和 Xu（2011）报道了 2 泡毛虫新种，并指出 Yi 等（2008）建议的拟双棘科因无形态描述而无效，因此正式建立了拟双棘科，并给出了科的定义。

同时，他们认为形态和分子信息均支持泡毛虫属归入拟双棘科，成为该科内第2属，并修订了科的定义。

该科全世界记载2属，中国记录2属。

属检索表

1. 不少于2列右缘棘毛，虫体表面无表膜泡结构 ················· **拟双棘虫属 *Parabirojimia***
   恒定2列右缘棘毛，虫体表面明显覆盖透明表膜泡 ················· **泡毛虫属 *Tunicothrix***

76. 拟双棘虫属 *Parabirojimia* Hu, Song & Warren, 2002

Parabirojimia Hu, Song & Warren, 2002, *Eur. J. Protistol.*, 38: 352.
Type species: *Parabirojimia similis* Hu, Song & Warren, 2002.

尾柱类群，额棘毛明显特化，无额前棘毛，具口棘毛和横棘毛，具1列左缘棘毛和不少于2列右缘棘毛，无尾棘毛；细胞发生时，缘棘毛来自各列老结构，横棘毛来自额-腹-横棘毛原基和部分右缘棘毛原基。

该属全世界记载2种，中国记录2种。

种检索表

1. 约50枚大核，额区无鼻状凸起 ················· **多核拟双棘虫 *P. multinucleata***
   3-6枚大核，额区具鼻状凸起 ················· **相似拟双棘虫 *P. similis***

（165）多核拟双棘虫 *Parabirojimia multinucleata* Chen, Gao, Song, Al-Rasheid, Warren, Gong & Lin, 2010 (图 176)

Parabirojimia multinucleata Chen, Gao, Song, Al-Rasheid, Warren, Gong & Lin, 2010, *Int. J. Syst. Evol. Microbiol.*, 60: 235.

形态　活体大小约300 μm × 50 μm，长、宽比5∶1至6∶1，宽、厚比约3∶2；虫体柔软，细长带状。虫体前1/4处最宽，向后逐渐变窄。皮膜轻薄且柔韧易弯曲；具有2种皮层颗粒：1种无色且小，直径约0.2 μm，在虫体背部稀疏分布；另1种呈长椭圆形，大小约2 μm × 1.5 μm，灰色，松散分布，数目较少。细胞质透明无色，由于具有食物泡（直径 8-20 μm）和其他内含物（如直径 2-3 μm 的油滴），使得虫体中部呈现深灰色甚至黑色。约 50 枚大核，卵圆形至长椭球形，活体下难以观察到；6-12 枚球形小核，直径约 3 μm。

运动方式为在基质上缓慢爬行不停歇。

口区约占体长的 10%，口围带分段化，右侧末端向后弯曲，在虫体前端右侧边缘形成不明显犁沟状结构；2 段口围带之间具有显著的间隙，前段的小膜明显短于后段；前段小膜纤毛长约 20 μm，后端小膜纤毛明显短；共 46-60 片口围带小膜；口内膜和口侧膜近乎等长，略弯曲，相交；单一口棘毛位于波动膜交叠处。

3 根额棘毛略粗大，纤毛长约 20 μm；后接中腹棘毛对，中腹棘毛复合体由约 5 对中腹棘毛和 1 列中腹棘毛（约 55 根棘毛）组成，延伸至虫体约 65%体长处；6-11 根横棘毛不明显，活体下略伸出虫体后缘。1 列左缘棘毛；5 列右缘棘毛；右缘棘毛由虫体右前方向左后方伸展，左侧 2 或 3 列右缘棘毛后端较短。棘毛均相对细弱，大多数活体下纤毛长约 10 μm；每根棘毛基部由 2 列毛基体构成；横棘毛纤毛长约 15 μm。

3 列背触毛，纵贯整个虫体背部；活体下触毛长约 5 μm。

标本采集地　广东惠州近岸水体，温度 25℃，盐度 28.5‰。

标本采集日期　2008.03.18。

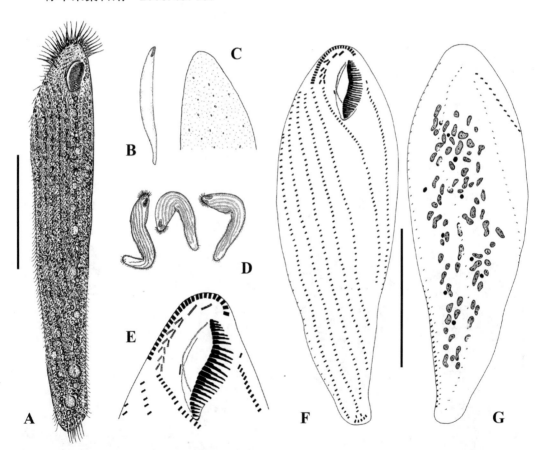

图 176　多核拟双棘虫 *Parabirojimia multinucleata*
A. 典型个体活体腹面观；B. 活体侧面观；C. 背面观，示不规则分布的大皮层颗粒和散布的小皮层颗粒；D. 活体下多变的虫体体形，示细胞高度柔软；E. 虫体前部的腹面纤毛图式；F, G. 纤毛图式腹面观（F）及背面观（G）
比例尺：100 μm

标本保藏单位　　中国海洋大学，海洋生物多样性与进化研究所（正模，编号：CXR2008031801）；伦敦自然历史博物馆（副模，编号：NHMUK2008:5:13:1）。

生境　　海水。

（166）相似拟双棘虫 *Parabirojimia similis* Hu, Song & Warren, 2002 (图 177)

Parabirojimia similis Hu, Song & Warren, 2002, *Eur. J. Protistol.*, 38: 352.

形态　　活体大小 140-300 μm × 30-50 μm，长、宽比 4：1 至 6：1，宽、厚比约 3：2。虫体形状稳定，侧面观为长椭圆形；左、右边缘均轻微凸起，虫体前端钝圆，前 1/3 处最宽，后部变窄。皮膜轻薄且柔韧易弯曲；无皮层颗粒。细胞质低倍放大下观察呈灰色至深灰色，高倍放大下观察无色；通常含有若干直径 2-4 μm 的油滴和形状不规则（长2-3 μm）的黄绿色晶体。3-6 枚大核，卵圆形至长椭球形，活体下长 15-20 μm，位于体中轴偏左；小核 3-8 枚，卵形，直径约 4 μm，与大核毗邻，活体下不可见。

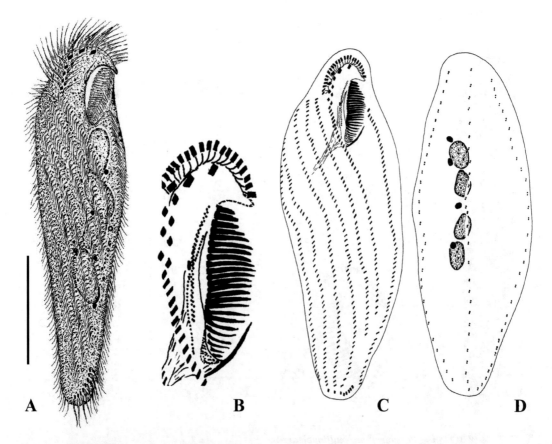

图 177　相似拟双棘虫 *Parabirojimia similis*
A. 典型个体活体腹面观；B. 虫体前部纤毛图式腹面观，示口区结构；C, D. 纤毛图式腹面观（C）及背面观（D）
比例尺：60 μm

运动方式为在基质上相对快速爬行。

口区占体长的 20%-25%，相对无色、透明；口围带分段化，额区具有鼻状凸起，右侧末端向后弯曲，在虫体前端右侧边缘形成不明显犁沟状结构。口围带纤毛活体下长约 20 μm，共 37-54 片口围带小膜；口内膜和口侧膜近乎等长；咽纤维长 30-40 μm，蛋白银染色后明显；单一口棘毛位于口侧膜中部。

恒定 3 根额棘毛，略粗大，后接 3-6 对中腹棘毛（终结于口棘毛附近），随后是 15-56 根棘毛组成的中腹棘毛列（偶尔会有第 2 列较短的中腹棘毛列）；7-10 根横棘毛，活体下略伸出虫体后缘。1 列左缘棘毛；5-8 列右缘棘毛；右缘棘毛由虫体右前方向左后方伸展，右侧 2 或 3 列右缘棘毛前端变短且旋向虫体背部。棘毛均相对细弱，大多数活体下纤毛长 10-12 μm；额棘毛和横棘毛纤毛长约 18 μm。

3 列背触毛，活体下触毛长约 5 μm。

标本采集地　山东青岛近岸养殖池，温度 25℃，盐度 35‰。

标本采集日期　2000. 06. 05 和 2001. 07. 17。

标本保藏单位　中国海洋大学，海洋生物多样性与进化研究所（正模，编号：HXZ2000060501； HXZ2001071701）；伦敦自然历史博物馆（副模，编号：NHMUK2002:5:22:2）。

生境　海水。

77. 泡毛虫属　*Tunicothrix* Xu, Lei & Choi, 2006

Tunicothrix Xu, Lei & Choi, 2006, *J. Eukaryot. Microbiol.*, 53: 491.
Type species: *Tunicothrix rostrata* Xu, Lei & Choi, 2006.

海洋尾柱类，具有显著的表膜皮层结构；口围带分段化；无额前棘毛；具有额棘毛和口棘毛；中腹棘毛对仅分布于口区，随后是中腹棘毛列；具有横棘毛；1 列左缘棘毛，2 列右缘棘毛；无尾棘毛。

该属全世界记载 4 种，中国记录 3 种。

种检索表

1. 多枚大核 ·· 多核泡毛虫 *T. multinucleata*
　2 枚大核 ··· **2**
2. 内侧右缘棘毛列较短，未超过虫体 1/2 ················ 短列泡毛虫 *T. brachysticha*
　内侧右缘棘毛较长，超过虫体 1/2 ···················· 维尔博特泡毛虫 *T. wilberti*

（167）短列泡毛虫　*Tunicothrix brachysticha* Dai & Xu, 2011（图 178）

Tunicothrix brachysticha Dai & Xu, 2011, *Int. J. Syst. Evol. Microbiol.*, 61: 1488.

形态　虫体活体大小 60-110 μm × 25-40 μm，宽、厚比约 3∶1；虫体呈较粗的棍棒状，前 1/4-1/3 处最宽；左前端具不明显的喙状突起将口围带分为两部分。细胞既无弹性也不可伸缩，脆弱易碎。表膜皮层结构显著，几乎透明，活体下厚 3-5 μm，银染后亦可见。细胞质内具有许多直径 2-5 μm 的内含物，遍布整个虫体；背缘具有一些无色的弧形结构，大小为 10-15 μm × 0.8-1 μm。伸缩泡未见。2 枚大核，卵圆形至长椭球形，大小约 13 μm × 6 μm，位于虫体中部；2-4 枚小核靠近大核。

运动速度相对较快，多附于基质爬行，有时围绕沉积物颗粒运动。

口围带约占体长的 28%，明显分段化，呈 "T" 形排布；前段和后段分别由 6-9 片和 14-17 片小膜组成，纤毛长约 13 μm；口围带前段小膜下方有一些嗜染的毛基体形成短棒状结构，但无纤毛着生。口侧膜和口内膜平行；口棘毛位于波动膜中部。

3 根额棘毛粗大；2 或 3 对中腹棘毛呈锯齿状排布，随后为 7-10 根棘毛组成的中腹棘毛列，延伸至虫体体长的 40%处。3 根横棘毛，纤毛长约 15 μm，通常具有 1 根横前棘毛位于横棘毛前方。1 列左缘棘毛，由 17-30 根棘毛组成，起始于口围带后段的中部，至虫体亚尾端结束。2 列右缘棘毛：内侧 1 列具有 16-22 根棘毛，终止于虫体中部；外侧 1 列具有 23-35 根棘毛，延伸至虫体后端。

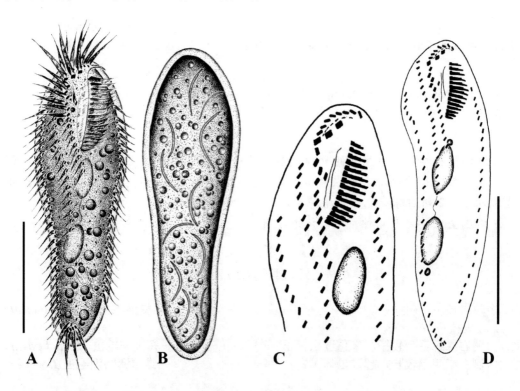

图 178　短列泡毛虫 *Tunicothrix brachysticha*
A，B. 典型个体活体腹面观（A）和背面观（B）；C. 虫体前部腹面纤毛图式，示口区结构；D. 纤毛图式的腹面观
比例尺：30 μm

3 列背触毛，纵贯整个虫体背部。

标本采集地　山东青岛近岸水体，温度 13℃，盐度 29‰。

标本采集日期　2008. 05. 19，2010. 05. 23。

标本保藏单位　中国科学院，海洋研究所（正模，编号：QD-20080519-01）；伦敦自然历史博物馆（副模，编号：NHMUK2010:6:22:1）。

生境　海水。

（168）多核泡毛虫 *Tunicothrix multinucleata* **Dai & Xu, 2011** (图 179)

Tunicothrix multinucleata Dai & Xu, 2011, *Int. J. Syst. Evol. Microbiol.*, 61: 1490.

形态　虫体活体大小 130-250 μm × 25-40 μm，长、宽比约 6：1；棍棒状，前 1/6-1/4 处最宽；左前端具喙状突起。细胞柔软可伸缩。表膜皮层结构显著，3-4 μm 厚。细胞质内具有许多直径 1-2 μm 的内含物，遍布整个虫体；背缘具若干无色的弧形结构，大小为 18-20 μm × 1-1.5 μm。7-10 枚大核，通常呈线性分布；小核 3-5 枚。

运动速度相对较快。

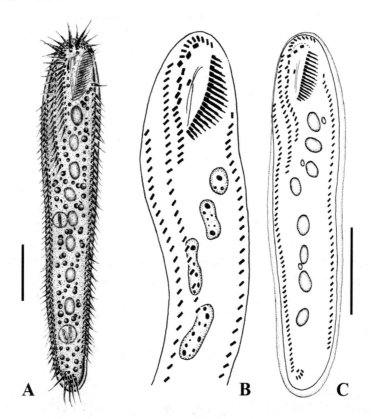

图 179　多核泡毛虫 *Tunicothrix multinucleata*
A. 典型个体活体腹面观；B，C. 纤毛图式的腹面观，示虫体前端（B）和整体（C）
比例尺：30 μm

口围带占体长的 12%-21%，明显分段化；前段由 7-10 片小膜组成，后段由 13-19 片小膜组成；口侧膜和口内膜近乎平行；具 1 根口棘毛。

3 根粗大的额棘毛；3 或 4 对中腹棘毛，随后为 8 或 9 根棘毛组成的中腹棘毛列，延伸至虫体体长的前 1/4 处。具 4 或 5 根横棘毛和 1 根横前棘毛。1 列左缘棘毛，由 38-53 根棘毛组成，延伸至虫体亚尾端。2 列右缘棘毛：内侧 1 列具 20-27 根棘毛，止于虫体前 1/3 处；外侧 1 列具 44-61 根棘毛，止于虫体末端。

具 3 列背触毛。

标本采集地 山东青岛近岸水体，温度 13℃，盐度 29‰。

标本采集日期 2008.05.19，2010.05.03。

标本保藏单位 中国科学院，海洋研究所（正模，编号：QD-20080519-03）；伦敦自然历史博物馆（副模，编号：NHMUK2010:6:22:2）。

生境 海水。

（169）维尔博特泡毛虫 *Tunicothrix wilberti* (Lin & Song, 2004) Xu, Lei & Choi, 2006（图 180）

Erniella wilberti Lin & Song, 2004a, *Acta Protozool.*, 43: 56.

Tunicothrix wilberti Xu, Lei & Choi, 2006, *J. Eukaryot. Microbiol.*, 53: 491.

Tunicothrix wilberti Wang, Hu, Huang, Al-Rasheid & Warren, 2011, *Int. J. Syst. Evol. Microbiol.*, 61: 1744.

形态 虫体活体大小 80-180 μm × 25-70 μm，长、宽比 3：1 至 4：1；背腹扁平，宽、厚比约 5：2；虫体长椭圆形，两端钝圆，前 1/4-1/3 处最宽；左前端具喙状突起。细胞既不柔软，也不可伸缩。表膜皮层结构显著，厚 5-8 μm。皮膜坚实，细胞质无色；细胞质内含许多直径 3-10 μm 的小球，使得细胞中部不透明或呈暗黑色；具有若干无色的弧形结构，长 10-15 μm，松散分布于虫体背部，低倍放大下也明显可见。伸缩泡未见。2 枚大核，卵形至长椭圆形，蛋白银染色后约 20 μm × 10 μm；1-3 枚小核，与大核毗邻，直径约 4 μm。

运动速度相对较快，附于基质爬行；通过短暂而频繁的停歇，切换行进方向。

口围带占体长的 25%-40%，明显分段化：前段由 8-12 片小膜组成，基部长约 3 μm，纤毛长约 15 μm；后段由 16-20 片小膜组成，基部长 4-8 μm。口侧膜长且微微弯曲，口内膜较短，起始于口侧膜中部位置。1 根口棘毛位于口侧膜中部。

3 根粗大的额棘毛；1 或 2 对中腹棘毛呈锯齿状排布，随后为 15-36 根棘毛组成的中腹棘毛列，延伸至虫体体长的后 2/5 处。具 2-5 根横棘毛，纤毛长 12-15 μm，靠近外侧右缘棘毛列的末端；横前棘毛 1 根。1 列左缘棘毛，由 31-36 根棘毛组成，延伸至虫体亚尾端。2 列右缘棘毛：内侧 1 列具有 25-47 根棘毛，终结于虫体亚尾端；外侧 1 列具有 18-39 根棘毛，延伸至虫体末端。

具 3 列背触毛。

标本采集地 山东青岛近岸养殖水体，温度 27℃，盐度 18.5‰。

标本采集日期 2002.08.10。

标本保藏单位 中国海洋大学，海洋生物多样性与进化研究所（正模，编号：LXF2002081001；副模，编号：LXF2002081002）。

生境　咸水。

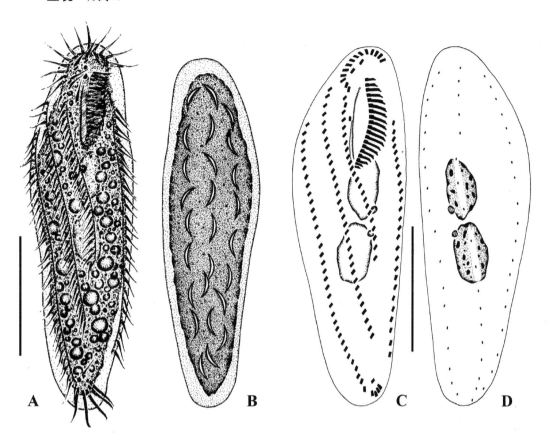

图 180　维尔博特泡毛虫 *Tunicothrix wilberti*
A，B. 典型个体活体腹面观（A）和背面观（B）；C，D. 纤毛图式的腹面观（C）和背面观（D）
比例尺：40 μm

第23章 砂隙科 Psammomitridae Yi, Song, Stoeck, Al-Rasheid, Al-Khedhairy, Gong, Ma & Chen, 2009

Psammomitridae Yi, Song, Stoeck, Al-Rasheid, Al-Khedhairy, Gong, Ma & Chen, 2009, *Zool. J. Linn. Soc.*, 157: 234.

尾柱目类群，虫体具有高度伸缩性，明显三段化（头、躯干、尾）；额棘毛数目不稳定；中腹棘毛复合体仅由中腹棘毛对组成且限制于虫体体长前1/3以内；具有额棘毛、额前棘毛和横棘毛；左、右各1列缘棘毛。目前仅在海水生境发现该类群。

砂隙虫属的纤毛虫形态特征十分特别，且缺乏个体发育和分子信息，长期以来被视为排毛类中的系统位置不明类群。Berger（2006）对其进行系统全面的回顾，将砂隙虫属归入全列科。

基于核糖体小亚基基因和α微管蛋白基因构建系统发育树，Yi等（2009b）重新评估砂隙虫属的系统地位，结果表明：砂隙虫属与全列科具有较近的亲缘关系，的确应该归入尾柱目；但鉴于分子证据和形态特征，砂隙虫属很明显地代表了1个刻画清晰的科级阶元，故建立砂隙科。

该科全世界记载1属，中国记录1属。

78. 砂隙虫属 *Psammomitra* Borror, 1972

Psammomitra Borror, 1972, *J. Protozool.*, 19: 8.
Type species: *Psammomitra retractilis* (Claparède & Lachmann, 1858) Borror, 1972.

虫体3段化（头、躯干、尾）；口围带连续，波动膜短且互相平行；具有口棘毛、额前棘毛和横棘毛；中腹棘毛复合体仅由中腹棘毛对组成；左、右各1列缘棘毛，无尾棘毛。

该属全世界记载 1 种，中国记录 1 种。

（170）收缩砂隙虫 ***Psammomitra retractilis*** **(Claparède & Lachmann, 1858) Borror, 1972**
（图 181）

Oxytricha retractilis Claparède & Lachmann, 1858, *Mém. Inst. natn. Génev.*, 5: 148.
Psammomitra retractilis Borror, 1972, *J. Protozool.*, 19: 15.
Uroleptus retractilis Song & Warren, 1996, *Acta Protozool.*, 35: 228.
Psammomitra retractilis Berger, 2001, *Verlag Helmut Berger*, Salzburg. I-VIII, 62.

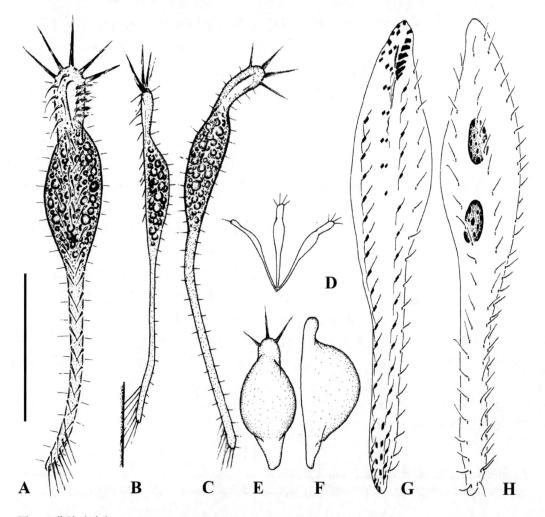

图 181 收缩砂隙虫 *Psammomitra retractilis*
A. 伸展个体活体腹面观；B, C. 用横棘毛附于基质上的伸展个体活体的左侧面观（B）和背面观（C）；
D. 移动的个体；E, F. 收缩个体活体背面观（E）和左侧面观（F）；G, H. 纤毛图式的腹面观（G）
和背面观（H）
比例尺：60 μm

形态　活体大小 140-200 μm × 20-30 μm，伸展的个体可达 300 μm。虫体苗条、易碎，具有高度伸缩性，明显 3 段化（头、躯干、尾）：头占据体长的 1/8-1/5、狭窄，无色，背腹扁平；躯干伸长，占据体长的 1/5-1/3，腹面平直，背部高耸；尾呈长杆状，瘦削、透明，可高度伸缩，完全伸展时可达通常状态下 2 倍长。3-5（通常为 4 或 5）片高度发达的口围带小膜（纤毛长约 20 μm）在虫体前端呈冠状排布。皮膜轻薄，无皮层颗粒；细胞质无色，虫体躯干部分总是充满直径 3-8 μm 的无色小球。虫体内常见硅藻，使躯干呈现绿色或黄棕色。大核 2 枚（大小约 8 μm × 5 μm），位于躯干中央，由于内质丰富，活体下难以观察到；小核未见。

运动方式独特：通常通过横棘毛牢固地附着于基质，虫体前端有时左右弯曲、摇摆，此时虫体尾段可伸展至最长；不被打扰的个体可以保持静止 1-3 min；受刺激后通常快速前后收缩，弹起一段距离；游泳时移动很慢，虫体悬浮在水中，纤毛和棘毛几乎不动。

口围带由 10-12 片小膜组成，小膜纤毛长约 10 μm，远端的 3 或 4 片明显与其他小膜分开。具有 2 或 3 根额前棘毛。咽部纤维银染后显著。口侧膜和口内膜均较短，平行排布。1 根口棘毛位于波动膜前端。

1-3 根额棘毛；中腹棘毛复合体通常由 5 对中腹棘毛组成，延伸至躯干的中部。5-8 根横棘毛呈"U"形排布于虫体尾端，棘毛略粗壮，长约 20 μm，明显伸出虫体边缘。左、右各 1 列缘棘毛：左缘棘毛 18-23 根，右缘棘毛 18-24 根；缘棘毛纤毛长约 10 μm。

4 列背触毛，触毛活体下非常显著，长 5-8 μm，呈针刺状。

标本采集地　山东青岛近岸养殖水体，温度 12-15℃，盐度 32‰。

标本采集日期　1995.03.20。

标本保藏单位　中国海洋大学，海洋生物多样性与进化研究所（编号：SWB1995032001）。

生境　海水。

第24章　伪角毛科 Pseudokeronopsidae Borror & Wicklow, 1983

Pseudokeronopsidae Borror & Wicklow, 1983, *Acta Protozool.*, 22: 123.

尾柱目类群，额棘毛双冠状排布，具有中腹棘毛复合体，无尾棘毛，左、右缘棘毛各1列；具有多枚大核，细胞发生时相互融合；个体发育时，形成多于6列额-腹-横棘毛原基，老的口围带完全更新。目前在海水、淡水、土壤均有发现。

伪角毛科建立时（Borror & Wicklow, 1983），额棘毛双冠状排布和口围带远端向后剧烈弯折是其重要的鉴定特征。Berger（2006）在对伪角毛科进行回顾和修订时，将其鉴定特征补充如下：口围带远端向后剧烈弯折，多根额棘毛双冠状排布，具有中腹棘毛复合体，多于5根横棘毛，无尾棘毛；具有多枚大核，细胞发生时发生融合；个体发育时，形成多于6列额-腹-横棘毛原基，老口围带完全更新。当时，伪角毛科已包含伪角毛虫属和趋角虫属。

本书中，在Berger（2006）的基础上，笔者对伪角毛科的鉴定进行微小的修订，将口围带远端向后剧烈弯折和多于5根横棘毛2个特征去除，理由如下：①在一些非尾柱类纤毛虫中，如盘头目的伪小双虫、排毛目的小双虫和散毛目的伪瘦尾虫等，它们的口围带远端也向后剧烈弯折，暗示这一特征是趋同进化的结果（Berger, 2006），很可能并不适宜作为鉴定特征；②横棘毛的数目，甚至有无横棘毛，有时在种内也有变异（Paiva *et al.*, 2012），极大可能也不是适宜的鉴定特征。依照修订后的科级特征，上述若干属均可放入伪角毛科。

近年来，该科中陆续有多个新属被建立，如下：

偏角毛虫属（Shao *et al.*, 2007a）具有伪角毛科的上述鉴定特征，同时具有自己明显的特点：具有一列口棘毛、中腹棘毛复合体中的每对棘毛显著分开、缘棘毛和背触毛均为独立发生、高度发达的横棘毛呈一长列，因而区分于伪角毛科的其他属。

假列虫属（Li *et al*., 2009b）最初被建立的主要依据是额前棘毛的缺失；但随后发现，是否具有额前棘毛并非该属的重要鉴定特征（Li *et al*., 2015）。因此，额前棘毛的可缺失，就成为该属区别于伪角毛科其他属的特征。

异角毛虫属（Pan *et al*., 2013）不具有横棘毛这一特征，与 Berger（2006）修订的伪角毛科定义略显不符，但因其具有本科的基本特征，因此我们对伪角毛科的定义略作修改；口围带分段化、无额前棘毛、具有中腹棘毛列，可以作为该属区别于科下其他属的重要特征。

偏列虫属（Fan *et al*., 2014a）具有分段化的口围带，形态特征上与假列虫属和异角毛虫属最为相似。但是，偏列虫属稳定地具有额前棘毛、缺失口棘毛，这是它形成独立成属的原因。

反角毛虫属（Fan *et al*., 2014c）与伪角毛虫属最为相似，由于稳定缺失口棘毛而区别。

该科全世界记载 9 属，中国记录 7 属。

属检索表

79. 反角毛虫属 *Antiokeronopsis* Fan, Pan, Huang, Lin, Hu & Warren, 2014

Antiokeronopsis Fan, Pan, Huang, Lin, Hu & Warren, 2014, *J. Eukaryot. Microbiol.*, 61: 460.
Type species: *Antiokeronopsis flava* Fan, Pan, Huang, Lin, Hu & Warren, 2014.

　　伪角毛科种类，口围带连续，额棘毛双冠状排布，无口棘毛，中腹棘毛复合体仅由中腹棘毛对组成；具额前棘毛和横棘毛；左、右各 1 列缘棘毛。
　　该属全世界记载 1 种，中国记录 1 种。

（171）黄色反角毛虫 *Antiokeronopsis flava* Fan, Pan, Huang, Lin, Hu & Warren, 2014 （图 182）

Antiokeronopsis flava Fan, Pan, Huang, Lin, Hu & Warren, 2014, *J. Eukaryot. Microbiol.*, 61: 452.

　　形态　活体大小 130-210 μm × 25-35 μm，长、宽比为 5∶1 至 7∶1，宽、厚比约为 3∶2。虫体特别苗条，细长，高度柔软可弯曲，但无伸缩性。虫体为浅棕色至黄色；皮膜柔软、轻薄，具有 2 种皮层颗粒：一种为亮黄色，球形（直径约 0.7 μm），沿着棘毛列、围绕背触毛成组分布；另一种无色，为双面内凹的椭球形（长约 1.5 μm），密集排布使得细胞呈现暗色、不透明。细胞质内通常具有若干油滴（直径 2-3 μm），位于虫体后部；食物泡未见。伸缩泡直径约 7 μm，位于虫体左缘体长约 75%处，伸缩间隔为 5-10 min。57-93 枚大核，球形至椭球形；5-8 枚小核，球形，散布于细胞中。
　　运动方式为缓慢爬行于基质，虫体折叠或扭曲。
　　口区狭窄，占体长的 1/4-1/3，口围带连续，由 30-42 片小膜组成；口围带远端终结于最右的额棘毛附近，沿虫体右侧明显向后弯折。2 或 3 根额前棘毛，位于右缘棘毛列前端，通常较难辨认。口侧膜较短，与较长的、弯曲的口内膜相交。无口棘毛。
　　4-6 对较粗壮的额棘毛双冠状排布，向额区左侧弯曲。中腹棘毛复合体由 13-26 对锯齿状排布的中腹棘毛组成，终结于横棘毛前约 20 μm 处。1-3 根（通常 2 根）横棘毛位于缘棘毛列之后。左、右各 1 列缘棘毛，左缘棘毛 25-41 根，右缘棘毛 27-43 根；几乎到达虫体末端。
　　3 列背触毛，贯穿虫体；触毛长约 3 μm。无尾棘毛。
　　标本采集地　广东深圳红树林，温度 26℃，盐度 18‰。
　　标本采集日期　2011. 04. 13。
　　标本保藏单位　中国海洋大学，海洋生物多样性与进化研究所（正模，编号：PY2011041304；副模，编号：PY2011041305）；伦敦自然历史博物馆（副模，编号：NHMUK2013.11.22.2）。
　　生境　咸水。

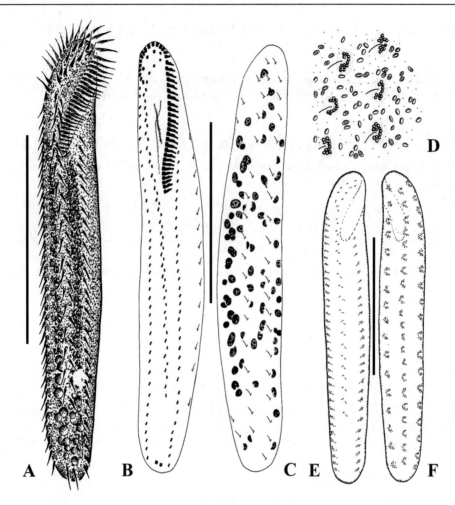

图 182　黄色反角毛虫 *Antiokeronopsis flava*
A. 典型个体活体腹面观；B，C. 纤毛图式腹面观（B）和背面观（C）；D-F. 皮层颗粒腹面观（E）和背面观（D，F）
比例尺：80 μm

80. 偏列虫属 *Apoholosticha* Fan, Chen, Hu, Shao, Al-Rasheid, Al-Farraj & Lin, 2014

Apoholosticha Fan, Chen, Hu, Shao, Al-Rasheid, Al-Farraj & Lin, 2014, *Eur. J. Protistol.*, 50: 79.

Type species: *Apoholosticha sinica* Fan, Chen, Hu, Shao, Al-Rasheid, Al-Farraj & Lin, 2014.

尾柱类，口围带分段化，额棘毛不显著地双冠状排布，无口棘毛；中腹棘毛复合体仅由中腹棘毛对组成；具额前棘毛和横棘毛；左、右各 1 列缘棘毛；无尾棘毛。

该属全世界记载 2 种，中国记录 1 种。

（172）中华偏列虫 *Apoholosticha sinica* **Fan, Chen, Hu, Shao, Al-Rasheid, Al-Farraj & Lin, 2014**（图 183）

Apoholosticha sinica Fan, Chen, Hu, Shao, Al-Rasheid, Al-Farraj & Lin, 2014, *Eur. J. Protistol.*, 50: 80.

形态　活体大小 180-300 μm × 30-50 μm，宽、厚比约为 2：1。虫体长椭圆形，细长苗条，两端钝圆，左、右边缘平行；腹面轻微不平，具有 3 纵向沟壑，分别沿着左、右缘棘毛列和中腹棘毛列分布。虫体高度柔软，可弯曲，但无伸缩性。虫体浅棕色，皮膜轻薄柔软，具有 2 种皮层颗粒：小的亮橙色，球形（直径约 0.5 μm），在虫体前部围绕背触毛成组排布；大的无色，不规则椭球形（直径约 1.5 μm），密集排布使细胞呈暗色、

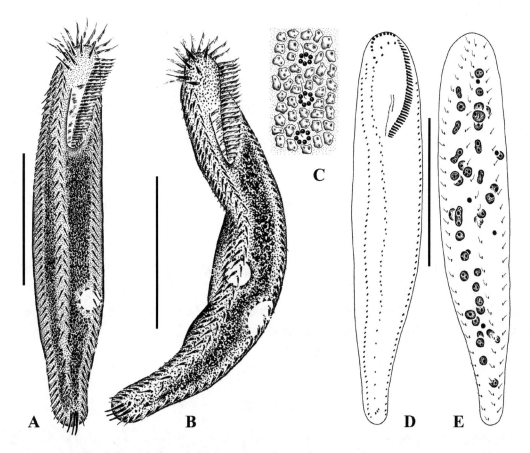

图 183　中华偏列虫 *Apoholosticha sinica*
A. 典型个体活体腹面观；B. 扭曲的虫体活体腹面观；C. 示背面的皮层颗粒；D，E. 纤毛图式腹面观（D）和背面观（E）
比例尺：80 μm

不透明。细胞质无色，通常含有若干油滴（直径约 3 μm）；食物泡内含硅藻和细菌。伸缩泡直径约 10 μm，位于虫体左缘、体长约 66% 处，具有 2 根收集管，伸缩间隔为 5-10 min。26-58 枚大核，球形至椭球形；3-9 枚小核，球形，散布于细胞中。

运动方式为绕体纵轴旋转，游动；间歇性地缓慢爬行于基质，虫体折叠或扭曲。

口围带延伸至虫体体长 1/4-1/3 处，明显分段化，分别由 8-12 片和 25-41 片小膜组成。口围带远端终结于最右的额棘毛，轻微向后弯折。2-5 根额前棘毛，位于口围带远端和右缘棘毛前端之间。口侧膜较短，大约是口内膜的 1/2。无口棘毛。

6 根明显较为粗壮的额棘毛，通常 4 前 2 后，呈不显著的双冠状排布。中腹棘毛复合体由 22-36 对锯齿状排布的中腹棘毛组成，最后 1 对中腹棘毛通常包含 3 根棘毛。2-4 根横棘毛靠近中腹棘毛复合体后部。左、右各 1 列缘棘毛，左缘棘毛 43-68 根，右缘棘毛 45-71 根；几乎到达虫体末端。

3 列背触毛，贯穿虫体。

标本采集地　广东深圳红树林，温度 27.8℃，盐度 5.6‰。

标本采集日期　2011.04.13。

标本保藏单位　中国海洋大学，海洋生物多样性与进化研究所（正模，编号：PY2011041303；副模，编号：PY2011041304）。

生境　咸水。

81. 偏角毛虫属 *Apokeronopsis* Shao, Hu, Warren, Al-Rasheid, Al-Quraishy & Song, 2007

Apokeronopsis Shao, Hu, Warren, Al-Rasheid, Al-Quraishy & Song, 2007a, *J. Eukaryot. Microbiol.*, 54: 397.

Type species: *Apokeronopsis crassa* (Claparède & Lachmann, 1858) Shao, Hu, Warren, Al-Rasheid, Al-Quraishy & Song, 2007.

伪角毛科种类，口围带连续，额棘毛双冠状排布，不少于 2 根口棘毛排成短列，具额前棘毛；中腹棘毛复合体仅由中腹棘毛对组成，每对棘毛显著分离，不按照典型的锯齿状排布；横棘毛数目众多；左、右各 1 列缘棘毛；无尾棘毛。个体发育时，多枚大核聚为多个融合体，缘棘毛和背触毛远生型发生。

该属全世界记载 6 种，中国记录 5 种。

种检索表

1. 横棘毛排成 1 短列 ·· **2**
   　横棘毛排成平行于中腹棘毛复合体的 1 长列且至少延伸至虫体中部 ·········· **4**
2. 多于 8 根口棘毛且多于 70 片口围带小膜 ···················· 博格偏角毛虫 *A. bergeri*
   　少于 8 根口棘毛且多于 70 片口围带小膜 ·· **3**
3. 虫体卵圆形，大皮层颗粒绿色至黄绿色 ···················· 卵圆偏角毛虫 *A. ovalis*

　　虫体细长，后端窄，大皮层颗粒无色或朱红色 ·················· **中华偏角毛虫 *A. sinica***

4. 红细胞状的皮层颗粒松散地全身分布 ····················· **厚偏角毛虫 *A. crassa***

　　红细胞状的皮层颗粒腹面 3 列、背面 2 列分布 ·················· **怀特偏角毛虫 *A. wrighti***

（173）博格偏角毛虫 *Apokeronopsis bergeri* Li, Song, Warren, Al-Rasheid, Roberts, Yi, Al-Farraj & Hu, 2008（图 184）

Apokeronopsis bergeri Li, Song, Warren, Al-Rasheid, Roberts, Yi, Al-Farraj & Hu, 2008c, *Eur. J. Protistol.*, 44: 209.

　　形态　活体大小 150-400 μm × 70-90 μm，宽、厚比约 2∶1。虫体细长、梭形，两端钝圆；明显柔软可弯曲，略具伸缩性。低倍放大下观察，细胞呈现棕色至深棕色；高倍放大下观察，虫体为黄棕色。具有 2 种皮层颗粒：小的直径约 0.2 μm，无色，排成纵列，均匀分布在虫体表面；大的直径约 2 μm，双面内凹（状如哺乳动物的红细胞），黄棕色至黄绿色，密集排布，不成组。细胞质无色，不透明，含有数目众多的反光小球。

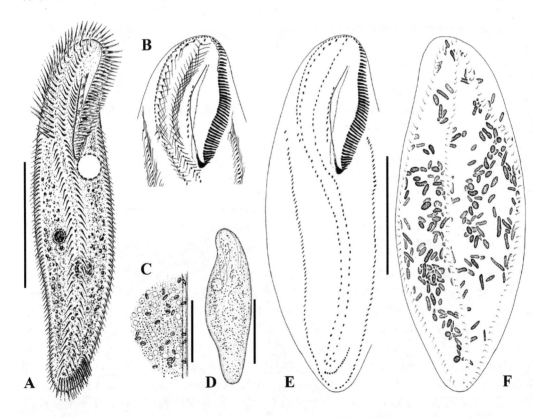

图 184　博格偏角毛虫 *Apokeronopsis bergeri*
A. 典型个体活体腹面观；B. 虫体前部纤毛图式腹面观；C. 示皮层颗粒细节；D. 虫体活体背面观，示皮层颗粒的分布；E，F. 纤毛图式腹面观（E）和背面观（F）
比例尺：A，E，F. 120 μm；C. 20 μm

伸缩泡较少伸缩，位于虫体左缘、体长前 1/4-1/3 处。150-200 枚大核，卵形至长椭球形，散布于细胞质中；小核未见。

运动方式为缓慢地在基质上不停爬行。

口区狭窄，约占体长的 1/3；口围带在虫体前端弯折至虫体右缘；具 72-93 片小膜，小膜基部最长可达 20 μm，远端的小膜明显短于中间部分的小膜。1-3 根额前棘毛，位于口围带远端后方。口侧膜和口内膜几乎等长，二者相交；口侧膜厚于口内膜。9-13 根口棘毛排成 1 长列，贴近口侧膜。

大部分棘毛相对细弱，纤毛长约 15 μm。约 40 根稍微增大的额棘毛，双冠状排布，仅在少数个体与中腹棘毛复合体之间有不显著的间隔。中腹棘毛复合体由不典型的中腹棘毛对（或 2 分离的中腹棘毛列）组成：左列中腹棘毛具 26-43 根棘毛，右列中腹棘毛具 28-48 根棘毛。13-22 根横棘毛，密集排布呈"J"形，位于虫体后缘，活体下纤毛长约 20 μm。左、右各 1 列缘棘毛，棘毛紧密排布，二者几乎在后部汇合。左缘棘毛 44-70 根；右缘棘毛 28-48 根，起始于口围带近端附近。

3 列背触毛，贯穿虫体；每列约 50 根触毛，活体下触毛长约 3 μm。

标本采集地 山东青岛近岸养殖池，温度 20℃，盐度 30‰。

标本采集日期 2005.08.01。

标本保藏单位 伦敦自然历史博物馆（正模，编号：NHMUK2007:5:14:1）；中国海洋大学，海洋生物多样性与进化研究所（副模，编号：LLQ2005080101）。

生境 海水。

（174）厚偏角毛虫 *Apokeronopsis crassa* (Claparède & Lachmann, 1858) Shao, Hu, Warren, Al-Rasheid, Al-Quraishy & Song, 2007 (图 185)

Oxytricha crassa Claparède & Lachmann, 1858, *Mém. Inst. natn. Genèv.*, 5: 147.
Pseudokeronopsis qingdaoensis Hu & Song, 2000, *Acta Zootaxon. Sin.*, 25: 364.
Pseudokeronopsis qingdaoensis Song, Wilbert & Hu, 2004b, *Cah. Biol. Mar.*, 45: 335.
Thigmokeronopsis crassa Berger, 2006, *Monogr. Biol.*, 85: 873.
Apokeronopsis crassa Shao, Hu, Warren, Al-Rasheid, Al-Quraishy & Song, 2007a, *J. Eukaryot. Microbiol.*, 54: 392.

形态 活体大小 150-300 μm × 40-70 μm，长、宽比为 4：1 至 5：1，宽、厚比约 2：1。虫体长椭圆形，柔软可弯曲，具高度伸缩性。具 2 种皮层颗粒：小的直径约 0.2 μm，无色至灰色，椭球形，在虫体腹面密集、无规则分布，在口区沿着棘毛列形成斑块，在虫体背部松散、均匀地分布；大的细胞状，直径约 2 μm，宽、厚比约 3：1，红棕色至暗棕色，松散分布，不成组，不影响虫体体色。细胞质无色，不透明，由于食物泡和其他颗粒的存在，中央通常呈暗灰色甚至黑色，含有数目众多的反光小球（直径 2-5 μm）。食物泡通常充满硅藻。伸缩泡较少伸缩（间隔超过 5 min），位于虫体左缘、体长前 1/4-1/3 处。超过 100 枚甚至 200 枚大核，卵形至长椭球形，散布于细胞质中，活体下难以观察到；若干枚小核卵形；直径约 3 μm。

运动方式为缓慢地在基质上不停爬行，虫体明显扭曲、弯折。

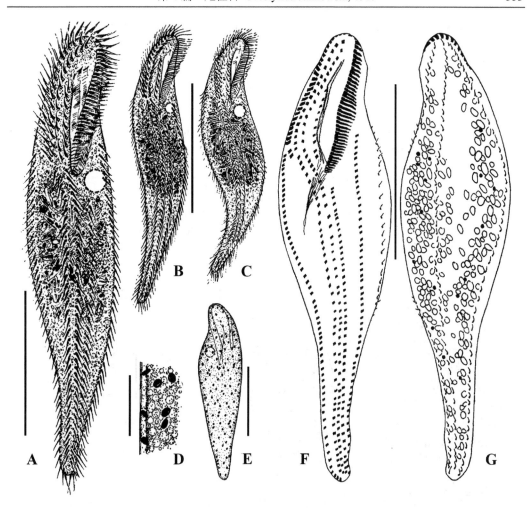

图 185　厚偏角毛虫 *Apokeronopsis crassa*
A. 典型个体活体腹面观；B，C. 不同体形个体活体腹面观；D. 示皮层颗粒细节；E. 虫体活体背面观，
示皮层颗粒的分布；F，G. 纤毛图式腹面观（F）和背面观（G）
比例尺：A，E，F. 100 μm；D. 10 μm

　　口围带在虫体前端强烈弯折至虫体右缘近胞口处；具 62-79 片小膜，小膜基部长
6-10 μm。多数为 2 根额前棘毛，位于口围带远端附近。口侧膜和口内膜几乎等长，二
者平行；口侧膜明显厚于口内膜。8-13 根口棘毛排成 1 长列，贴近口侧膜。
　　大部分棘毛相对细弱，纤毛长 10-15 μm。约 30 根稍微增大的额棘毛，双冠状排布，
有时与中腹棘毛复合体之间有不显著的间隔。中腹棘毛复合体由不典型的中腹棘毛对
（或 2 分离的中腹棘毛列）组成：左列中腹棘毛具有 41-59 根棘毛，右列中腹棘毛具有
44-63 根棘毛。25-36 根横棘毛排成长列，与中腹棘毛复合体平行，向前延伸至胞口附近。
左、右各 1 列缘棘毛，棘毛紧密排布，二者在后部明显分开。左缘棘毛 42-61 根；右缘
棘毛 44-62 根，起始于口围带近端附近。
　　3 列背触毛，贯穿虫体；每列约 50 根触毛，活体下触毛长 2-3 μm。
　　标本采集地　山东青岛近岸养殖水体，温度 28℃，盐度 33‰。
　　标本采集日期　2000.09.23。

标本保藏单位 中国海洋大学,海洋生物多样性与进化研究所(编号:SWB2000092301)。
生境 海水。

(175)卵圆偏角毛虫 *Apokeronopsis ovalis* **(Kahl, 1932) Shao, Miao, Li, Song, Al-Rasheid, Al-Quraishy & Al-Farraj, 2008**(图 186,图 187)

Holosticha (*Keronopsis*) *ovalis* Kahl, 1932, *Tierwelt Dtl.*, 25: 575.
Keronopsis arenivorus Dragesco, 1954, *Bull. Soc. zool. Fr.*, 79: 69.
Pseudokeronopsis ovalis Berger, 2006, *Monogr. Biol.*, 85: 968.
Apokeronopsis ovalis Shao, Miao, Li, Song, Al-Rasheid, Al-Quraishy & Al-Farraj, 2008a,
    Acta Protozool., 47: 364.

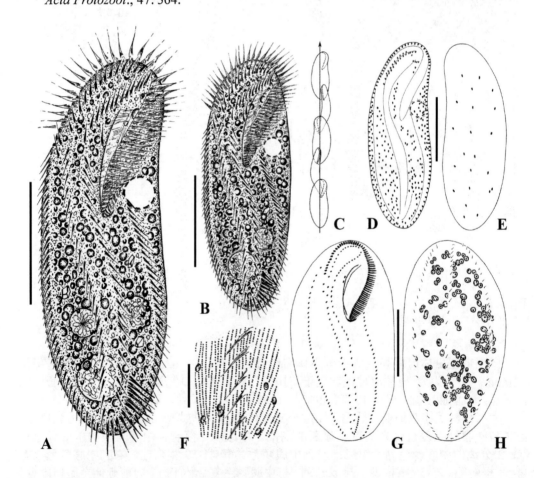

图 186 卵圆偏角毛虫 *Apokeronopsis ovalis*(种群 I)
A. 典型个体活体腹面观;B. 不同体形个体活体腹面观;C. 示虫体游动的状态;D,E. 较大皮层颗粒在虫体腹面(D)和背面(E)的分布;F. 虫体活体腹面观,示大小皮层颗粒的分布;G,H. 纤毛图式腹面观(G)和背面观(H)
比例尺:A,B,D,G. 50 μm;F. 20 μm

形态　活体大小 150-200 μm × 60-80 μm，宽、厚比约 2：1。虫体卵形至椭圆形，两端宽且钝圆，左、右边缘近乎平行；略具伸缩性，对刺激不敏感。皮膜柔软，轻薄；具有 2 种皮层颗粒：小的直径约 0.5 μm，暗灰色，在虫体腹面和背面排成不规则的列；大的双面内凹，轮廓为卵形或圆形，直径约 3 μm，绿色至黄绿色，在腹面棘毛列之间密集排布，在背面鲜有（种群 I）或密集（种群 II）排布。由于皮层颗粒的存在，虫体在低倍放大下观察呈现棕色至暗棕色。活体观察时，在虫体边缘常发现一些垂直于皮膜的短棒状皮层颗粒，一般认为是较大皮层颗粒的侧面观。细胞质无色至灰色，通常含有直径约 2 μm 的油滴。若干食物泡直径可达 25 μm，通常含有小的纤毛虫和细菌。伸缩泡直径约 20 μm，位于虫体左缘、体长前 1/3-2/5 处，伸缩间隔约 20 min。约 100 枚（77-132）大核，卵形至长椭球形，散布于细胞质中。

运动方式为缓慢地在基质上不停爬行；较少游动，游动时绕体纵轴旋转。

口围带约占据体长的 45%，在虫体前端弯折至右边；由 43-65 片小膜组成。恒定 2 根额前棘毛，位于口围带远端附近，难以辨识。口侧膜和口内膜几乎等长，二者相交。1-5（种群 I 约 2，种群 II 约 4）根口棘毛排成列，贴近口侧膜。

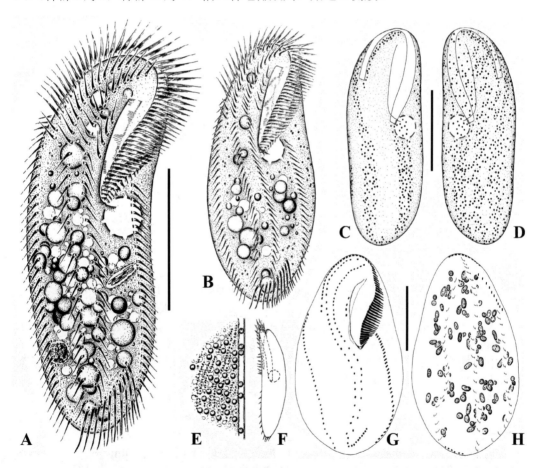

图 187　卵圆偏角毛虫 *Apokeronopsis ovalis*（种群 II）
A. 典型个体活体腹面观；B. 不同体形个体活体腹面观；C, D. 皮层颗粒在腹面（C）和背面（D）的分布；E. 虫体活体腹面观，示大小皮层颗粒的分布；F. 虫体活体侧面观；G, H. 纤毛图式腹面观（G）和背面观（H）
比例尺：50 μm

大部分体棘毛相对细弱，纤毛长约 15 μm。约 30 根稍微增大的额棘毛，双冠状排布，有时与中腹棘毛复合体之间有不显著的间隔。中腹棘毛复合体由不典型的中腹棘毛对，即 2 列平行且相对分离的中腹棘毛组成：左列中腹棘毛具有 16-28 根棘毛，右列中腹棘毛具有 16-29 根棘毛；二者延伸至虫体后端。8-16 根横棘毛，纤毛长约 20 μm，密集排布呈 "J" 形位于虫体末端。左、右各 1 列缘棘毛，二者在后部明显分开；左缘棘毛 24-43 根，起始于胞口的位置；右缘棘毛 30-56 根，起始于口围带远端附近。

通常 3 列背触毛，贯穿虫体；每列约 30 根触毛，活体下触毛长 2-3 μm。

标本采集地　山东青岛近岸水体，温度 18-19℃，盐度 30‰-31‰。

标本采集日期　2005.08.01，2005.09.15。

标本保藏单位　中国海洋大学，海洋生物多样性与进化研究所（种群 I，编号：SC2005080101；种群 II，编号：LL2005091501）。

生境　海水。

（176）中华偏角毛虫 *Apokeronopsis sinica* Liu, Li, Gao, Shao, Gong, Lin, Liu & Song, 2009（图 188）

Apokeronopsis sinica Liu, Li, Gao, Shao, Gong, Lin, Liu & Song, 2009, *Zootaxa*, 2005: 58.

形态　活体大小 150-200 μm × 50-65 μm，宽、厚比约 3：2。虫体椭圆形，两端钝圆，后端较窄，在体长前 2/5 处最宽；虫体前部左缘呈耳状，向左边伸出；背部拱起。皮膜柔软，虫体腹面和背面均具有 2 种皮层颗粒：小的无色，直径约 0.2 μm，点状，密集排布成纵列；大的多数无色，少数朱红色，直径约 2 μm，盘状，松散分布。细胞质无色至灰色，内含许多球形内含物。由于皮层颗粒和内含物的存在，使得虫体在低倍放大下观察呈现深棕色，不透明。虫体后部具有若干食物泡，内含硅藻。伸缩泡直径约 15 μm，位于口围带后部。125-180 枚大核，球形至长椭球形，散布于细胞质中。

运动方式为缓慢地在基质上爬行，偶尔暂停；受扰动时急停，保持静止。

口区狭窄，占据虫体体长的 2/5；口围带沿着虫体前缘、在虫体右缘显著向后弯曲，小膜的纤毛长约 20 μm，基部长约 10 μm。2 根额前棘毛位于口围带远端和右缘棘毛前端之间。口侧膜和口内膜弯曲，在后部相交。多数 4（1-6）根口棘毛靠近口侧膜分布。

大部分棘毛相对细弱，纤毛长 10-15 μm。18-29 根额棘毛呈现非典型的双冠状排列：右面约 11 根棘毛沿着虫体前端右边缘弯曲排列，左面约 14 根棘毛排成倾斜的 1 列；有时与中腹棘毛复合体之间有不显著的间隔。中腹棘毛复合体由不典型的 21-32 对中腹棘毛组成，终结于横棘毛前端，每对棘毛明显分开。8-13 根横棘毛密集排成 "J" 形，位于虫体后缘，纤毛长约 20 μm。左、右各 1 列缘棘毛，棘毛紧密排布，二者在后部几乎汇合；左缘棘毛 19-35 根，起始于胞口位置；右缘棘毛 26-46 根。棘毛基部具有大量嗜染纤维。

3 列背触毛，贯穿虫体；每列约 30 根触毛，活体下触毛长约 4 μm。

标本采集地　香港近岸水体，温度 24℃，盐度 33‰。

标本采集日期　2007.11.28。

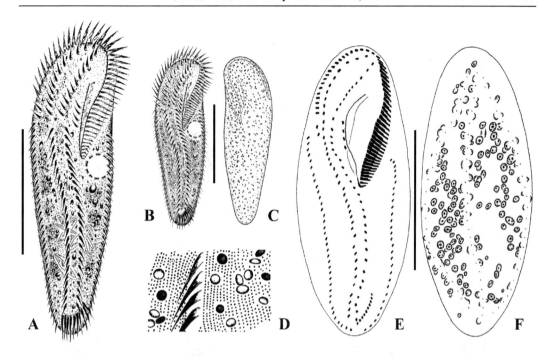

图 188　中华偏角毛虫 *Apokeronopsis sinica*
A，B. 典型个体活体腹面观；C. 背面观，示松散排布的大皮层颗粒；D. 示皮层颗粒细节；E，F. 纤毛图式腹面观（E）和背面观（F）
比例尺：80 μm

标本保藏单位　华南师范大学，生命科学学院（正模，编号：LWW2007112801；副模，编号：LWW2007112802）。
　　生境　海水。

（177）怀特偏角毛虫 *Apokeronopsis wrighti* Long, Liu, Liu, Miao, Hu, Lin & Song, 2008（图 189）

Apokeronopsis wrighti Long, Liu, Liu, Miao, Hu, Lin & Song, 2008, *J. Eukaryot. Microbiol.*, 55: 322.

　　形态　活体大小 150-230 μm × 35-55 μm；虫体拉长，细胞中部最宽；前端钝圆，后端狭窄。虫体高度柔软，且具有伸缩性。具有 2 种皮层颗粒：1 种相当显著，深红色，外轮廓圆形、红细胞状、直径约 2 μm，粗略地在腹面排成 3 列，在背面排成 2 列；另 1 种数目众多，无色至灰色，点状，直径约 0.2 μm。伸缩泡未见。大核数目众多（161-286枚），卵形至长椭球形，长约 3 μm，散布于细胞质中。
　　运动方式为缓慢地在基质上不停爬行，略微具有趋触性。

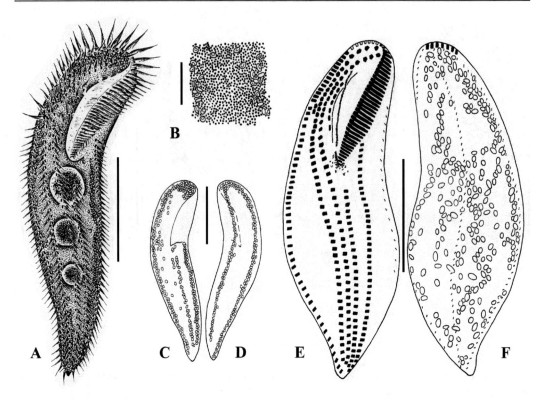

图 189　怀特偏角毛虫 *Apokeronopsis wrighti*
A. 典型个体活体腹面观；B. 示皮层颗粒的排布；C，D. 虫体活体腹面观（C）和背面观（D），示红细胞状皮层颗粒的排布模式；E，F. 纤毛图式腹面观（E）和背面观（F）
比例尺：A，C，E. 60 μm；B. 10 μm

　　口区占据虫体体长约 1/3；口围带沿着虫体前缘、在虫体右缘显著向后弯曲至胞口的位置，由 44-61 片小膜组成，小膜基部长 6-10 μm。通常 2 根额前棘毛位于口围带远端附近，难以观察到。口侧膜和口内膜等长，在前部 1/3 处相交。6-8 根口棘毛排成列，沿着口侧膜分布。

　　大部分体棘毛相对细弱，纤毛长约 15 μm。约 30 根额棘毛略粗大，呈双冠状排布，左列 13-22 根棘毛，右列 11-17 根棘毛；有时与中腹棘毛复合体之间有不显著的间隔。中腹棘毛复合体由不典型的中腹棘毛对组成，终止于虫体后端，每对棘毛明显分开，之间有纤维相连；左列 23-32 根棘毛，右列 23-35 根棘毛。21-30 根横棘毛排成 1 列，向前延伸至虫体中部。左、右各 1 列缘棘毛，棘毛紧密排布；左缘棘毛 30-42 根，起始于胞口位置；右缘棘毛 32-43 根，起始于口围带远端附近。

　　3 列背触毛，贯穿虫体；触毛密集排布，活体下长 2-3 μm。

　　标本采集地　香港近岸水体，温度 24℃，盐度 33.5‰。

　　标本采集日期　2007. 09. 12.

　　标本保藏单位　华南师范大学，生命科学学院（正模，编号：LH2007091201；副模，编号：LH2007091202）。

　　生境　海水。

82. 异角毛虫属 *Heterokeronopsis* Pan, Li, Li, Hu, Al-Rasheid & Warren, 2013

Heterokeronopsis Pan, Li, Li, Hu, Al-Rasheid & Warren, 2013, *Eur. J. Protistol.*, 49: 299.
Type species: *Heterokeronopsis pulchra* Pan, Li, Li, Hu, Al-Rasheid & Warren, 2013.

　　伪角毛科种类，口围带分段化，口侧膜明显短，额棘毛不显著地双冠状排布，口棘毛存在；中腹棘毛复合体由中腹棘毛对和中腹棘毛列共同组成；左、右各 1 列缘棘毛；额前棘毛、横棘毛和尾棘毛均缺失。

　　该属全世界记载 1 种，中国记录 1 种。

（178）美丽异角毛虫 *Heterokeronopsis pulchra* Pan, Li, Li, Hu, Al-Rasheid & Warren, 2013 (图 190)

Heterokeronopsis pulchra Pan, Li, Li, Hu, Al-Rasheid & Warren, 2013, *Eur. J. Protistol.*, 49: 299.

　　形态　活体大小 150-250 μm × 30-45 μm，长、宽比为 4∶1 至 6∶1，宽、厚比约 3∶2。虫体细长，两端明显窄，腹面中部具有一个明显的纵向沟壑；高度柔软，可弯曲，但无伸缩性。具有 2 种皮层颗粒：大的（疑似线粒体）无色，长约 2 μm，密集排布在细胞表层；小的浅棕色，圆形（直径约 0.7 μm），总是围绕棘毛和触毛基部成组排布。细胞质无色至灰色，通常含有若干食物泡（直径 3-5 μm）。伸缩泡直径约 10 μm，靠近虫体左缘、中部略靠后的位置，不常伸缩。38-54 枚椭球形大核，散布于细胞质中。3-5 枚球形小核，位于细胞中部靠右的位置。

　　运动方式为缓慢地不停爬行；爬过基质或改变行进方向的时候，虫体会折叠、扭曲。

　　口区狭窄，占据虫体体长的 25%-40%；口围带不明显分段化，分别由 6-11 片活体下长约 12 μm 的小膜和 25-36 片基部长约 8 μm 的小膜组成。无额前棘毛。口内膜由单列毛基体组成；口侧膜明显较短，位于口内膜前端，由锯齿状排布的毛基体组成。单一口棘毛位于波动膜后端。

　　通常 6 根微微增大的额棘毛，活体下纤毛长约 12 μm，排成不显著的双冠状，右前方的 1 根靠近口围带远端。中腹棘毛复合体由 12-21 对锯齿状排布的中腹棘毛和 1 列中腹棘毛（含 5-10 根棘毛）共同组成，一直延伸至虫体后端。无横棘毛。左、右各 1 列缘棘毛，棘毛均密集排布；左缘棘毛 30-43 根，前端起始于口区中部左侧；右缘棘毛 35-52 根，前端起始于口围带远端附近。

　　3 列背触毛，贯穿虫体；触毛活体长约 4 μm。无尾棘毛。

　　标本采集地　广东深圳红树林，温度 26℃，盐度 19‰。

　　标本采集日期　2011. 04. 13。

　　标本保藏单位　中国海洋大学，海洋生物多样性与进化研究所（正模，编号：PY2011041305）；伦敦自然历史博物馆（副模，编号：NHMUK2011.11.13.1）。

　　生境　咸水。

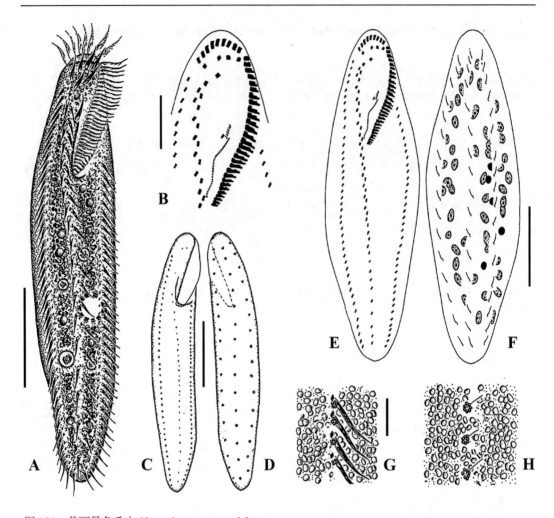

图 190　美丽异角毛虫 *Heterokeronopsis pulchra*
A. 典型个体活体腹面观；B. 口区纤毛图式腹面观；C, D, G, H. 活体腹面观（C, G）和背面观（D, H），示皮层颗粒；E, F. 纤毛图式腹面观（E）和背面观（F）
比例尺：A, C, F. 50 μm；B. 20 μm；G. 10 μm

83. 假列虫属 *Nothoholosticha* Li, Zhang, Hu, Warren, Al-Rasheid, Al-Khedheiry & Song, 2009

Nothoholosticha Li, Zhang, Hu, Warren, Al-Rasheid, Al-Khedheiry & Song, 2009b, *Eur. J. Protistol.*, 45: 238.
Type species: *Nothoholosticha fasciola* (Kahl, 1932) Li, Zhang, Hu, Warren, Al-Rasheid, Al-Khedheiry & Song, 2009.

尾柱类，额棘毛非典型冠状排列，1 根口棘毛；具有或不具有额前棘毛；中腹棘毛复合体绝大部分由中腹棘毛对组成；左、右各 1 列缘棘毛；横棘毛数目少于中腹棘毛对的对数；尾棘毛缺失。

该属全世界记载 3 种，中国记录 2 种，均在北方海域发现。

种检索表

1. 无额前棘毛 ·· 束带假列虫 *N. fasciola*
  有额前棘毛 ·· 黄色假列虫 *N. flava*

（179）束带假列虫 *Nothoholosticha fasciola* (Kahl, 1932) Li, Zhang, Hu, Warren, Al-Rasheid, Al-Khedheiry & Song, 2009（图 191）

Holosticha fasciola Kahl, 1932, *Tierwelt Dtl.*, 25: 578.
Anteholosticha fasciola Berger, 2003, *Eur. J. Protistol.*, 39: 377.
Nothoholosticha fasciola Li, Zhang, Hu, Warren, Al-Rasheid, Al-Khedheiry & Song, 2009b, *Eur. J. Protistol.*, 45: 238.

形态 活体大小 120-400 μm × 25-90 μm，宽、厚比约 2：1。虫体细长苗条，两端钝圆；高度柔软，可弯曲，但无伸缩性。虫体腹面略凹凸，具有 3 纵沟，分别沿着左、右缘棘毛列和中腹棘毛复合体分布。皮膜明显厚实（约 0.8 μm），具有 2 种皮层颗粒：一种亮橙色，球形（直径约 0.8 μm），沿着棘毛列、围绕背触毛聚集成组；另一种无色，椭圆形（约 3 μm × 1.5 μm），双面内凹，密集排布于皮膜下，使得细胞灰暗不透明。细胞后部具有若干无色至灰色的反光小球（直径 3-8 μm）；食物泡未见。伸缩泡直径 8-10 μm，位于虫体左缘、体长后 1/5 处，伸缩间隔很长。60-100 枚卵形至椭球形大核，直径 4-12 μm；1-4 枚卵形小核，直径 4-5 μm。

运动方式为缓慢地不停爬行；爬过基质或改变行进方向时，虫体折叠、扭曲。

口区狭窄，占据虫体体长的 20%-40%；口围带不明显分段化，分别由 12-21 片活体下纤毛长约 15 μm 的小膜和 31-53 片基部长约 8 μm 的小膜组成。无额前棘毛。口内膜和口侧膜均较短且难以分辨，前端起始于口区长度的约 2/3 处。单一口棘毛位于波动膜前 1/3 处。

6 根微微增大的额棘毛，双冠状排布。中腹棘毛复合体由 29-66 对锯齿状排布的中腹棘毛和若干根独立的棘毛共同组成，起始于额棘毛、延伸至亚尾端近横棘毛处，棘毛密集排布，相较于左面的棘毛，右面的棘毛明显更为粗壮。2-7 根横棘毛，纤毛长约 10 μm，靠近右缘棘毛后端。左、右各 1 列缘棘毛，棘毛均密集排布，二者延伸至虫体末端但分离；左缘棘毛 63-120 根，右缘棘毛 71-120 根。

3 列背触毛，贯穿虫体；触毛活体长约 3 μm。

标本采集地 山东青岛近岸养殖水体，温度 10℃，盐度 29‰-31‰。
标本采集日期 2004. 11. 08 和 2007. 09. 10。

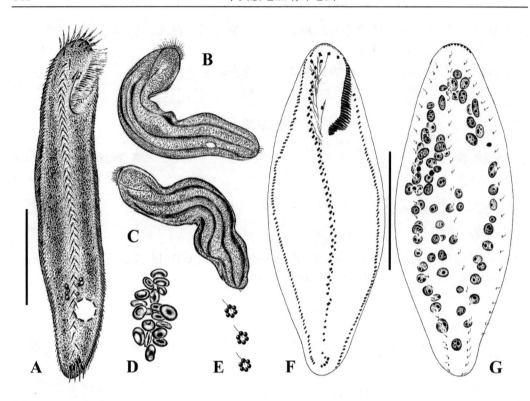

图191 束带假列虫 *Nothoholosticha fasciola*
A. 典型个体活体腹面观；B，C. 活体背面观，示柔软的虫体；D. 示大的、双面内凹的、线粒体状的皮层颗粒；E. 示小的、点状的，围绕背触毛成组分布的皮层颗粒；F，G. 纤毛图式腹面观（F）和背面观（G）
比例尺：100 μm

标本保藏单位 中国海洋大学，海洋生物多样性与进化研究所（编号：LLQ2004110801）；伦敦自然历史博物馆（编号：NHMUK2008:5:17:1）。
生境 海水。

（180）黄色假列虫 *Nothoholosticha flava* Li, Chen & Xu, 2016（图192）

Nothoholosticha flava Li, Chen & Xu, 2016a, *J. Eukaryot. Microbiol.*, 63: 462.

形态 活体大小 240-320 μm × 40-60 μm，长、宽比约 6∶1，宽、厚比约 3∶2。虫体细长椭圆形，两端钝圆；柔软，可弯曲，但无伸缩性。虫体黄色至棕色，具有 2 种皮层颗粒：小的橙色，球形（直径约 0.5 μm），通常围绕腹面和背面的纤毛器分布，部分无规则散布于皮膜；大的无色，椭球形（非红细胞状），长约 2 μm，密集排布。细胞质黄色至暗色，通常含有球形油滴（直径约 3 μm）和直径 10-15 μm 的食物泡（内含硅藻）。伸缩泡位于虫体体长约 75%处。47-84 枚球形至卵形大核，长 7-14 μm，散布于细胞质中；小核未见。

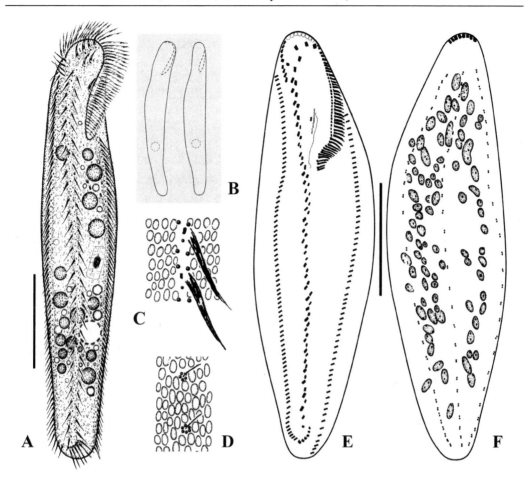

图 192　黄色假列虫 *Nothoholosticha flava*
A. 典型个体活体腹面观；B. 虫体腹面、侧面观；C，D. 活体腹面观（C）和背面观（D），示皮层颗粒；E，F. 纤毛图式腹面观（E）和背面观（F）
比例尺：60 μm

　　运动方式为缓慢地在基质上不停爬行。
　　口区狭窄，口围带占据体长的约 1/5，分段化，分别由 13-18 片活体下纤毛长约 15 μm 的小膜和 36-47 片小膜组成。4 或 5 根额前棘毛位于口围带远端和右缘棘毛之间。口内膜由单列毛基体组成；口侧膜由 2 列毛基体锯齿状排布组成；口侧膜不超过口内膜的 1/2，二者均直。单一口棘毛位于口侧膜中部。
　　6 根额棘毛（前 4 后 2）排成不显著的双冠状。中腹棘毛复合体由 28-54 对锯齿状排布的中腹棘毛和 1 根中腹棘毛共同组成，一直延伸至 5-7 根横棘毛处。左、右各 1 列缘棘毛，左缘棘毛 49-92 根，右缘棘毛 64-99 根。
　　3 列背触毛，贯穿虫体。
　　标本采集地　山东青岛潮间带沉积物，温度 20℃，盐度 27‰。
　　标本采集日期　2014.03.08。
　　标本保藏单位　中国科学院，海洋研究所（正模，编号：LJ2014030801）。
　　生境　咸水。

84. 伪角毛虫属 *Pseudokeronopsis* Borror & Wicklow, 1983

Pseudokeronopsis Borror & Wicklow, 1983, *Acta Protozool.*, 22: 99.
Type species: *Pseudokeronopsis rubra* (Ehrenberg, 1836) Borror & Wicklow, 1983.

海水生或淡水生。口围带连续，额棘毛双冠状排布，口棘毛存在，不少于 2 根额前棘毛；中腹棘毛复合体由中腹棘毛对组成，具有横棘毛；左、右各 1 列缘棘毛，不少于 3 列背触毛，无尾棘毛；许多大核。细胞发生过程中，老的口围带完全被取代。

该属全世界记载 10 种，中国记录 8 种，在北方海域发现 7 种、南方淡水生境发现 1 种。

种检索表

1. 来自淡水生境，大核念珠状 ·················· 相似伪角毛虫 *P. similis*
   来自海水或半咸水生境，大核数目众多 ·························· 2
2. 细胞砖红色、暗红色、橘红色、红色 ····························· 3
   细胞黄色或浅黄色 ··· 7
3. 稳定具有 3 列背触毛 ························ 赤色伪角毛虫 *P. erythrina*
   具有 3 列或多于 3 列背触毛 ····································· 4
4. 具有 5-8 列背触毛 ··· 5
   具有 3-6 列背触毛 ··· 6
5. 46-62 片口围带小膜，5-7 根横棘毛 ·········· 肉色伪角毛虫 *P. carnea*
   64-92 片口围带小膜，7-11 根横棘毛 ······· 拟红色伪角毛虫 *P. pararubra*
6. 6-11 根横棘毛 ······························· 红色伪角毛虫 *P. rubra*
   2-4 根横棘毛 ································· 宋氏伪角毛虫 *P. songi*
7. 3 列背触毛 ·································· 黄色伪角毛虫 *P. flava*
   4 或 5 列背触毛 ···························· 浅黄色伪角毛虫 *P. flavicans*

（181）肉色伪角毛虫 *Pseudokeronopsis carnea* (Cohn, 1866) Wirnsberger, Larsen & Uhlig, 1987 (图 193)

Oxytricha flava Cohn, 1866, *Z. wiss. Zool.*, 16: 288.
Pseudokeronopsis carnea Wirnsberger, Larsen & Uhlig, 1987, *Eur. J. Protistol.*, 23: 79.
Pseudokeronopsis carnea Li, Zhan & Xu, 2017, *J. Eukaryot. Microbiol.*, 64: 855.

形态 活体大小 170-380 μm × 50-90 μm，长、宽比约 3.8：1，宽、厚比约 2：1。虫体无伸缩性，为细窄的长椭圆形，尾端略微呈现带状至钝圆状；在低倍放大下观察呈橘红色。皮膜轻薄，柔软易弯折。具有含色素的皮层颗粒，橘红色：多数为球形（直径约 0.5 μm），花团状围绕腹面和背面的纤毛器排布；部分为椭球形，长约 0.8 μm，皮膜下松散分布。细胞质内含有数目众多的、无色的椭球形颗粒，长约 1 μm，密集排布于皮膜下方；也含有直径约 3 μm 的油脂液滴，以及直径 10-15 μm 的食物泡。通常具有 1 枚伸缩泡，位于虫体体长后 2/5 的位置；约 1/4 的个体具有第 2 枚伸缩泡，位于虫体体长后 1/6 的位置。约 100 枚椭球形大核，长 4-13 μm，散布于细胞质中。

　　运动方式为在基质上缓慢地不停爬行。

　　口围带连续，占据虫体体长约 1/3；由 46-62 片小膜组成，虫体顶端的口围带小膜纤毛长约 15 μm；口腔较窄、楔形。2 根额前棘毛位于口围带远端和右缘棘毛列前端之间。口侧膜约是口内膜 1/2 的长度，二者平直。通常具有 1 根口棘毛，位于口侧膜后 1/3 处；少数个体具有 2 根口棘毛。

　　额棘毛双冠状排布，前排为 5-7 根，后排为 4-6 根。中腹棘毛复合体由 23-34 对锯齿状排布的中腹棘毛组成，后端距离 2 根横前棘毛 10-29 μm。5-7 根横棘毛。左、右各 1 列缘棘毛，左缘棘毛 41-62 根，右缘棘毛 50-69 根。

　　5-8 列背触毛，贯穿虫体。

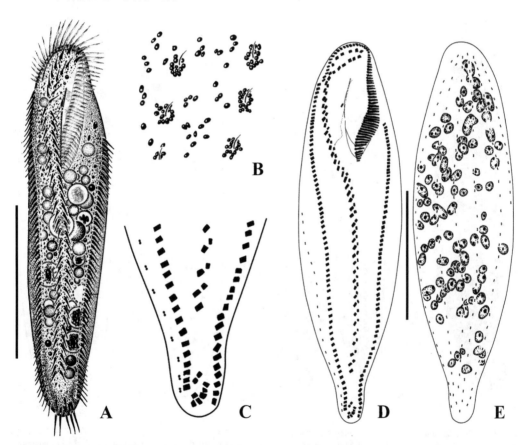

图 193　肉色伪角毛虫 *Pseudokeronopsis carnea*
A. 典型个体活体腹面观；B. 背面观，示皮层颗粒；C-E. 纤毛图式腹面观（C，D）和背面观（E）
比例尺：60 μm

标本采集地　山东青岛潮间带，温度 24℃，盐度 30‰。
标本采集日期　2015.04.09。
标本保藏单位　中国科学院，海洋研究所（编号：LJ2015040902-01,02）。
生境　海水。

（182）赤色伪角毛虫 *Pseudokeronopsis erythrina* Chen, Clamp & Song, 2011 (图 194)

Pseudokeronopsis erythrina Chen, Clamp & Song, 2011a, *Zool. Scr.*, 40: 661.

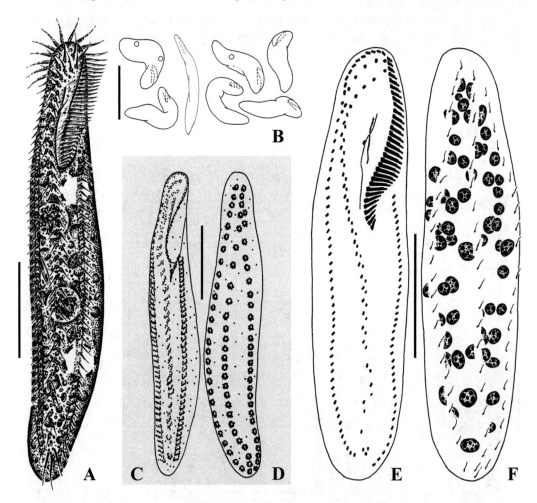

图 194　赤色伪角毛虫 *Pseudokeronopsis erythrina*
A. 典型个体活体腹面观；B. 不同体形的虫体；C, D. 活体腹面观（C）和背面观（D），示皮层颗粒；
E, F. 纤毛图式腹面观（E）和背面观（F）
比例尺：A, C, E. 50 μm；B. 100 μm

形态　活体大小 150-200 μm × 30-40 μm，长、宽比为 4∶1 至 6∶1，宽、厚比为 2∶1 至 3∶2。虫体通常呈细长椭圆形，两端带状；柔软，可弯曲。具有含有色素的皮层颗粒，深红棕色至砖红色，球形（直径约 1 μm），主要在腹面棘毛和背面触毛周围聚集成组排列，一些颗粒随机散布在皮膜表层。细胞质无色，通常含有若干球形油滴（直径 5-7 μm）及内含鞭毛虫、硅藻、小的纤毛虫和细菌的食物泡。通常具有 2 枚伸缩泡，分别位于虫体体长前、后 1/3 处，直径 10-20 μm，每枚具有 2 根不明显的收集管；伸缩间隔相当长，5-10 min。有时只能观察到 1 枚伸缩泡，位于虫体中部或略靠后的位置。多于 50 枚大核，每枚长 5-15 μm；小核未见。

运动方式为缓慢地在基质上爬行，或者绕体纵轴悬游。

口区占据体长大约 1/3，口围带由 36-61 片小膜组成，远端强烈弯曲。2 根额前棘毛，位于口围带远端和右缘棘毛列前端之间。口侧膜短，约为口内膜 1/2 的长度。单一口棘毛，位于口内膜前 1/3 处附近。

8-12 根额棘毛双冠状排布，随后由 19-38 对锯齿状排布的中腹棘毛组成的中腹棘毛复合体衔接，最后 1 对有时含有 3 根棘毛。中腹棘毛复合体和 2-4 根横棘毛之间没有明显的间隔。左、右各 1 列缘棘毛，左缘棘毛 38-57 根，右缘棘毛 41-64 根。

3 列背触毛，贯穿虫体。

标本采集地　广东广州河口，温度 25.2℃，盐度 6.3‰。

标本采集日期　2008. 11. 09。

标本保藏单位　中国海洋大学，海洋生物多样性与进化研究所（正模，编号：CXM2008110906）；伦敦自然历史博物馆（副模，编号：NHMUK2010:11:8:1）。

生境　咸水。

（183）黄色伪角毛虫 *Pseudokeronopsis flava* **(Cohn, 1866) Wirnsberger, Larsen & Uhlig, 1987** (图 195)

Oxytricha flava Cohn, 1866, *Z. wiss. Zool.*, 16: 288.
Pseudokeronopsis flava Wirnsberger, Larsen & Uhlig, 1987, *Eur. J. Protistol.*, 23: 79.
Pseudokeronopsis flava Song, Sun & Ji, 2004a, *J. Mar. Biol. Ass. U. K.*, 84: 1137.
Pseudokeronopsis flava Song, Warren, Roberts, Wilbert, Li, Sun, Hu & Ma, 2006, *Acta Protozool.*, 45: 272.

形态　自然状态下活体体长 200-250 μm，长、宽比约 4∶1；实验室培养的个体，虫体的大小和形状变化大，体长从 120 μm 至大于 400 μm 的个体均有，长、宽比可达 6∶1 至 9∶1。虫体通常苗条，细长椭圆形至长带状，后端略窄，扭曲，左、右边缘几乎平行；背部不平，略隆起；柔软，可弯曲，不可伸缩。细胞颜色稳定，通常在低倍放大下观察呈现黄色至黄棕色，在高倍放大下观察呈浅黄色。皮膜单薄，具有 2 种皮层颗粒：一种是典型的色素颗粒，亮黄色至黄棕色，直径约 0.5 μm，在腹面棘毛附近密集排布成短列，沿棘毛列带状分布，在背面围绕触毛花团状排布；另一种红细胞状，长椭球形，长 1.5-2 μm，数目众多，不聚成组分布。细胞质内含有数目众多的反光小球（直径 3-6 μm），无色或灰色。1 枚伸缩泡位于虫体体长后 1/6-1/4 的位置，较大（直径约 15 μm），易于观察，伸缩间隔约 5 min。约 100 枚大核，大小约 5 μm × 3 μm，细胞质内散布，活体下难以观察；若干小核卵形，较大（直径约 3 μm）。

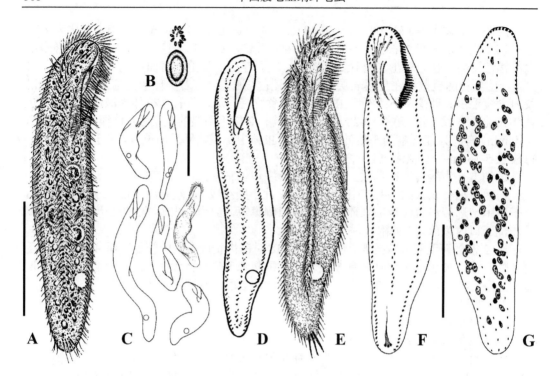

图 195　黄色伪角毛虫 *Pseudokeronopsis flava*
A. 典型个体活体腹面观；B. 皮层颗粒；C. 不同体形的虫体；D, E. 活体腹面观，示皮层颗粒和伸缩泡；F, G. 纤毛图式腹面观（F）和背面观（G）
比例尺：A. 60 μm；C. 100 μm；F. 50 μm

运动方式为在基质上不停爬行，虫体明显扭曲。

口区占据体长的 1/6-1/4，口围带相对不显著，由 43-51 片小膜组成；小膜基部长 6-10 μm，纤毛活体下长约 15 μm；远端延伸至虫体右缘，轻微后弯。2 或 3 根额前棘毛位于口围带远端附近。口侧膜和口内膜近乎等长，平行排布。单一口棘毛，位于波动膜中部略靠后的位置。

几乎所有的体棘毛相对细弱，纤毛长 12-15 μm。8-12 根额棘毛双冠状排布，随后由 24-36 对锯齿状排布的中腹棘毛组成的中腹棘毛复合体衔接。中腹棘毛复合体明显终止于横棘毛上方，二者间隔显著（约 30 μm）。3 或 4 根横棘毛，活体下明显伸出虫体边缘。左、右各 1 列缘棘毛，左缘棘毛 41-57 根，右缘棘毛 43-60 根。

3 列背触毛，贯穿虫体，触毛长 2-3 μm。

标本采集地　广东湛江近岸水体，温度 28℃，盐度 33‰。

标本采集日期　2001.07.24。

标本保藏单位　中国海洋大学，海洋生物多样性与进化研究所（编号：SWB2001072401）。

生境　海水。

（184）浅黄色伪角毛虫 *Pseudokeronopsis flavicans* (Kahl, 1932) Borror & Wicklow, 1983
（图 196）

Keronopsis flavicans Kahl, 1932, *Tierwelt Dtl.*, 25: 574.
Pseudokeronopsis flavicans Borror & Wicklow, 1983, *Acta Protozool.*, 22: 123.
Pseudokeronopsis flavicans Song, Wilbert & Warren, 2002, *Acta Protozool.*, 41: 151.
Pseudokeronopsis flavicans Song, Warren, Roberts, Wilbert, Li, Sun, Hu & Ma, 2006, *Acta Protozool.*, 45: 274.

形态　活体大小 200-300 μm × 40-55 μm，长、宽比为 5∶1 至 6∶1，宽、厚比约 2∶1。虫体通常特别苗条，后端变窄，左、右边缘几乎平行，有时中部膨大；背部略微不平，不规则地凸起；柔软，可弯曲，可轻微伸缩。皮膜柔软且单薄，具有 2 种皮层颗粒：一种纺锤形，长 1-1.5 μm，亮黄棕色，规则地聚集成玫瑰花状围绕着腹面棘毛和背面触毛，因此沿着棘毛列和触毛列带状或线形排布，使虫体呈现亮黄色（另外，一些溶解的色素使虫体在色素颗粒存在之外的区域也呈现黄色）；另一种无色，红细胞状（可能是线粒体），密集排布。细胞质内经常含有数目众多的反光球滴（3-6 μm），无色至浅黄色。食物泡未见。伸缩泡小，位于虫体左缘体长前 1/3-2/5 处。约 100 枚大核，卵形至长椭球形，大小约 5 μm × 3 μm，细胞质内散布，活体下难以观察到；若干枚小核卵形。

运动方式为在基质上爬行，虫体中部扭曲、折叠。

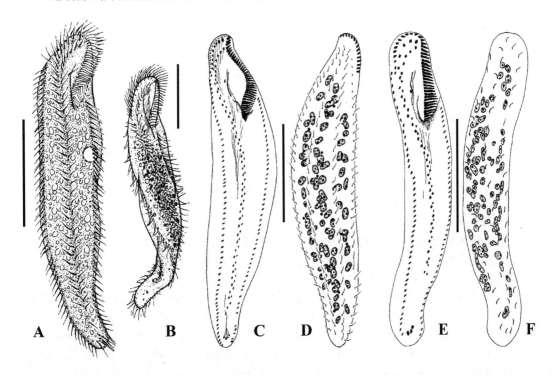

图 196　浅黄色伪角毛虫 *Pseudokeronopsis flavicans*
A，B. 典型个体活体腹面观；C-F. 纤毛图式腹面观（C，E）和背面观（D，F）
比例尺：A，B. 80 μm；C，E. 50 μm

口区狭窄、不明显，占据体长 1/5-1/4；口围带由 46-66 片小膜组成，小膜基部长 8-12 μm，活体下纤毛长约 15 μm；远端延伸至虫体右缘，向后弯曲。2 根额前棘毛，细小以致难以辨认。口侧膜短，与长的口内膜平行排布。咽部纤维银染后长约 50 μm。单一口棘毛细弱，位于口侧膜中点靠后的位置。

几乎所有的棘毛相对细弱。10-18 根额棘毛双冠状排布，弯向虫体左缘。25-40 对锯齿状排布的中腹棘毛组成中腹棘毛复合体，延伸至亚尾端，距离横棘毛约 20 μm；3-6 根细弱的横棘毛，活体下不明显伸出虫体后缘。左、右各 1 列缘棘毛，棘毛密集排布；左缘棘毛 40-57 根，右缘棘毛 44-65 根。

4 或 5 列背触毛，贯穿虫体，每列约 30 对毛基体，触毛长 3-8 μm。

标本采集地 山东青岛近岸养殖水体，温度 25℃，盐度 10‰-15‰。

标本采集日期 1997. 05. 06。

标本保藏单位 伦敦自然历史博物馆（正模，编号：NHMUK2011:1z:z8:03）；中国海洋大学，海洋生物多样性与进化研究所（副模，编号：SP1997050601）。

生境 咸水。

（185）拟红色伪角毛虫 *Pseudokeronopsis pararubra* Hu, Warren & Suzuki, 2004（图 197）

Pseudokeronopsis pararubra Hu, Warren & Suzuki, 2004b, *Acta Protozool.*, 43: 352.
Pseudokeronopsis carnea sensu Song, Warren, Roberts, Wilbert, Li, Sun, Hu & Ma, 2006, *Acta Protozool.*, 45: 272.

形态 活体大小 180-350 μm × 50-90 μm，长、宽比为 4：1 至 5：1，宽、厚比约 2：1。虫体通常长椭圆形，两端宽阔、钝圆，后部略窄；左边缘明显凸出，右边缘显著内凹，虫体中部最宽。低倍放大下观察，虫体呈现暗红色。皮膜厚实，柔软可弯折，具有 2 种皮层颗粒：一种含有橘红色的色素，球形（直径 1-2 μm），主要围绕腹面棘毛和背面触毛聚集成组，部分随机散布，这些皮层颗粒沿着棘毛列和触毛列呈带状或者线状排布，使得虫体呈现暗红色；另一种红细胞状，直径 2-3 μm，密集排布在皮膜之下。细胞质内通常含有若干食物泡，直径 6-12 μm。伸缩泡位于虫体中部偏后的位置。多于 100 枚大核，每枚长 3-6 μm；小核未见。

运动方式为缓慢地在基质上爬行，或者绕体纵轴悬游。

口围带占据体长的 1/4-1/3，远端在虫体右缘腹面向后弯曲；口围带由 64-92 片小膜组成。2 根额前棘毛，位于口围带远端和右缘棘毛列前端之间。口侧膜短，长度约为口内膜的 1/2。单一口棘毛，位于口侧膜后 1/3 长度的位置附近。

大部分棘毛相对细弱，纤毛长约 10 μm，基本不动；横棘毛纤毛长约 15 μm。15-26 根额棘毛双冠状排布，随后由 31-46 对锯齿状排布的中腹棘毛组成的中腹棘毛复合体衔接，最后 1 对有时含有 3 根棘毛。中腹棘毛复合体和 7-11 根 "J" 形排布的横棘毛之间没有明显的间隔。左、右各 1 列缘棘毛，左缘棘毛 48-79 根，右缘棘毛 46-80 根。棘毛之间具有强壮的嗜染纤维。

5-8 列背触毛，贯穿虫体；活体下触毛长约 5 μm，易于辨认。

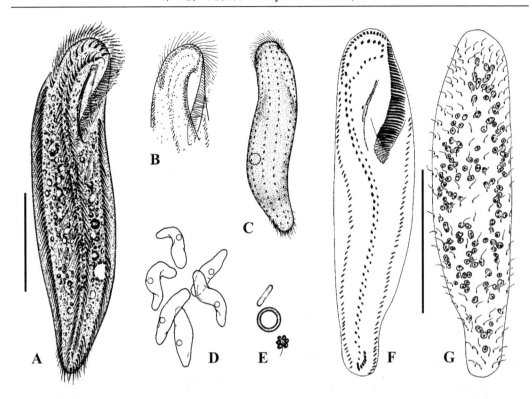

图 197　拟红色伪角毛虫 *Pseudokeronopsis pararubra*
A. 典型个体活体腹面观；B. 虫体前部腹面观，示皮层颗粒的分布；C. 虫体背面观，示皮层颗粒的分布；D. 示不同体形的虫体；E. 皮层颗粒；F，G. 纤毛图式腹面观（F）和背面观（G）
比例尺：60 μm

标本采集地　山东青岛近岸水体，温度 20℃，盐度 30‰。
标本采集日期　2000. 10. 20。
标本保藏单位　伦敦自然历史博物馆（正模，编号：NHMUK2004:6:2:1）；中国海洋大学，海洋生物多样性与进化研究所（副模，编号：HD2000102001）。
生境　海水。

（186）红色伪角毛虫 *Pseudokeronopsis rubra* (Ehrenberg, 1836) Borror & Wicklow, 1983
（图 198）

Oxytricha rubra Ehrenberg, 1836, *Mittheilungen der Gesellschaft naturforschender Freunde zu Berlin*, 2.
Pseudokeronopsis rubra Borror & Wicklow, 1983, *Acta Protozool.*, 22: 99.
Pseudokeronopsis rubra Li, Zhan & Xu, 2017, *J. Eukaryot. Microbiol.*, 64: 857.

形态　活体大小 140-260 μm × 50-70 μm，长、宽比约 3.7：1，宽、厚比为 3：2 至 3：1。虫体通常为细窄的椭圆形，不可伸缩，低倍放大下观察呈红棕色。皮膜厚实，柔软易弯折。具有一种含有色素的皮层颗粒，砖红色、球形（直径 1 μm），围绕腹面棘毛和背面触毛分布，一些散布于皮膜下。细胞质无色，具有球形油滴和食物泡。单一伸缩泡，位于虫体体长后 1/3 处。大核数目众多，每枚长 3-7 μm，在细胞质中散布。

运动方式为在基质上不停歇地缓慢爬行。

口围带连续，活体下占据体长的约 1/4，由 48-71 片小膜组成，顶端小膜长约 11 μm。通常 2 根额前棘毛，位于口围带远端和右缘棘毛列前端之间。口侧膜短，长度约为口内膜的 1/2；二者平直。通常 1 根口棘毛，位于口侧膜中部附近；偶尔有具有 2 根口棘毛或者口棘毛缺失的个体。

额棘毛双冠状排布，前列具有 7-9 根棘毛，后列具有 6-9 根棘毛。中腹棘毛复合体由 25-43 对锯齿状排布的中腹棘毛组成，随后 2-5 根不典型锯齿状排布成对的中腹棘毛。中腹棘毛复合体和横棘毛之间仅有 0-5 μm 的间隔；横棘毛 6-11 根，"J"形排布。左、右各 1 列缘棘毛，左缘棘毛 44-78 根，右缘棘毛 42-74 根。左缘棘毛列左边有时具有 1或 2 短列棘毛。

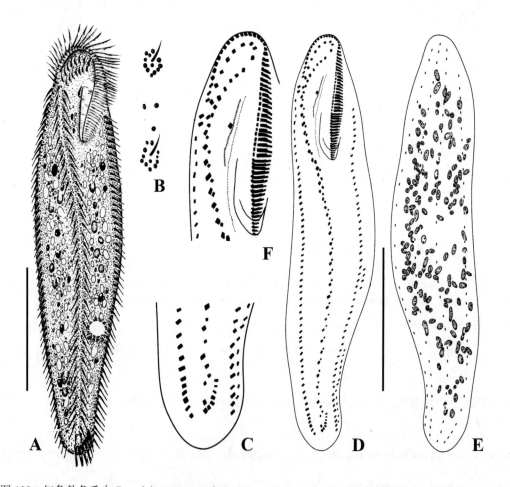

图 198　红色伪角毛虫 *Pseudokeronopsis rubra*
A. 典型个体活体腹面观；B. 示背面的皮层颗粒；C. 虫体后部纤毛图式腹面观；D，E. 纤毛图式腹面观（D）和背面观（E）；F. 腹面观，示口区纤毛图式
比例尺：60 μm

3-5 列背触毛，贯穿虫体。

标本采集地　山东青岛近岸沉积物，温度 27℃，盐度 30‰。

标本采集日期　2014. 07. 27。

标本保藏单位　中国科学院，海洋研究所（编号：LJ130727-1，-2）。

生境　海水。

（187）相似伪角毛虫 ***Pseudokeronopsis similis*** **(Stokes, 1886) Borror & Wicklow, 1983**
（图 199）

Holosticha similis Stokes, 1886, *Proc. Am. phil. Soc.*, 23: 26.

Pseudokeronopsis similis Borror & Wicklow, 1983, *Acta Protozool.*, 22: 124.

Pseudokeronopsis similis Shi, Hu, Warren & Liu, 2007, *Acta Protozool.*, 46: 42.

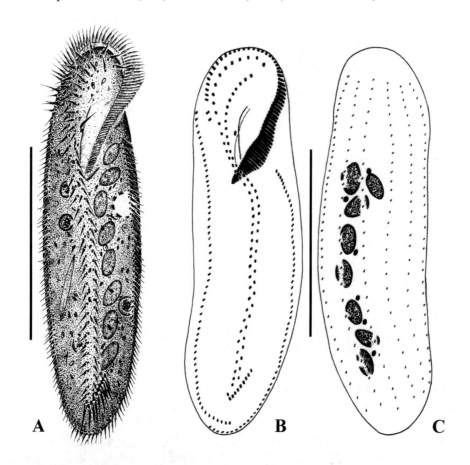

图 199　相似伪角毛虫 *Pseudokeronopsis similis*
A. 典型个体活体腹面观；B，C. 纤毛图式腹面观（B）和背面观（C）
比例尺：100 μm

形态 活体大小 220-350 μm × 70-90 μm，长、宽比为 3：1 至 3.5：1，宽、厚比可达 2：1。虫体长椭圆形，两端钝圆，左、右边缘略凸起。皮膜柔软易弯曲，皮膜下具有密集排布的射出体（活体下大小为 2 μm × 1 μm，射出后长 5-7 μm）。另具有细小的皮层颗粒，线形排布，蛋白银染色后为 5-6 μm 的线状结构。细胞质无色，近透明；食物泡内含小的鞭毛虫、硅藻、细菌和有机质。1 枚伸缩泡，位于口区后部、虫体左缘。8-25 枚念珠形大核，通常位于虫体中部靠左的位置，蛋白银染色后大小为 12-22 μm × 9-20 μm；5-9 枚小核，球形至椭球形，靠近大核排布，蛋白银染色后大小为 3-5 μm × 3-4 μm。

运动方式为在基质上爬行。

口围带占据体长大约 1/3，由 61-88 片小膜组成；远端向细胞右侧弯折，近端深入口腔；咽部纤维明显。2 根额前棘毛，位于口围带远端附近。口侧膜略短于口内膜，二者在中部位置相交。单一口棘毛，位于波动膜中部附近。

额棘毛双冠状排布，随后衔接锯齿状排布的中腹棘毛对；额腹棘毛紧密排布，共 25-45 对。8-15 根横棘毛，排成倾斜的 1 列，纤毛长 30 μm，几乎不伸出虫体后缘。左、右各 1 列缘棘毛，左缘棘毛 51-77 根，右缘棘毛 50-75 根，纤毛长约 20 μm。

6 或 7 列背触毛，贯穿虫体；触毛活体下长约 3 μm。

标本采集地 黑龙江漠河淡水池塘，温度 20℃。

标本采集日期 1996. 08. 15。

标本保藏单位 伦敦自然历史博物馆（编号：NHMUK2006:05:05:01）。

生境 淡水。

（188）宋氏伪角毛虫 *Pseudokeronopsis songi* Li, Zhan & Xu, 2017（图 200）

Pseudokeronopsis rubra Hu & Song, 2001a, *Acta Protozool.*, 40: 108.

Pseudokeronopsis rubra Song, Warren, Roberts, Wilbert, Li, Sun, Hu & Ma, 2006, *Acta Protozool.*, 45: 275.

Pseudokeronopsis songi Li, Zhan & Xu, 2017, *J. Eukaryot. Microbiol.*, 64: 857.

形态 活体大小 160-200 μm × 24-40 μm；虫体苗条，左、右边缘轻微凸出，前后两端钝圆，尾部似勺子；腹面中部具明显的纵沟；高度柔软，易弯曲，可伸缩。皮膜在低倍放大下观察呈红色，具有一种砖红色的色素颗粒（直径小于 0.5 μm），沿着腹面棘毛列和背面触毛列聚集成组排布（6-10 个小颗粒组成花团状结构围绕着纤毛）。另一种皮层颗粒直径 1-2 μm，红细胞状。细胞质透明，含有若干食物泡。1 枚伸缩泡，位于虫体体长后 1/3 的位置附近。大核数目众多，球形至卵形，散布于整个细胞中。

运动方式为缓慢地在基质上爬行。

口区占据体长 1/4-1/3，口围带由 46-60 片小膜组成，顶端的小膜纤毛长约 15 μm。口区狭窄且深，银染后咽部纤维明显。2 根额前棘毛；口侧膜短于口内膜。单一口棘毛。

额棘毛双冠状排布，前列 7 根，后列 5 或 6 根。中腹棘毛复合体由锯齿状排列的中腹棘毛对组成，位于虫体腹面的纵沟内，共 49-77 根棘毛，纤毛长 7-8 μm。2-4 根横棘毛，纤毛长约 15 μm，伸出虫体后缘。左、右各 1 列缘棘毛，纤毛长约 8 μm；左缘棘毛 45-62 根，右缘棘毛 48-67 根。

4-6 列背触毛，贯穿虫体，触毛长约 3 μm。无尾棘毛。

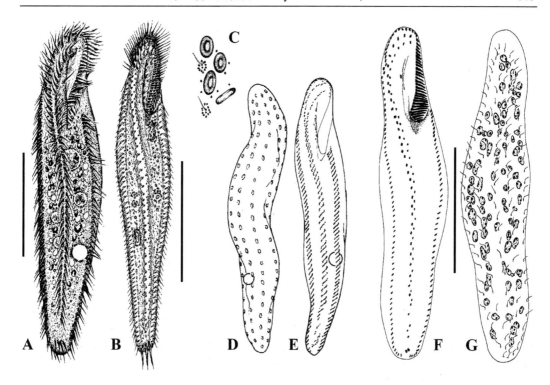

图 200　宋氏伪角毛虫 *Pseudokeronopsis songi*
A，B. 典型个体活体腹面观；C. 皮层颗粒；D, E. 活体腹面观（E）和背面观（D），示皮层颗粒；
F, G. 纤毛图式腹面观（F）和背面观（G）
比例尺：A，B. 80 μm；F. 50 μm

标本采集地　山东青岛近岸水体，温度 20℃，盐度 12‰。
标本采集日期　2005.09.17。
标本保藏单位　中国海洋大学，海洋生物多样性与进化研究所（编号：
SP2005091701）。
生境　咸水。

85. 趋角虫属 *Thigmokeronopsis* Wicklow, 1981

Thigmokeronopsis Wicklow, 1981, *Protistologica*, 17: 331.
Type species: *Thigmokeronopsis jahodai* Wicklow, 1981.

口围带连续，额棘毛双冠状排布，口棘毛存在，通常 2 根额前棘毛；中腹棘毛
复合体由不典型的锯齿状排布的中腹棘毛对组成；在中腹棘毛复合体和左缘棘毛列
之间通常具有 1 长列横棘毛和较大的 1 片趋触毛区；左、右各 1 列缘棘毛；3 或 4

列背触毛；无尾棘毛；具有若干大核。个体发育期间，新缘棘毛和背触毛在老结构外独立发育。海洋生。

该属全世界记载 6 种，中国记录 2 种。

种检索表

1. 具有红色皮层颗粒 ·· 红色趋角虫 *T. rubra*
   无红色皮层颗粒 ·· 斯太克趋角虫 *T. stoecki*

（189）红色趋角虫 *Thigmokeronopsis rubra* Hu, Warren & Song, 2004（图 201）

Thigmokeronopsis rubra Hu, Warren & Song, 2004a, *J. Nat. Hist.*, 38: 1060.

形态 活体体长 140-200 μm；虫体体形多变，通常为梭形，左、右边缘明显凸出，细胞中段最宽；高度柔软，可弯曲，具伸缩性。皮膜柔软，具有 2 种皮层颗粒：一种黄绿色，直径约 1 μm，松散地分布在外围；另一种红色至深红色，直径约 0.5 μm，在皮膜较深处排成纵列，使得细胞在低倍放大下观察呈红色。细胞质透明，内含若干食物泡。大核数目众多（超过 100 枚），球形至椭球形，大小 5 μm × 3 μm，分散于虫体。

运动方式为在基质上缓慢爬行，通常靠趋触毛附着以保持停留。

口区占据虫体体长的 25%，口围带由 33-43 片小膜组成，远端弯向虫体右侧腹面边缘。2 根额前棘毛。口侧膜比口内膜短，二者相交。单一口棘毛位于口侧膜靠后的位置。

11-16 根额棘毛，双冠状排布，前面一列棘毛基部较大。中腹棘毛复合体由相对分离的中腹棘毛对组成，几乎延伸至虫体尾端，包含 40-59 根棘毛。6-8 根横棘毛，"U"形排布；前方通常具有 2 根腹棘毛。7-11 列纤细的棘毛分布于虫体左面口后腹区、左中腹棘毛列和左缘棘毛列之间，形成趋触毛区。左、右各 1 列缘棘毛，二者延伸至虫体末端几乎汇合；左缘棘毛 30-49 根，右缘棘毛 28-45 根。

3 列背触毛，贯穿虫体；触毛活体长约 5 μm。

标本采集地 山东青岛近岸养殖水体，温度 23℃，盐度 28‰-30‰。

标本采集日期 1996. 10. 02。

标本保藏单位 中国海洋大学，海洋生物多样性与进化研究所（正模，编号：TPJ1996100201；副模，编号：TPJ1996100202）；伦敦自然历史博物馆（副模，编号：NHMUK2002:5:22:1）。

生境 海水。

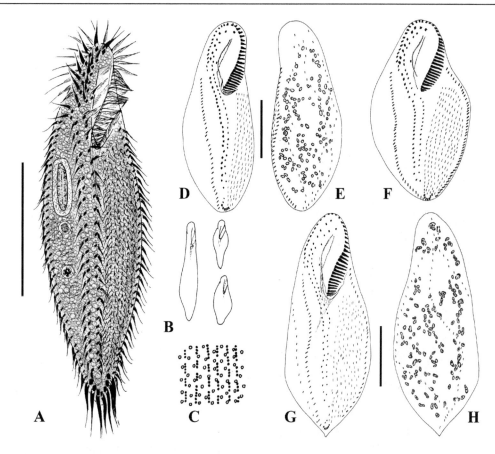

图 201　红色趋角虫 *Thigmokeronopsis rubra*
A. 典型个体活体腹面观；B. 示细胞形状的变化；C. 示 2 种皮层颗粒；D-H. 纤毛图式腹面观（D，F，G）和背面观（E，H）
比例尺：40 μm

（190）斯太克趋角虫 *Thigmokeronopsis stoecki* Shao, Song, Al-Rasheid, Yi, Chen, Al-Farraj & Al-Quraishy, 2008 (图 202)

Thigmokeronopsis stoecki Shao, Song, Al-Rasheid, Yi, Chen, Al-Farraj & Al-Quraishy, 2008c, *J. Eukaryot. Microbiol.*, 55: 290.

　　形态　活体大小 140-230 μm × 70-80 μm；虫体通常为拉长的梭形，前部稍窄、尾部瘦削，两端钝圆；具高度伸缩性，体形多变。皮膜柔软、轻薄，皮层颗粒亮草绿色，长椭圆形，长约 2 μm，扁平似红细胞状，松散分布。细胞呈棕色至暗棕色，细胞质无色，充满许多小的油滴（直径约 2 μm），食物泡通常含有细菌和小的原生动物。伸缩泡位于虫体左缘，在体长的约 2/5 处。多于 100 枚大核，球形至椭球形，散布于细胞质中。
　　运动方式为缓慢地在基质上爬行，会突然后退；大多数时候，细胞通过趋触毛牢固地贴附于基质，保持静止。

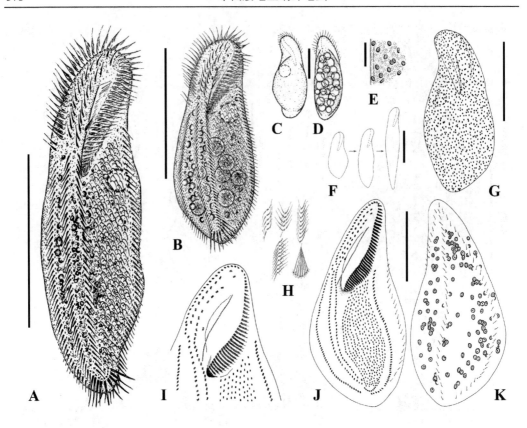

图 202　斯太克趋角虫 Thigmokeronopsis stoecki

A-C. 典型个体活体腹面观（A，B）和背面观（C）；D. 虫体背面观，示充满食物泡的个体；E. 皮层颗粒细节图；F. 腹面观，示不同虫体形状；G. 示背面皮层颗粒的分布；H. 示不同形式的纤毛基部纤维；I. 口区纤毛图式细节；J，K. 纤毛图式腹面观（J）和背面观（K）
比例尺：A-C，F，G，J. 50 μm；E. 10 μm

　　口区狭窄，占据体长约 40%，远端在虫体右缘强烈向后弯曲延伸至胞口的位置，具 49-78 片口围带小膜（纤毛长约 15 μm）。2 根额前棘毛纤细，靠近口围带远端。口内膜与口侧膜几乎等长，二者相交。单一口棘毛位于口侧膜中部。

　　大多数纤毛长约 10 μm。16-34 根额棘毛排成显著的双冠状，其后紧接中腹棘毛复合体。中腹棘毛复合体由 29-46 锯齿状排布的中腹棘毛对组成，延伸至横棘毛处。5-8 根细弱的横棘毛，位于趋触毛区后方，纤毛长约 20 μm。趋触毛区十分显著，由 11-14 紧密排布的棘毛列组成，位于左侧中腹棘毛列和左缘棘毛列之间。趋触毛的基部几乎为椭圆形，多数小于其他的棘毛。左、右各 1 列缘棘毛，左缘棘毛 45-68 根，右缘棘毛 46-60 根；二者在虫体后部几乎汇合。

　　3 列背触毛，贯穿虫体，每列约 30 根触毛。

　　标本采集地　山东青岛近岸养殖水体，温度 20℃，盐度 31‰。

　　标本采集日期　2005.05.30。

　　标本保藏单位　中国海洋大学，海洋生物多样性与进化研究所（正模，编号：SC2005053001）；伦敦自然历史博物馆（副模，编号：NHMUK2007:8:31:1）。

　　生境　海水。

第 25 章　伪尾柱科 Pseudourostylidae Jankowski, 1979

Pseudourostylidae Jankowski, 1979, *Trudy zool. Inst.*, 86: 74.

尾柱目类群，具有至少 2 列左缘棘毛，同侧的多列缘棘毛在个体发育时来自共同的原基团。淡水、海水和土壤均有分布。

伪尾柱科一直是单型科，直到 Berger（2006）将列毛虫属和半杯柱虫属放入伪尾柱科内。近期，基于多基因分子系统分析，Lyu 等（2018b）将半杯柱虫属从伪尾柱科中移出，建立半杯柱科。目前，伪尾柱科下辖伪尾柱虫属和列毛虫属。

该科全世界记载 2 属，中国记录 2 属。

属检索表

1. 至少 2 列右缘棘毛 ···································· 伪尾柱虫属 *Pseudourostyla*
　仅有 1 列右缘棘毛 ···································· 列毛虫属 *Trichototaxis*

86. 伪尾柱虫属 *Pseudourostyla* Borror, 1972

Pseudourostyla Borror, 1972, *J. Protozool.*, 19: 5.
Type species: *Pseudourostyla cristata* (Jerka-Dziadosz, 1964) Borror, 1972.

口围带连续，额棘毛双冠状模式排布，中腹棘毛复合体仅由中腹棘毛对组成，具额前棘毛、口棘毛、横前棘毛和横棘毛，虫体左、右缘均具有多列缘棘毛，无尾棘毛；细胞发生过程中老的口围带全部更新，同侧的多列缘棘毛来自共同的原基，大核融为一体。

该属全世界记载 9 种，中国记录 3 种。

种检索表

1. 额棘毛非典型双冠状分布，左、右各 2 列缘棘毛⋯⋯⋯⋯⋯⋯⋯新伪尾柱虫 *P. nova*
   额棘毛双冠状分布，左、右不少于 2 列缘棘毛⋯⋯⋯⋯⋯⋯⋯⋯⋯⋯⋯⋯⋯⋯⋯**2**
2. 稳定 2 列右缘棘毛⋯⋯⋯⋯⋯⋯⋯⋯⋯⋯⋯⋯贵州伪尾柱虫 *P. guizhouensis*
   5-9 列右缘棘毛⋯⋯⋯⋯⋯⋯⋯⋯⋯⋯⋯⋯⋯亚热带伪尾柱虫 *P. subtropica*

（191）贵州伪尾柱虫 *Pseudourostyla guizhouensis* Li, Lyu, Warren, Zhou, Li & Chen, 2018（图 203）

Pseudourostyla guizhouensis Li, Lyu, Warren, Zhou, Li & Chen, 2018b, *J. Eukaryot. Microbiol.*, 65: 134.

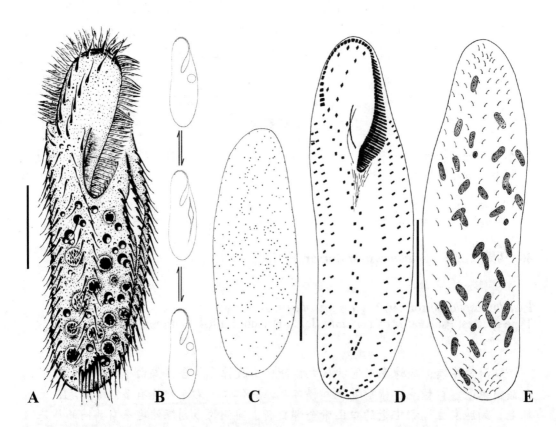

图 203　贵州伪尾柱虫 *Pseudourostyla guizhouensis*
A. 典型个体活体腹面观；B. 腹面观，示伸缩泡的变异；C. 背面观，示不规则分布的皮层颗粒；D、E. 纤毛图式腹面观（D）及背面观（E）
比例尺：60 μm

　　形态　活体大小 180-310 μm × 65-85 μm，长、宽比为 3∶1 至 4∶1，宽、厚比约 2∶1；虫体长椭圆形，侧边缘近平行，两端钝圆，柔软但不可伸缩。皮层颗粒无色，直径约 0.5 μm，较难辨识，无规则分散于皮膜。细胞质无色，具颗粒状内含物；虫体后部通常饱含食物泡，使得细胞在低倍放大下观察颜色暗黑。通常 1 枚伸缩泡，位于虫体左缘，具有 2 根收集管，分别向虫体前、后延伸；有时具有 2 枚伸缩泡，分别位于体长的 35% 和 70% 处。平均 33（26-40）枚椭圆形大核，分散于细胞质内；2-5 枚小核。

　　运动方式为游泳或在基质上爬行。

　　蛋白银染色后，口围带约占体长的 38%，由 57-70 片小膜组成，纤毛长 12-15 μm；2 根额前棘毛位于口围带远端附近。波动膜相对较短，轻微弯曲，相交；银染后咽纤维显著，向虫体后部延伸。单一口棘毛位于波动膜交叠处。

　　6-8 对额棘毛，呈双冠状排布，纤毛长 12-15 μm；后接中腹棘毛复合体，由 13-20 对棘毛组成；随后是 2 根横前棘毛。具 5-7 根横棘毛；3 或 4 列左缘棘毛和稳定 2 列右缘棘毛。

　　6 或 7 列背触毛，纵贯整个虫体背部；活体下触毛长约 5 μm。

　　标本采集地　贵州铜仁土壤，温度 20℃，盐度 0‰。

　　标本采集日期　2014.08.01。

　　标本保藏单位　河北大学，生命科学学院（正模，编号：LFC2014080101；副模，编号：LFC2014080102）；伦敦自然历史博物馆（副模，编号：NHMUK2017.1.6.1）。

　　生境　土壤。

（192）新伪尾柱虫 *Pseudourostyla nova* Wiackowski, 1988（图 204）

Pseudourostyla nova Wiackowski, 1988, *J. Nat. Hist.* (*London*), 22: 1085.

Pseudourostyla nova Chen, Miao, Ma, Al-Rasheid, Xu & Lin, 2014a, *J. Eukaryot. Microbiol.*, 61: 599.

　　形态　活体大小 140-200 μm × 45-55 μm，长、宽比 3∶1 至 4∶1，宽、厚比为 2∶1 至 3∶1。虫体长椭圆形，两端钝圆。虫体灵活、柔韧易弯曲，但不可伸缩；皮膜柔软，无透明表膜层被覆，也无色素颗粒。细胞质无色，通常含有若干油滴和食物泡；食物泡内多为硅藻和细菌，使得虫体呈灰色。1 枚伸缩泡，直径 15-20 μm，位于虫体左缘偏前（体长 1/3-2/5 处），伸缩间隔为 1-2 min。9-25 枚大核；2-8 枚小核。

　　运动方式为在基质上快速爬行，有时绕体纵轴方向缓缓游动。

　　口围带占据体长的 33%-40%，由 52-64 片小膜组成，纤毛活体下长 8-10 μm。口侧膜略短于口内膜，单一口棘毛位于二者相交处附近。

　　4-6 根粗壮的额棘毛，形成单冠状排布模式；中腹棘毛复合体由 22-36 棘毛对组成，起始于单冠状额棘毛后方，延伸至接近横棘毛的位置。7-12 根横棘毛，"J"形排布，位置明显靠前，故横棘毛在活体下并不伸出虫体后缘。稳定具有左、右各 2 列缘棘毛，纤毛长 5-8 μm。

　　7-9 列背触毛，纵贯虫体背部。

　　标本采集地　广东广州入海口沿岸，温度 27℃，盐度 4.3‰。

　　标本采集日期　2008.11.09。

　　标本保藏单位　中国海洋大学，海洋生物多样性与进化研究所（编号：

CXM2008110904）。

生境 咸水。

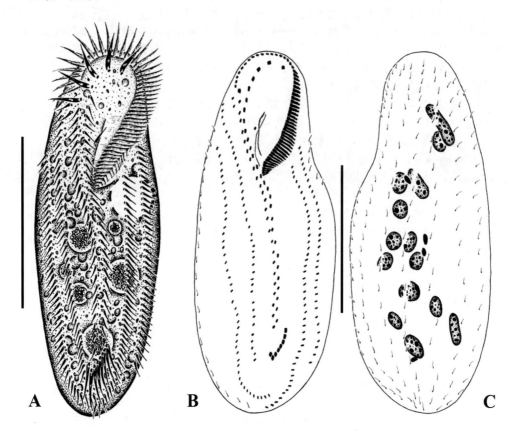

图 204 新伪尾柱虫 *Pseudourostyla nova*
A. 典型个体活体腹面观；B，C. 纤毛图式腹面观（B）和背面观（C）
比例尺：A. 60 μm；B. 100 μm

（193）亚热带伪尾柱虫 *Pseudourostyla subtropica* **Chen, Miao, Ma, Al-Rasheid, Xu & Lin, 2014** (图 205)

Pseudourostyla subtropica Chen, Miao, Ma, Al-Rasheid, Xu & Lin, 2014a, *J. Eukaryot. Microbiol.*, 61: 596.

形态 活体大小 300-420 μm × 120-200 μm，长、宽比 3：1 至 4：1，宽、厚比约为 3：1。虫体长椭圆形或宽卵圆形，两端钝圆且略窄。虫体灵活，柔韧易弯曲，但不可伸缩；皮膜柔软，明显被覆 2-4 μm 的透明表膜层，低倍放大下可见。具有 2 种皮层颗粒，均无色且呈球形，无规则散布于表膜下，使细胞呈灰色；较大的直径 1 μm，较密集；较小的直径 0.5 μm，松散排布。细胞质无色，通常含有若干油滴（直径 3-8 μm）和食物泡；食物泡内多为硅藻和细菌。2 枚伸缩泡，直径 50-80 μm，位于虫体左缘（体长前和后的 1/3 处），伸缩间隔为 1-3 min。68-219 枚大核；2-6 枚小核。

运动方式为在基质上快速爬行，有时绕体纵轴方向缓缓游动。

口围带占据体长的 25%-33%，由 104-173 片小膜组成，纤毛活体下长 30-40 μm。口侧膜短于口内膜，单一口棘毛位于二者相交处附近。

26-44 根粗壮的额棘毛，形成双冠状排布模式，纤毛长 30-40 μm；中腹棘毛复合体由 14-28 对棘毛组成，起始于额棘毛后方，延伸至接近横棘毛的位置。7-12 根横棘毛"J"形排布，纤毛长约 30 μm；位置明显靠前，故横棘毛在活体下并不伸出虫体后缘。7-13 列左缘棘毛，5-9 列右缘棘毛；纤毛长 15-20 μm。

8-14 列背触毛，纵贯虫体背部。

标本采集地　广东珠海红树林软泥，温度 16.5℃，盐度 4.5‰。

标本采集日期　2008. 11. 28。

标本保藏单位　伦敦自然历史博物馆（正模，编号：NHMUK2013.3.25.2）；中国海洋大学，海洋生物多样性与进化研究所（副模，编号：CXM2008112801）。

生境　咸水。

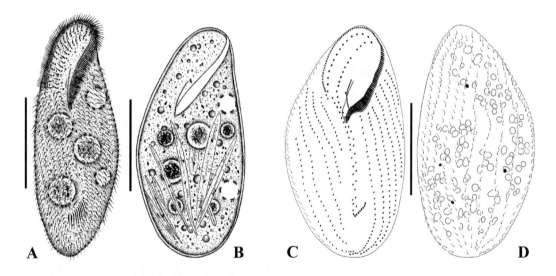

图 205　亚热带伪尾柱虫 *Pseudourostyla subtropica*
A. 典型个体活体腹面观；B. 不同体形个体轮廓，示伸缩泡和透明的表膜层；C, D. 纤毛图式的腹面观（C）和背面观（D）
比例尺：150 μm

87. 列毛虫属 *Trichototaxis* Stokes, 1891

Trichototaxis Stokes, 1891, *J. R. Microsc. Soc.*, 1891: 701.
Type species: *Trichototaxis stagnatilis* Stokes, 1891.

口围带连续，额棘毛呈冠状模式排布，中腹棘毛复合体仅由中腹棘毛对组成，具额前棘毛、口棘毛、横前棘毛和横棘毛，具多列左缘棘毛和 1 列右缘棘毛，无尾棘毛。

该属全世界记载 5 种，中国记录 1 种。

（194）海洋列毛虫 *Trichototaxis marina* Lu, Gao, Shao, Hu & Warren, 2014 (图 206)

Trichototaxis marina Lu, Gao, Shao, Hu & Warren, 2014, *Eur. J. Protistol.*, 50: 525.

形态 活体大小 250-300 μm × 40-60 μm，长、宽比 4：1 至 8：1，宽、厚比约 2：1。虫体活体下为砖红色，长椭圆形或纺锤形，体长前 1/3 部分最宽。虫体灵活、柔韧易弯曲，且可高度伸缩。无显著的皮层颗粒，但皮膜下密集排布着球形至椭圆形、不同大小（直径 1-10 μm）的砖红色色素颗粒，使细胞呈现红色。细胞质通常含有数目众多的球形或椭球形的闪亮小球（直径小于 1 μm），虫体后部通常具有直径为 1-3 μm 的折射晶体。食物泡若干，通常位于细胞中部，含有硅藻、小的楯纤类纤毛虫、杆状细菌和有机质。具 1 枚伸缩泡，直径约 10 μm，位于虫体左缘的体长约 28%处。大核数目众多，114-142枚，椭球形、直径 2-3 μm；通常 1（少数 2-5）枚小核。

运动方式为在基质上相对快速地爬行，或在水中悬游；虫体具很强的趋触性。

口围带长 60-90 μm，占据体长约 30%，由 59-81 片小膜组成，顶部的纤毛活体下长约 15 μm；2 根额前棘毛位于口围带远端附近。咽纤维活体下明显可见，长约 30 μm。口侧膜长约 30 μm，为口内膜长度的 1/2；口侧膜在口内膜近中部与其相交，单一口棘毛位于此，纤毛长约 10 μm。

13-19 根额棘毛呈双冠状模式排布，纤毛长 10-15 μm。中腹棘毛复合体由 48-87 棘毛对组成，锯齿状排布，由额棘毛后方弯曲延伸至接近横棘毛；纤毛长约 10 μm，右侧的棘毛基部（约 2 × 8 毛基体）明显较左侧（约 2 × 2 毛基体）更大。2 根横前棘毛和 7根（有时 6 根，少数 5 根）横棘毛，横棘毛"J"形排布，纤毛长约 15 μm；横棘毛基部的纤维束银染后十分明显，长 50-60 μm。通常 2（少数 3）列左缘棘毛；稳定具有 1 列右缘棘毛；缘棘毛纤毛长约 10 μm，棘毛基部约由 2 × 8 毛基体组成。内侧的左缘棘毛列起始于口围带近中部，由 66-106 根密集排布的棘毛组成，延伸至虫体末端。外侧的左缘棘毛列起始于较内侧左缘棘毛列前端略靠后的位置，由 19-49 根稀疏排布的棘毛组成，终结于虫体体长的 2/3 处；有时，此列中部分棘毛发生解体，形成若干空档。少数情况下第 3 列左缘棘毛存在，由 5-9 根棘毛组成，终结于虫体中部。右缘棘毛起始于额前棘毛的右侧，由 56-92 根棘毛组成，终结于虫体尾部。

6 列背触毛，纵贯虫体背部；活体下触毛长 2-3 μm。

标本采集地 山东青岛近岸水体，温度 20℃，盐度 4.5‰。

标本采集日期 2013. 10. 10。

标本保藏单位 中国海洋大学，海洋生物多样性与进化研究所（正模，编号：LEO2013101001）；伦敦自然历史博物馆（副模，编号：NHMUK2014.5.16.1）。

生境 咸水。

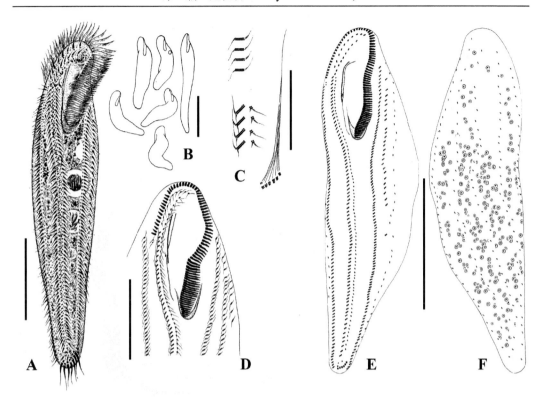

图 206　海洋列毛虫 *Trichototaxis marina*
A. 典型个体活体腹面观；B. 示不同的虫体体形；C. 示棘毛基部纤维；D. 虫体前部腹面纤毛图式，
示口区结构；E，F. 纤毛图式的腹面观（E）和背面观（F）
比例尺：A，D. 50 μm；B，E，F. 100 μm；C. 30 μm

第 26 章　瘦尾科 Uroleptidae Foissner & Stoeck, 2008

Uroleptidae Foissner & Stoeck, 2008, *Acta Protozool.*, 47: 3.

　　尾柱目类群，虫体柔软、通常具有较为明显的尾，也有少数类群不具有尾部；3 根明确分化的额棘毛，中腹棘毛复合体仅由中腹棘毛对组成，少数或多根横棘毛，通常具有 3 列纵贯虫体的背触毛（随后各具 1 根尾棘毛）和不少于 2 列背缘触毛。淡水、土壤均有分布。

　　由于具有锯齿状排列的中腹棘毛复合体，瘦尾虫属曾被放入尾柱科（Small & Lynn, 1985）和全列科（Corliss, 1979）；但由于它同时具有背缘触毛列，这表明：相较于其他尾柱类纤毛虫，瘦尾虫属与尖毛类纤毛虫有着更近的亲缘关系（Berger, 1999, 2006; He *et al.*, 2011; Foissner *et al.*, 2014）。除此之外，将瘦尾虫属从尾柱目中分离出来，也得到了来自分子系统学分析的支持（Hewitt *et al.*, 2003; Sonntag *et al.*, 2008; Bharti *et al.*, 2014; Fan *et al.*, 2014b; Foissner *et al.*, 2014; Heber *et al.*, 2014; Kumar *et al.*, 2014, 2015; Singh & Kamra, 2014; Lv *et al.*, 2015）。于是 Foissner 和 Stoeck（2008）建立瘦尾科，将其归入"非尖毛虫类的背缘触毛类群"（Berger, 2006, 2008）。

　　由于瘦尾虫属腹面结构的个体发育模式遵循尾柱目的模式（Song & Shao, 2017），本书暂将瘦尾科纳入尾柱目。

　　该科全世界记载 1 属，中国记录 1 属。

88. 瘦尾虫属 *Uroleptus* Ehrenberg, 1831

Uroleptus Ehrenberg, 1831, *Abh. preuss. Akad. Wiss., Phys. - math. Kl.*, 116.
Type species: *Uroleptus caudatus* Stokes, 1886.

　　虫体柔软，似鱼形，具尾部；中腹棘毛复合体锯齿状排布；3 根明确分化的额棘毛，1 根口棘毛，通常单根拟口棘毛；具额前棘毛和横棘毛；左、右各 1 列缘棘毛；背部通常有 3 列贯穿虫体的背触毛和 2 列背缘触毛；淡水、土壤均有分布。

　　该属全世界记载 50 余种，中国记录 1 种。

（195）长尾瘦尾虫 *Uroleptus longicaudatus* Stokes, 1886（图 207）

Uroleptus longicaudatus Stokes, 1886, *Proc. Am. Phil. Soc.*, 23: 27.

Uroleptus longicaudatus Chen, Lv, Shao, Al-Farraj, Song & Berger, 2016, *J. Eukaryot. Microbiol.*, 63: 353.

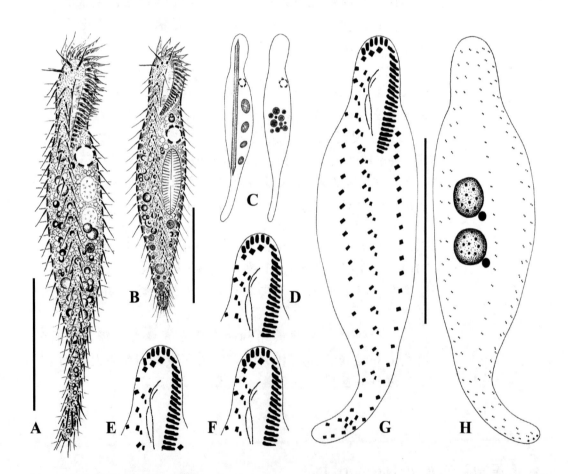

图 207　长尾瘦尾虫 *Uroleptus longicaudatus*
A，B. 典型（伸展）个体（A）和收缩个体（B）活体腹面观；C. 腹面观，示伸展个体与摄食的硅藻、绿藻；D-F. 纤毛图式腹面观，示虫体前端不同个体分别具有 1 根（D）、0 根（E）和 2 根（F）拟口棘毛；G，H. 纤毛图式腹面观（G）和背面观（H）
比例尺：65 μm

形态　活体大小 120-200 μm × 30-45 μm，伸展个体长、宽比为 6∶1 至 7∶1；背腹扁平，腹部平坦，背部隆起。虫体明显分 3 段：前端占据体长约 20%，略窄，明显头部化；中部拉伸为长椭圆形，边缘略隆起；尾部瘦削、柔软，略向右侧弯曲，约占体长的 30%。受压个体呈纺锤形，前端钝圆，略头部化，尾部明显收缩至原先的 1/3。皮层颗粒未见。细胞质无色，通常含有若干直径约 5 μm 的绿藻、长约 90 μm 的硅藻（针杆藻属）和细菌，使得细胞在低倍放大下观察呈灰黑色。伸缩泡靠近虫体左缘，位于体长前 1/4 处，收集管未见。2 枚大核毗邻，位于虫体中部，长椭圆形；小核 2 枚。

运动方式为缓慢爬行于基质，偶尔静止不动。

活体下，口区占体长的 20%-30%，由 21-32 片小膜组成；口围带小膜结构明显，由 4 列毛基体（2 列长、1 列居中、1 列短）组成；小膜基部最宽处约 6 μm，活体下纤毛长约 20 μm。2 或 3 根额前棘毛，位于口围带末端。口侧膜比口内膜略长，二者明显弯曲，空间上在口棘毛后端相交。通常 1 根口棘毛位于口侧膜右侧；拟口棘毛 0-2 根，若有则与额前棘毛平行；少数个体（约 10%）无拟口棘毛但具 2 根口棘毛。

虫体额区，3 根额棘毛呈拱形排布，最右侧 1 根棘毛Ⅲ/2 位于口围带末端，活体下纤毛长约 20 μm。中腹棘毛由 15-23 对棘毛组成，起始于拟口棘毛后端，延伸至尾部，呈典型锯齿状模式排布；右侧棘毛较左侧棘毛略大，中后部棘毛间间距较前端略宽。无横前棘毛，4 根（偶尔 3 根）横棘毛在虫体尾部呈 "J" 形排布，活体下不易见。左、右各 1 列缘棘毛，左缘棘毛 16-33 根，右缘棘毛 16-28 根。

背部左缘为 3 列背触毛，贯穿虫体；右缘为 2 列背缘触毛；触毛活体下明显可见，长 5-8 μm，与体边缘垂直。尾棘毛 3 根，活体下不易见，位于左侧 3 列背触毛末端。

标本采集地　陕西西安淡水池塘，温度 25℃。

标本采集日期　2012.05.15。

标本保藏单位　中国海洋大学，海洋生物多样性与进化研究所（编号：CLY2012051501 和 CLY2012051502）。

生境　淡水。

第 27 章 尾柱科 Urostylidae Bütschli, 1889

Urostylidae Bütschli, 1889, *Lea & Febiger, Philadephia*, New York, 1-623.

　　尾柱目类群，若干额棘毛较发达，中腹棘毛复合体由中腹棘毛对和中腹棘毛列共同组成，左、右1或多缘棘毛列。海水、淡水、土壤均有分布。

　　尾柱科由 Borror 建立于 1972 年，经过若干修订（Corliss, 1979; Wicklow, 1981; Hemberger, 1982; Borror & Wicklow, 1983; Tuffrau & Fleury, 1994; Shi *et al.*, 1999），至 Lynn 和 Small（2002），下辖 10 属。随后，Berger（2006）对整个尾柱类群进行系统的整理，将双冠虫属、三冠虫属、角毛虫属、后巴库虫属、尾柱虫属，以及伪尾柱虫科、伪角毛虫科均划入其中。笔者更倾向于将伪尾柱虫科和伪角毛虫科单独列出的做法，因此仅认同 Berger（2006）将上述 5 属归入尾柱科的观点。Chen 等（2013f）建立新尾柱虫属且将其归入尾柱科；Luo 等（2015）对具沟虫属进行了新的修订，将其归入尾柱科；Zhang 等（2018）对该属定义进行了修订。

　　该科全世界记载 7 属，中国记录 2 属。

属检索表

1. 左、右具有多列缘棘毛···新尾柱虫属 *Neourostylopsis*
　左、右具有 1 列缘棘毛···具沟虫属 *Uncinata*

89. 新尾柱虫属 *Neourostylopsis* Chen, Shao, Liu, Huang & Al-Rasheid, 2013

Neourostylopsis Chen, Shao, Liu, Huang & Al-Rasheid, 2013f, *Int. J. Syst. Evol. Microbiol.*, 63: 1198.

Type species: *Neourostylopsis flavicana* (Wang, Hu, Huang, Al-Rasheid & Warren, 2011)

Chen, Shao, Liu, Huang & Al-Rasheid, 2013.

尾柱类纤毛虫，额棘毛以不典型的冠状排列，中腹棘毛复合体仅由中腹棘毛对组成；具有口棘毛，2 根额前棘毛；横棘毛发达；左、右均为多列缘棘毛，个体发育时来自独立的原基；无尾棘毛。

该属全世界记载 4 种，中国记录 3 种。

种检索表

1. 27-40 对中腹棘毛 ·· 黄色新尾柱虫 *N. flava*
   少于 20 对中腹棘毛 ··· 2
2. 10-18 对中腹棘毛，7-11 根横棘毛 ····························· 月黄新尾柱虫 *N. flavicana*
   8-10 对中腹棘毛，5-8 根横棘毛 ································ 东方新尾柱虫 *N. orientalis*

（196）黄色新尾柱虫 *Neourostylopsis flava* Pan, Fan, Gao, Qiu, Al-Farraj, Warren & Shao, 2016 (图 208)

Neourostylopsis flava Pan, Fan, Gao, Qiu, Al-Farraj, Warren & Shao, 2016, *Eur. J. Protistol.*, 52: 75.

形态 活体大小 150-220 μm × 50-75 μm，宽、厚比约 3∶1；虫体柔软易弯曲，可轻微伸缩；通常为长椭圆形或者纺锤形，两端略变窄、钝圆。皮层颗粒亮黄色至黄棕色，球形，直径约 1 μm，在虫体背部沿着背触毛列成短列或者围绕背触毛成组分布；皮层颗粒的密集排布使虫体在低倍放大下观察呈黄色。细胞质无色至黄色，充满许多脂质液滴（直径 2-3 μm）、形状不规则的晶体（直径 3-4 μm）和食物泡（直径 4-10 μm，内含小的纤毛虫、鞭毛藻、硅藻和细菌）。伸缩泡直径约 15 μm，位于虫体左缘、体长约 40%处，伸缩间隔约 3 min。49-98 枚大核，球形至椭球形，蛋白银染色后大小约 10 μm × 10-25 μm，散布于虫体；小核未见。

运动方式为缓慢至相对快速地绕体纵轴悬游，有时在基质上缓慢爬行。

口围带显著，通常占据体长约 35%，由 40-55 片小膜组成，活体下纤毛长 15-20 μm。2 根额前棘毛，与额棘毛不显著分离。口侧膜比口内膜略长。3 或 4 根口棘毛沿着波动膜一侧分布，活体下纤毛长 10-12 μm。

6-8 根额棘毛（纤毛长 15-20 μm），双冠状排布；随后是由 27-40 对锯齿状排布的中腹棘毛组成的中腹棘毛复合体，延伸至虫体体长约 55%处。2 根横前棘毛，位于右侧横棘毛前方。7-9 根横棘毛，纤毛长约 20 μm，排成"J"形，不伸出虫体后缘。4 或 5 列左缘棘毛，稳定具有 4 列右缘棘毛，活体下纤毛长 10-12 μm。

3 列背触毛：2 列纵贯整个虫体背部，最右 1 列前端略短。

标本采集地 山东青岛淡水池塘，温度 14℃。

标本采集日期 2011.03.27。

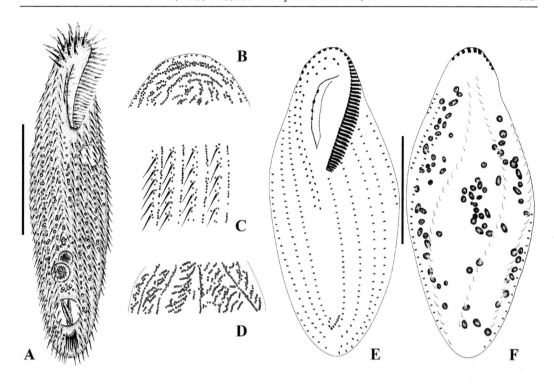

图 208　黄色新尾柱虫 *Neourostylopsis flava*
A. 典型个体活体腹面观；B. 虫体前端背面观，示皮层颗粒；C. 虫体腹面观，示皮层颗粒和缘棘毛；
D. 背面观，示皮层颗粒；E，F. 纤毛图式腹面观（E）和背面观（F）
比例尺：50 μm

　　标本保藏单位　中国海洋大学，海洋生物多样性与进化研究所（正模，编号：
FYB2011032701；副模，编号：FYB20110327-02, 03）；伦敦自然历史博物馆（副模，编
号：NHMUK2015.7.24.1）。
　　生境　淡水。

（197）月黄新尾柱虫 *Neourostylopsis flavicana* **(Wang, Hu, Huang, Al-Rasheid & Warren,
2011) Chen, Shao, Liu, Huang & Al-Rasheid, 2013** (图 209)

Metaurostylopsis flavicana Wang, Hu, Huang, Al-Rasheid & Warren, 2011, *Int. J. Syst. Evol.
　　Microbiol.*, 61: 1741.
Neourostylopsis flavicana Lu, Wang, Huang, Shi & Chen, 2016, *J. Ocean Univ. China*, 15:
　　871.

　　形态　活体大小 165-260 μm × 50-85 μm，长、宽比为 3：1 至 5：1，宽、厚比约 2：
1；虫体长椭圆形，左、右边缘平直至轻微凸出，两端钝圆。虫体在低倍放大下观察呈
暗棕色，高倍放大下观察呈浅黄色。皮膜单薄，具有黄绿色的球形皮层颗粒（直径约
1 μm），在缘棘毛列和背触毛列之间呈线状排列，规则地组成弧状结构围绕着缘棘毛，

围着背触毛排成 2 列短的平行条带。细胞质无色且透明，充满许多小的脂状液滴和若干食物泡（内含硅藻）。伸缩泡位于虫体中部偏上的位置，直径约 20 μm。约 77 枚大核，球形至椭球形（4-10 μm 长），散布于细胞质中。

运动方式为在基质上较快地爬行。

口围带占据虫体体长的 1/3-2/5，由 29-47 片小膜组成，小膜纤毛活体下长约 18 μm。口区宽大，波动膜位于虫体中轴；口侧膜和口内膜几乎等长，二者前 3/4 的部分互相平行，口侧膜的后 1/4 部分向口内膜轻微弯曲，二者在近端相交。2 根额前棘毛，位于右缘棘毛列前端。1 根口棘毛位于口侧膜前 1/3 处。

大多数棘毛细弱，活体下纤毛长约 20 μm；额棘毛纤毛长 20-25 μm，横棘毛纤毛长 30-35 μm。5-7 根粗壮的额棘毛，排成弯曲的列，最后 1 根额棘毛位于口围带远端和中腹棘毛复合体前端。中腹棘毛复合体由 10-18 对锯齿状排布的中腹棘毛组成，延伸至虫体体长约 2/3 处。2-5 根横前棘毛，位于最内 1 列右缘棘毛列末端附近。7-11 根显著的横棘毛，"J" 形排布于左、右缘棘毛列之间。3-5 列左缘棘毛，3 或 4 列右缘棘毛。

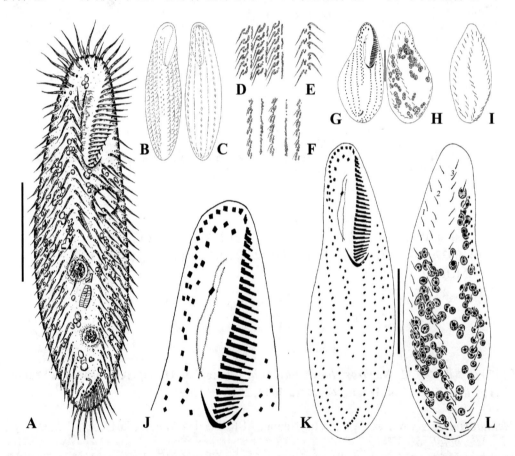

图 209　月黄新尾柱虫 Neourostylopsis flavicana
A. 典型个体活体腹面观；B，C. 皮层颗粒腹面（B）和背面（C）观；D-F. 皮层颗粒分布细节的腹面（D，E）和背面（F）观；G，H. 特殊个体（仅具 3 列左缘棘毛，横棘毛末端不向上弯曲）纤毛图式的腹面观（G）和背面观（H）；I. 特殊个体背面观；J. 虫体前端纤毛图式细节图；K，L. 纤毛图式腹面观（K）和背面观（L）
比例尺：50 μm

3 列背触毛，纵贯整个虫体背部；右缘棘毛列前端通常具有 2 对毛基体。在一些个体中，在左起第 1 和第 2 列背触毛之间具有 1 短列。

　　标本采集地　浙江宁波咸水湖，温度 22℃，盐度 8‰；浙江宁波封闭养殖池塘，温度 22℃，盐度 11‰。

　　标本采集日期　2014.09.18，2014.10.19。

　　标本保藏单位　中国海洋大学，海洋生物多样性与进化研究所（编号：LBR2014091803，LBR2014101903）。

　　生境　咸水。

（198）东方新尾柱虫 *Neourostylopsis orientalis* Chen, Shao, Liu, Huang & Al-Rasheid, 2013 (图 210)

Neourostylopsis orientalis Chen, Shao, Liu, Huang & Al-Rasheid, 2013f, *Int. J. Syst. Microbiol.*, 63: 1199.

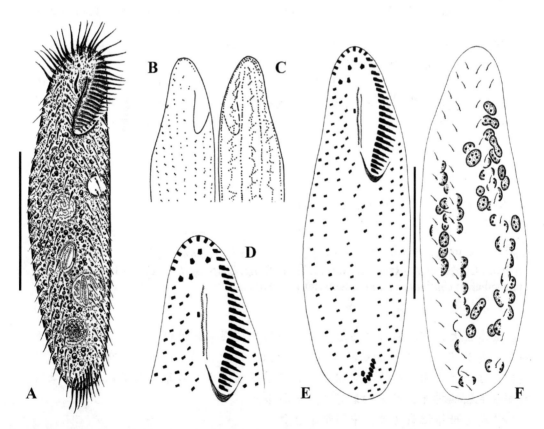

图 210　东方新尾柱虫 *Neourostylopsis orientalis*
A. 典型个体活体腹面观；B，C. 皮层颗粒腹面观（B）和背面观（C）；D. 口区纤毛图式腹面观；E，F. 纤毛图式腹面观（E）和背面观（F）
比例尺：50 μm

　　形态　活体大小 120-200 μm × 45-75 μm，长、宽比为 3∶1 至 4∶1，宽、厚比约 2∶1；虫体椭圆形至轻微纺锤形，左缘平直，右缘凸起，两端变窄，末端钝圆。虫体柔软易弯曲，略具伸缩性。低倍放大下观察细胞呈棕色至灰色；高倍放大下观察略呈黄棕色。皮层颗粒黄棕色（直径约 1 μm），在腹面沿着缘棘毛列呈线状分布，在背面沿着背触毛列线状分布或者在背触毛之间聚集成组。细胞质透明，具有许多灰色小球（直径 3-5 μm）。食物泡直径约 15 μm，含有棕色的硅藻。伸缩泡位于虫体左缘、体长约 40%处，然而未见伸缩。约 50 枚大核，散布，椭球形至长椭球形，活体下难以辨识。

　　运动方式为较快地爬行于底质上。

　　口区相对宽阔，口围带由 25-31 片小膜组成，小膜纤毛活体下长约 15 μm；蛋白银染色后口围带占据虫体体长约 35%，口围带远端仅轻微向右弯折。2 根额前棘毛，位于内侧第 1 列右缘棘毛列前端附近，难以辨别。口侧膜和口内膜几乎平行且等长。1 根口棘毛位于口侧膜前 40%的位置，有的个体缺失口棘毛。

　　所有棘毛均相对细弱，多数纤毛长 5-7 μm，额棘毛和横棘毛的纤毛长约 15 μm。5 根额棘毛增大，几乎排成列，随后是中腹棘毛复合体。中腹棘毛复合体由 8-10 对锯齿状排布的中腹棘毛组成，延伸至虫体近半处。5-8 根横棘毛，位于虫体尾端，相对粗壮、伸出虫体后缘。左、右各 3 列缘棘毛。

　　3 列背触毛，纵贯整个虫体背部；最右 1 列背触毛前端具有 1 短列，通常为 2 对毛基体。

　　标本采集地　广东广州河口区，温度 23℃，盐度 9‰。

　　标本采集日期　2008.03.23。

　　标本保藏单位　伦敦自然历史博物馆（正模，编号：NHMUK2011.11.14.4）；中国海洋大学，海洋生物多样性与进化研究所（副模，编号：CXR2008032305）。

　　生境　咸水。

90. 具沟虫属　*Uncinata* Bullington, 1940

Uncinata Bullington, 1940, *Papers from the Tortugas Laboratory*, 32: 207.
Uncinata Luo, Gao, Al-Rasheid, Warren, Hu & Song, 2015, *Syst. Biodiv.*, 13: 468.
Type species: *Uncinata gigantea* Bullington, 1940.

　　虫体巨大，前端具有明显的鸟喙状凸起；口围带分段化，口围带近端小膜显著拉长；具有不少于 3 根粗大的额棘毛，口棘毛位于波动膜前端；具有额前棘毛；中腹棘毛复合体仅由中腹棘毛对组成；具有横棘毛；左、右各 1 列缘棘毛，左缘棘毛前端棘毛密集排布，显著向右弯曲；大核多枚。

　　该属全世界记载 2 种，中国记录 2 种。

种检索表

1. 活体大小 150-320 μm × 25-75 μm ·································· **玻氏具沟虫 *U. bradburyae***
   活体大小 600-1200 μm × 60-70 μm ······························ **巨大具沟虫 *U. gigantea***

（199）玻氏具沟虫 *Uncinata bradburyae* (Gong, Song, Hu, Ma & Zhu, 2001) Luo, Gao, Al-Rasheid, Warren, Hu & Song, 2015（图 211）

Holosticha bradburyae Gong, Song, Hu, Ma & Zhu, 2001, *Hydrobiologia*, 464: 65.
Uncinata bradburyae Luo, Gao, Al-Rasheid, Warren, Hu & Song, 2015, *Syst. Biodiv.*, 13: 468.

形态　活体大小 150-320 μm × 25-75 μm，宽、厚比约 2∶1；虫体柔软易弯曲，通常为拉长的纺锤状，很大程度上取决于虫体的摄食情况：虫体饥饿时苗条、细长，饱腹时显著变大且肥硕。虫体前部经常略向左弯曲，左边缘具有鼻状凸起，后部变窄。皮层颗粒大，直径约 2 μm，无色，双面内凹（似红细胞状），在虫体背面纵向排成约 10 列；该皮层颗粒有可能是 1 种射出体，银染后会射出毛发状结构。细胞质棕色至深棕色，颜色并非来自皮层颗粒或食物，可能来自溶解的皮层颗粒。食物泡巨大，通常含有硅藻。伸缩泡未见。28-33 枚大核，卵形，大小为 11 μm × 5 μm，松散分布。

运动方式为在基质上较快速地爬行，总是前后顿挫。

口围带分段化：远口段由 24-29 片小膜组成，在虫体右侧向后延伸，占据右边额区几乎 1/2，此部分小膜显著，纤毛活体下长 12-16 μm；近口段由 24-30 片小膜组成，近端的 2-5 片小膜明显拉长，纤毛长约 28 μm；远口段和近口段间距 4-6 μm。2 根额前棘毛纤细，位于口围带远端附近。口侧膜和口内膜几乎等长、平行，略弯曲。1 根粗大的口棘毛位于波动膜前端附近。

3 根粗大的额棘毛，靠近虫体前端分布。中腹棘毛复合体由锯齿状排布的 27-32 对中腹棘毛组成，起于额棘毛，延伸至横棘毛。20-26 根高度发达的横棘毛 "J" 形排布，向上延伸至虫体中部。左、右各 1 列缘棘毛，二者在后部被横棘毛隔开；49-60 根左缘棘毛，前 7-10 根密集排布，与后侧的口围带小膜彼此交叠；53-63 根右缘棘毛。

9-11 列背触毛，纵贯整个虫体背部，触毛密集排布，活体下长 3-4 μm。

标本采集地　山东青岛封闭养殖水体，温度 8℃，盐度 29‰-31‰。

标本采集日期　2000. 12. 22。

标本保藏单位　中国海洋大学，海洋生物多样性与进化研究所（正模，编号：GJ2000122201；副模，编号：GJ2000122202）。

生境　海水。

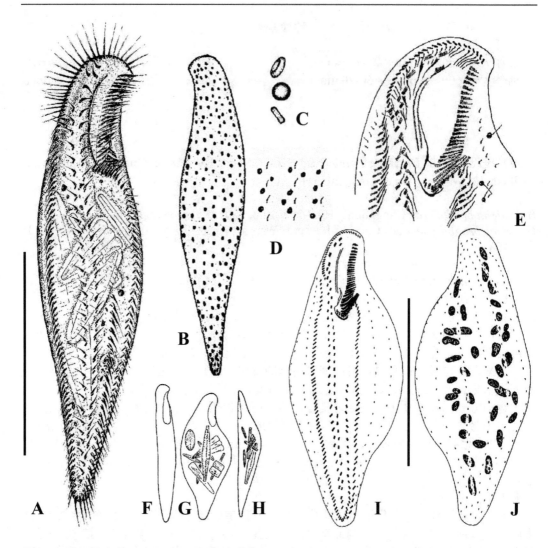

图 211 玻氏具沟虫 *Uncinata bradburyae*
A. 典型个体活体腹面观；B, D. 背面观，示皮层颗粒；C. 皮层颗粒；E. 口区腹面观；F, G. 示极端的虫体体形；H. 侧面观；I, J. 纤毛图式腹面观（I）和背面观（J）
比例尺：100 μm

（200）巨大具沟虫 *Uncinata gigantea* Bullington, 1940 （图 212）

Uncinata gigantea Bullington, 1940, *Papers from the Tortugas Laboratory*, 32: 206.
Uncinata gigantea Luo, Gao, Al-Rasheid, Warren, Hu & Song, 2015, *Syst. Biodiv.*, 13: 457.

形态　活体大小 600-1200 μm × 60-70 μm，完全伸展时长、宽比 10：1 至 20：1，收缩时长、宽比为 6：1 至 8：1；宽、厚比约 2：1。虫体细长，明显具有头、躯干和尾：头部具有显著的喙状突起，向左弯曲伸出；其后细胞局部变窄，随后是占据虫体体长约

40%的躯干部；尾部透明、变窄至躯干部宽度的约 1/3，末端钝圆且略增大。虫体柔软易弯曲，高度可伸缩。皮膜轻薄、柔软，具有 2 种皮层颗粒，均为红细胞状且不规则排布：大的直径约 2 μm，浅绿色；小的直径约 0.5 μm，无色。细胞质无色，通常含有直径 1-2 μm 的小球以及许多的食物泡（内含多种硅藻），使细胞在低倍放大下观察呈现黄棕色至暗棕色。伸缩泡未见。多于 100 枚（105-236）大核，小核未见。

　　运动方式为在基质上缓慢爬行，偶尔在水中游动。

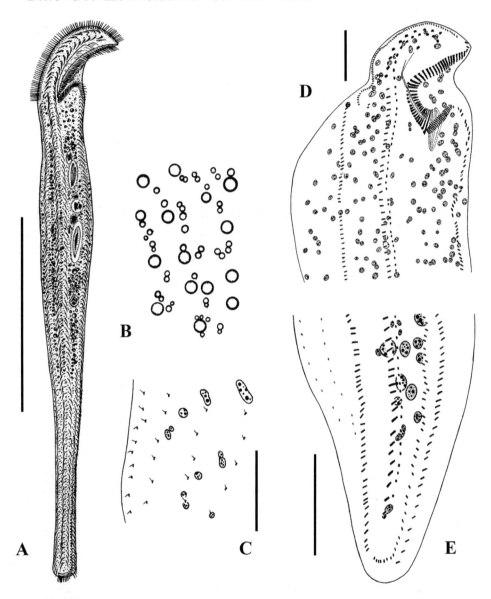

图 212　巨大具沟虫 *Uncinata gigantea*
A. 典型个体活体腹面观；B. 背面观示皮层颗粒；C-E. 纤毛图式腹面观（D，E）和背面观（C）
比例尺：A. 300 μm；C，D. 50 μm；E. 100 μm

口围带占据体长的 12%-15%，分段化：远口段由 70-129 片小膜组成，在虫体右侧向后延伸，占据口区几乎 3/4 的长度，此部分小膜轻薄，纤毛活体下长 10-12 μm；近口段由 38-60 片小膜组成，近端的 2-4 片小膜明显拉长，纤毛可达 30 μm；远口段和近口段被喙状凸起分开，间距 4-6 μm。2 根额前棘毛纤细，位于口围带远端左边。波动膜在中部相交；口内膜长，在后部强烈弯曲近乎呈直角，通常为单列毛基体，向前延伸至口区前端；口侧膜略短，多列毛基体组成，尤其在后部由若干短列组成。单一口棘毛位于波动膜前端。

共计 143-198 根额棘毛和中腹棘毛：额棘毛比中腹棘毛略大，锯齿状排布；中腹棘毛复合体由锯齿状排布的中腹棘毛对组成，延伸至虫体尾端，右侧的棘毛明显大于左侧。38-87 根横棘毛"J"形排布，向上延伸至虫体中部。左、右各 1 列缘棘毛，二者在后部被横棘毛隔开；118-151 根左缘棘毛，前 20-30 根密集排布，起始于横棘毛附近、向上越过口区后端；76-118 根右缘棘毛，起始于口围带远端。蛋白银染色后，缘棘毛、腹区棘毛和横棘毛基部具有嗜染纤维。

10-12 列背触毛，纵贯整个虫体背部，触毛密集排布，活体下长约 2 μm。

标本采集地　广东湛江潮间带，温度 24℃，盐度 25‰；红树林，温度 18℃，盐度 22‰；潮间带，温度 27℃，盐度 25‰。

标本采集日期　2013.10.25。

标本保藏单位　中国海洋大学，海洋生物多样性与进化研究所（编号：LXT2013102502，LXT2014111703）。

生境　咸水。

第 28 章　目下未定科

91. 单冠虫属 *Monocoronella* Chen, Dong, Lin & Al-Rasheid, 2011

Monocoronella Chen, Dong, Lin & Al-Rasheid, 2011b, *J. Eukaryot. Microbiol.*, 58: 501.
Type species: *Monocoronella carnea* Chen, Dong, Lin & Al-Rasheid, 2011.

　　尾柱目类群，额棘毛单冠状排布，中腹棘毛复合体高度发达且仅含中腹棘毛对，无中腹棘毛列，具额前棘毛、口棘毛和横棘毛，左、右各 1 列缘棘毛。
　　该属全世界记载 2 种，中国记录 1 种。

（201）肉色单冠虫 *Monocoronella carnea* Chen, Dong, Lin & Al-Rasheid, 2011 (图 213)

Monocoronella carnea Chen, Dong, Lin & Al-Rasheid, 2011b, *J. Eukaryot. Microbiol.*, 58: 498.

　　形态　活体大小约 140 μm × 30 μm，长、宽比 6：1 至 8：1，宽、厚比约 3：2；虫体柔软，苗条，长椭圆形，两端钝圆。在活体状态下存在大量球形、直径约 1 μm、深棕色至红色的皮层颗粒，围绕缘棘毛和背触毛，或者在其他区域条带状分布。细胞质无色，具有若干直径 2-4 μm 的油滴和直径 10-15 μm 的食物泡。伸缩泡位于虫体左缘中部。45-140 枚直径 5-10 μm 的球形大核，散布于细胞质内；未观察到小核。
　　运动方式为在基质上用棘毛缓慢爬行，或者围绕身体纵轴游泳前行。
　　口器占体长的 1/3-1/2，包含 29-48 片口围带小膜；2 根额前棘毛位于口围带远端附近；口内膜和口侧膜近等长；单一口棘毛位于口侧膜前端。
　　5-7 根额棘毛呈单冠状排布，中腹棘毛复合体由 17-32 对棘毛组成；7-18 根横棘毛，与中腹棘毛复合体之间无明显空档。左、右各 1 列缘棘毛，左缘棘毛 23-46 根，右缘棘毛 23-47 根。
　　3 或 4 列背触毛，纵贯整个虫体背部。
　　标本采集地　广东惠州近岸水体，温度 12℃，盐度 33‰。
　　标本采集日期　2008.02.17。
　　标本保藏单位　伦敦自然历史博物馆（正模，编号：NHMUK2011:5:16:1）；中国海洋大学，原生动物学研究室（副模，编号：DJ2008021701）。
　　生境　海水。

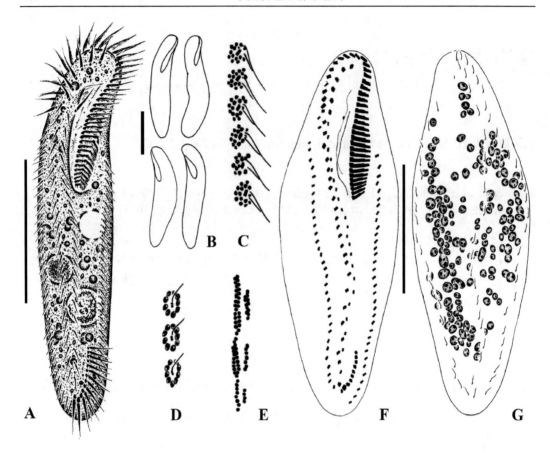

图 213　肉色单冠虫 *Monocoronella carnea*
A. 典型个体活体腹面观；B. 活体下不同体形；C-E. 腹面（C）和背面（D, E）的皮层颗粒；F, G. 纤毛图式腹面观（F）及背面观（G）
比例尺：50 μm

参 考 文 献

Adl S M, Simpson A G, Lane C E, Lukes J, Bass D, Bowser S S, Brown M W, Burki F, Dunthorn M, Hampl V, Heiss A, Hoppenrath M, Lara E, Le Gall L, Lynn D H, McManus H, Mitchell E A, Mozley-Stanridge S E, Parfrey L W, Pawlowski J, Rueckert S, Shadwick L, Schoch C L, Smirnov A, Spiegel F W. 2012. The revised classification of eukaryotes. J. Eukaryot. Microbiol., 59: 429-493.

Agamaliev F G. 1966. New species of psammobiotic ciliates of the western coast of the Caspian Sea. Acta Protozool., 4: 169-183.

Agamaliev F G. 1972. Ciliates from microbenthos of the islands of Apseronskij and Bakinskij archipelagos of the Caspian Sea. Acta Protozool., 10: 1-27.

Agamaliev F G, Alekperov I K. 1976. A new genus Bakuella (Hypotrichida) from the Caspian Sea and the Djeiranbatansky water reservoir. Zool. Zh., 55: 128-131 (in Russian with English summary).

Albaret J L. 1973. Observations sur Plagiotoma lumbrici Dujardin (cilié, hétérotriche) et sa morphogénèse. Protistologica, 9: 81-86.

Alekperov I K. 1989. The revision of the Bakuella Agamaliev et Alekperov 1976 and Keronella Wiackowski 1985 genera (Hypotrichida, Ciliophora). 86. In: Poljansky G I, Zhukov B F, Raikov I B. Ecology of marine and fresh water protozoans. Proceedings of the II Symposium, p. 7, Academy of Sciences of the USSR, The All-Union Society of Protozoologists, Yaroslavl (in Russian). 1-198.

Alekperov I K. 1992. Revision of the family Bakuellidae (Hypotrichidae, Ciliophora). Zool. Zh., 71: 5-10 (in Russian with English summary).

Berger H. 1999. Monograph of the Oxytrichidae (Ciliophora, Hypotrichia). Monogr. Biol., 78: 1-1080.

Berger H. 2001. Catalogue of ciliate names 1. Hypotrichs. Verlag Helmut Berger, Salzburg. I-VIII, 1-206.

Berger H. 2003. Redefinition of Holosticha Wrzesniowski, 1877 (Ciliophora, Hypotricha). Eur. J. Protistol., 39: 373-379.

Berger H. 2006. Monograph of the Urostyloidea (Ciliophora, Hypotricha). Monogr. Biol., 85: 1-1301.

Berger H. 2008. Monograph of the Amphisiellidae and Trachelostylidae (Ciliophora, Hypotricha). Monogr. Biol., 88: 1-737.

Berger H. 2011. Monograph of the Gonostomatidae and Kahliellidae (Ciliophora, Hypotricha). Monogr. Biol., 90: 1-741.

Berger H, Foissner W. 1987. Morphology and biometry of some soil hypotrichs (Protozoa: Ciliophora). Zool. Jb. Syst., 114: 193-239.

Berger H, Foissner W. 1989. Morphology and biometry of some soil hypotrichs (Protozoa, Ciliophora) from Europe and Japan. Bull. Br. Mus. Nat. Hist., (Zool) 55: 19-46.

Berger H, Foissner W. 1997. Cladistic relationships and generic characterization of oxytrichid hypotrichs (Protozoa, Ciliophora). Arch. Protistenk., 148: 125-155.

Berger H, Foissner W, Adam H. 1985. Morphological variation and comparative analysis of morphogenesis in Parakahliella macrostoma (Foissner, 1982) nov. gen. and Histriculus muscorum (Kahl, 1932), (Ciliophora, Hypotrichida). Protistologica, 21: 295-311.

Bharti D, Kumar S, La Terza A. 2014. Morphology, morphogenesis and molecular phylogeny of a novel soil ciliate, Pseudouroleptus plestiensis n. sp. (Ciliophora, Oxytrichidae), from the uplands of Colfiorito, Italy. Int. J. Syst. Evol. Microbiol., 64: 2625-2636.

Blatterer H, Foissner W. 1988. Beitrag zur terricolen Ciliatenfauna (Protozoa: Ciliophora) Australiens. Stapfia, 17: 1-84.

Blatterer H, Foissner W. 1990. Beiträge zur Ciliatenfauna (Protozoa: Ciliophora) der Amper (Bayern, Bundesrepublik Deutschland). Arch. Protistenk., 138: 93-115.

Borror A C. 1963. Morphology and ecology of the benthic ciliated protozoa of Alligator Harbor, Florida. Arch. Protistenk., 106: 465-534.

Borror A C. 1965. Morphological comparison of Diophrys scutum (Dujardin, 1841) and Diophrys peloetes n. sp. (Hypotrichida, Ciliophora). J. Protozool., 12: 60-66.

Borror A C. 1972. Revision of the order Hypotrichida (Ciliophora, Protozoa). J. Protozool., 19: 1-23.

Borror A C, Hill B F. 1995. The order Euplotida (Ciliophora): taxonomy, with division of Euplotes into several genera. J. Eukaryot. Microbiol., 42: 457-466.

Borror A C, Wicklow B J. 1983. The suborder Urostylina Jankowski (Ciliophora, Hypotrichida): morphology, systematics and identification of species. Acta Protozool., 22: 97-126.

Bory de Saint-Vincent J B. 1826. Essai d'une classification des animaux microscopiques. Paris: Agasse: 104.

Buddenbrock W. 1920. Beobachtungen über einige neue oder wenig bekannte marine Infusorien. Arch. Protistenk., 41: 341-364.

Buitkamp U. 1977. Die Ciliatenfauna der Savanne von Lamto (Elfenbeinküste). Acta Protozool., 16: 249-276.

Bullington W E. 1940. Some ciliates from Tortugas. Pap. Tortugas Lab., 32: 179-221.

Bütschli O. 1889. Protozoa. III. Abtheilung: Infusoria und System der Radiolaria. In: Bronn H G. Klassen und Ordnungen des Thier-Reichs, wissenschaftlich dargestellt in Wort und Bild. Winter'sche Verlagsjandlung, Leipzig and Heidelberg: 1585-2035.

Calkins G N. 1902. Marine Protozoa from Woods Hole. Bulletin of the U. S. Fish Commission, 21: 413-468.

Calkins G N. 1926. The biology of the Protozoa. Lea & Febiger, Philadephia, New York. 1-623.

Carter H P. 1972. Infraciliature of eleven species of the genus *Euplotes*. Trans. Am. Microsc. Soc., 91: 466-492.

Chen L Y, Liu W W, Liu A, Al Rasheid K A S, Shao C. 2013a. Morphology and molecular phylogeny of a new marine hypotrichous ciliate, *Hypotrichidium paraconicum* n. sp. (Ciliophora, Hypotrichia). J. Eukaryot. Microbiol., 60: 588-600.

Chen L Y, Lv Z, Shao C, Al Farraj S A, Song W B, Berger H. 2016. Morphology, cell division, and phylogeny of *Uroleptus longicaudatus* (Ciliophora, Hypotricha), a species of the *Uroleptus limnetis* complex. J. Eukaryot. Microbiol., 63: 349-362.

Chen L Y, Zhao X L, El-Serehy H A, Huang J, Clamp J C. 2018a. The systematic studies on the hypotrich ciliate, *Tachysoma pellionellum* (Müller, 1773) Borror, 1972 (Protozoa, Ciliophora) based on integrative approaches: morphology, morphogenesis and molecular phylogenetic analyses. Acta Protozool., 56: 353-362.

Chen L Y, Zhao X L, Ma H G, Warren A, Shao C, Huang J. 2015a. Morphology, morphogenesis and molecular phylogeny of a soil ciliate, *Pseudouroleptus caudatus caudatus* Hemberger, 1985 (Ciliophora, Hypotricha), from Lhalu Wetland, Tibet. Eur. J. Protistol., 51: 1-14.

Chen L Y, Zhao X L, Shao C, Miao M, Clamp J C. 2017. Morphology and phylogeny of two new ciliates, *Sterkiella sinica* sp. nov. and *Rubrioxytricha tsinlingensis* sp. nov. (Protozoa, Ciliophora, Hypotrichia) from north-west China. Syst. Biodivers., 15: 131-142.

Chen W P, Chen X M, Li L F, Warren A, Lin X F. 2015b. Morphology, morphogenesis and molecular phylogeny of an oxytrichid ciliate, *Rubrioxytricha haematoplasma* (Blatterer & Foissner, 1990) Berger, 1999 (Ciliophora, Hypotricha). Int. J. Syst. Evol. Microbiol., 65: 309-320.

Chen X M, Clamp J C, Song W B. 2011a. Phylogeny and systematic revision of the family Pseudokeronopsidae (Protista, Ciliophora, Hypotricha), with description of a new estuarine species of *Pseudokeronopsis*. Zool. Scr., 40: 659-671.

Chen X M, Dong J Y, Lin X F, Al-Rasheid K A S. 2011b. Morphology and phylogeny of a new urostylid ciliate, *Monocoronella carnea* n. g., n. sp. (Ciliophora, Hypotricha) from Daya Bay, Southern China. J. Eukaryot. Microbiol., 58: 497-503.

Chen X M, Gao F, Al-Farraj S A, Al-Rasheid K A S, Xu K D, Song W B. 2015c. Morphology and morphogenesis of a novel mangrove ciliate, *Sterkiella subtropica* sp. nov. (Protozoa, Ciliophora, Hypotrichia), with phylogenetic analyses based on small-subunit rDNA sequence data. Int. J. Syst. Evol. Microbiol., 65: 2292-2303.

Chen X M, Hu X Z, Lin X F, Al-Rasheid K A S, Ma H G, Miao M. 2013b. Morphology, ontogeny and molecular phylogeny of a new brackish water ciliate *Bakuella subtropica* sp. n. (Ciliophora, Hypotricha) from southern China. Eur. J. Protistol., 49: 611-622.

Chen X M, Huang J, Song W B. 2011c. Ontogeny and phylogeny of *Metaurostylopsis cheni* sp. n. (Protozoa, Ciliophora), with estimating the systematic position of *Metaurostylopsis*. Zool. Scr., 40: 99-111.

Chen X M, Miao M, Ma H G, Al-Rasheid K A S, Xu K, Lin X. 2014a. Morphology, ontogeny, and phylogeny of two brackish urostylid ciliates (Protist, Ciliophora, Hypotricha). J. Eukaryot. Microbiol., 61: 594-610.

Chen X M, Miao M, Ma H G, Shao C, Al-Rasheid K A S. 2013c. Morphology, morphogenesis and small-subunit rRNA gene sequence of the novel brackish-water ciliate *Strongylidium orientale* sp. nov. (Ciliophora, Hypotrichia). Int. J. Syst. Evol. Microbiol., 63: 1155-1164.

Chen X M, Shao C, Lin X F, Clamp J C, Song W B. 2013d. Morphology and molecular phylogeny of two new brackish-water species of *Amphisiella* (Ciliophora, Hypotrichia), with notes on morphogenesis. Eur. J. Protistol., 49: 453-466.

Chen X M, Yan Y, Hu X, Zhu M Z, Ma H G, Warren A. 2013e. Morphology and morphogenesis of a soil ciliate, *Rigidohymena candens* (Kahl, 1932) Berger, 2011 (Ciliophora, Hypotricha, Oxytrichidae), with notes on its molecular phylogeny based on SSU rDNA sequence data. Int. J. Syst. Evol. Microbiol., 63: 1912-1921.

Chen X R, Gao S, Song W B, Al-Rasheid K A S, Warren A, Gong J, Lin X. 2010. *Parabirojimia multinucleata* spec. nov. and *Anteholosticha scutellum* (Cohn, 1866) Berger, 2003, marine ciliates (Ciliophora, Hypotrichida) from tropical waters in southern China, with notes on their small-subunit rRNA gene sequences. Int. J. Syst. Evol. Microbiol., 60: 234-243.

Chen X R, Ma H G, Al-Rasheid K A S. 2014b. Taxonomic description of a new marine ciliate, *Euplotes qingdaoensis* n. sp. (Ciliophora: Euplotida). Chin. J. Oceanol. Limnol., 32: 426-432.

Chen X R, Shao C, Liu X H, Huang J, Al-Rasheid K A S. 2013f. Morphology and phylogenies of two hypotrichous brackish-water ciliates from China, *Neourostylopsis orientalis* n. sp. and *Protogastrostyla sterkii* (Wallengren, 1900) n. comb., with establishment of a new genus *Neourostylopsis* n. gen. (Protista, Ciliophora, Hypotrichia). Int. J. Syst. Evol. Microbiol., 63: 1197-1209.

Claparède É, Lachmann J. 1858. Études sur les infusoires et les rhizopoides. Mém. Inst. natn. Génev., 5 (1857): 1-260.

Cohn F. 1866. Neue Infusorien im Seeaquarium. Z. wiss. Zool., 16: 253-302, Tafeln XIV, XV.

Corliss J O. 1961. The ciliated protozoa: characterization, classification, and guide to the literature. Oxford, London, New York, Paris: Pergamon Press.

Corliss J O. 1977. Annotated assignment of families and genera to the orders and classes currently comprising the Corlissian scheme of higher classification for the phylum Ciliophora. Transactions of the American Microscopical Society, 96: 104-140.

Corliss J O. 1979. The Ciliated Protozoa. Characterization, Classification and Guide to the Literature. Oxford, New York, Toronto, Sydney, Paris, Frankfurt: Pergamon Press: I-XVI, 455.

Curds C R. 1975. A guide to the species of the genus *Euplotes* (Hypotrichida, Ciliatea). Bull. Br. Mus. Nat. Hist. (Zool.), 28: 3-61.

Curds C R. 1977. Notes on the morphology and nomenclature of three menbers of the Euplotidae. Bull. Br. Mus. Nat. Hist. (Zool.), 31: 267-278.

Curds C R, West B J, Dorahy J E. 1974. *Euplotes rariseta* sp. n. (Protozoa: Ciliatea) a new small marine hypotrich. Bull. Br. Mus. Nat. Hist. (Zool.), 27: 95-102.

Curds C R, Wu I C H. 1983. A review of the Euplotidae (Hypotrichida, Ciliophora). Bull. Br. Mus. Nat. Hist. Zool., 44: 191-247.

Dai R H, Xu K D. 2011. Taxonomy and phylogeny of *Tunicothrix* (Ciliophora, Stichotrichia), with the description of two novel species, *Tunicothrix brachysticha* n. sp. and *Tunicothrix multinucleata* n. sp., and the establishment of Parabirojimidae n. fam. Int. J. Syst. Evol. Microbiol., 61: 1487-1496.

Dai R H, Xu K D, He Y Y. 2013. Morphological, physiological, and molecular evidences suggest that *Euplotes parawoodruffi* is a junior synonym of *Euplotes woodruffi* (Ciliophora, Euplotida). J. Eukaryot. Microbiol., 60: 70-78.

Deroux G, Tuffrau M. 1965. *Aspidisca orthopogon* n. sp. révision de certain mécanismes de la morphogénèse à l'aide d'une modification de la technique au protargol. Cah. Biol. Mar., 6: 293-310.

Dong J Y, Lu X T, Shao C, Huang J, Al-Rasheid K A S. 2016. Morphology, morphogenesis and molecular phylogeny of a novel saline soil ciliate, *Lamtostyla salina* n. sp. (Ciliophora, Hypotricha). Eur. J. Protistol., 56: 219-231.

Dragesco J. 1954. Diagnoses preliminaries de quelques ciliés nouveaux des sables. Bull. Soc. Zool. Fr., 79: 62-70.

Dragesco J. 1966. Citiés Iibres de Thonon et ses environs. Protistologica, 2: 59-95.

Dragesco J. 1970. Ciliés libres du Cameroun. Annls Fac. Sci. Univ. féd. Cameroun, Numéro hors-série, 1-141.

Dragesco J, Dragesco-Kernéis A. 1986. Ciliés libres de l'Afrique intertropicale. Introduction à la connaissance et à l'étude des Ciliés. Faune Trop., 26: 1-559.

Dujardin F. 1841. Histoire Naturelle des Zoophytes, Infusoires, comprenant la physiologie et la clasification de ces animaux et la manière de les étudier à l'aide du microscope. Paris: Librarie Encyclopédique de Roret: 1-684.

Ehrenberg C G. 1830. Beiträge zur Kenntniß der Organisation der Infusorien und ihrer geographischen Verbreitung besonders in Sibirien. Abh. preuss. Akad. Wiss., Phys.-math. Kl., 1-88, Tafeln I-VIII.

Ehrenberg C G. 1831. Über die Entwickelung und Lebensdauer der Infusionsthiere; nebst ferneren Beiträgen zu einer Vergleichung ihrer organischen Systeme. Abh. preuss. Akad. Wiss., Phys.-math. Kl., 1-154, Tafeln I-IV.

Ehrenberg C G. 1833. Dritter Beitrag zur Erkenntniß großer Organisation in der Richtung des kleinsten Raumes. Abh. preuss. Akad. Wiss., Phys.-math. K1., 145-336, Tafeln I-XI (see note following entry on Ehrenberg 1830; similar situation, except "final" appearance in 1835, in this case, but with initial availability in 1833).

Ehrenberg C G. 1835. Zusatze zur ErkenntniB groBer organischer Ausbildung in den kleinsten thierischen Organismen. Abh. preuss. Akad. Wiss., Phys.-math. Kl., 151-180.

Ehrenberg C G. 1836. Ueber das Leuchten des Meeres etc. Mittheilungen der Gesellschaft naturforschender Freunde zu Berlin, 1835: 1-5.

Ehrenberg C G. 1838. Die lnfusionsthierchen als vollkommene Organismen. Ein Blick in das tiefere organische Leben der Natur. L. Voss, Leipzig, 548 p and Tafeln I-LXIV.

Eigner P. 1995. Divisional morphogenesis in *Deviata abbrevescens* nov. gen., nov. spec., *Neogeneia hortualis* nov. gen., nov. spec., and *Kahliella simplex* (Horváth) Corliss and redefinition of the Kahliellidae (Ciliophora, Hypotrichida). Eur. J. Protistol., 31: 341-366.

Eigner P. 1997. Evolution of morphogenetic processes in the Orthoamphisiellidae n. fam., Oxytrichidae, and Parakahliellidae n. fam., and their depiction using a computer method (Ciliophora, Hypotrichida). J. Eukaryot. Microbiol., 44: 553-573.

Eigner P. 1999. Comparison of divisional morphogenesis in four morphologically different clones of the genus *Gonostomum* and update of the natural hypotrich system (Ciliophora, Hypotrichida). Eur. J. Protistol., 35: 34-48.

Eigner P. 2001. Divisional morphogenesis in *Uroleptus caudatus* (Stokes, 1886), and the relationship between the Urostylidae and the Parakahliellidae, Oxytrichidae, and Orthoamphisiellidae on the basis of morphogenetic processes (Ciliophora, Hypotrichida). J. Eukaryot. Microbiol., 48: 70-79.

Eigner P, Foissner W. 1994. Divisional morphogenesis in *Amphisiellides illuvialis* n. sp., *Paramphisiella caudata* (Hemberger) and *Hemiamphisiella terricola* Foissner, and redefinition of the Amphisiellidae (Ciliophora, Hypotrichida). J. Euk. Microbiol., 41: 243-261.

Engelmann T W. 1862. Zur Naturgeschichte der Infusionsthiere. Z. wiss. Zool., 11: 347-393, Tafeln XXVIII-XXXI.

Entz G. 1884. Über Infusorien des Golfes von Neapel. Mitt. zool. Stn Neapel, 5: 289-444.

Fabre-Domerque P. 1885. Note sur les infusoires ciliés de la baie de Concarneau. J. Anat. Physiol., 21: 554-568.

Fan X P, Huang J, Lin X F, Li J Q, Al-Rasheid K A S, Hu X Z. 2010. Morphological and molecular characterization of *Euplotes encysticus* (Protozoa: Ciliophora: Euplotida). J. Mar. Biol. Assoc. U. K., 90: 1411-1416.

Fan Y B. 2015. Morphology, Ontogeny and Phylogeny of Hypotrichia and Euplotia Ciliates (Protozoa, Ciliophora). Dessertation, Ocean University of China, Qingdao. 1-138. [樊阳波. 2015. 腹毛亚纲及游仆亚纲纤毛虫的形态学、个体发育与系统学研究. 青岛: 中国海洋大学博士学位论文. 1-138.]

Fan Y B, Chen X M, Hu X Z, Shao C, Al-Rasheid K A S, Al-Farraj S A, Lin X F. 2014a. Morphology and morphogenesis of *Apoholosticha sinica* n. g., n. sp. (Ciliophora, Hypotrichia), with consideration of its systematic position among urostylids. Eur. J. Protistol., 50: 78-88.

Fan Y B, Hu X Z, Gao F, Al-Farraj S A, Al-Rasheid K A S. 2014b. Morphology, ontogenetic features and SSU rRNA gene-based phylogeny of a soil ciliate, *Bistichella cystiformans* spec. nov. (Protista, Ciliophora, Stichotrichia). Int. J. Syst. Evol. Microbiol., 64: 4049-4060.

Fan Y B, Lu X T, Huang J, Hu X Z, Warren A 2016. Redescription of two little-known urostyloid ciliates, *Anteholosticha randani* (Grolière, 1975) Berger, 2003 and *A. antecirrata* Berger, 2006 (Ciliophora, Urostylida). Eur. J. Protistol., 53: 96-108.

Fan Y B, Pan Y, Huang J, Lin X F, Hu X, Warren A 2014c. Molecular phylogeny and taxonomy of two novel brackish water hypotrich ciliates, with the establishment of a new genus, *Antiokeronopsis* gen. n. (Ciliophora, Hypotrichia). J. Eukaryot. Microbiol., 61: 449-462.

Fan Y B, Zhao X L, Hu X Z, Miao M, Warren A, Song W B. 2015. Taxonomy and molecular phylogeny of two novel ciliates, with establishment of a new genus, *Pseudogastrostyla* n. g. (Ciliophora, Hypotrichia, Oxytrichidae). Eur. J. Protistol., 51: 374-385.

Fauré-Fremiet E. 1961. Remarques sur la morphologie comparée et la systématique des ciliata Hypotrichida. C. r. hebd. Séanc. Acad. Sci., Paris, 252: 3515-3519.

Foissner W. 1976. *Wallackia schiffmanni* nov. gen., nov. spec. (Ciliophora, Hypotrichida) ein alpiner hypotricher Ciliat. Acta Protozool., 15: 387-392.

Foissner W. 1982. Ökologie und Taxonomie der Hypotrichida (Protozoa: Ciliophora) einiger österreichischer Böden. Arch. Protistenk., 126: 19-143.

Foissner W. 1987a. Faunistische und taxonomische Notizen über die Protozoen des Fuscher Tales (Salzburg, Österreich). Jb. Haus Nat. Salzburg, 10: 56-68.

Foissner W. 1987b. Neue und wenig bekannte hypotriche und colpodide Ciliaten (Protozoa: Ciliophora) aus Böden und Moosen. Zool. Beitr. (N. F.), 31: 187-282.

Foissner W. 1988. Taxonomic and nomenclatural revision of Sláoecek's list of ciliates (Protozoa: Ciliophora) as indicators of water quality. Hydrobiologia, 166: 1-64.

Foissner W. 1989. Morphologie und Infraciliatur einiger neuer und wenig bekannter terrestrischer und limnischer Ciliaten (Protozoa, Ciliophora). Sber. öst. Akad. Wiss., Mathematisch-naturwissenschaftliche Klasse, Abt. I, 196 (1987): 173-247.

Foissner W. 2012. *Schmidingerothrix extraordinaria* nov. gen., nov. spec., a secondarily oligomerized hypotrich (Ciliophora, Hypotricha, Schmidingerotrichidae nov. fam.) from hypersaline soils of Africa. Eur. J. Protistol., 48: 237-251.

Foissner W. 2016. Terrestrial and semiterrestrial ciliates (Protozoa, Ciliophora) from Venezuela and Galápagos. Denisia, 35: 1-912.

Foissner W, Adam H. 1983. Morphologie und morphogenese des bodenciliaten *Oxytricha granulifera* sp. n. (Ciliophora, Oxytrichidae). Zool. Scr., 12: 1-11.

Foissner W, Adam H, Foissner I. 1982. Morphologie und Infraciliatur von *Bryometopus pseudochilodon* Kahl, 1932, *Balantidioides dragescoi* nov. spec. und *Kahliella marina* nov. spec. und Revision des Genus *Balantioides* Penard, 1930 (Protozoa, Ciliophora). Protistologica, 18: 211-225.

Foissner W, Agatha S, Berger H. 2002. Soil ciliates (Protozoa, Ciliophora) from Namibia (Southwest Africa), with emphasis on two contrasting environments, the Etosha region and the Namib desert. Denisia, 5: 1-1459.

Foissner W, Blalterer H, Berger H, Kohmann F. 1991. Taxonomische und ökologische Revision der Ciliaten des Saprobiensystems Band I: Cyrtophorida, Oligotrichida, Hypotrichia, Colpodea Informationsberichte des Bayer. Landesamtes für Wasserwirtschaft, Heft 1/91: 1-478.

Foissner W, Filker S, Stoeck T. 2014. *Schmidingerothrix salinarum* nov. spec. is the molecular sister of the large oxytrichid clade (Ciliophora, Hypotricha). J. Eukaryot. Microbiol., 61: 61-74.

Foissner W, Moon-van der Staay S Y, van der Staay G W M, Hackstein J H P, Krautgartner W D, Berger H. 2004. Reconciling classical and molecular phylogenies in the stichotrichines (Ciliophora, Spirotrichea), including new sequences from some rare species. Eur. J. Protistol., 40: 265-281.

Foissner W, Stoeck T. 2008. Morphology, ontogenesis and molecular phylogeny of *Neokeronopsis* (*Afrokeronopsis*) *aurea* nov. subgen., nov. spec. (Ciliophora: Hypotricha), a new African flagship ciliate confirms the CEUU hypothesis. Acta Protozool., 47: 1-33.

Foissner W, Stoeck T. 2011. *Cotterillia bromelicola* nov. gen., nov. spec., a gonostomatid ciliate (Ciliophora, Hypotricha) from tank bromeliads (Bromeliaceae) with de novo originating dorsal kineties. Eur. J. Protistol., 47: 29-50.

Fresenius G. 1865. Die Infusorien des Seewasseraquariums. Zool. Gart., 6: 81-89.

Gaievskaïa N. 1925. Sur deux nouveaux infusoires des mares salées- *Cladotricha koltzowii* nov. gen. nov. sp. et *Palmarium salinum* nov. gen. nov. sp. Russk. Arkh. Protist., 4: 255-288, Planches XV, XVI.

Gao F, Warren A, Zhang Q Q, Gong J, Miao M, Sun P, Xu D P, Huang J, Yi Z Z, Song W B. 2016. The all-data-based evolutionary hypothesis of ciliated protists with a revised classification of the phylum Ciliophora (Eukaryota, Alveolata). Sci. Rep., 6: 24874.

Gaw H Z. 1939. *Euplotes woodruffi* sp. nov. Arch. Protistenk., 93: 1-5.

Gelei J. 1929. Ein neuer Typ der hypotrichen Infusorien aus der Umgebung von Szeged. *Spirofilum tisiae* n. sp., n. gen., n. fam. Arch. Protistenkd., 65: 165-182.

Gelei J. 1954. Über die Lebensgemeinschaft einiger temporärer Tümpel auf einer Bergwiese im Börzsönygebirge (Oberungarn) III. Ciliaten. Acta biol. hung., 5: 259-343.

Gellért J. 1942. Letegyü ttes a fakéreg zöldporos bevonatában (Lebensgemeinschaft in dem grü npulverigen Überzug der Baumrinde). Acta Scientiarum Mathematicarum et Naturalium, Universitas Francisco-Josephina Kolozsvár, 8: 1-36 (in Hungarian; German translation of the tittle from Gellért 1956).

Gong J, Choi K J. 2007. A new marine ciliate, *Tachysoma multinucleata* sp. nov. (Ciliophora: Oxytrichidae). J. Mar. Biol. Ass., 87: 1081-1084.

Gong J, Kim S J, Kim S Y, Min G S, McL. Roberts D, Warren A, Choi J K, 2007. Taxonomic redescriptions of two ciliates, *Protogastrostyla pulchra* n. g., n. comb. and *Hemigastrostyla enigmatica* (Ciliophora: Spirotrichea, Stichotrichia), with phylogenetic analyses based on 18S and 28S rRNA Gene sequences. J. Eukaryot. Microbiol., 54: 468-478.

Gong J, Song W B, Hu X Z, Ma H G, Zhu M Z. 2001. Morphology and infraciliature of *Holosticha bradburyae* nov. spec. (Ciliophora, Hypotrichida) from the Yellow Sea, China. Hydrobiologia, 464: 63-69.

Gong J, Song W B, Li L F, Shao C, Chen Z G. 2006. A new investigation of the marine ciliate, *Trachelostyla pediculiformis* (Cohn, 1866) Borror, 1972 (Ciliophora, Hypotrichida), with establishment of a new genus, *Spirotrachelostyla* nov. gen. Eur. J. Protistol., 42: 63-73.

Gourret P, Roeser P. 1888. Contribution à l'étude des protozoaires de la Corse. Archs Biol., 8: 139-204, Planches XIII-XV.

Grolière C A. 1975. Descriptions de quelques ciliés hypotrichs es tourbières a sphaignes et des éendues d'eau acides. Protistologica, 11: 481-498.

Gruber A. 1888. Weitere Beobachtungen an vielkernigen Infusorien. Ber. Naturf. Ges. Freiburg, 3: 57-70, Tafeln VI, VII.

Gupta R, Kamra K, Arora S, Sapra G R. 2003. *Pleurotricha curdsi* (Shi, Warren and Song 2002) nov. comb. (Ciliophora: Hypotrichida): morphology and ontogenesis of an Indian population; redefinition of the genus. Eur. J. Protistol., 39: 275-285.

Gupta R, Kamra K, Sapra G R. 2006. Morphology and cell division of the oxytrichids *Architricha indica* nov. gen., nov. sp., and *Histriculus histrio* (Müller, 1773), Corliss, 1960 (Ciliophora, Hypotrichida). Eur. J. Protistol., 42: 29-48.

Hausmann K, Hü lsmann N, Radek R. 2003. Protistology. 3rd ed. Schweizerbart'sche Verlagsbuchhandlung, Stuttgart. 1-379.

He W, Shi X B, Shao C, Chen X M, Berger H. 2011. Morphology and cell division of the little known freshwater ciliate *Uroleptus* cf. *magnificus* (Kahl, 1932) Olmo, 2000 (Hypotricha, Uroleptidae), and list of published names in *Uroleptus* Ehrenberg, 1831 and *Paruroleptus* Wenzel, 1953. Acta Protozool., 50: 175-203.

He Y Y, Xu K D. 2011. Morphology and small subunit rDNA phylogeny of a new soil ciliate, *Bistichella variabilis* n. sp. (Ciliophora, Stichotrichia). J. Eukaryot. Microbiol., 58: 332-338.

Heber D, Stoeck T, Foissner W. 2014. Morphology and ontogenesis of *Psilotrichides hawaiiensis* nov. gen., nov. spec. and molecular phylogeny of the Psilotrichidae (Ciliophora, Hypotrichia). J. Eukaryot. Microbiol., 61: 260-277.

Hemberger H. 1982. Revision der familie Keronidae Dujardin, 1840 (Ciliophora, Hypotrichida) mit einer beschreibung der morphogenese von *Kerona polyporum* Ehrenberg, 1835. Arch. Protistenk., 125: 261-270.

Hemberger H. 1985. Neue Gattungen und Arten hypotricher Ciliaten. Arch. Protistenkd., 130: 397-417 (in German).

Hemprich F W, Ehrenberg C G. 1831. Animalia evertebrata exclusis insectis. In: Hemprich F W and Ehrenberg C G. Symbolae Physicae seu Iconis et Descriptiones Animalium Evertebratorum Sepositis Insectis. Mittler, Berlin. 1-126.

Hewitt E A, Müller K M, Cannone J, Hogan D J, Gutell R, Prescott D M. 2003. Phylogenetic relationships among 28 spirotrichous ciliates documented by rDNA. Mol. Phylogenet. Evol., 29: 258-267.

Hill B F, Borror A C. 1992. Redefinition of the genera *Diophrys* and *Paradiophrys* and establishment of the genus *Diophryopsis* n. g. (Ciliophora, Hypotrichida): implication for the species problem. J. Protozool., 39: 144-153.

Hu X Z. 2008. Cortical structure in non-dividing and dividing *Diophrys japonica* spec. nov. (Ciliophora, Euplotida) with notes on morphological variation. Eur. J. Protistol., 44: 115-129.

Hu X Z, Fan X P, Lin X F, Gong J, Song W B 2009. The morphology and morphogenesis of a marine ciliate, *Epiclintes auricularis rarisetus* nov. sspec. (Ciliophora, Epiclintidae), from the Yellow Sea. Eur. J. Protistol., 45: 281-291.

Hu X Z, Song W B. 1999. On morphology of the marine hypotrichous ciliate, *Holosticha diademata* (Ciliophora, Hypotrichida), with comparison of its related species. J. Ocean U. China, 29: 469-473 [胡晓钟, 宋微波, 1999. 海洋腹毛目纤毛虫——束状全列虫的形态学以及与相近种的比较. 青岛海洋大学学报, 29: 469-473.].

Hu X Z, Song W B. 2000. Infraciliature of *Pseudokeronopsis qingdaoensis* sp. nov. from marine biotope (Ciliophora: Hypotrichida). Acta Zootaxo. Sin., 25: 361-364[胡晓钟, 宋微波, 2000. 青岛伪角毛虫一新种及表膜下纤毛系(纤毛门: 下毛目). 动物分类学报, 25: 361-364.].

Hu X Z, Song W B. 2001a. Morphological redescription and morphogenesis of the marine ciliate, *Pseudokeronopsis rubra* (Ciliophora: Hypotrichida). Acta Protozool., 40: 107-115.

Hu X Z, Song W B. 2001b. Redescription of the little-known marine ciliate, *Stichotricha marina* Stein, 1867 (Ciliophora, Hypotrichida) from the mantle cavity of cultured scallops. Hydrobiologia, 464: 71-77.

Hu X Z, Song W B. 2001c. Morphology and morphogenesis of *Holosticha heterofoissneri* nov. spec. from the Yellow Sea, China (Ciliophora, Hypotrichida). Hydrobiologia, 448: 171-179.

Hu X Z, Song W B. 2002. Studies on the ectocommensal ciliate, *Trachelostyla tani* nov. spec. (Protozoa: Ciliophora: Hypotrichida) from the mantle cavity of the scallop *Chlamys farreri*. Hydrobiologia, 481: 173-179.

Hu X Z, Song W B. 2003a. Redescription of the morphology and divisional morphogenesis of the marine hypotrich *Pseudokahliella marina* (Foissner et al., 1982) from scallop-culture water of North China. J. Nat. Hist., 37: 2033-2043.

Hu X Z, Song W B. 2003b. Redescription of two known species, *Gastrocirrhus monilifer* (Ozaki et Yagiu, 1942) and *Gastrocirrhus stentoreus* Bullington, 1940, with reconsideration of the genera *Gastrocirrhus* and *Euplotidium*. Acta Protozool., 42: 345-355.

Hu X Z, Song W B, Warren A 2002. Observations on the morphology and morphogenesis of a new marine urostylid ciliate, *Parabirojimia similis* nov. gen., nov. spec. (Protozoa, Ciliophora, Hypotrichida). Eur. J. Protistol., 38: 351-364.

Hu X Z, Warren A, Song W B. 2004a. Observations on the morphology and morphogenesis of a new marine hypotrich ciliate (Ciliophora, Hypotrichida) from China. J. Nat. Hist., 38: 1059-1069.

Hu X Z, Warren A, Suzuki T. 2004b. Morphology and morphogenesis of two marine ciliates, *Pseudokeronopsis pararubra* sp. n. and *Amphisiella annulata* from China and Japan (Protozoa: Ciliophora). Acta Protozool., 43: 351-368.

Huang J, Chen Z G, Song W B, Berger H. 2014. Three-gene based phylogeny of the Urostyloidea (Protista, Ciliophora, Hypotricha), with notes on classification of some core taxa. Mol. Phylogenet. Evol., 70: 337-347.

Ilowaisky S A. 1921. Zwei neue Arten und Gattungen von Infusorien aus dem Wolgabassin. Arb. Biol. Wolga Stat., 6: 103-106.

Jankowski A W. 1975. A conspectus of the new system of subphylum Ciliophora Doflein, 1901. Zool. Inst. Akad. Nauk. SSSR, 1975: 26-27.

Jankowski A W. 1979. Revision of the order Hypotrichida Stein, 1859 (Protozoa, Ciliophora). Generic catalogue, phylogeny, taxonomy. Tr. Zool. Inst., Leningrad, 86: 48-85 (in Russian with English summary).

Jankowski A W. 1989. Replacement of unacceptable generic names in the phylum Ciliophora. J. Vest. Zool. Ukraina Kiev, 2 (March/April): 86 (In Russian).

Jankowski A W. 1978. Systematic revision of the class Polyhemenophora (Spirotricha), morphology, systematics and evolution. Zool. Inst. Leningrad, Akad. Nauk SSSR, 1978: 39-40.

Jankowski A W. 2007. Phylum Ciliophora Doflein, 1901. In: Alimov A F. Protista. Part 2. Handbook on zoology, Russian Academy of Sciences, Zoological Institute, St. Petersburg. 371-993 (in Russian with English summary).

Jerka-Dziadosz M. 1964. *Urostyla cristata* sp. n. (Urostylidae, Hypotrichida): the morphology and morphogenesis. Acta Protozool., 2: 123-128.

Jiang J M, Huang J, Li J M, Al-Rasheid K A S, Al-Farraj S A, Lin X F, Hu X Z. 2013a. Morphology of two marine euplotids (Ciliophora: Euplotida), *Aspidisca fusca* and *A. hexeris*, with notes on their small subunit rRNA gene sequences. Eur. J. Protistol., 49: 634-643.

Jiang J M, Huang J, Li L Q, Shao C, Al-Rasheid K A S, Al-Farraj S A, Chen Z G. 2013b. Morphology, ontogeny, and molecular phylogeny of two novel bakuellid-like hypotrichs (Ciliophora: Hypotrichia), with establishment of two new genera. Eur. J. Protistol., 49: 78-92.

Jiang J M, Ma H G, Shao C. 2013d. Morphology and morphogenesis of *Sterkiella histriomuscorum* (Ciliophora, Hypotricha). Acta Hydrobiol. Sin., 37: 227-234. [姜佳枚, 马洪钢, 邵晨. 2013d. 变薛棘毛虫的形态学重描述及细胞发生学研究. 水生生物学报, 37: 227-234.]

Jiang J M, Song W B. 2010. Two new *Diophrys*-like genera and their type species, *Apodiophrys ovalis* n. g., n. sp. and *Heterodiophrys zhui* n. g., n. sp. (Ciliophora: Euplotida), with notes on their molecular phylogeny. J. Eukaryot. Microbiol., 57: 354-361.

Jiang J M, Warren A, Song W B. 2011. Morphology and molecular phylogeny of two new marine euplotids, *Pseudodiophrys nigricans* n. g., n. sp., and *Paradiophrys zhangi* n. sp. (Ciliophora: Euplotida). J. Eukaryot. Microbiol., 58: 437-445.

Jiang J M, Xing Y, Miao M, Shao C, Warren A, Song W B. 2013c. Two new marine ciliates, *Caryotricha rariseta* n. sp. and *Discocephalus pararotatorius* n. sp. (Ciliophora, Spirotrichea), with phylogenetic analyses inferred from the small-subunit rRNA gene sequences. J. Eukaryot. Microbiol., 60: 388-398.

Jiang J M, Zhang Q Q, Hu X Z, Shao C, Al-Rasheid K A S, Song W B. 2010a. Two new marine ciliates, *Euplotes sinicus* sp. nov. and *Euplotes parabalteatus* sp. nov., and a new small subunit rRNA gene sequence of *Euplotes rariseta* (Ciliophora, Spirotrichea, Euplotida). Int. J. Syst. Evol. Microbiol, 60: 1241-1251.

Jiang J M, Zhang Q Q, Warren A, Al-Rasheid K A S, Song W B. 2010b. Morphology and SSU rRNA gene-based phylogeny of two marine *Euplotes* species, *E. orientalis* spec. nov. and *E. raikovi* Agamaliev, 1966 (Ciliophora, Euplotida). Eur. J. Protistol., 46: 121-132.

Jung J H, Park M K, Min G S. 2012. Morphology, morphogenesis, and molecular phylogeny of a new brackish water ciliate, *Pseudourostyla cristatoides* n. sp., from Songjiho lagoon on the coast of East Sea, South Korea. Zootaxa, 3334: 43-54.

Kahl A. 1928. Die Infusorien (Ciliata) der Oldesloer Salzwasserstellen. Arch. Hydrobiol., 19: 50-123, 189-246.

Kahl A. 1932. Urtiere oder Protozoa I: Wimpertiere oder Ciliata (Infusoria) 3. Spirotricha. Tierwelt Dtl., 25: 399-650.

Kahl A. 1935. Urtiere oder Protozoa I: Wimpertiere oder Ciliata (Infusoria) 4. Peritricha und Chonotricha. Tierwelt Dtl., 30: 651-886.

Kamra K, Kumar S, Sapra G R. 2008. Species of *Gonostomum* and *Paragonostomum* (Ciliophora, Hypotrichida, Oxytrichidae) from the Valley of Flowers, India, with descriptions of *Gonostomum singhii* sp nov, *Paragonostomum ghangriai* sp nov and *Paragonostomum minuta* sp nov. Indian J. Microbiol., 48: 372-388.

Kowalewski M. 1882. Przyczynek do historyi naturalnéj oxytrichów. Pam. fizyogr., 2: 395-413, Tablica XXIX, XXX.

Kumar S, Bharti D, Marinsalti S, Insom E, Terza A L. 2014. Morphology, morphogenesis, and molecular phylogeny of *Paraparentocirrus sibillinensis* n. gen., n. sp., a "Stylonychine Oxytrichidae" (Ciliophora, Hypotrichida) without transverse cirri. J. Eukaryot. Microbiol., 61: 247-259.

Kumar S, Foissner W. 2016. High cryptic soil ciliate (Ciliophora, Hypotrichida) diversity in Australia. Eur. J. Protistol., 53: 61-95.

Kumar S, Kamra K, Bharti D, Terza A L, Sehgal N, Warren A, Sapra G R. 2015. Morphology, morphogenesis, and molecular phylogeny of *Sterkiella tetracirrata* n. sp. (Ciliophora, Oxytrichidae), from the Silent Valley National Park, India. Eur. J. Protistol., 51: 86-97.

Küppers G C, Lopretto E C, Claps M C. 2007. Description of *Deviata rosita*e n. sp., a new ciliate species (Ciliophora, Stichotrichia) from Argentina. J. Eukaryot. Microbiol., 54: 443-447.

Lei Y L, Choi J K, Xu K D, Petz W. 2005. Morphology and infraciliature of three species of *Metaurostylopsis* (Ciliophora, Stichotrichia): *M. songi* n. sp., *M. salina* n. sp., and *M. marina* (Kahl, 1932) from sediments, saline ponds and coastal waters. J. Eukaryot. Microbiol., 52: 1-10.

Lei Y L, Choi J K, Xu K D. 2002. Morphology and infraciliature of a new marine ciliate *Euplotidium smalli* n. sp. with description of a new genus, *Paraeuplotidium* n. g. (Ciliophora, Euplotida). J. Eukaryot. Microbiol., 49: 402-406.

Lepsi I. 1951. Modificarea faunei de protozoare tericole, prin irigatii agricole (La modification de la faune des protozoaires terricoles par des irrigations agricoles). Buletin sti. Acad. Repub. pop rom., Seria: Geologie, geografie, biologie, stiinte tehnice si agricole. Sectiunea de stiinte biologice, agronomice, geologice si geografice, 3: 513-523.

Lepsi I. 1962. Über einige insbesondere psammobionte Ciliaten vom rumänischen Schwarzmeer-Ufer. Zool. Anz., 168: 460-465.

Lepsi J. 1928. Un nouveau protozoaire marin: *Gastrocirrhus intermedius*. Annls Protist., 1: 195-197.

Li F C, Li Y B, Luo D, Miao M, Shao C. 2018a. Morphology, morphogenesis, and molecular phylogeny of a new soil ciliate, *Sterkiella multicirrata* sp. nov. (Ciliophora, Hypotrichia) from China. J. Eukaryot. Microbiol., 65: 627-636.

Li F C, Li Y B, Lv Z., Mei Y M, Gao S W, Shao C. 2015. On morphology and morphogenesis of a soil hypotrichous ciliate, *Deviata bacilliformis* (Gelei, 1954) Eigner, 1995 (Protozoa, Ciliophora). Acta Hydrobiol. Sin. 39: 1255-1260. [李凤超, 李延博, 吕昭, 梅玉明, 高素伟, 邵晨. 2015. 腹毛类纤毛虫——杆形戴维虫的形态学和细胞发生. 水生生物学报, 39: 1255-1260.]

Li F C, Lv Z, Yi Z Z, Al-Farraj S A, Al-Rasheid K A S, Shao C. 2014. Taxonomy and phylogeny of two species of the genus *Deviata* (Protista, Ciliophora) from China, with description of a new soil form, *Deviata parabacilliformis* sp. nov. Int. J. Syst. Evol. Microbiol., 64: 3775-3785.

Li F C, Xing Y, Li J M, Al-Rasheid K A S, He S K, Shao C. 2013. Morphology, morphogenesis and small subunit rRNA gene sequence of a soil hypotrichous ciliate, *Perisincirra paucicirrata* (Ciliophora, Kahliellidae), from the shoreline of the Yellow River, north China. J. Eukaryot. Microbiol., 60: 247-256.

Li J, Chen X M, Xu K D. 2016a. Morphology and small subunit rDNA phylogeny of two new marine urostylid ciliates, *Caudiholosticha marina* sp. nov. and *Nothoholosticha flava* sp. nov. (Ciliophora, Hypotrichia). J. Eukaryot. Microbiol., 63: 460-470.

Li J, Zhan Z F, Xu K D. 2017. Systematics and molecular phylogeny of the ciliate genus *Pseudokeronopsis* (Ciliophora, Hypotrichia). J. Eukaryot. Microbiol., 64: 850-872.

Li J Q, Lin X F, Shao C, Gong J, Hu X Z, Song W B. 2007a. Morphological redescription and neotypification of the marine ciliate, *Amphisiella marioni* Gourret & Roeser, 1888 (Ciliophora: Hypotrichida), a poorly known form misidentified for a long time. J. Eukaryot. Microbiol., 54: 364-370.

Li L F, Shao C, Song W B, Lynn D, Chen Z G. 2009a. Does *Kiitricha* (Protista, Ciliophora, Spirotrichea) belong to Euplotida or represent a primordial spirotrichous taxon? With suggestion of establishment of a new subclass Protohypotrichia. Int. J. Syst. Evol. Microbiol., 59: 439-446.

Li L F, Song W B. 2006. Phylogenetic position of the marine ciliate, *Certesia quadrinucleata* (Ciliophora; Hypotrichia; Hypotrichida) inferred from the complete small subunit ribosomal RNA gene sequence. Eur. J. Protistol., 42: 55-61.

Li L Q. 2009. Morphogenetic Studies on Hypotrichous Ciliates during Binary Fission. Dessertation, Ocean University of China, Qingdao: 1-226 [李俐琼. 2009. 腹毛目纤毛虫的细胞发生学研究. 青岛: 中国海洋大学博士学位论文: 1-226.]

Li L Q, Huang J, Song W B, Shin M K, Al Rasheid K A S, Berger H. 2010a. *Apogastrostyla rigescens* (Kahl, 1932) gen. nov., comb. nov. (Ciliophora, Hypotricha): morphology, notes on cell division, SSU rRNA gene sequence data, and neotypification. Acta Protozool., 49: 195-212.

Li L Q, Khan S N, Ji D D, Shin M K, Berger H. 2011. Morphology and small subunit (SSU) rRNA gene sequence of the new brackish water ciliate *Neobakuella flava* n. gen., n. sp. (Ciliophora, Spirotricha, Bakuellidae), and SSU rRNA gene sequences of six additional hypotrichs from Korea. J. Eukaryot. Microbiol., 58: 339-351.

Li L Q, Shao C, Yi Z Z, Song W B, Warren A, Al-Rasheid K A S, Al-Farraj S A, Al-Quraishy S A, Zhang Q Q, Hu X Z, Zhu M Z, Ma H G. 2008a. Redescriptions and SSrRNA gene sequence analyses of two marine species of *Aspidisca* (Ciliophora, Euplotida) with notes on morphogenesis in *A. orthopogon*. Acta Protozool., 47: 83-94.

Li L Q, Song W B, Al-Rasheid K A S, Hu X Z, Al-Quraishy S A. 2007c. Redescription of a poorly known marine ciliate, *Leptoamphisiella vermis* Gruber, 1888 n. g, n. comb. (Ciliophora, Stichotrichia, Pseudoamphisiellidae), from the Yellow Sea, China. J. Eukaryot. Microbiol., 54: 527-534.

Li L Q, Song W B, Al-Rasheid K A S, Warren A, Li Z C, Xu Y, Shao C. 2010b. Morphology and morphogenesis of a new marine hypotrichous ciliate (Protozoa, Ciliophora, Pseudoamphisiellidae) with a report of the SSU rRNA gene sequence. Zool. J. Linn. Soc., 158: 231-243.

Li L Q, Song W B, Al-Rasheid K A S, Warren A, Roberts D, Gong J, Zhang Q Q, Wang Y G and Hu X Z. 2008b. Two discocephalid ciliates, *Paradiscocephalus elongatus* nov. gen., nov. spec. and *Discocephalus ehrenbergi* Dragesco, 1960, from the Yellow Sea, China (Ciliophora, Spirotrichea, Discocephalidae). Acta Protozool., 47: 353-362.

Li L Q, Song W B, Hu X Z. 2007b. Two marine hypotrichs from north China, with description of *Spiroamphisiella hembergeri* gen. nov., spec. nov. (Ciliophora, Hypotricha). Acta Protozool., 46: 107-120.

Li L Q, Song W B, Warren A, Al-Rasheid K A S, Roberts D, Yi Z Z, Al-Farraj S A, Hu X Z. 2008c. Morphology and morphogenesis of a new marine ciliate, *Apokeronopsis bergeri* nov. spec. (Ciliophora, Hypotrichida), from the Yellow Sea, China. Eur. J. Protistol., 44: 208-219.

Li L Q, Zhang Q Q, Al-Rasheid K A S, Kwon C B, Shin M K. 2010c. Morphological redescriptions of *Aspidisca magna* Kahl, 1932 and *A. leptaspis* Fresenius, 1865 (Ciliophora, Euplotida), with notes on morphologenetic process in *A. magna*. Acta Protozool., 49: 327-337.

Li L Q, Zhang Q Q, Hu X Z, Warren A, Al-Rasheid K A S, Al-Khedheiry A A, Song W B. 2009b. A redescription of the marine hypotrichous ciliate, *Nothoholosticha fasciola* (Kahl, 1932) nov. gen., nov. comb. (Ciliophora: Urostylida) with brief notes on its cellular reorganization and SS rRNA gene sequence. Eur. J. Protistol., 45: 237-248.

Li L Q, Zhao X L, Ji D D, Hu X Z, Al-Rasheid K A S, Al-Farraj S A, Song W B. 2016b. Description of two marine amphisiellid ciliates, *Amphisiella milnei* (Kahl, 1932) Horváth, 1950 and *A. sinica* sp. nov. (Ciliophora: Hypotrichia), with notes on their ontogenesis and SSU rDNA-based phylogeny. Eur. J. Protistol., 54: 59-73.

Li Y B. 2017. Morphology, Ontogeny, and Molecular Phylogeny of Soil Hypotrichous Ciliates. Dessertation, Hebei University, Baoding: 1-74 [李延博. 2017. 土壤腹毛类纤毛虫的分类学与多样性研究. 保定: 河北大学硕士学位论文: 1-74.]

Li Y B, Lyu Z, Warren A, Zhou K X, Li F C, Chen X M. 2018b. Morphology and molecular phylogeny of a new hypotrich ciliate, *Pseudourostyla guizhouensis* sp. nov. from Southern China, with notes on a Chinese population of *Hemicycliostyla franzi* (Foissner, 1987) Paiva et al., 2012 (Ciliophora, Hypotricha). J. Eukaryot. Microbiol., 65: 132-142.

Lian C Y, Luo X T, Fan X P, Huang J, Yu Y H, Bourland W, Song W B. 2018. Morphological and molecular redefinition of *Euplotes platystoma* Dragesco & Dragesco-Kerneis, 1986 and *Aspidisca lynceus* (Müller,

1773) Ehrenberg, 1859, with reconsideration of a "well-known" *Euplotes* ciliate, *Euplotes harpa* Stein, 1859 (Ciliophora, Euplotida). J. Eukaryot. Microbiol., 65: 531-543.

Lian C Y, Luo X T, Warren A, Zhao Y, Jiang J M. 2020a. Morphology and phylogeny of four marine or brackish water spirotrich ciliates (Protozoa, Ciliophora) from China, with descriptions of two new species. Eur. J. Protistol., 72: 125663.

Lian C Y, Wang Y Y, Li L F, Al-Rasheid K A S, Jiang J M, Song W B. 2020b. Taxonomy and SSU rDNA-based phylogeny of three new Euplotes species (Protozoa, Ciliophora) from China seas. J. King Saud Univ. Sci., 32: 1286-1292.

Lian C Y, Zhang T T, Al-Rasheid K A S, Yu Y H, Jiang J M, Huang J. 2019. Morphology and SSU rDNA-based phylogeny of two Euplotes species from China: E. wuhanensis sp. n. and E. muscicola Kahl, 1932 (Ciliophora, Euplotida). Eur. J. Protistol., 67: 1-14.

Lin X F, Song W B, Warren A 2004. Redescription of the rare marine ciliate, *Prodiscocephalus borrori* (Wicklow, 1982) from shrimp-culturing waters near Qingdao, China, with redefinitions of the genera *Discocephalus*, *Prodiscocephalus* and *Marginotricha* (Ciliophora, Hypotrichida, Discocephalidae). Eur. J. Protistol., 40: 137-146.

Lin X F, Song W B. 2004a. A new ciliate, *Erniella wilberti* sp. n. (Ciliophora: Hypotrichida), from shrimp culturing waters in North China. Acta Protozool., 43: 55-60.

Lin X F, Song W B. 2004b. Redescription of the marine ciliate, *Certesia quadrinucleata* (Protozoa: Ciliophora) from Qingdao, China. J. Mar. Biol. Ass. UK, 84: 4591-4596.

Liu M J, Fan Y B, Miao M, Hu X Z, Al-Rasheid K A S, Al-Farraj S A, Ma H G. 2015. Morphological and morphogenetic redescriptions and SSU rRNA gene-based phylogeny of the poorly-known species *Euplotes amieti* Dragesco, 1970 (Ciliophora, Euplotida). Acta Protozool., 54: 171-182.

Liu W W, Li J Q, Gao S, Shao C, Gong J, Lin X F, Liu H B, Song W B. 2009. Morphological studies and molecular data on a new marine ciliate, *Apokeronopsis sinica* n. sp. (Ciliophora: Urostylida), from the South China Sea. Zootaxa, 2005: 57-66.

Liu W W, Shao C, Gong J, Li J Q, Lin X F, Song W B. 2010. Morphology, morphogenesis, and molecular phylogeny of a new marine urostylid ciliate (Ciliophora, Stichotrichia) from the South China Sea, and a brief overview of the convergent evolution of the midventral pattern with the Spirotrichea. Zool. J. Linn. Soc., 158: 697-710.

Long H A, Liu H B, Liu W W, Miao M, Hu X Z, Lin X F, Song W B. 2008. Two new ciliates from Hong Kong coastal water: *Orthodonella sinica* n. sp. and *Apokeronopsis wrighti* n. sp. (Protozoa: Ciliophora). J. Eukaryot. Microbiol., 55: 321-330.

Lu B R, Wang C D, Huang J, Shi Y L, Chen X R. 2016. Morphology and SSU rDNA sequence analysis of two hypotrichous ciliates (Protozoa, Ciliophora, Hypotrichia) including the new species *Metaurostylopsis parastruederkypkeae* n. sp. J. Ocean Univ. China, 15: 1-13.

Lu X T, Gao F, Shao C, Hu X Z, Warren A 2014. Morphology, morphogenesis and molecular phylogeny of a new marine ciliate, *Trichototaxis marina* n. sp. (Ciliophora, Urostylida). Eur. J. Protistol., 50: 524-537.

Lu X T, Huang J, Shao C, Berger H. 2017. Morphology, cell-division, and phylogeny of *Schmidingerothrix elongata* spec. nov. (Ciliophora, Hypotricha), and brief guide to hypotrichs with *Gonostomum*-like oral apparatus. Eur. J. Protistol., 62: 24-42.

Lu X T, Shao C, Yu Y H, Warren A, Huang J. 2015. Reconsideration of the 'well-known' hypotrichous ciliate *Pleurotricha curdsi* (Shi et al., 2002) Gupta et al., 2003 (Ciliophora, Sporadotrichida), with notes on its morphology, morphogenesis and molecular phylogeny. Int. J. Syst. Evol. Microbiol., 65: 3216-3225.

Luo X T, Fan Y B, Hu X Z, Miao M, Al-Farraj S A, Song W B. 2016. Morphology, ontogeny, and molecular phylogeny of two freshwater species of *Deviata* (Ciliophora, Hypotrichia) from southern China. J. Eukaryot. Microbiol., 63: 771-785.

Luo X T, Gao F, Al-Rasheid K A S, Warren A, Hu X Z, Song W B 2015. Redefinition of the hypotrichous ciliates *Uncinata*, with descriptions of the morphology and phylogeny of three urostylids (Protista, Ciliophora). Syst. Biodiv., 13: 455-471.

Luo X T, Gao F, Yi Z Z, Pan Y, Al-Farraj S A, Warren A 2017a. Taxonomy and molecular phylogeny of two new brackish hypotrichous ciliates, with the establishment of a new genus (Ciliophora, Spirotrichea). Zool. J. Linn. Soc., 179: 475-491.

Luo X T, Li L F, Wang C D, Bourland W, Lin X F, Hu X Z. 2017b. Morphologic and phylogenetic studies of two hypotrichous ciliates, with notes on morphogenesis in *Gastrostyla steinii* Engelmann, 1862 (Ciliophora, Hypotrichia). Eur J Protistol., 60: 119-133.

Luo X T, Yan Y, Shao C, Al-Farraj S A, Bourland W A, Song W B. 2018. Morphological, ontogenetic, and molecular data support strongylidiids as being closely related to Dorsomarginalia (Protozoa, Ciliophora) and reactivation of the family Strongylidiidae Fauré-Fremiet, 1961. Zool. J. Linn. Soc., 184: 237-254.

Lv Z, Chen L, Chen L Y, Shao C, Miao M, Warren A 2013. Morphogenesis and molecular phylogeny of a new freshwater ciliate, *Notohymena apoaustralis* n. sp. (Ciliophora, Oxytrichidae). J. Eukaryot. Microbiol., 60: 455-466.

Lv Z, Shao C, Yi Z Z, Warren A 2015. A molecular phylogenetic investigation of *Bakuella*, *Anteholosticha*, and *Caudiholosticha* (Protista, Ciliophora, Hypotrichia) based on three gene sequences. J. Eukaryot. Microbiol., 62: 391-399.

Lynn D H. 2008. The Ciliated Protozoa: Characterization, Classification, and Guide to the Literature. Third edition. Springer, Dordrecht. 1-605.

Lynn D H, Small E B. 2002. Phylum Ciliophora Doflein, 1901. In: Lee J J, Leedale G F, Bradbury P. An illustrated guide to the Protozoa. Lawrence, Allen Press Inc. 371-656.

Lyu Z, Li J B, Qi S Y, Yu Y H, Shao C. 2018a. Morphology and morphogenesis of a new soil urostylid ciliates, *Australothrix xianiensis* nov. spec. (Ciliophora, Hypotrichia). Eur. J. Protistol., 64: 72-81.

Lyu Z, Wang J Y, Huang J, Warren A, Shao C. 2018b. Multigene-based phylogeny of Urostylida (Ciliophora, Hypotrichia), with establishment of a novel family. Zool. Scr., 47: 243-254.

Ma H W, Gong J, Wang Y Q, Hu X Z, Ma H G, Song W B. 2000. Morphological studies on *Euplotes eurystomus* (Ciliophora, Hypotrichida) compared with its related species from freshwater biotopes. J. Zibo Univers. (Nat. Sci. and Eng. Ed.), 2: 75-77 [马宏伟, 龚骏, 王宇琦, 胡晓钟, 马洪钢, 宋微波. 2000. 阔口游仆虫 (*Euplotes eurystomus*) 的形态学再描述及与相近种的比较. 淄博学院学报, 2: 75-77.]

Mansfeld K. 1923. 16 neue oder wenig bekannte marine Infusorien. Arch. Protistenk., 46: 97-140.

Maupas E. 1883. Contribution a l'étude morphologique et anatomique des infusoires ciliés. Arch. Zool. Exp. gén. (Sér2), 1: 427-664.

Miao M, Shao C, Chen X M, Song W B. 2011. Evolution of discocephalid ciliates: molecular, morphological and ontogenetic data support a sister group of discocephalids and pseudoamphisiellids (Protozoa, Ciliophora) with establishment of a new suborder Pseudoamphisiellina subord. n. Sci. China (Life Sci), 54: 634-641.

Miao M, Shao C, Jiang J M, Li L Q, Stoeck T, Song W B. 2009. *Caryotricha minuta* (Xu *et al.*, 2008) nov. comb., a unique marine ciliate (Protista, Ciliophora, Spirotrichea) with phylogenetic estimation of the ambiguous genus *Caryotricha* inferred from small subunit rDNA sequence. Inter. J. Syst. Evol. Microb., 59: 430-438.

Miao M, Song W B, Chen Z G, Al-Rasheid K A S, Shao C, Jiang J M, Guo W B. 2007. A unique euplotid ciliate, *Gastrocirrhus* (Protozoa, Ciliophora): assessment of its phylogenetic position inferred from the small subunit rRNA gene sequence. J. Eukaryot. Microbiol., 54: 371-378.

Müller O F. 1773. Vermium Terrestrum et Fluviatilum, seu Animalium Infusorium, Helminthicorum et Testaeorum, non Marinorum, Succincta Historia Heineck et Faber. Havniae and Lipsiae, 135.

Müller O F. 1776. Animalcula infusoria fluviatilia et marine. Havniae et Lipsiae.

Müller O F. 1786. Animalcula Infusoria Fluviatilia et Marina, quae Detexit, Sytematice Descripsit et adVivum Delineari Curavit. N. Mölleri, Hauniae, 367p, Tabula I-L.

Ning Y Z, Ma J Y, Lv Z. 2018. Morphological Studies on Six Soil Hypotrichous Ciliates from China. Chin. J. Zool. 53: 415-426 [宁应之, 马继阳, 吕昭. 2018. 六种土壤腹毛类纤毛虫的形态学研究. 动物学杂志, 53: 415-426.]

Nozawa W. 1941. A new primitive hypotrichous ciliate, *Kiitricha marina* n. g., n. sp. Annot. Zool. Jap., 20: 24-26.

Nussbaum M. 1886. Ueber die Theilbarkeit der lebendigen Materie. I. Mittheilung. Die spontane und kUnstliche Theilung der Infusorien. Arch. mikrosk. Anat. EntwMech., 26: 485-538, Tafeln XVIII-XXI.

Ozaki Y, Yagiu R. 1942. A new marine ciliate *Cirrhogaster monilifer* n. g. n. sp. Annotones zool. jap., 21: 79-81.

Paiva T S, Borges B N, Harada M L, Silva-Neto I D. 2009. Comparative phylogenetic study of Stichotrichia (Alveolata: Ciliophora: Spirotrichea) based on 18S-rDNA sequences. Genet. Mol. Res., 8: 223-246.

Paiva T S, Borges B N, Silva-Neto I D, Harada M L. 2012. Morphology and 18S rDNA phylogeny of *Hemicycliostyla sphagni* (Ciliophora, Hypotricha) from Brazil with redefinition of the genus *Hemicycliostyla*. Int. J. Syst. Evol. Microbiol., 62: 229-241.

Paiva T S, Silva-Neto I D. 2007. Morphology and morphogenesis of *Strongylidium pseudocrassum* Wang and Nie, 1935, with redefinition of *Strongylidium* Sterki, 1878 (Protista: Ciliophora: Stichotrichia). Zootaxa, 1559: 31-57.

Pan X M, Fan Y B, Gao F, Qiu Z J, Al-Farraj S A, Warren A, Shao C. 2016. Morphology and systematics of two freshwater urostylid ciliates, with description of a new species (Protista, Ciliophora, Hypotrichia). Eur. J. Protistol., 52: 73-84.

Pan Y. 2012. Morphology, Ontogeny Of Hypotrichous Ciliates. Dessertation, Ocean University of China, Qingdao: 1-78. [潘莹. 2012. 腹毛类纤毛虫形态学与个体发育研究. 青岛: 中国海洋大学硕士学位论文: 1-78.]

Pan Y, Li J Q, Li L Q, Hu X Z, Al-Rasheid K A S, Warren A 2013. Ontogeny and molecular phylogeny of a new marine ciliate genus, *Heterokeronopsis* g. n. (Protozoa, Ciliophora, Hypotricha), with description of a new species. Eur. J. Protistol., 49: 298-311.

Pan Y, Li L Q, Shao C, Hu X Z, Ma H G, Al-Rasheid K A S, Warren A 2012. Morphology and ontogenesis of a marine ciliate, *Euplotes balteatus* (Dujardin, 1841) Kahl, 1932 (Ciliophora, Euplotida) and definition of *Euplotes* wilberti nov spec. Acta Protozool., 51: 29-38.

Pereyaslawzewa S. 1886. Protozoaires de la mer Noire. Zap. novoross. Obshch. Estest., 10: 79114, 3 plates (in Russian).

Perty M. 1849. Mikroskopische Organismen der Alpen und der italienischen Schweiz. Mitt. naturf. Ges., Bern, 1849: 153-176.

Petz W, Foissner W. 1996. Morphology and morphogenesis of *Lamtostyla edaphoni* Berger and Foissner and *Onychodromopsis flexilis* Stokes, two hypotrichs (Protozoa: Ciliophora) from Antarctic soils. Acta Protozool., 35: 257-280.

Pierson B F. 1943. A comparative morphological study of several species of *Euplotes* closely related to *Euplotes patella*. J. Morphol., 72: 125-165.

Puytorac P, Batisse A, Deroux G, Fleury A, Grain J, Laval-Peuto M, Tuffrau M. 1993. Proposition d'un nouvelle classification du phylum des protozoaires Ciliophora Doflein, 1901. C. R. Acad. Sci. Paris, 316: 716-720.

Quennerstedt A. 1869. Bidrag till Sveriges infusoriefauna III. Acta Univ. lund., 6: 1-35.

Rees J. van 1884. Protozën der Oosterschelde (Protozoaires de l'escaut de l'est). Tijdschr. ned. dierk. Vereen. Supplement Deel I, (1883-1884): 592-673, Plaat XVI (in Dutch with French translation).

Sauerbrey E. 1928. Beobachtungen Über einige neue oder wenig bekannte marine Ciliaten. Arch. Protistenk., 62: 355-407.

Schewiakoff W. 1893. Über die geographische Verbreitung der Süsswasser-Protozoën. Zap. imp. Akad. Nauk, 41: 1-201.

Schmidt S, Bernhard D, Schlegel M, Foissner W. 2007. Phylogeny of the Stichotrichia (Ciliophora; Spirotrichea) reconstructed with nuclear small subunit rRNA genesequences: discrepancies and accordances with morphologicaldata. J. Eukaryot. Microbiol., 54: 201-209.

Shao C, Chen L Y, Pan Y, Warren A, Miao M. 2014a. Morphology and phylogenetic position of the oxytrichid ciliates, *Urosoma salmastra* (Dragesco and Dragesco-Kernéis, 1986) Berger, 1999 and *U. karinae sinense* nov. sspec. (Ciliophora, Hypotrichia). Eur. J. Protistol., 50: 593-605.

Shao C, Ding Y, Al-Rasheid K A S, Al-Farraj S A, Warren A, Song W B. 2013a. Establishment of a new hypotrichous genus, *Heterotachysoma* n. gen. and notes on the morphogenesis of *Hemigastrostyla enigmatica* (Ciliophora, Hypotrichia). Eur. J. Protistol., 49: 93-105.

Shao C, Gao F, Hu X Z, Al-Rasheid K A S, Warren A 2011a. Ontogenesis and molecular phylogeny of a new marine urostylid ciliate, *Anteholosticha petzi* n. sp. (Ciliophora, Urostylida). J. Eukaryot. Microbiol., 58: 254-265.

Shao C, Hu X Z, Warren A, Al-Rasheid K A S, Al-Quraishy S A, Song W B. 2007a. Morphogenesis in the marine spirotrichous ciliate *Apokeronopsis crassa* (Claparède & Lachmann, 1858) n. comb. (Ciliophora: Stichotrichia), with the establishment of a new genus, *Apokeronopsis* n. g., and redefinition of the genus *Thigmokeronopsis*. J. Eukaryot. Microbiol., 54: 392-401.

Shao C, Li L Q, Zhang Q Q, Song W B, Berger H. 2014b. Molecular phylogeny and ontogeny of a new ciliate genus, *Paracladotricha salina* n. g., n. sp. (Ciliophora, Hypotrichia). J. Eukaryot. Microbiol., 61: 371-380.

Shao C, Lu X T, Ma H. 2015. General overview of the typical 18 frontal-ventral-transverse cirri Oxytrichidae s. l. genera (Ciliophora, Hypotrichia). J. Ocean Univ. China., 14: 1-15.

Shao C, Lv Z, Pan Y, Al-Rasheid K A S, Yi Z Z. 2014c. Morphology and phylogenetic analysis of two oxytrichid soil ciliates from China, *Oxytricha paragranulifera* n. sp. and *Oxytricha granulifera* Foissner and Adam, 1983 (Protista, Ciliophora, Hypotrichia). Int. J. Syst. Evol. Microbiol., 64: 3016-3027.

Shao C, Miao M, Li L Q, Song W B, Al-Rasheid K A S, Al-Quraishy S A, Al-Farraj S A. 2008a. Morphogenesis and morphological redescription of a poorly known ciliate *Apokeronopsis ovalis* (Kahl, 1932) nov. comb. (Ciliophora: Urostylida). Acta Protozool., 47: 363-376.

Shao C, Miao M, Song W B, Warren A, Al-Rasheid K A S, Al-Quraishy S A, Al-Farraj S A. 2008b. Studies on two marine *Metaurostylopsis* spp. from China with notes on morphogenesis in *M. sinica* nov. spec. (Ciliophora, Urostylida). Acta Protozool., 47: 95-112.

Shao C, Pan X M, Jiang J M, Ma H G, Al-Rasheid K A S, Warren A, Lin X F. 2013b. A redescription of the oxytrichid *Tetmemena pustulata* (Müller, 1786) and notes on morphogenesis in the marine urostylid *Metaurostylopsis salina* Lei et al., 2005 (Ciliophora, Hypotrichia). Eur. J. Protistol., 49: 272-282.

Shao C, Song W B, Al-Rasheid K A S, Berger H. 2011b. Redefinition and reassignment of the 18-cirri genera *Hemigastrostyla*, *Oxytricha*, *Urosomoida*, and *Actinotricha* (Ciliophora, Hypotricha), and description of one new genus and two new species. Acta Protozool., 50: 263-287.

Shao C, Song W B, Al-Rasheid K A S, Yi Z Z, Chen X M, Al-Farraj S A, Al-Quraishy S A. 2008c. Morphology and infraciliature of two new marine urostylid ciliates: *Metaurostylopsis struederkypkeae* n. sp. and *Thigmokeronopsis stoecki* n. sp. (Ciliophora, Hypotrichida) from China. J. Eukaryot. Microbiol., 55: 289-296.

Shao C, Song W B, Li L F, Warren A, Al-Rasheid K A S, Al-Quraishy S A, Al-Farraj S A, Lin X F. 2008d. Systematic position of *Discocephalus*-like ciliates (Ciliophora: Spirotrichea) inferred from SS rRNA gene and ontogenetic information. Int. J. Syst. Evol. Microbiol., 58: 2962-2972.

Shao C, Song W B, Li L Q, Warren A, Hu X Z. 2007b. Morphological and morphogenetic redescriptions of the stichotrich ciliate *Diaxonella trimarginata* Jankowski, 1979 (Ciliophora, Stichotrichia, Urostylida). Acta Protozool., 46: 25-39.

Shao C, Song W B, Warren A, Al-Rasheid K A S, Yi Z Z, Gong J. 2006. Morphogenesis of the marine ciliate, *Pseudoamphisiella alveolata* (Kahl, 1932) Song & Warren, 2000 (Ciliophora, Stichotrichia, Urostylida) during binary fission. J. Eukaryot. Microbiol., 53: 388-396.

Shao C, Song W B, Warren A, Al-Rasheid K A S. 2009. Morphogenesis of *Kiitricha marina* Nozawa, 1941 (Ciliophora, Spirotrichea), a possible model for the ancestor of hypotrichs s. l. Eur. J. Protistol., 45: 292-304.

Shao C, Song W B, Yi Z Z, Gong J, Li J Q, Lin X F. 2007c Morphogenesis of the marine spirotrichous ciliate, *Trachelostyla pediculiformis* (Cohn, 1866) Borror, 1972 (Ciliophora, Stichotrichia), with consideration of its phylogenetic position. Eur. J. Protistol., 43: 255-264.

Shen Y F, Zhang Z S, Gong X J. 1990. New monitoring technology of microbiology. Beijing: Chinese Architectural Industry Press: 1-524. [沈蕴芬, 章宗涉, 龚循矩. 1990. 微型生物监测技术. 北京: 中国建筑工业出版社: 1-524.]

Shen Z, Huang J, Lin X F, Yi Z Z, Li J Q, Song W B. 2010. Morphological and molecular characterization of *Aspidisca hongkongensis* spec. nov. (Ciliophora, Euplotida) from the South China Sea. Eur. J. Protistol., 46: 204-211.

Shen Z, Lin X F, Long H A, Miao M, Liu H B, Al-Rasheid K A S, Song W B. 2008. Morphology and SSU rDNA gene sequence of *Pseudoamphisiella quadrinucleata* n. sp. (Ciliophora, Urostylida) from the south China sea. J. Eukaryot. Microbiol., 55: 510-514.

Shen Z, Shao C, Gao S, Lin X F, Li J Q, Hu X Z, Song W B. 2009. Description of the rare marine ciliate, *Uronychia multicirrus* Song, 1997 (Ciliophora; Euplotida) based on morphology, morphogenesis and SS rRNA gene sequence. J. Eukaryot. Microbiol., 56: 296-304.

Shen Z, Yi Z Z, Warren A. 2011. The morphology, ontogeny, and small subunit rRNA gene sequence analysis of *Diophrys parappendiculata* n. sp. (Protozoa, Ciliophora, Euplotida), a new marine ciliate from coastal waters of southern China. J. Eukaryot. Microbiol., 58: 242-248.

Shi X B, Li H C. 1993. Discovery of *Stylonychia nodulinucleata* sp. nov. (Ciliophora, Hypotrichida, Oxytrichidae) and the comparison of its neighboring species. Zool. Res., 14: 10-14 (in Chinese with English summary).

Shi X L, Hu X Z, Warren A, Liu G J. 2007. Redescription of morphology and morphogenesis of the freshwater ciliate, *Pseudokeronopsis similis* (Stokes, 1886) Borror & Wicklow, 1983 (Ciliophora: Urostylida). Acta Protozool., 46: 41-54.

Shi X L, Song W B, Shi X B. 1999. Morphogenetic modes of hypotrichous ciliates. 189-210. In: Song W B, Xu K D, Shi X L. Progress in Protozoology. Qingdao, Qingdao Ocean University Press. 1-362.

Shi X L, Warren A, Song W B. 2002. Studies on the morphology and morphogenesis of *Allotricha curdsi* sp. n. (Ciliophora: Hypotrichida). Acta Protozool., 41: 397-405.

Shibuya M. 1931. Notes on two ciliates, *Cyrtophosis mucicola* Stokes and *Gastrostyla philippinensis* sp. nov., found in the soil of the Philippines. Proc. imp. Acad. Japan, 7: 124-127.

Singh J, Kamra K. 2014. Molecular phylogeny of an Indian population of *Kleinstyla dorsicirrata* (Foissner, 1982) Foissner et al., 2002. comb. nov. (Hypotrichia, Oxytrichidae): an oxytrichid with incomplete dorsal kinety fragmentation. J. Eukaryot. Microbiol., 61: 630-636.

Siqueira-Castro I C V, Paiva T S, Silva-Neto I D. 2009. Morphology of *Parastrongylidium estevesi* comb.

nov. and *Deviata brasiliensi*s sp. nov. (Ciliophora: Stichotrichia) from a sewage treatment plant in Rio de Janeiro, Brazil. Zoologia, 26: 774-786.

Small E B, Lynn D H. 1985. Phylum Ciliophora, Doflein, 1901. 393-575. In: Lee J J, Hutner S H, Bovee E C. An illustrated guide to the Protozoa. Society of Protozoologists, Lawrence, Kansas.

Song W B. 1996. Description of the marine ciliate *Pseudoamphisiella lacazei* (Maupas, 1883) nov. gen., nov. comb. (Protozoa, Ciliphora, Hypotrichida). Oceanol. Limnol. Sin., 27: 18-22.

Song W B. 1997. On the morphology and infraciliature of a new marine hypotrichous ciliate, *Uronychia multicirrus* sp. n. Ciliophora: Hypotrichida). Acta Protozool., 36: 279-285.

Song W B. 2001. Morphology and morphogenesis of the marine ciliate *Ponturostyla enigmatica* (Dragesco & Dragesco-Kernés, 1986) Jankowski, 1989 (Ciliophora, Hypotrichida, Oxytrichidae). Eur. J. Protistol., 37: 181-197.

Song W B, Bradbury P C. 1997. Comparative studies on a new brackish water *Euplotes, E. parawoodruffi* n. sp., and a redescription of *Euplotes woodruffi* Gaw, 1939 (Ciliophora; Hypotrichida). Arch. Protistenk., 148: 399-412.

Song W B, Packroff G. 1997. Taxonomische Untersuchungen an marinen Ciliaten aus China mit Beschreibungen von 2 neuen Arten, *Strombidium globosaneum* nov. spec. und *Strombidium platum* nov. spec. (Protozoa, Ciliophora). Arch. Protistenk., 147: 331-360.

Song W B, Petz W, Warren A. 2001. Morphology and morphogenesis of the poorly-known marine urostylid ciliate, *Metaurostylopsis marina* (Kahl, 1932) nov. gen., nov. comb. (Protozoa, Ciliophora, Hypotrichida). Eur. J. Protistol., 37: 63-76.

Song W B, Shao C, Yi Z Z, Li L Q, Warren A, Al-Rasheid K A S, Yang J. 2009a. The morphology, morphogenesis and SSrRNA gene sequence of a new marine ciliate, *Diophrys apoligothrix* spec. nov. (Ciliophora; Euplotida). Eur. J. Protistol., 45: 38-50.

Song W B, Shao C. 2017. Ontogenetic Patterns of Hypotrich Ciliates. Beijing, Science Press. 1-498. [宋微波, 邵晨. 2017. 腹毛类纤毛虫的细胞发生模式. 北京: 科学出版社. 1-498.]

Song W B, Sun P, Ji D. 2004a. Redescription of the yellow hypotrichous ciliate, *Pseudokeronopsis flava* (Hypotrichida: Ciliophora). J. Mar. Biol. Ass. U. K., 84: 4613/1-6.

Song W B, Warren A, Bruce F H. 1998. Description of a new freshwater ciliate, *Euplotes shanghaiensis* nov. spec. from China (Ciliophora, Euplotidae). Eur. J. Protistol., 34: 104-110.

Song W B, Warren A, Hu X Z. 1997. Morphology and morphogenesis of *Pseudoamphisiella lacazei* (Maupas, 1883) Song 1996 with suggestion of establishment of a new family Pseudoamphisiellidae nov. fam. (Ciliophora, Hypotrichida). Arch. Protistenkd., 147: 265-276.

Song W B, Warren A, Hu X Z. 2009b. Free-living ciliates in the Bohai and Yellow Sea, China. Beijing, Science Press. 1-518. [宋微波, Warren A, 胡晓钟. 2009. 中国黄渤海自由生纤毛虫. 北京: 科学出版社. 1-518.]

Song W B, Warren A, Roberts D, Wilbert N, Li L Q, Sun P, Hu X Z, Ma H G. 2006. Comparison and redefinition of four marine, coloured *Pseudokeronopsis* spp. (Ciliophora: Hypotrichida), with emphasis on their living morphology. Acta Protozool., 45: 271-287.

Song W B, Warren A. 1996. A redescription of the marine ciliates *Uroleptus retractilis* (Claparède and Lachmann, 1858) comb. n. and *Epiclintes ambiguus* (Müller, 1786) Bütschli, 1889 (Ciliophora, Hypotrichida). Acta Protozoologica, 35: 227-234.

Song W B, Warren A. 2000. *Pseudoamphisiella alveolata* (Kahl, 1932) nov. comb, a large marine hypotrichous ciliate from China (Protozoa, Ciliophora, Hypotrichida). Eur. J. Protistol., 36: 451-457.

Song W B, Wilbert N, Al-Rasheid K A S, Warren A, Shao C, Long H A, Yi Z Z, Li L Q. 2007. Redicriptions of two marine jypotrichous ciliates, *Diophrys irmgard* and *D. hystrix* (Ciliophora, Euplotida), with a brief revision of the genus *Diophrys*. J. Eukaryot. Microbiol., 54: 283-296.

Song W B, Wilbert N, Berger H. 1992. Morphology and morphogenesis of the soil ciliate *Bakuella edaphoni* nov. spec. and revision of the genus *Bakuella* Agamaliev & Alekperov, 1976 (Ciliophora, Hypotrichida). Bull. Br. Nus. nat. Hist. (Zool.), 58: 133-148.

Song W B, Wilbert N, Hu X Z. 2004b. New contributions to the marine hypotrichous ciliate, *Pseudokeronopsis qingdaoensis* Hu & Song, 2000 (Protozoa: Ciliophora: Stichotrichida). Cah. Biol. Mar., 45: 335-342.

Song W B, Wilbert N, Li L Q, Zhang Q Q. 2011. Re-evaluation on the diversity of the polyphyletic genus *Metaurostylopsis* (Ciliophora, Hypotricha): ontogenetic, morphologic, and molecular data suggest the establishment of new genus *Apourostylopsis* n. g. J. Eukaryot. Microbiol., 58: 11-21.

Song W B, Wilbert N, Warren A. 2002. New contribution to the morphology and taxonomy of four marine hypotrichous ciliates from Qingdao, China (Protozoa: Ciliophora). Acta Protozool., 41: 145-162.

Song W B, Wilbert N. 1997a. Morphological investigation on some free living ciliates (Protozoa, Ciliophora) from China sea with description of a new hypotrichous genus, *Hemigastrostyla* nov. gen. Arch. Protistenk., 148: 413-444.

Song W B, Wilbert N. 1997b. Morphological studies on some free living ciliates from marine biotopes in Qingdao, China, with descriptions of three new species: *Holosticha warreni* nov. spec., *Tachysoma ovata* nov. spec. and *T. dragescoi* nov. spec. Eur. J. Protistol., 33: 48-62.

Song W B, Xu K D, Shi X L, Hu X Z, Lei Y L, Wei J, Chen Z G, Shi X B, Wang M. 1999. Progress in Protozoology. Qingdao: Qingdao Ocean University Press: 1-362. [宋微波, 徐奎栋, 施心路, 胡晓钟, 类彦立, 魏军, 陈子桂, 史新柏, 王梅. 1999. 原生动物学专论. 青岛: 青岛海洋大学出版社: 1-362.]

Song W B, Xu K D. 1994. Common methods for morphological studies of ciliated protozoa. Mar. Sci., 6: 6-9. [宋微波, 徐奎栋. 1994. 纤毛虫原生动物形态学研究的常用方法. 海洋科学, 6: 6-9.]

Sonntag B, Strüder-Kypke M, Summerer M. 2008. *Uroleptus willii* nov. sp., a euplanktonic freshwater ciliate (Dorsomarginalia, Spirotrichea, Ciliophora) with algal symbionts: morphological description including phylogenetic data of the small subunit rRNA gene sequence and ecological notes. Denisia, 23: 279-288.

Šrámek-Hušek R. 1954. Neue und wenig bekannte Ciliaten aus der Tschechoslowakei und ihre Stellung im Saprobiensystem. Arch. Protistenk., 100: 246-267.

Stein F. 1859. Der Organismus der Infusionsthiere nach eigenen Forschungen in systematischer Reihenfolge bearbeitet. I. Abtheilung. Allgemeiner Theil und Naturgeschichte der hypotrichen Infusionsthiere. Engelmann, Leipzig. I-XII, 1-206, Tafeln I-XIV.

Stein F. 1863. Neue Infusorienformen in der Ostsee. Amtliche Berichte Deutscher Naturforscher und Ærzte in Karlsbad 37, Versammlung im September, 1862: 164-166.

Stein F. 1864. Über den Proteus tenax von O. F. Müller und über die Infusoriengattungen *Distigma* Ehrbg. Und Epiclintes Stein. Sber. K. böhm. Ges. Wiss., 1984: 41-46.

Stein F. 1867. Der Organismus der Infusionsthiere nach eigenen Forschungen in systematischer Reihenfolge bearbeitet. II. Abtheilung. 1) Darstellung der neuesten Forschungsergebnisse über Bau, Fortpflanzung und Entwickelung der Infusionsthiere. 2) Naturgeschichte der heterotrichen Infusorien. Engelmann, Leipzig. I-VIII, 355, Tafeln I-XVI.

Sterki V. 1878. Beiträge zur morphologie der Oxytrichinen. Z. wiss. Zool., 31: 29-58 (in German).

Stiller J. 1974. Járólábacskás csillósok - Hypotrichida. Fauna Hung, 115: 1-187 (in Hungarian).

Stiller J. 1975. Die Familie Strongylidiidae Fauré-Fremiet, 1961 (Ciliata: Hypotrichida) und Revision der Gattung Hypotrichidium Ilowaisky, 1921. Acta. zool. hung., 21: 221-231.

Stokes A C. 1885. Some new infusoria from American fresh waters. Ann. Mag. nat. Hist., Serie 5, 15: 437-449, plate XV.

Stokes A C. 1886. Some new hypotrichous infusoria. Proc. Am. phil. Soc., 23: 21-30.

Stokes A C. 1887. Some new hypotrichous infusoria from American fresh waters. Ann. Mag. nat. Hist., Serie 5, 20: 104-114, Plate III.

Stokes A C. 1891. Notices of new infusoria from the fresh waters of the United States. J. R. Microsc. Soc., 1891: 698-704.

Tuffrau M. 1979. Une nouvelle famille d'hypotriches, Kahliellidae n. fam., et ses consequences dans larepartition des Stichotrichina. Trans. Am. microsc. Soc., 98: 521-528.

Tuffrau M. 1987. Proposition d'une classification nouvelle de l'Ordre Hypotrichida (Protozoa, Ciliophora), fondée sur quelques données récentes. Ann. Sci. Nat. Zool., 8: 111-117.

Tuffrau M, Fleury A. 1994. Classe des Hypotrichea Stein, 1859. Trait. Zool., 2: 83-151.

Villeneuve-Brachon S. 1940. Recherches sur les ciliés hétérotriches: Cinétome, argyrome, myonèmes. Formes nouvelles ou peu connues. Arch. Zool. Exp. Gén. 82: 1-180.

Wallengren H. 1900. Studier öfver ciliata infusorier. IV. Acta Univ. lund., 36: 1-54, Platta I, II

Wang C, Nie D. 1935. Report on the rare and new species of fresh-water infusoria, part II. Sinensia, 6: 399-524.

Wang J Y, Lyu Z, Warren A, Wang F, Shao C. 2016. Morphology, ontogeny and molecular phylogeny of a novel saline soil ciliate, *Urosomoida paragiliformis* n. sp. (Ciliophora, Hypotrichia). Eur. J. Protistol., 56: 79-89.

Wang J Y, Ma J Y, Qi S Y, Shao C. 2017. Morphology, morphogenesis and molecular phylogeny of a new soil ciliate *Paragonostomoides xianicum* n. sp. (Ciliophora, Hypotrichia, Gonostomatidae). Eur. J. Protistol., 61: 233-243.

Wang Y G, Hu X Z, Huang J, Al-Rasheid K A S, Warren A. 2011. Characterization of two urostylid ciliates, *Metaurostylopsis flavicana* spec. nov. and *Tunicothrix wilberti* (Lin & Song, 2004) Xu et al., 2006

(Ciliophora, Stichotrichia), from a mangrove nature protection area in China. Int. J. Syst. Evol. Microbiol., 61: 1740-1750.

Wiackowski K. 1988. Morphology and morphogenesis of a new species in the genus *Pseudourostyla* (Hypotrichida, Ciliophora). J. Nat. Hist. (London), 22: 1085-1094.

Wicklow B J. 1981. Evolution within the order Hypotrichida (Ciliophora, Protozoa): ultrastructure and morphogenesis of *Thigmokeronopsis johadai* (n. gen., n. sp.) ; phylogeny in the Urostylina (Jankowski, 1979). Protistologica, 17: 331-351.

Wicklow B J. 1982. The Discocephalina (n. subord.): ultrastructure, morphogenesis and evolutionary implications of a group of endemic interstitial hypotrichs (Ciliophora, Protozoa). Protistologica, 18: 299-330.

Wicklow B J, Borror A C. 1990. Ultrastructure and morphogenesis of the marine epibenthic ciliate *Epiclintes ambiguus* (Epiclintidae, n. fam.; Ciliophora). Eur. J. Protistol., 26: 182-194.

Wilbert N. 1975. Eine verbesserte technik der protargol imprägnation für ciliaten. Mikrokosmos, 64: 171-179.

Wirnsberger E, Larsen H F, Uhlig G. 1987. Rediagnosis of closely related pigmented marine species of the genus *Pseudokeronopsis* (Ciliophora, Hypotrichida). Eur. J. Protistol., 23: 76-88.

Wrzesniowski A. 1870. Beobachtungen ber Infusorien aus der Umgebung von Warschau. Z. wiss. Zool., 20: 467-511.

Wrześniowski A. 1877. Beiträge zur Naturgeschichte der Infusorien. Z. wiss. Zool., 29: 267-323.

Wu I C H, Curds C R. 1979. A guide to the species of Aspidisca. Bull. Br. Mus. Nat. Hist. (Zool.), 36: 1-34.

Xu K D, Lei Y L, Choi J K. 2006. *Tunicothrix rostrata* n. g., n. sp., a new urostylid ciliate (Ciliophora, Stichotrichia) from the Yellow Sea. J. Eukaryot. Microbiol., 53: 485-493.

Xu K D, Lei Y L, Choi J K. 2008. *Kiitricha minuta* n. sp., a peculiar hypotrichous ciliate (Ciliophora, Spirotrichea) from the Yellow Sea. J. Eukaryot. Microbiol., 55: 201-206.

Xu Y, Huang J, Hu X Z, Al-Rasheid K A S, Song W B, Warren A. 2011. Taxonomy, ontogeny and molecular phylogeny of *Anteholosticha marimonilata* spec. nov. (Ciliophora, Hypotrichida) from the Yellow Sea, China. Int. J. Syst. Evol. Microbiol., 61: 2000-2014.

Xu Y, Li L F, Fan X P, Pan H B, Gu F K, Al-Farraj S A. 2015. Systematic analyses of the genus *Architricha* and *Pleurotricha curdsi* (Ciliophora, Oxytrichidae), with redescriptions of their morphology. Acta Protozool., 54: 183-193.

Yan Y, Fan Y B, Luo X T, El-Serehy H A, Bourland W, Chen X R. 2018. New contribution to the species-rich genus *Euplotes*: Morphology, ontogeny and systematic position of two species (Ciliophora; Euplotia). Eur. J. Protistol., 64: 20-39.

Yang C T, Liu A, Xu Y S, Xu Y, Fan X P, Al-Farraj S A, Ni B. 2015. Phylogenetic positions of four hypotrichous ciliates (Protista, Ciliophora) based on SSU rRNA gene, with notes on their morphological characters. Zootaxa, 4000: 451-463.

Yi Z Z, Song W B, Clamp J, Chen Z G, Gao S, Zhang Q Q. 2009a. Reconsideration of systematic relationships within the order Euplotida (Protista, Ciliophora) using new sequences of the gene coding for small-subunit rRNA and testing the use of combined data sets to construct phylogenies of the *Diophrys*-complex. Mol. Phylogenet. Evol., 50: 599-607.

Yi Z Z, Song W B, Stoeck T, Al-Rasheid K A S, Al-Khedhairy A A, Gong J, Ma H G, Chen Z G. 2009b. Phylogenetic analyses suggest that *Psammomitra* (Ciliophora, Urostylida) should represent an urostylid family, based on small subunit rRNA and alpha-tubulin gene sequence information. Zool. J. Linn. Soc., 157: 227-236.

Yi Z Z, Song W B, Warren A, Roberts D, Al-Rasheid K A S, Chen Z G, Al-Farraj S, Hu X Z. 2008. A molecular phylogenetic investigation of *Pseudoamphisiella* and *Parabirojimia* (Protozoa, Ciliophora, Spirotrichea), two genera with ambiguous systematic positions. Eur. J. Protistol., 44: 45-53.

Yocum H B. 1930. Two new species of *Euplotes* from Puget Sound. Publs Puget Sound mar. biol. Stn., 7: 241-248.

Yonezawa F. 1985. New hypotrichous ciliate *Euplotes encysticus* sp. nov. J. Sci. Hiroshima Univ. Series B. Division I. Zoology, 32: 35-45.

Young D B. 1922. A contribution to the morphology and physiology of the genus *Uronychia*. J. Exp. Zool., 36: 353-395.

Zhang X, Wang Y R, Fan Y B, Luo X T, Hu X Z, Gao F. 2017. Morphology, ontogeny and molecular phylogeny of *Euplotes aediculatus* Pierson, 1943 (Ciliophora, Euplotida). Biodivers. Sci. 25: 549-560. [张雪, 王玉蕊, 樊阳波, 罗晓甜, 胡晓钟, 高凤. 2017. 小腔游仆虫形态学、个体发育与分子系统学研究. 生物多样性, 25 (5): 549-560.]

中文名索引

学 名 索 引